“十一五”国家重点图书出版规划项目

服务三农·农产品深加工技术丛书

果树高效栽培技术

主　编　张天柱
副主编　罗茂珍　郝天民　冯志高
编　委　王振力　傅常智　亓德明　王海生　马鑫旺
　　　　陈燕红　李玉江　李晶晶　刘彩霞　毕海涛
　　　　曲延娜　赵　磊　刘　芳
主　审　刘国栋

中国轻工业出版社

图书在版编目（CIP）数据

果树高效栽培技术/张天柱主编．—北京：中国轻工业出版社，2019.10

（服务三农·农产品深加工技术丛书）

“十一五”国家重点图书出版规划项目

ISBN 978-7-5019-8994-2

Ⅰ．①果…　Ⅱ．①张…　Ⅲ．①果树园艺　Ⅳ．①S66

中国版本图书馆 CIP 数据核字（2012）第 219257 号

责任编辑：伊双双

策划编辑：伊双双　　责任终审：张乃柬　　封面设计：锋尚制版

版式设计：王超男　　责任校对：晋　洁　　责任监印：张　可

出版发行：中国轻工业出版社（北京东长安街 6 号，邮编：100740）

印　　刷：三河市万龙印装有限公司

经　　销：各地新华书店

版　　次：2019 年 10 月第 1 版第 4 次印刷

开　　本：850×1168　1/32　　印张：12.875

字　　数：346 千字

书　　号：ISBN 978-7-5019-8994-2　　定价：28.00 元

邮购电话：010-65241695

发行电话：010-85119835　传真：85113293

网　　址：http://www.chlip.com.cn

Email：club@chlip.com.cn

如发现图书残缺请与我社邮购联系调换

191143K1C104ZBW

前　言

随着我国农业的发展，果树生产进入了一个新的发展历史时期，果树栽培总面积、果品总产量已跃居世界首位，这对于促进我国果品出口、增加外汇、丰富农产品市场、提高人民生活水平，起到了巨大的作用。但在果树单位面积产量、果品质量、人均水果占有量、国际果品市场竞争能力方面，与世界发达国家比较，差距还很大。所以，发展果树高效生产、提升我国果树生产的科技含量，前景广阔，潜力巨大。

我国果树生产要在短期内赶超世界先进水平，需要以提高果树单位面积产量、改善果品质量、提高综合效益为突破口；以优化树种结构、推广优良品种为重点；以研发、创新、普及先进的果树栽培技术为动力；以发展大宗水果为主导，加大发展名稀特果树品种，努力实现我国果树生产现代化，成为世界果品生产强国。

充分运用科学发展观的理论，加快果品的品牌化、标准化、产业化建设，实施有机农业、生态农业、可持续发展的战略，汇集创新、实用、高效、先进的果树栽培技术，引领我国果品产业健康有序地发展，从而提升我国果品在国际市场的竞争力。

为适应我国果树高效栽培的需求，编者参考了大量的现代果树科技文献资料，归纳了有关果树专家、学者在长期果树实践中的经验和技术，并结合北京国际都市农业科技园区果树种类、品种及主要栽培技术特点，使本书具有信息量大、技术范围广、科技含量高的特点。

为方便广大读者，本书根据具体技术要点划分为“果树优质高效栽培技术”、“果树反季节栽培”、“南果北种及稀特果树栽培”、“盆栽果树及容器控根栽培技术”，“无公害、绿色、有机果品栽培技术”等，每个章节都对具体的技术内容进行了详细阐述，就生产上的一些常见技术问题进行了针对性指导。

希望本书能成为果树工作者、农业院校师生、农村果农的实用工具书。

由于编者水平有限，时间仓促，不妥之处恳请广大读者指正。

张天柱

2012 年 12 月

目　　录

第一章　概　　述

一、果树高效栽培在国民经济中的重要意义

农业是国民经济的基础，果树是农业经济的重要组成部分。随着人民生活水平的不断提高与国家经济结构的转变，果品生产将变得日益重要，它对振兴农村经济、提高农民收入、促进粮食生产、繁荣市场、发展外贸和提高人民生活水平都具有重要意义。发展果树生产不仅能因地制宜利用山地、丘陵、旱地和沙荒，提高土地利用率，也有利于保持水土与改善生态环境，使这些地方尽早脱贫致富。我国较为贫困的太行山区、沂蒙山区、三峡沿岸、黄土高原和黄河古道的开发，都把发展果树作为重要的产业和生物工程措施，既充分利用了农村丰富的人力资源，提高了农民收入，又保护了生态环境。

果品营养丰富，是人民生活的必需品。果品富含各种营养物质，其中的活性物质可预防与治疗疾病，促进人体生长、发育和健康长寿。如大枣补脾胃，梨果清热化痰，山楂消食，苹果有治疗肾炎的功能，香蕉可润肠、降压，柑橘润肺理气等。

果品除可鲜食外，还可进行加工和提炼有效成分，如可以加工果汁、果酒、果醋、果酱、果冻、果丹皮等；一些果树还可用于木材加工，增加收益。

随着世界经济全球化的迅猛发展，我国社会经济发展水平的提升，以及物质财富的丰富和人民生活水平的提高，人们对果品种类的要求也越来越多，质量也越来越高。综观 21 世纪初，各地政府和果树栽培科研、生产单位，已经把果树的高效栽培列为农业产业化项目之一，正在进行各种尝试，努力寻求果树高效栽培的新途径。

我国农业正处于从传统农业向现代农业转变，从粗放、分散式经营向集约化、产业化生产的转变。我国的果树生产开始进入一个调整、充实、提高和渐趋成熟的阶段。这一阶段的具体指导思想是以市场经济为导向，以优化树种、品种结构为重点，以普及良种优系为前提，以提高单产、提高质量、提高效益为目的，以推广普及先进技术为动力，以与国际接轨为方向，努力实现现代化果树生产，变果品生产大国为果品生产强国。

按照生态农业和生态系统工程原理，采取综合措施，建立生态与经济相协调和形成良性循环系统的生态果园，是果树高产、高效、低耗和可持续发展的根本途径，是果树产业化生产的客观要求。由于市场竞争日趋激烈，研究开发和大规模应用高新技术，延长鲜果供应期，提高水果单位面积产量，降低生产和运销成本，提高果实品质，将是我国果树业实现竞争力提升和可持续发展的必由之路。在果树生产的调整方面，应当关注和适当把握转化的趋向和力度，以使我国果树生产顺利度过当前的调整时期，更加健康地向着优质、高效的商品化和产业化的方向发展，努力将我国的果树生产引向科学的、现代化的轨道，使我国尽快步入世界果树生产强国之列。由于我国幅员辽阔，跨寒、温、热三带，自然条件多样，果树资源丰富，因此，搞好我国的果树高产高效栽培，对推动世界果品业的科技进步必将发挥重大作用。

二、我国果树生产概况

（一）我国果树栽培概况

1．我国果树的栽培面积与产量

新中国成立以后，从1978年起至今是我国水果生产发展最快的时期。中国水果资源十分丰富，被誉为世界“园林之母”。我国水果的大量发展，前期以苹果、柑橘、梨等大宗水果为主，近几年由于水果消费趋向多样化、优质化，因此桃、杏、李、樱桃等小水果得到很大发展，而且目前仍在大力发展中。目前，我国许多水果在市场上能达到周年供应，人均消费量逐年增加，已成为广大人民的普通食品。

（1）面积稳中有增　据调研，2011 年全国水果栽培总面积 1306.67 万 hm^2，其中，苹果 249.33 万 hm^2，柑橘 213.33 万 hm^2，梨 115.33 万 hm^2，桃 59.33 万 hm^2，葡萄 50 万 hm^2，荔枝 54 万 hm^2，香蕉 34 万 hm^2。

（2）总产量持续增长　2011 年水果生产总体呈增产趋势，全国水果产量 2.28 亿 t。其中，苹果 3598.5 万 t，柑橘 2944 万 t，梨 1579.5 万 t，葡萄 906.7 万 t，香蕉 1040 万 t。就全国来说，辽宁、山西等省产量增幅较大。

（3）设施栽培发展迅速　2011 年全国设施水果栽培面积 24.67 万 hm^2，产量 510 万 t。其中，设施葡萄栽培面积 10 万 hm^2，产量 180 万 t；设施草莓栽培面积 6.20 万 hm^2，产量 137 万 t；设施桃栽培面积 2.27 万 hm^2，产量 50 万 t。

2. 我国果树品种的结构分析

为适应水果生产结构调整优化的需要，自 1999 年以来，全国苹果生产已经连续出现递减趋势。苹果是我国产量最大的水果品种，占全国水果总产量的 30% 以上。我国苹果品种绝大多数为鲜食中晚熟品种，如红富士、新红星、秦冠、元帅等，栽培面积占苹果栽培总面积的 85% 以上，早熟品种栽培面积较少。目前，苹果早熟品种以及晚熟加工、鲜食兼用品种得到一定的发展，成为目前苹果品种结构调整的首选品种。柑橘是我国的优势水果之一，近年来发展迅速。全国柑橘生产将继续呈增产态势。梨为我国原产，栽培历史悠久，在北方落叶果树中是仅次于苹果的第二大水果。与苹果类似，我国梨品种绝大多数为晚熟品种，占整个梨栽培面积的 80% 以上。近几年早熟梨、日本梨和西洋梨得到很大发展，栽培面积不断扩大。我国葡萄栽培面积较少，品种绝大多数以鲜食葡萄为主，其中中熟品种巨峰占整个葡萄种植面积的 80% 左右。近几年葡萄品种趋向多样化，早熟品种、晚熟耐贮品种、无核葡萄、绿色葡萄以及葡萄的加工品种都得到很大发展，栽培面积逐年增加。葡萄设施栽培的面积已有相当规模，而且面积逐年增加。桃和油桃是我国人民喜食的水果，在核果类中栽培面积最大，居世界第一位。栽培品种长期以毛桃为主，近几年由于油桃引种和选育种的发展，油桃品种不断丰富，在鲜食桃中的比重越来越大，且早熟毛桃和油桃的保护地栽培面积已有一定规模。李的适应性较强，在我国栽培面积很广，从北方到南方均有栽培，面积和产量均居世界第一位。杏为我国原产，历史上杏曾经是我国华北地区的主要果树树种，但由于种种原因，杏的栽培面积逐渐减少，再加上我国杏品种多数为华北生态群品种，多数园片管理粗放，很多处于半放任状态，产量低且不稳定，极大地限制了杏生产的发展。近几年随着杏引种和育种工作的进展，一批结果早、产量高而稳定的欧洲生态群品种大量引进，国内也新育成了一些性状优异的新品种，杏的生产得到很大发展，杏的保护地栽培面积也迅速扩大。

改革开放以来，我国水果生产快速发展，特别是20世纪90年代以后发展更为迅速，果树生产已成为许多地区农村经济的支柱产业，产值占农业总产值的20%以上，具有明显的经济效益和社会效益。

3. 我国果树生产在世界果品生产中的位置

我国已有3000多年林果栽培历史，早在公元前10世纪前后就有桃、李、梅、梨、枣、栗、榛等10余种果树的记载。我国土地辽阔，果树资源丰富，温带、亚热带、热带果树都有种植。据统计，全国约有300个果树树种（分属51科），水果品种更是数以万计，其中有不少名特优稀品种。

目前，中国果树总面积居世界第一位；中国人均果树面积接近$100m^2$，已经达到世界人均的水平。在具体树种中，苹果、柑橘、梨、桃、柿子、核桃等栽培面积为世界第一，芒果、板栗、柚子等栽培面积为世界第二，而葡萄、草莓、菠萝、橄榄、椰子、无花果、杏等栽培面积较小，低于许多国家。在果树生产中，我国苹果栽培面积和产量保持连续增长。从1993年后，我国已成为世界第一水果生产大国。2011年我国水果总产值在种植业中排在粮食、蔬菜之后，居于第三位。

（二）我国果树生产存在的主要问题

1. 果品总产量增长迅速，但单位面积产量低

据有关资料统计，1980 年我国果品的总产量排名世界第十位，而从 1993 年开始，我国果树栽培的面积和果品的总产量稳居世界第一位，并呈逐年增长的趋势。1998 年果品的总产量为 5503.7 万 t，占世界总产量的 12.7%；2002 年果品总产量上升到 6809 万 t，约占世界果品总产量的 14.5%。2011 年水果生产总体呈增产趋势，全国水果产量已经达到 2.28 亿 t，约占世界水果总产量的 17%。但从单位面积的产量来看，我国与国外存在着较大的差距，低于亚洲和世界的平均水平。

2. 树种品种结构不合理，优良品种所占比例较少

目前，我国生产的水果基本上是以苹果、梨、柑橘、香蕉和葡萄为主，其中苹果、柑橘和梨三大类水果占总产量的 60% 以上，比例偏大，且名、优、稀、新品种明显不足，专用加工品种缺乏，早、中、晚熟的品种结构不合理，中熟品种比例过大，成熟期过于集中，既满足不了多样化和高品位的市场需求，又不能达到全年供应。生产的果品达国际标准的优质果品仅占 8% 左右，是制约出口的关键因素。

3. 果品质量提高缓慢，采后商品化处理落后

随着我国果树生产技术的改进，果品质量有了一定的提高，但与国内、国外的市场需求以及与先进国家相比，总体上的差距还是非常明显的。目前我国果品优质果率仅达 30% 左右，该部分果品价格高，销路好；而约有 50% 的普通水果，价格波动幅度大，销售困难；还有 20% 的劣质果几乎没有市场。果品采后处理方面是个薄弱环节，只有 1% 左右的果品经过商品化处理。

4. 果农缺乏市场信息，市场经营管理不完善

由于我国地域辽阔，果区分散，加之信息产业不是很发达，而果品市场又缺乏规范的流通规则和有力的执行机构，所以使一些果区不能产生规模经济，没有形成产业化生产、加工储藏和运输等，致使经济效益和社会效益不高。

5. 果品加工能力不足，专用加工生产不配套

近年来，我国果品加工出现了加快发展的势头，特别是苹果汁加工业发展很快，柑橘罐头加工也有了新的进步，同时葡萄酒加工业也开始起步。但由于起点较低，从总体上看我国果品消费仍以鲜食为主，果品加工比重尚不足总产量的10%。果品加工落后还表现在没有或缺少专用的水果加工品种，加工技术落后，没有上规模的加工原料基地，加工品种单一，深加工程度低，缺乏对果品的综合利用。

6. 出口量低，出口市场小

长期以来，我国果品都是以国内市场为主，外贸比重很低。以苹果为例，近年来，我国苹果出口总量占苹果生产总量的1.5%，而法国苹果出口总量占其生产总量的40%。我国果品主要出口东南亚、俄罗斯等地，市场狭小，一旦进口国发生经济波动和贸易方面政策的改变，我国果品产销都会受到一定的影响。

（三）我国果树生产的优势

1. 资源优势

众所周知，我国是世界上果树种植资源十分丰富的国家。千百年来，受自然和人类栽培的影响，形成了许多能适应各种生态条件的种类和品种。近15年来，我国果品生产瞄准国际市场，先后培育了一批具有很强竞争力的品种，如梨中的早美酥、西子绿和黄冠，苹果中的富士王、烟台嘎拉，大樱桃中的红灯、佳红等。随着改革开放，世界上许多优良的品种相继引入我国，为我国果品参与国内外市场竞争奠定了雄厚的基础。我国西北的黄土高原和环渤海地区是世界上最大的果品适宜产区，年平均气温8.5~13.0℃，年平均降水量为500~800mm，年日照时数2200h以上，着色期日照率在50%以上。尤其是西北黄土高原，海拔高、光照充足、昼夜温差大，具有生产优质果品的生态条件，而且世界果品的主栽品种在我国几乎都有栽培，使我国能够充分利用优势资源，针对国内外市场生产出适销对路的果品。

2. 市场优势

近几年来，我国果品的总量在不断增加，但随着我国居民收入的不断增长，生活水平的提高，我国居民对水果及加工品的消费也日益增多，在食品消费中所占的比重呈现出稳中略升的趋势。我国果品消费与世界平均水平还有差距，说明果品在我国具有巨大的市场潜力。从国外来看，由于果品在国际市场上价格不断下滑，导致许多国家果品生产不断萎缩，果品自给率急剧下降，如欧美由 10 年前的 89% 降为 47%，日本由 8 年前的 84% 降为 41%。目前，发达国家 40% ~50% 的果品靠进口，欧美市场鲜果的需求量每年以 3% 的速度增长；加上国际市场对果汁的需求量日益增加，仅美国、日本和欧洲这三大市场年需求量就为 40 万 ~46 万 t，而果汁主要生产国，如美国、日本和德国等一些国家，由于生产成本不断提高，国内生产规模不断缩小，还需要依赖进口来满足市场需求，这就给我国果品及其加工品的出口创造了巨大的市场空间。

3. 区位优势

世界果品贸易主要有五大市场，即欧盟市场、北美市场、以俄罗斯为主的东欧市场、以中国香港为主的东南亚市场和中东市场。东欧市场和东南亚市场与我国毗邻，只要提高我国果品质量，就可以充分利用我国地理位置的优势占领这两大市场，并向其他市场渗透。

第二章　果树优质高效栽培技术

近年来，我国果树生产有了飞速发展，果树总面积、总产量已跃居世界第一位。但在果树单产、果品质量、国际市场占有率和经济效益等方面远逊于先进国家，其核心问题是果品质量欠佳，高档果品太少，成为制约果品增效、果农增收的瓶颈。

以前，果品的质量分级往往以果实的大小为标准：一般大的为一级果，中等的为二级果，小的为三级果。也有按颜色来分级的。果色好的质量就高，果色不好的质量就低，其实这种区分果品质量的标准是不正确的。如近几年桃子的果个儿很大，颜色很鲜艳，但是好看不好吃；苹果的个头越来越大，但是口感越来越差，等等。这说明人们对于如何提高果品质量还没有科学的认识。优良果品的质量标准应包括以下三个方面：

（1）商品品质优良　果品的商品品质，包括果品的外观，比如果实的形态、大小和颜色等；果品的口感风味，主要是甜度和酸度、糖酸的合适比例及果品的特殊味道和香气，应当说风味的好坏是商品品质的核心；还有果品的储藏性，即买后能食用或是储存很长时间，且保证品质不会变劣等。

（2）营养品质优良　果品的营养品质，是指果实中的维生素、糖类、蛋白质、脂肪及各种矿物质的含量。果品维生素的含量很重要，主要包括抗坏血酸、硫胺素，核黄素、烟酸和胡萝卜素等。矿物质包括钙、磷、铁、锌和硒等人体需要的物质。

（3）卫生品质优良　果品的卫生品质，主要是指不能有农药和重金属等污染物。出口国外的农产品，对污染物的检测越来越严格。为了保证人们的身体健康，我国也制定了相关的检测指标。要生产绿色无公害的果品，除了防治农药的污染外，还有汞、铅、砷、铜、铬等重金属的含量也不能超标。

第一节　土肥水科学管理

土壤是各种植物根系生长、吸取养分和水分的基础，土壤结构、营养水平、水分状况决定着土壤养分对植物的供给，直接影响植物的生长发育。种植园土肥水管理的目的就是人为地给予或创造良好的土壤环境，使各种栽培植物在其最适宜的土肥水条件下得以健壮生长，这对园艺植物丰产、稳产、优质具有极其重要的意义。

一、土壤耕作与改良

土壤管理是指土壤耕作、土壤改良、施肥、灌水和排水、杂草防除等一系列技术措施。其目的在于：① 扩大根域土壤范围和深度，为园艺植物创造适宜的土壤环境；② 调节和供给土壤养分和水分，增加和保持土壤肥力；③ 疏松土壤，增加土壤的通透性，有利于根系纵向和横向伸展；④ 保持或减少水土流失，提高土壤保水、保土性能，同时注意排水，以保证园艺植物的根系活力。总之，土壤管理就是改善和调控果树与土壤环境的关系，达到高产、优质、低耗的目的。土壤是果树生产的基础，因此搞好果园的土壤管理对其生产意义重大。

（一）土壤耕作法

土壤耕作法，又称土壤耕作制度，是指根据植物对土壤的要求和土壤的特性，采用机械或非机械方法改善土壤耕层结构和理化性状，以达到提高土壤肥力、消灭病虫杂草的目的而采取的一系列耕作措施，它是提高果品产量的重要措施之一。土壤耕作方法主要有以下 5 种。

1. 清耕法

在生长季内多次浅清耕，松土除草，一般灌溉后或杂草长到一定高度即可中耕。此法在果园、菜地、花圃均可应用。其优点是：① 经常中耕除草，作物间通风好；② 采收产品较干净，如叶菜类的蔬菜等；③ 春季土壤温度上升较快，有利于育苗。缺点是：

① 土肥水流失严重，尤其是在有坡度的种植园；② 长期清耕，土壤有机质含量降低快，增加了对人工施肥的依赖；③ 犁底层坚硬，不利于土壤透气、透水，影响作物根系生长；④ 无草的种植园生态条件不好，作物害虫的天敌少了；⑤ 劳动强度大，费时费工。因此，在实施清耕法时应尽量减少次数，或者在长期施用免耕法、生草法后进行短期清耕。总之，清耕法弊病很多，不应再提倡使用。

2. 免耕法

不耕作或极少耕作，用化学除草剂除草。免耕法在果园、菜地、花圃都可施作。其优点是：① 土壤无坚硬的犁底层，保持土壤自然结构；② 作物间通风、透光；③ 可结合地面喷施除草剂，利于机械化管理，省时、省工。缺点是：① 长期免耕，土壤有机质含量下降快，增加了对人工施肥的依赖；② 受除草剂种类、浓度等限制，易形成除草剂胁迫现象。因此，近些年在发达国家主张采用半杀性除草，即只控制杂草的有害时期或过旺的生长，保持杂草的一定产草量，以增加土壤有机质含量，又称改良免耕法。改良免耕法在我国的果园和成年木本花圃的土壤管理中更为适用。

3. 覆盖法

利用各种材料，如作物秸秆、杂草、藻类、地衣植物、塑料薄膜、沙砾等覆盖在土壤表面，代替土壤耕作，可有效地防止水土流失和土壤侵蚀，改善土壤结构和物理性质，抑制土壤水分的蒸发，调节地表温度。此法在果园、菜地、花圃常用，但各自使用的材料各有不同。

在果园，通常采用秸秆和塑料薄膜在果树树盘和行间进行覆盖。有机物覆盖厚度一般在20cm以上，可使土壤中有机质含量增加，促进土壤团粒结构的形成，增强保肥、保水能力和通透性；塑料薄膜覆盖除具备有机物覆盖的优点外，特别在提高早春土壤温度、促进果实着色、提高果实含糖量、提早果实成熟期、减轻病虫害、抑制杂草生长等方面具有突出的效果。但是，采用有机物覆盖需大量秸秆或稻草，易招致虫害和鼠害，长期使用易导致植物根系上浮，在土壤水分急剧减少时易引起干旱；此外，使用含氮少的作物秸秆和杂草进行覆盖时，早期会使土壤中的无机氮减少。采用塑料薄膜覆盖需要一两年更换1次，投资较大，土壤肥力下降较快，需大量施肥，且对自然降水利用率差，通常需要薄膜上打孔，以利渗透雨水。

4. 生草法

用种植草来控制地面，不耕作，一般选择禾本科、豆科等牧草种植，通过刈割控制过旺的生长和增加一定的产草量。此法在果园、风景园林和大面积公共绿地（草坪）均可施用，欧美等发达国家已广泛应用在果园和风景园林的土壤管理上。其优点是：①保持和改良土壤理化性状，增加土壤有机质；②保水、保肥、保土作用显著；③种植园有良好的生态平衡条件，地表昼夜和季节温度变化减小，利于根系生长；④便于机械化作业，管理省工、高效。但是，生草法易造成间作植物和生草类与果树和园林树木在养分和水分上的竞争，如氮素营养，以果树、花木和禾本科植物的竞争最为明显，而与豆科植物的竞争则不明显。人工生草的种类有豆科植物和乔本科植物两种。

（1）豆科植物　白三叶（又名白车轴草），匍匐箭舌豌豆（又名春巢菜），扁茎黄耆（又名蔓黄耆），鸡眼草（又名掐不齐），扁蓿豆（又名野苜蓿），多变小冠花。

（2）禾本科植物　草地早熟禾（又名六月禾），匍匐剪股颖，野牛草，羊草（又名碱草），结缕草（又名锥子草），猫尾草（又名梯牧草）。

人工生草虽然整齐，但是种子昂贵，成本太高，所以国外普遍使用自然生草，即保留和利用果园和园林绿地中的自然野生的杂草。可利用的野生杂草很多，如禾本科的狗牙根、假俭草、马唐、虎尾草、星星草、画眉草、蟋蟀草、狗尾草等。实施生草后需加强管理，尤其是要注意控制草的旺长，1个生长季应进行13次刈割，这不仅控制了草的高度，而且还可促进分蘖或分枝，提高覆盖率和产草量，也缓解了草与果树、花木的水和养分之争。刈割时间由草长的高度来定，一般当草长到30cm以上就可刈割。留茬的高度视草的种类、株高、生长速度等因素而定，一般禾本科要刈割到心叶以下，保住其生长点，豆科草则需保住茎的一两节；植株高大、生长快的草应重割，反之留茬适当高些。秋季长起来的草不再刈割，冬季留茬覆盖。此外，生草后在施肥、灌水、病虫害防治、清园、草的更新等方面也要加强管理，否则将造成种植园草害。

5. 休闲轮作

种植某种园艺作物后休闲一段时间，具有使土壤肥力自然恢复和提高、减轻作物病虫草害、合理利用农业资源、经济有效地提高作物产量的优点。但是对土地资源紧张、人口众多的中国南部不宜施用，近些年已在我国北方干旱地区开始试行。从园艺作物种类上说，对于多年生的果树不易实施，但在蔬菜、瓜类和草本花卉上可以施用。例如蔬菜，休闲轮作周期要依各类蔬菜病原菌在栽培环境中存活和侵染的情况而定，相隔两三年的有马铃薯、山药、姜、黄瓜、辣椒等，相隔三四年的有茭白、芋头、番茄、大白菜、茄子、冬瓜、甜瓜、豌豆、大蒜、香菜等，西瓜则宜在六七年以上。一般十字花科、百合科、伞形科较耐连作，但以轮作为好；茄科、葫芦科（南瓜例外）、豆科、菊科连作危害较大；芹菜、甘蓝、菜花、葱蒜类、慈姑等在没有严重发病的地块上可连作几茬，但需增施基肥。

（二）土壤改良法

土壤改良包括土壤熟化、不同土壤类型改良以及土壤酸碱度的调节。

1. 土壤熟化

一般果树、观赏树木、深根性宿根花卉应有 80 ~ 120cm 的土层，蔬菜的根系 80% 集中在 0 ~ 50cm 范围内，其中 50% 分布在0 ~ 20cm 的表土层，因此在有效土层浅的果园、菜地、花圃土壤进行深翻改良非常重要。深翻可改善根际土壤的通透性和保水性，从而改善栽培植物根系生长和吸收的环境，促进地上部分生长，提高园艺产量和品质。在深翻的同时，施入腐熟有机肥，土壤改良效果更为明显。一年四季均可进行深翻，但一般在秋季结合施基肥深翻效果最佳，且深翻施肥后立即灌透水，有助于有机物的分解和果树根系的吸收。果园翻耕的深度应略深于根系分布区，未抽条的果园一般深翻达到80cm，山地、黏性土壤、土层浅的果园宜深些；沙质土壤、土层厚的宜浅些。菜地和多年生花卉花圃一般深翻至20~40cm，且深翻土层逐步加深。

2. 不同类型土壤的改良和配制

不论果树、蔬菜还是观赏植物的栽培，都要求团粒结构良好，土层深厚，水、肥、气、热协调的土壤。一般壤土、沙壤土、黏壤土都适合果、菜、花的栽培，但遇到理化性状较差的黏性土和沙性土时就需要进行土壤改良。

（1）黏性土、黏重土壤　土壤空气含量少，在掺沙的同时混入纤维含量高的作物秸秆、稻壳等有机肥料，可有效地改良此类土壤的通透性。

在我国长江以南的丘陵山区多为红壤土，土质极其黏重，容易板结，有机质含量低，且严重酸性化。改良的技术措施有：① 客沙，又称客土，一般为：1 份黏土 +2~3 份沙。② 增施有机肥和广种绿肥作物，提高土壤肥力和调节酸碱度。但应尽量避免施用酸性肥料，可用磷肥和石灰（750~1050kg/hm^2）等。适用的绿肥作物有：肥田萝卜、紫云英、金光菊、豇豆、蚕豆、二月兰、大米草、毛叶苕子、油菜等。③ 合理耕作，免耕或少耕，实施生草法等土壤管理措施。

（2）沙性土　保水、保肥性能差，有机质含量低，土表温度变化剧烈。常采用“填淤”（掺入塘泥、河泥）结合增施纤维含量高的有机肥来改良。近年来，国外已有使用“土壤结构改良剂”的报道。改良剂多为人工合成的高分子化合物，施用于沙性土壤作为保水剂或促使土壤形成团粒结构。

（3）盐碱地　盐碱地的主要危害是土壤含盐量高和钠离子毒害。当土壤的含盐量高于土壤含盐量的临界值 0.2%，土壤溶液浓度过高，植物根系很难从中吸收水分和营养物质，引起“生理干旱”和营养缺乏症。另外盐碱地的土壤酸碱度高，一般 pH 都在 8

以上，使土壤中各种营养物质的有效性降低。改良的技术措施有：① 适时合理地灌溉，洗盐或以水压盐。② 多施有机肥，种植绿肥作物如苜蓿、草木樨、百脉根、田菁、扁蓿豆、偃麦草、黑麦草、燕麦、绿豆等，以改善土壤不良结构，提高土壤中营养物质的有效性。③ 化学改良，施用土壤改良剂，提高土壤的团粒结构和保水性能。④ 中耕（切断土表的毛细管），地表覆盖，减少地面过度蒸发，防止盐碱上升。

（4）沙荒地　在我国黄河古道和西北地区有大面积的沙荒地，这些地域的土壤构成主要为沙粒，有机质极为缺乏，温、湿度变化大，无保水、保肥能力。改良的技术措施有：① 设置防风林网，防风固沙。② 发掘灌溉水源，地表种植绿肥作物，加强覆盖。③ 培土填淤与增施有机肥结合。④ 施用土壤改良剂。

3. 土壤酸碱度的调节

土壤的酸碱度对各种园艺植物的生长发育影响很大，土壤中必需营养元素的可给性、土壤微生物的活动、根部吸水吸肥的能力以及有害物质对根部的作用等，都与土壤 pH 有关。各种果树的产地很不相同，因此对土壤的酸碱度要求不一（见表 2－1）。

表 2－1　常见果树最适宜的土壤酸碱度（pH）

品种	土壤 pH	品种	土壤 pH	品种	土壤 pH
葡萄	7.5～8.5	樱桃	6.0～7.5	香蕉	4.5～7.5
西府海棠	6.5～8.5	柑橘	6.0～6.5	芒果	4.5～7.0
山荆子	6.5～7.5	桃	5.5～7.0	菠萝	4.5～5.5
苹果	5.4～8.0	杏	6.5～8.0	兰科植物	4.5～5.0
枣	5.0～8.0	枇杷	5.5～6.5	柿子	6.5～7.5
梨	5.5～8.5	板栗	5.5～6.8		

土壤过酸时可加入磷肥、适量石灰，或种植碱性绿肥作物，如肥田萝卜、紫云英、金光菊、豇豆、蚕豆、二月兰、大米草、毛叶苕子、油菜等来调节；土壤偏碱时宜加入适量的硫酸亚铁，或种植

酸性绿肥作物，如苜蓿、草木樨、百脉根、田菁、扁蓿豆、偃麦草、黑麦草、燕麦、绿豆等来调节。

二、科学施肥

肥料是栽培植物的“粮食”，化肥和平衡施肥技术的出现是第一次农业科学技术革命的产物和重要特征。但由于化肥使用不当或使用过量，不但造成浪费，而且导致环境污染和产品品质的下降，因此了解植物所需营养，掌握施肥技术十分重要。

果树生长发育过程中不仅需要二氧化碳和水，还需要不断地从外界环境中获得大量的矿物质营养，以满足自身生长发育的需要。土壤中有一定的营养物质，但远远不能满足果树高产、稳产、优质的生产要求，因此要根据土壤肥力状况、植物营养特点与生长发育的需要及肥料自身的特性，科学施肥，才能使肥料真正起到增产的效果。

（一）果树营养生理

1. 果树所需营养的多样性

通过科学检测，在果树体内发现了100多种元素，但经过反复研究发现，果树正常生长发育所必需的营养元素仅有16种，包括碳、氢、氧、氮、磷、钾、钙、镁、硫、铁、硼、锰、锌、铜、钼、氯。其中对碳、氢、氧、氮、磷、钾、钙、镁、硫9种元素的需要量大，称为大量元素（major element）；而铁、硼、锰、锌、铜、钼、氯7种元素的需要量小，称为微量元素（trace element），（见表2-2）。植物对营养元素的需要量虽然有多少之分，但它们都是同等重要，不可替代。微量元素需要量虽少，但缺少时同样会产生某些病症，例如，许多植物缺锌时表现出小叶病，缺硼时表现出叶片薄厚不均，易黄化脱落。这16种元素缺一不可，而且不同种类植物在不同生长发育阶段对这些元素的需要量是不同的。即使是同一种植物、甚至同一种植物的不同器官，所必需元素乃至矿物质营养元素的含量也是不一样的（见表2-3）。同样，即使是同一器官，在不同的季节各元素的含量也是多变化的。

表 2-2 植物必需营养元素的平均含量

元素		干物质中的元素含量（大约值）		
		% 或 mg/kg	μg/g	以 Mo 作为 1 时的原子比
大量营养元素	H	6%	60000	60000000
	C	45%	40000	40000000
	O	45%	30000	30000000
	N	1.5%	1000	1000000
	K	1.0%	250	250000
	Ca	0.5%	125	125000
	Mg	0.2%	80	80000
	P	0.2%	60	60000
	S	0.1%	30	30000
微量营养元素	Cl	100mg/kg	3.0	3000
	B	20mg/kg	2.0	2000
	Fe	100mg/kg	2.0	2000
	Mn	50mg/kg	1.0	1000
	Zn	20mg/kg	0.3	300
	Cu	6mg/kg	0.1	100
	Mo	0.1mg/kg	0.001	1

表 2-3 桃树不同器官中主要营养元素的含量（占干重的%）

器官	N	P	K	Ca	Mg	Cu	Fe	Mn	Zn
叶	2.71	0.088	0.33	1.42	0.373	0.0021	0.0170	0.0120	0.0022
果实	1.74	0.104	0.95	0.04	0.041	0.0013	0.0054	0.0036	0.0026
短枝	1.37	0.032	0.69	1.52	0.192	0.0009	0.0058	0.0038	0.0035
大枝	0.22	0.009	0.08	0.27	0.032	0.0004	0.0032	0.0008	0.0010
树干	0.21	0.010	0.07	0.26	0.024	0.0005	0.0035	0.0008	0.0008
根	0.82	0.097	0.27	0.16	0.062	0.0004	0.0140	0.0022	0.0015

果树所需的营养元素中，碳来自空气，氢、氧来自水，氮来自土壤中有机物和空气中淋溶下的含氮化合物，其他元素通常从土壤矿物质中获得。除了从二氧化碳和水中摄取碳、氢、氧以外，果树生长所需的其他营养元素在大部分地区常有不足，因此必须因地、因物、因时制宜，补充植物所需营养，做到合理平衡施肥。

2. 营养元素与果树生长发育的关系

果树从土壤矿质中所获得的其他必需营养元素，重要的有氮、磷、钾、钙、镁、硫、铁、硼、锌、锰等，而铜、钴、氯等在其生长发育过程中也是不可缺少的，当植物缺乏时其生长发育就受到一定的影响。从生理学观点来看，大量元素和微量元素在植物体内同等重要，有时某些元素的含量差异也不大。

还有一些元素，如钠、硅、铝等，尽管不是所有植物生长的必需元素，但它们是部分果树所必需的，例如，毛竹需要硅，豆科植物固氮需要钴等。因此，针对一些植物的特殊要求还需要进行合理的营养物质供给调整。

我们还应当注意，虽然果树的生长发育进程是随着营养元素供应的增加而进行的，但是供应量超过一定的限度时，再供应这种营养元素就会出现危害。可见，肥料不是越多越好，不同种类的园艺植物、不同的生长发育阶段对各种营养元素的需要量是不同的。各营养元素之间又存在着拮抗作用或增效作用，因而施肥中切勿单一施肥、盲目混施、过量增施，应该注意各种元素之间的相互关系，科学施肥。

3. 果树的营养诊断

营养诊断是通过植株分析、土壤分析及其他生理生化指标的测定，以及植株的外观形态观察等途径对植物营养状况进行客观的判断，从而指导科学施肥、改进管理措施的一项技术。通过营养诊断技术判断植物需肥状况是进行科学施肥的基础，在此前提下，才可以对症下药，做到平衡合理施肥。可见营养诊断是果树、蔬菜及花卉等园艺植物生产管理中的一项重要技术。对果树进行营养诊断的途径主要有：缺素症的外观诊断（appearance diagnose）、土壤分析

(soil analysis)、植株养分分析（plant nutrition analysis）[主要是叶片分析法（foliage analysis）] 及其他一些理化性状的测定等。在生产实践中，前三种途径应用较多，而理化性状测定受仪器、技术等多种条件的限制，因而还不能广泛地应用于生产实践。

(1) 缺素症的外观诊断　外观诊断是短时间内了解植株营养状况的一个良好指标，简单易行，快速实用。根据植株的外观特征规律制成的缺素症检索见表2-4。

表2-4　缺素症检索表

外观症状	诊断
新叶淡绿色，老叶黄化枯焦，早衰	缺氮
茎叶暗绿色或呈紫红色，生育期延迟	缺磷
叶尖及边缘枯焦，并出现斑点，症状随生育期的延长而加重	缺钾
叶小，簇生，叶面斑点可能在主脉两侧先出现，生育期延迟	缺锌
叶脉间明显失绿，出现清晰网状脉，有多种色泽斑点或斑块	缺镁
叶尖弯钩状，并粘在一起，不易伸展	缺钙
茎、叶柄粗壮，薄脆易碎裂，花朵发育异常，生育期延长	缺硼
新叶黄化，均匀失绿，生育期延迟	缺硫
叶脉间失绿，出现褐色斑点，组织有坏死	缺锰
嫩叶萎蔫，有白色斑点，花朵、果实发育异常	缺铜
叶脉间失绿，严重时整个叶片黄化甚至变白	缺铁
畸形叶片较多，且叶尖上出现斑点	缺钴

外观诊断不失为一种简洁有效的诊断方法，但如果同时缺乏两种或两种以上营养元素，或出现非营养元素缺乏症时，易于造成误诊，不易判断症状的根源。有些情况下，一旦通过观察发现缺素症时，采取补救措施则为时已晚，所以外观诊断在实际生产中还存在着显著的不足之处。

(2) 土壤分析　通过分析土壤质地、有机质含量、pH、全氮和硝态氮含量及矿质营养的动态变化状况，提出土壤养分的供应状况、植物吸收水平及养分的亏缺程度，从而选择适宜的肥料补充养分之不足。虽然采用土壤分析进行营养诊断会受到多种因素的影响，如天气条件、土壤水分、通气状况、元素间的相互作用等，使得土壤分析难以直接准确地反映植株的养分供求状况，但是土壤分析可以为外观诊断及其他诊断方法提供必要的提示和线索，提出缺素症的限制因子，验证营养诊断的结果。

（3）植株营养分析　植株营养诊断是以植株体内营养状态与生长发育之间的密切关系为根据的，但两者之间的相关性并非一成不变，在某些生长发育阶段营养的供给量与植物的生长量成正相关，当达到某一临界浓度时，就会出现相关性逐渐减少的情况，最终出现限制生长发育的负面效应。在植物吸收利用营养元素的过程中，元素的变化会引起其他元素的缺乏或过量，而在进行营养诊断时不能只注重单一元素在组织中的浓度，还要考虑各种元素间的平衡关系。

目前，在园艺果树营养诊断上最常用的方法是叶片分析法，化学分析的组织是叶片，大多数落叶果树、蔬菜及花卉等都是应用此种方法；但也有一些植物运用其他器官，如葡萄以叶柄最为理想，石刁柏以幼茎为最佳等。不但不同植物在器官选取上存在着不同，有时同一植物为测定不同元素的含量也要采用不同的器官。此外，植物器官中养分的浓度又受到取样时期的影响，如桃、苹果等落叶果树在8月份体内的养分比较稳定，大多数蔬菜在生长中期以前生长速度较慢，体内养分很少降至临界值，所以取样多在生长中期及生长后期。综上所述，植株营养分析受遗传特性、生态条件及人工管理等多方面的影响，因而对所得结果要善于分析和判断，以便准确全面诊断。

植株营养的测定，还可以用一些生理功能、生化过程的测定来表示，如光合强度、酶活力等。

（4）试验诊断　用以上诊断方法初步确定营养元素缺乏或过量后，可以用补充施肥或在田间试验减少施肥的方法，进一步证实。最简单的方法如叶面涂抹或喷施尿素，可以很快看出植株缺氮的症状是否消失。

（二）果树施肥技术

在了解了营养元素与果树生长发育关系的基础上，对果树采取合理、科学的施肥技术，即把握施肥时期、施肥种类和数量、施肥方法等方面的技术。科学施肥是保证果树高产、优质、高效的重要技术环节。

1. 肥料种类

（1）有机肥　果园栽培果树应主要以施腐熟厩肥为主，适当翻压绿肥。一般不施禽粪、人粪尿等，以免污染果园环境。① 粪尿肥：包括厩肥（猪、马、牛、羊、兔圈的粪尿与垫料的混合物）、禽肥（鸡、鸭、鹅、鸽等的粪尿与垫料的混合物）和人粪尿等。② 绿肥：包括人工栽培或野生的多种绿色植物或鲜草堆腐而成的肥料，也可直接翻入土内。③ 土杂肥：包括腐熟无害化处理后的熏土、炕土、城市垃圾和屠宰场废弃物。

果园有机肥的施肥时期以9~10月份为宜。施用量一般为每株50~100kg，施肥方法可采用环状沟施。每年在树冠投影的周围挖沟，沟的宽度不小于30cm，深度为50cm。施肥沟挖好以后，将肥与土混匀后施入沟内。挖施肥沟时，注意不要切断粗根。有机肥可有效改良土壤物理结构、化学性质，肥效持久，但肥效缓慢。

（2）无机肥　无机肥主要包括氮肥、磷肥、钾肥和复合肥等化学肥料。化学肥料肥效期短，但肥效迅速。注意不能使用硝态氮肥，且有机氮与无机氮比不能超过1:1。

果树施用化肥，主要以追肥施入。一般来说，分四个时期施用：① 萌芽至开花前后（约4月份）施入，以促进新梢生长，提高坐果率。② 果实膨大期前后施入，以促进果实膨大，缓解营养生长和生殖生长的矛盾。③ 果实着色前施入，以增进叶片光合速率，促进果实着色，提高果实品质。④ 果实采收后，667m^2追施磷酸二铵或尿素610kg，以防止叶片早衰等。第1次追肥以氮肥为主，以后应控制氮肥，增施磷肥和钾肥，施后视土壤墒情浇水。

叶面追肥结合喷药施用：一般于幼龄果树果实生长期和新梢生

长期，可适当进行叶面喷施尿素和磷酸二氢钾 2 ~ 3 次，浓度均为 0.3% ~0.5%，每次间隔 15d；盛果期果树每年叶面喷施 3 次，每次间隔 15 ~ 20d，喷施 0.3% ~0.5% 的尿素和 10% 的草木灰浸出液或 400 ~ 500 倍的光合微肥。叶面喷肥在下午 4 时以后喷施为宜，如果喷后遇雨，应在晴天补喷。

2. 施肥时期、施肥量及施肥方法

施肥时期的确定可以遵循以下原则：第一，园艺植物需肥时期也就是吸收的旺盛期，一般在开花前是植株迅速生长期，此时根系较为发达；第二，园艺植物在不同的生长发育阶段对营养物质的需求有差别，一般生长前期氮肥的需要量较大，后期应多施用钾、钙、磷等肥料；第三，掌握肥料的性质，速效肥在需要前追肥，长效肥则要早施，且多作基肥。

无论是大田农作物还是园艺植物，所施用肥料的种类主要是无机肥和有机肥两大类。基肥主要以有机肥为主，有机肥在总量中应占 70% ~ 90%。1 年 2 茬的菜地、瓜地应施用优质有机肥 75000 ~ 10500kg/hm^2，多年生盛果期果树应施用 60000 ~ 75000kg/hm^2。同时基肥中也可以施入一部分无机肥，包括化肥和微量元素，其作用是增进肥效，如尿素、过磷酸钙、骨粉、硫胺等。

追肥主要以无机肥为主，一般为速效肥料，常见的有尿素、硫胺、硝铵、硫酸钾、氯化钾、磷酸二氢钾、硼酸及复合肥等。化学肥料的研制与推广曾主导了第一次农业技术革新，但大量施用化肥，特别是化肥施用不当带来了许多问题，如土壤结构恶化、肥力下降、环境污染严重等，不利于农业和经济的可持续发展，为此人们探索出微生物肥料的发展途径，并成为今后科研领域中的重点发展对象。

目前，微生物肥料已得到一定范围的应用与推广，尤其对于蔬菜植物，它主要是依靠有益微生物的作用，提供或改善作物生长的营养条件。微生物肥料主要包括 3 大类：共生菌肥，包括豆科植物根瘤菌肥和菌根肥料；自生性菌肥，包括固氮菌肥、磷细菌肥、钾细菌肥和复合菌肥；抗生性菌肥，包括 5406 抗生菌肥及寄 - 4 抗生菌肥。

对于果树、蔬菜、花卉三大类园艺植物来说，由于其生长发育特性的不同及对产品的要求不同，因而施肥时期、施肥量、施肥方法等存在着差异。下面就果树、蔬菜、花卉植物的施肥技术分别做简要介绍。

（1）果树普通生产施肥　大多数果树是多年生木本植物，一经定植根系就在同一块土地内选择吸收自己所需的营养元素，容易造成营养元素的亏缺，不能满足生长发育的需要，因此必须补充营养供给，即给果树施肥。与蔬菜、花卉等其他植物相比较，果树需肥具有以下特点：第一，生命周期长，营养需求高。幼龄期的果树对肥料的需求量不大，但非常敏感，要有充足的磷肥，同时配合施用钾肥和氮肥；生长结果期的果树在施基肥的基础上，增施磷、钾肥；盛果期的果树施肥要协调氮、磷、钾的比例，尤其要提高钾肥的比例；老龄期的果树应多施用氮肥，有利于更新复壮树势。第二，平衡营养生长与生殖生长的需肥要求，两者协调才能获得高产、优质的商品果实。若肥力不足，营养生长不良，则花芽由于营养不足而发育不良，最终导致果实减产，品质降低；若施肥过量，则造成树体徒长，花芽也会因营养过剩而发育不良，易落花、落果。所以，施肥要考虑树体与果实之间的营养平衡。第三，营养供应要“瞻前顾后”，以免浪费。果树作为多年生植物，树体能够储藏养分，因而施肥既要考虑树体储藏营养的水平和满足当年的营养需要，还要考虑对来年的生长会有何影响。第四，对各种营养缺乏的敏感性，有时因缺素而并发几种缺素症，所以施肥时要考虑多种营养元素的平衡状态。

① 施肥时期：合理的施肥时期应根据果树的物候期、土壤内营养元素和水分的变化规律等，选取适宜的肥料进行施肥。经过多年的观察研究，随着果树物候期的变更，养分在树体内具有不同的分配中心。据陕西果树研究所报道，养分的分配以坐果为中心时要追肥，即使过量也有利于提高坐果率，而错过了这一时期，追肥量不多也会加速营养生长，加剧生理落果。河北农业大学在研究枣的

生长习性中又发现，果树生长发育过程中的物候期有重叠情况，坐果与营养生长同时进行，养分分配有两个中心，出现养分竞争，此时追肥最为重要。在果树生长的年周期中，对氮、磷、钾的需求有周期性的变化，一般在春季发梢期对氮的需求量较大，而在7月份以后迅速下降，果实采收后需要量相对稳定。钾在生长初期需求较大，在果实迅速生长的中期吸收量达到最大值，80% ~90%的钾肥在这一时期被吸收。磷的需求量在生长初期有所增加，中后期变化较小。不同种类的果树对氮、磷、钾的吸收也有差异。

目前，在大量的试验研究和长期的生产实践的基础上，已经总结出了果树最适宜的施肥时间。基肥自采果后到萌芽前施用，以秋施为好，且宜早不宜晚，这时正值根系再次生长的高峰期，适时施基肥有助于伤口的愈合，发生新根，而且肥料经过冬、春两季分解可及时供应生长、开花和坐果的需要，对果树当年树势的恢复及次年的生长发育起着决定性的作用。施用追肥应根据果树生长物候期的营养状态、需肥特点等状况，适时补充，从而保证果树的正常生长发育。主要的追肥时期有以下几个：花前追肥，一般在4月中下旬果树萌芽前后进行，促进萌芽整齐一致，有利于授粉，提高坐果率。肥料以氮肥为主，适量加施硼肥。花后追肥，一般在5月中下旬落花后进行，加强营养生长，减少生理落果，增大果实。这个时期也以氮肥为主，适量配施磷、钾肥。催果肥，一般在6月份果实膨大和花芽分化期进行，促进果实膨大、花芽分化及枝条成熟，以氮、磷、钾肥三要素配合追施。果实生长后期追肥，也就是果实着色到成熟前的2周进行，补充果树由于结果造成的营养亏缺，并满足花芽分化所需要的大量营养，追肥以氮、磷、钾配合施用效果为佳。

② 施肥量：果树的施肥量应根据果树种类与品种、发育状况、土壤条件、肥料特性、目标产量、管理水平和经济能力等多种因素综合考虑来确定，非常复杂。因此，不同地区、不同果树很难确定一个统一的精确施肥量标准，可以参照一定的办法，但绝对无一成不变的模式。一般情况下，幼年果树新梢生长量和成年果树果实年

产量是确定施肥量的重要依据。试验发现，幼树期间氮、磷、钾的施肥比例一般是2:2:1或1:2:1，结果期间的比例是2:1:2。不同果树对肥料的需求不同，一般苹果、梨、桃、葡萄等果树需求较少。山地、沙地等果园的肥力较差，施肥量宜大，平地果园基础较好，可以酌情少施。科学的方法是通过土壤分析或叶片来确定，即分析该园土壤和果树叶片各营养元素的含量状况，缺什么补什么，缺多少补多少。近30年来，国外广泛应用的是叶分析法，以此来确定和调整果树的施肥量。目前通过叶分析法对果树进行营养诊断和推荐施肥的研究比较深入，应用较为广泛。国内外多数研究认为，按干物质计算，苹果叶片中氮、磷、钾的含量分别以2%、0.2%和1.5%为宜；梨叶片中氮、磷、钾的含量分别以2.3%～3.3%、0.1%～0.24%和0.8%～2.4%为宜；桃叶片中氮、磷、钾的含量分别以3.4%～3.5%、0.2%和1.6%～2%为宜；葡萄叶片中氮、磷、钾的含量分别以2.6%～3.9%、0.15%～0.4%和0.6%～1.8%为宜。但叶分析法又存在着地区性和品种间的差异，因此确定最佳施肥量应以当地树种、品种的叶分析法为基础。此外，可以参考以下公式来计算施肥量：

施肥量=（果树吸收肥料中的元素量－土壤供肥量）÷肥料利用率

肥料的利用率，一般来说氮为50%，磷为30%，钾为40%。土壤的供肥量，一般以氮为吸收量的1/3，磷、钾为吸收量的1/2来计算。从理论上计算施肥量也可使果树施肥走向科学化和经济化。但是，在我国叶分析法和理论计算施肥量还没有广泛地应用于生产实践，尚有待于进一步验证和推广实践。

③ 施肥方法：果树进行施肥的方法主要有两种，土壤施肥（soil fertilization）和根外追肥（soliage dressing），其中土壤施肥是目前应用最为广泛的施肥方法。

1）土壤施肥：将肥料施在根系分布层以内，有利于根系吸收，并诱导根系向纵深与水平方向扩展，从而获取最大肥效。果树水平吸收根多分布在树冠外围，所以施肥位置应在根系分布区稍深、稍远的地方，利用根的趋肥性，诱导根系向深度、广度方向伸展，扩大吸收面积。不同树种、品种、树龄的果树，施肥的深度和广度也有所不同，如苹果、梨、核桃、板栗的根系发达，施肥宜深、宜广；桃、杏、李及矮化果树根系范围小且浅，因而施肥宜浅、宜窄。幼树宜小范围浅施，随着树龄的增大，施肥范围也随之扩大和加深。不同土壤情况、肥料种类、施肥的深度和范围也有差异。沙地、坡地基肥宜深施，追肥宜少量多次、局部浅施。沙质土壤中，磷的移动范围为10～15cm，钾为23～35cm，氮为35～45cm，所以氮肥宜浅施，磷、钾肥应当深施。磷在土壤中易被固定，因而施过磷酸钙和骨粉时应与有机粪肥堆沤腐熟后混合施用。追施化肥后不要立即浇水，施后10d以内不能灌大水。

土壤施肥的方法较多，可以视具体情况来确定。

环状沟施：是在树冠投影外围稍远处挖宽30～50cm、深40～60cm的环状沟，将肥料与土拌匀后施入沟内，覆土填平即可。此法操作方便，用肥经济，但伤根较多，范围较小。幼树施基肥多采用此种方法，追肥时沟挖在投影的边缘，沟深20cm即可。

辐射状沟施：是在距树干1m处向外挖辐射状沟4～8条，沟宽30～65cm，深30～65cm，长度要超过树冠投影的外缘，且内浅外深，内窄外宽，施肥覆土即可。此法伤根少，施肥范围大，适宜大树施用基肥。

条施：是在果树行间开沟施肥，基肥沟宽30～50cm，深40～60cm，追肥沟宽20～30cm，深15～20cm。此法可以进行机械操作，适宜宽行密植果园。

穴施：是在树冠垂直投影边缘的内外不同方向挖若干个坑，施肥填平即可。追肥时穴直径20～30cm，深20～30cm；施基肥时穴的直径为40～50cm，深40～60cm。穴施每年要更换穴的位置，适用范围广。

撒施：包括全园撒施和局部撒施。前者将肥料均匀撒在整个地面，翻入土中，深约20cm，基肥、追肥均可应用，施肥范围大，能够充分发挥肥效。注意若施基肥较浅，根系易上浮，全园撒施与辐射状施肥法交替使用，在成年果园应用较广。局部撒施是将肥料撒在树盘或树行上，翻入土中，施肥范围广且不伤根，适用于幼龄果园基肥、追肥的施用。

灌溉施肥：是结合树行、树盘灌溉进行施肥的方法。将肥料掺入水中，从而使得灌溉与施肥同时进行。人粪尿做追肥宜采用此法，而施用无机化肥采用此法则营养元素易流失。

2）根外追肥：是果树丰产丰收普遍采用的一项新措施。它是利用叶片、嫩枝及幼果具有吸收肥料的能力将液体肥料喷施于树体表面的一种追肥方法。果树整个生长期内均可以应用此种方法，其优点是：操作简便，用量少，见效快，喷施后 12 ~ 24h 就可见效，满足树体对营养的急需；减少某些元素在土壤中被固定、分解、淋溶等的损失，提高利用率，预防和矫正某些缺素症；直接增强叶片的光合作用，促进生长，提高产量和品质，提高抗性。根外追肥所施用的肥料有限，目前主要以尿素、磷酸二氢钾、硼酸、硫酸铁、硝酸钙为主，而且施用时期、施用浓度、施用量有限。据报道，花期和花后以 0.2% 硼砂和 0.4% ~0.5% 尿素混合喷施可提高坐果率和满足幼果细胞分裂之需；抽梢到果实采摘前喷施 0.4% ~0.5% 尿素或 0.1% ~0.3% 硫酸铵 2 ~4 次，可促进枝条健壮生长，增强光合作用和花芽形成；果实采前 2 个月内少量喷施 0.2% ~0.3% 磷酸二氢钾，或 2% ~10% 草木灰浸出液，或 0.3% ~0.5% 的磷酸钾 2 ~4 次，有利于花芽分化、果实膨大和果品优质；果实采后少量喷施 0.4% ~0.5% 尿素 1 次，可促进营养积累和翌年花芽分化的进程及质量。

一般情况下，叶面喷施应选在无风、晴朗、湿润的天气，最好在上午 10 时以前或下午 4 时以后。同时由于果树的幼叶比老叶、叶背面比叶正面吸收肥料更快，效率更高，枝梢的吸收能力也较强，因此多均匀喷在叶背面或新梢上半部。

根外追肥也可采用枝干涂抹或注射及产品采后浸泡等方法。目前山东省生物研究所研制的光合微肥是具有光合肥和微肥双重作用的一种新型肥料，主要是采用叶面喷施，从坐果后到落叶前均可喷施，浓度为 500 倍，可提高产量 10% ~20% 以上，而且方便无污染。强力树干注射施肥是利用高压将液体从树干输送到根、茎、叶部，可直接利用营养或储藏在木质部中长期发挥肥效。

(2) 果树与蔬菜绿色生产施肥技术　花卉同果树、蔬菜不同，其主要是用来观赏，而果品和蔬菜则是重要的生活物质。谈到食用性就要考虑施肥对果品、蔬菜品质的影响。随着菜篮子工程建设的发展和人民生活水平的日益提高，目前正大力倡导绿色食品的生产与加工，而合理施肥无疑是绿色食品生产中的一个重要环节。

绿色食品是安全、优质营养类食品的统称，在国外又称为健康食品、有机食品、天然食品、生态食品或无公害食品。果品和蔬菜是人们日常生活中大量消费的食品，是人类摄取无机盐、维生素、微量元素的重要来源。然而随着工业、城市的快速发展，废气、废水、废渣的不合理排放引起土壤、河流及大气等生态环境的严重污染同时生产中滥用化肥、农药、激素等也加重了产品的污染，直接威胁着人类的健康，那么生产绿色果品和蔬菜将是生产发展中的必然趋势。

在果树、蔬菜绿色食品生产技术中，合理施肥首先要求施用肥料的种类和数量应限制在不污染环境、不危害作物、产品中残留符合国家安全标准；经过施肥的土壤仍具有足够数量的有机物含量，维持土壤生物活性，不污染生态环境，提高土壤肥力，形成一个安全、优质生产无公害绿色产品的良性循环。

生产绿色食品的肥料使用要求，根据中国绿色食品发展中心规定，绿色食品分为AA级和A级，生产AA级绿色食品要求施用农家有机肥（如堆肥、厩肥、沤肥、沼气肥、绿肥、作物秸秆、未污染的泥肥、饼肥等）和非化学合成的商品性肥料（如腐植酸类肥料、微生物肥料、无机矿质肥料、添加有机肥料等）。这里添加有机肥料又称有机复合肥，例如，经无害处理后的畜禽粪便加入适量的锌、锰、硼等元素制成的肥料或发酵肥液经干燥后制成的复合肥料等。无机肥料是矿质经物理或化学工业方式制成的无机盐形式的肥料。此外，生产AA级绿色食品还可应用一些叶面肥料（如微量元素肥料或发酵液配加腐植酸、藻类、氨基酸、维生素、糖等元素制成的肥料）。生产A级绿色食品则允许限量使用部分化学合成的肥料，如尿素、硫酸钾、磷酸二铵等，但施用时必须与有机肥料配合使用，有机氮与无机氮之比为1∶1，相当于1000kg厩肥加20kg尿素的施用量。注意在化肥中禁止施用硝态氮。

果品、蔬菜绿色食品生产中，对施肥有严格的标准。不但界定肥料的种类，且对天然肥料的处理技术和施用技术也有严格的要求，具体详见我国绿色食品标准中“生产绿色食品的肥料使用准则”的内容。对于肥料施用时期及施用方法则基本上与普通果树、蔬菜的施肥管理一致。

三、节水栽培技术

水对于园艺植物栽培生产是至关重要的。灌溉与排水是园艺植物栽培生产中一项经常性的工作，不但耗时长，用工多，而且随着水资源供应的日趋紧张，对园艺植物灌排水技术的要求也不断提高。依据植物的生活习性、生长发育规律等特性，合理地利用有限的水资源，适时排灌，积极发展节水农业，对我国这样一个水资源缺乏的农业大国尤为重要。

（一）灌溉依据

植物体没有水便无法生存，水是植物生长发育的重要因素。植物体内生长发育活跃的部分含水量可达80%以上，没有水植物便无法进行正常的光合作用，代谢过程受阻。一般来说蔬菜产品的含水量为80%～95%，果品的含水量为75%～95%；不同花卉的含水量不同，花卉产品中鲜切花的含水量在低于50%的情况下就会出现萎蔫现象，大大降低了花卉产品的商品价值。可见植物不能缺水，适时灌溉对植物生长发育非常重要。

（二）灌溉时期

不同果树由于生育特性、环境因子、栽培条件不同等原因，其适宜灌溉期存在着差异。

（1）萌芽开花期　供水充足可以防止春寒、晚霜的危害，可促进新梢生长，增大叶面积，促进光合作用，有利于开花结果，为丰产打下基础。

（2）花后幼果膨大期　是果树需水的临界期，供水不足会引起新梢生长与果实生长之间的水分竞争，严重时能引起生长势减弱，落果严重。对于国光苹果来说，花后灌水可极大地提高坐果率。

（3）果实生长期　一般是6~8月份，是多数落叶果树果实膨大和花芽大量分化的重要时期，此时气温高，蒸发量大，需水较多，因而保证水分供应十分重要。

（4）灌冻水　一般在果实采收后至土壤冻结前的这段时期，结合施基肥进行灌水，可增强树体冬季的抗寒能力，为来年果树的正常萌发生长打下基础。

此外，进行果树灌水要在不同种类、品种、树龄、气候环境等综合条件影响下灵活把握最佳灌水时期。在水分缺乏的地区可以只灌花前水、花后水和封冻水；在无条件灌溉的情况下，要重视抓好蓄水保墒工作。

（三）灌溉方式方法

1．地面灌溉

地面灌溉只需要很少的设备，投资少，成本低，是生产上最为常见的一种传统的灌溉方式，包括漫灌、树盘灌水或树行灌水、沟灌、渠道畦式灌溉等。平原区果园地面灌水多采用漫灌、树盘灌水或树行灌水、沟灌等灌溉方式。蔬菜植物多畦栽，因而地面灌溉多采取渠道畦式灌溉。畦田种植的草本花卉也可以采用这种方式。木本观赏植物的灌溉方式基本上同果树灌溉。此外，沟灌也适宜大面积、宽行距栽培的花卉、蔬菜。地面灌溉虽简便易行，但灌水量较大，容易破坏土壤结构，造成土壤板结，而且耗水量较大，近水源部分灌水过多，远水口部分却又灌水不足，所以只适用于平地栽培。为了防止灌水后土壤板结，灌水后要及时中耕松土。

2．喷灌

喷灌又称人工降雨，是利用喷灌设备将水在高压下通过喷嘴喷至空中降落到地面的一种半自动化灌溉方式。喷灌可以结合叶面施肥、药物防治病虫害等管理同时进行，具有节约用水、易于控制、省工高效等优点，不破坏土壤结构，能冲刷植株表面灰尘，调节小气候，适用于各种地势。但其设备投入较大，在风大地区或多风季节不能施用。施用喷灌方式灌溉时雾滴的大小要合适（见图2－1）。

图2－1　喷灌

喷灌有固定式、半固定式和移动式3种方式。果园中树冠上喷灌多采用固定式喷灌系统，喷头射程较远。树冠下灌溉一般采用半固定式灌溉系统，也可采用移动式喷灌系统。草坪的喷灌系统多安装在植株中间，以避免花朵被喷湿，降低质量。果园喷灌按喷水高度又分3种：一是高于树冠的；二是树冠中部的；三是树冠以下临近地表面的，用小喷头，又称微喷。

以原有的喷灌技术为基础，在果树温室自动化栽培控制上，尤其是花卉的温室化生产中，有条件的地方已开始逐步推广微喷技术。微喷是一种高效、经济的喷灌技术，微喷系统是根据果树棚室生产特点而设计的，特别适合于各类花卉和蔬菜设施规模生产。微喷系统水带采用上走式，喷水雾化程度高，喷水时如同下着绵绵细雨，不易损坏各种植物，且能增加植物的光合作用，促进作物生长，既能节水，节省人工，又可结合肥料、农药喷洒，不会引起水土流失和药肥损失。

综上所述，微喷具有以下优点：① 雾化程度极佳，覆盖范围大，湿度足，保温、降温能力强，提高产量；② 造价低廉，一次性投资回收快，且安装容易，快捷；③ 具有防滴设计，省时，省水，省力，可结合自动喷药，根外施肥；④ 使用年限长，且喷头更换容易；⑤ 也可用于果园喷灌（如荔枝、龙眼），对植物的叶子、果实均能均匀喷洒。总之，微喷系统克服了以往棚室生产中拖带喷水的各种不足，简便实用。

3．滴灌

滴灌是直接将水分或肥料养分输送到植株根系附近土壤表层或深层的自动化与机械化结合的最先进的灌溉方式，具有持续供水、节约用水、不破坏土壤结构、维持土壤水分稳定、省工、省时等优点，适合于各种地势，其土壤湿润模式是植物根系吸收水分的最佳模式。现广泛应用于果树、蔬菜、花卉生产中，但其设备投资大，而且为保证滴头不受堵塞，对水质的要求比较严格，滤水装备要精密，耗资较高。从节水灌溉的角度来看，滴灌在未来将是一个很有前途的灌溉模式（图 2－2）。

图 2－2　滴灌

4．地下灌溉

地下灌溉是将管道埋在土中，水分从管道中渗出湿润土壤供水灌溉，是一种理想的灌溉模式。该方法具有利于根系吸水、减少水分散失、不破坏土壤结构、水分分布均匀等优点。但由于管道建设费用高，维修困难，因而目前该方法正逐步被替代。

此外，在果树灌溉中还采用树盘积雪保墒的办法，对于春季干旱、水源缺乏又无灌溉条件的地区来说，这种方法切实可行。利用冬季积雪增加土壤水分，可减轻春季的干旱，同时又可以提高地温，减轻根系冻害。为减少积雪蒸发，须将积雪整平压实，春季解冻时溶入土中供果树利用。在花卉上，尤其是容器栽培的花卉，还可以利用浸灌的方法进行灌水，其做法是将花盆或容器放在盛有水的池子中，池中水面不能超过花盆上的边缘，这样水从花盆底部的小孔慢慢渗入盆土，供水充足，又可节约用水，且不破坏土壤结构；但费时费工，目前多用于花卉和蔬菜的播种繁殖。

（四）节水栽培

水是植物生命活动的重要物质，是限制植物生长发育的关键因素，在农业生产中是影响作物产量和质量的最根本因素。然而可利用的水资源日趋贫乏，造成水资源的日益减少与工农业生长剧增之间的矛盾日益突出。园艺产品在人们日常生活中占有相当大的比重，而不断拓展的生产规模也给水资源的开发利用提出了严峻的考验。面对全球性水资源和人类淡水使用量的空前增加，以及农业耗水量的逐渐增大，发展节水农业势在必行。园艺植物，尤其是果树、蔬菜的大田生产中，应当积极采用节水灌溉技术，适应水资源短缺现状。搞好节水农业是实现农业可持续发展的重要措施。

1. 种植园节水技术途径

选择节水灌溉的主要技术途径必须充分考虑种植园区的自然条件、经济条件、灌溉方式、水资源状况及植物的生长发育习性、特性等各项因素。一般确定节水灌溉主要技术途径要遵循以下原则：一是对不同类型的灌溉区域、不同灌溉方式采取不同的节水灌溉技术；二是充分考虑当地的经济条件，合理利用当地现有材料；三是根据当地水资源缺乏现状选择节水技术；四是根据当地植物的种植结构及植物特性确定不同的节水技术；五是根据当地的地形地貌以及气候条件等确定不同的节水技术。

建立节水灌溉技术体系可以极大地促进农业向高产、高效的方向发展。目前实施种植园节水灌溉技术要抓好以下 3 个体系的工作。

（1）建立工程传输节水技术体系　① 有效利用天然降水，积蓄雨（雪）水或深耕蓄水，巧用雨（雪）水进行灌溉。② 涵养水源，从当地水资源的主要来源出发，采用多种措施，补充并储存地下水源。地下水是农田灌溉的主要水源，应有计划地长期调节地下水源；植树造林既可增加蓄水量又可调节小气候，有助于补充水源，严格管理水源；严禁超采水源。③ 防止输水渠道外渗，从水源到田间输水损失占相当大的比重，因而建立严密的渠道输水系统可防止沿途渗漏和蒸发；最后还要采用合理的用水制度。

（2）建立植物节水栽培技术体系　① 改变传统的粗放经营，在播种时就给予精细管理，适当减少弱苗，培育壮苗，促进根系生长，增强水肥的吸收能力；② 选用、培育耐旱品种，以品种的优良抗性减少灌溉，实现节水栽培目的；③ 镇压土壤表层，促进毛细水上升，增加土壤墒情，提高成苗率；④ 灌溉或解冻后松动表土，阻断毛细管水上升导致蒸发散失，以土蓄水；⑤ 将地表覆盖，减少地表蒸发，保蓄土壤水分；⑥ 增施有机肥，提高土壤肥力，有利于土壤及植株的保水；⑦ 延迟或提早播种，错过植物生育需水期与供水期的矛盾，适时调节用水；⑧ 合理安排植物的种植结构。

（3）建立节水技术推广体系　① 各级政府应给予充分的重视，并给予人力、物力及财力的支持，将节水灌溉技术推广形成一种政府行为；② 积极宣传节水灌溉的重要性，提高全民的节水意识；③ 气象部门应给予充分的重视，做好浇关键水时的天气预报；④ 农业部门应积极抓好节水灌溉的培训工作，使农民真正做到科学用水；⑤ 科研机构应大力开发节水灌溉技术，目前已经研制出抗旱、保墒、保水剂，应用效果较好。

2. 种植园节水灌溉技术

掌握节水灌溉技术应做好以下几方面。

（1）实施先进的灌溉方式　如地表灌溉、滴灌、喷灌、定位灌溉、封闭式渠道灌溉及地下灌溉等，其中漫灌和大畦灌溉相当浪费水源，应制止。地表灌溉中最节水的灌溉途径是小畦灌溉和细流灌溉，小畦可以以一株果树为一畦，一般为长 5~15m；细流沟灌应边开沟、边灌溉、边覆土，有利于蓄水保墒，开沟长度及间距应随土质及地面坡度而变化。每 1hm^2 土地不同畦数达到均匀灌溉时的灌水量见表 2-5。

表 2~5　每公顷土地不同畦数达到均匀灌溉时的灌水量

畦数/（个/hm^2）	15	75	150	300	450	600
灌水量/m^3	2250	1500	1200	900	750	600

（2）合理灌水　在适当时期以最少量水获得最大的收益，这就要掌握植物对水分营养反应的特点：不同种类或品种的植物对水分的需求及水分胁迫的敏感程度有差别；在土壤条件良好的情况下，植物对水分的要求取决于其自身的蒸腾量及其生长发育阶段特点；植物种植结构、密度、栽培管理方式等也影响其对水分的需求量；水分胁迫在有些植物的生长发育及新陈代谢中具有后效作用；灌溉时间及灌溉量的确定要取决于采用的灌溉技术；此外植物对水分的需求还要考虑当地的气候条件、土壤理化性质、地形地貌等条件。因此，合理灌溉受多方面因素的综合影响。果树需水非关键时期是节水的重要时期，可以不灌溉或最少灌溉。

（3）灌溉后及时采取保墒措施　减少植株蒸腾及土壤蒸发，如用秸秆、地膜、沙石等材料覆盖，或在土表施用化学覆盖物质等。减少植株蒸腾可采用修剪、整枝、疏叶疏枝、疏花疏果、应用抗蒸腾剂、合理施肥、协调生长等措施。

目前在园艺植物节水灌溉上研究较多的是果树的节水灌溉，蔬菜方面只有少量研究，而在花卉上则寥寥无几，这与栽培管理的精细、粗放程度关系较为密切。随着园艺作物生产的深入发展，蔬菜、花卉的节水栽培也将逐渐提上日程。

四、提高光能利用率

光能利用率一般是指单位土地面积上，植物通过光合作用所产生的有机物中所含的能量与这块土地所接受的太阳能之比。光合作用效率是指绿色植物通过光合作用制造的有机物中所含有的能量与光合作用所吸收的光能的比值。这两个概念既有紧密的联系，又有很大的区别。深刻理解这两个概念的内涵和外延，认真辨析影响光能利用率与光合作用效率的内外因素十分必要。

从上述概念可以看出：在特定的地区，表达式中的分母部分通常是一个定值，而分子部分则是一个变量，单位面积土地上植物光合作用产生有机物中的能量同植物接受光照的时间、接受光照的叶片面积有着十分密切的关系。

太阳光能是作物进行光合作用、制造有机物的唯一能量来源，它直接影响作物生长发育和产量的形成，是作物产量形成的基础，光资源的利用程度已成为衡量农业现代化水平的重要标志。作物产量高低和品质优劣，主要决定于光能资源的质量和光能利用率的高低。依叶绿体的光化学角度分析结果，光能利用率最高为20%～25%，在自然条件下生长的植物和栽培作物，其光能利用率只有1%左右。在作物叶面积最大的旺盛生长期的短时间内，最高利用率也不过5%左右。因而，夺取作物优质、高产、高效，就要在保证水、肥供应和栽培管理等的基础上，主要着眼于对光能资源的合理充分利用。

（一）影响果树光能利用的因素

1．树冠类型与光能利用

不同树冠类型，透光能力不一样，树冠消光大小是按照树冠类型、叶片大小、排列角度而决定的。光线到达树冠后，在树冠内部呈不均衡分布，一般圆形树冠由上到下明显减弱，由外向内递减。

密集型树冠比疏散型树冠透光弱，消光强。叶小，形长，且与枝成一定角度则有利透光，如桃树叶具有喜光树种的典型特征。

2．树冠大小与光能利用

树冠体积较小则相对表面积较大，曝光叶片百分比高。Turrell（1961）对不同树龄的夏橙总叶面积和树冠表面积调查发现，三年生树表层叶面积约占总叶面积的 50%，成树表层叶面积下降到 32%。Heinicke（1964）对元帅苹果不同砧木和不同树冠大小的调查也证实矮化树冠内部光照良好，以每 $1hm^2$ 受光 30%（占全光照）以上的叶面积统计，M9 砧的树比乔化砧树多 1/3。因此，适当缩小树冠体积，增加株数，是提高光能利用率的重要途径。

3．树冠高度、行距与光能利用

树冠长到一定高度之后，相邻树之间就会出现对光照的竞争。为了改善光照状况就必须考虑树高与树间的间隔问题。根据前苏联季米里亚捷夫农学院研究提出的各项参数，原则应是保证大量阳光射入树冠基部，以保证这个部位枝条的正常功能。

为使树冠基部在上午 9 时得到光照，在莫斯科地区，树行冠顶和邻行冠基对角线所成的水平夹角，即影射角不得高于 50°，否则光线恶化。要求树高不超过 3m，冠厚 2. 33m，作业道保持 2m。

以上树冠参数是国外研究提出的，它的关键是确定最高太阳入射角。这个理论的应用，好处是在于明确树冠最基部必须保证一定的光照这个概念。但按这个理论安排株行距，地面覆盖率太低，大约只有 33%，还得根据我国的具体情况加以考虑。

（二）提高果树光能利用率的途径

影响果树光能利用的因素很多，有些是果树光合作用的本质所决定的，有些是环境因素，有些是栽培技术和管理措施造成的，所以，其中有些是暂时无法克服的，有的是可以通过人为措施加以调节的。

1．合理密植

果树合理密植应根据树体特性、自然环境和栽培技术，既节约用地，又合理利用空间和光能，充分发挥整个叶幕的光合生产能力，达到丰产、稳产、优质、低耗费的目的。果树之间的遮光主要决定于树体大小、栽植密度、坡度 α、坡向 β、纬度 φ、太阳视赤纬δ及时角ω等因素。各种果树必须的受光条件可依据其光合作用的需光情况来确定。在传统的果树栽培中，仅凭经验决定果树栽植密度是不够的。

合理密植均能提高产量，其根本原因在于提高了果树的光能利用率。所谓合理密植，是根据果树本身的特性和栽培条件，在不妨碍个体正常生长发育的情况下，充分发挥群体对光能的利用效率和土地利用能力，从而提高果树单产的科学措施。合理密植要考虑到果树各生育期均能达到和保持良好的群体结构，更好地利用光能。群体结构是否良好，要从个体地上部分、地下部分的生长情况和群体的产量来衡量。

2. 科学修剪

植物产品中90%～95%的有机物质都是来自光合作用，所以光照的强弱对果品产量、质量的影响是很大的。要保证苹果、梨等果树形成适量花芽，提高产量，改进品质，必须改善其通风透光条件。未经修剪的果树，多是枝条密集，树冠郁闭。当树冠内膛光照只有自然光照强度的10%时，这些范围内的叶片所制造的养分只供自身消耗，甚至入不敷出，所以难以成花结果。即使成花，多不坐果；即使结果，其果实色泽暗淡，品质也差。为提高果树光合作用的效益，必须通过整形修剪技术，改善光照条件，扩大有效叶面积，配合合理增施肥水，提高叶片质量和叶片的光合效率，延长光合作用时间。

通过整形修剪可改善树冠光照条件，如选择适宜树形，加大骨干枝的角度，适当减少骨干枝的数量，降低树体高度；对幼、旺树，采取轻剪长放多留枝、改变枝条生长方向、调节枝条密度等措施。

从调节果树与光照的关系考虑，整形修剪要因时、因地制宜。山地果园果树，向南、向西南坡的自然光照好，修剪时应适当多留枝叶，一可增加枝叶面积多结果，二可使枝叶为树干遮阴，防止枝干受强光直射而发生日灼病；山阴坡光照较差，修剪就要有差别。对于连年轻剪长放的树型，其叶幕过厚，光照恶化，就要适时疏除枝条，改善透光条件，提高光合效率。

许多有经验的果农，在调节果树树冠光照方面有很多实践经验。例如提出“光路”概念，就是说在增加树冠枝叶密度时，不可使之形成一个大叶幕，要留一些空间，让太阳光照射到内膛；再如对密植园、成龄园，都要求果园地面要见到10%左右的直射光，并称之“花花阳”，如同筛子底一样；再如篱形整枝果园，篱壁侧面一天中应受到3～4h的直射光等。

3. 种植具有理想株型的品种

各种不同的果树，同种果树的不同生育期，同种果树的不同品种，同种果树的不同立地条件等都会影响到光能的利用。不同品种生物学特性的不同，决定了株型的不同。有的品种枝条较密集，如苹果中的红玉、元帅等；有的品种枝条较少，如国光、印度青等。有的品种层性明显，有的不明显。由于它们的株型不同，从而在叶面积的数量和质量上是不同的，因此它们的光能利用率也不同。所以，我们要选择具有理想株型的品种。

4. 提高复种指数

复种指数是全年内农作物的收获面积与耕地面积之比。提高复种指数就是增加收获面积，延长单位土地面积上作物的光合作用时间。主要措施是进行合理轮栽、间作、套种和育苗移栽，使不同种类的作物巧妙搭配和合理分布，从时间和空间上更好地利用光能，提高光能利用率。据福建农学院报道，改单作小麦套种甘蔗为小麦与蔬菜（萝卜、甘蓝）间作，小麦与蔬菜的畦宽皆1m，收获后，育苗移栽甘蔗于小麦畦间，这样，光能利用率从1.64%提高到2.14%，667m^2经济收入增加104.2元。广西地区光照、温度条件良好，在耕作制度上开展科学试验，逐步进行改革，因地制宜地提高复种指数，是提高光能等自然资源的利用率，大幅度提高作物收获量的有效途径之一。对于果树来说基本谈不上提高复种指数，但是从整体的植物角度来说，也是很有必要的。

5. 掌握适宜的收获期

掌握适宜的收获期，使群体产量形成的关键时期获得较好的光照、温度条件。果树在生育期的光照、温度条件如何，对产量都有影响。在产量形成的关键时期，若光照不足，温度不适，不利于光合产物的制造、转运和积累，产量低，光能利用率亦低。提高果树的光能利用率的基本问题是查明果树产量内在生理及外在生态因素，以便能自由地调节和控制这些因素。其本质就是增加光合作用强度和总的光合量。

（1）选择合理种植制度和种植方式　应满足以下要求：在温度条件允许情况下，最大可能延长光照时间；阳光最强时期具有较高的叶面积系数，使温度、光强、叶面积系数的乘积之和达到最大值，据此可采取间套复种与合理选择行距等，达到提高光能利用率的目的。

选育光合作用能力强、呼吸消耗低，叶面积适当、株型和叶型合理、适合高密度种植不倒伏的品种，这样也能提高光能利用率。

（2）选育、推广优良品种　选育、推广合理的叶型、株型、高光效、低光呼吸的品种是提高光能利用率的主要途径之一。就叶型来说，在作物群体中，接近直立的叶片比接近水平的叶片能更均匀地将所接受的光能分配给全部光合器官，从而更好地利用光能；矮化品种株型紧凑，叶片短而挺直，耐肥抗倒伏，经济系数也较高，有利于增产。在光照和温度均较低的地区和季节，宜选育光合效率相对高的三碳植物。

（3）采用合理的栽培技术措施　在不妨碍田间 CO_2 流动的前提下，扩大田间叶面积系数（绿色叶面积和农田面积之比），使作物形成合理的空间结构，增加对太阳光能的吸收部分，减少反射、透射的部分，减小顶层光强超过饱和和下层光强不足的矛盾，这样就有利于干物质的积累，从而提高果品产量。

（4）提高叶绿素的光合效能　比如，利用人造光源补充田间光照，可提高光合效能；还可以通过调节播种时间，改变光照时段，也能影响作物的开花和结实时间，有效地增加产量。

（5）改善 CO_2、水分条件，增加光合能力　合理密植可使作物群体通风透光，多施有机肥料和含有 CO_2 的化肥，提高空气中 CO_2 的浓度，对经济作物和粮食作物都有增加生长量与产量的效果。足够的水分对加强光合作用也是十分重要的。叶片缺水，气孔开度变小，甚至关闭，影响 CO_2 的吸收，蒸腾减弱，叶温增高，从而增加呼吸消耗，降低了净光合生产率。

（6）保证矿质元素供应　满足光合作用对矿质元素的需求。

（7）控制温度　适当增加昼夜温差，增加光合产物的积累。

（8）合理灌溉　满足植物对水分的需求，使光合作用正常进行。

（三）提高设施果树光能利用率的途径

1．合理设计规划，规范建造

设计及规划布局合理、建造规范、采光量大而分布均匀的日光温室。一般二代节能日光温室采光量较一代温室大，但光照分布均匀性差。温室设计上，要求使采光面上处于合理层面角的比例尽可能大，温室方位要求东西延长，坐北朝南，东西偏移，一般要求不超过10°，后屋面仰角合适，以42°左右为宜。

2．选择适宜棚膜

棚膜类型及新旧程度对透光性影响很大。通常塑料棚膜吸附水滴时透光率降低20%～30%；同时棚膜在使用过程中，由于受紫外线照射及高、低温的影响，使棚膜产生“老化”现象，使透光率下降20%～40%。以使用原料而言，紫外线透过率最高的是PE膜，其次是EVA膜，PVC膜最低。

3．保持棚膜清洁

棚膜清洁程度对透光率影响很大，要求每天清扫棚膜上的尘埃及草帘碎片，而保证棚膜清洁的最主要措施就是定期清洁棚膜。

4．张挂反光幕，地面覆盖反光膜

内墙张挂反光幕可明显改善温室背光处弱光区光照强度，有利于作物的生长发育。

5．合理密植，及时正确调整植株

通过合理密植和植株调整，可保证温室内的通风、透光条件，保证作物健壮生长。

6. 采用地膜覆盖技术

可以改善植株下部光照，降低湿度，在不影响耕作制度的前提下，适当延长作物的生育期。这样，作物的光合作用时间就得以延长。

7. 补充人工光照

在小面积的栽培中，当阳光不足或日照时间过短时，还可用人工补充光照。日光灯的光谱成分与日光相似，而且发热较弱，是较理想的人工光源（见图2－3）。延长光照时间的唯一措施是补充人工光照。提高复种指数和延长作物的生育期虽然能延长作物光合作用的时间，但显然无法延长光照时间。补充人工光照可以提高农作物光合作用时间，因而能够提高农作物的光能利用率。但是，补充人工光照的措施在目前只有在小面积的栽培（如大棚栽培）中才有可能实施，在大面积的栽培中缺乏可操作性。

图2－3　补充人工光照

8. 提高光合作用效率

主要包括光照强弱的控制、CO_2的供应及必需矿质元素的供应。

第二节 果树整形修剪技术

一、苹果树整形修剪技术

1．细长纺锤形

细长纺锤形是苹果矮砧密植栽培中普遍采用的树形，其基本结构为：树形狭长，中心干直立强健，着生约20个分枝，不分层，主枝上不留侧枝，主枝短小，角度开张，枝干比为1:3，结果枝组直接着生在中心干或主枝上。该树形具有结构简单、修剪量小、通风透光良好、管理方便等优点，适用于（1.5～2.0）m×（3.0～4.0）m的矮化砧苹果密植栽培。

修剪要点：

（1）对直径超过主干1/4或长度超过40cm的大侧枝要坚决去除。

（2）对主干缺枝部位可按15～25cm的间距旋转刻芽，促其尽快萌芽成枝。

（3）萌芽后严格控制侧枝长势，当侧枝长度超过30cm时，按90°～100°的角度要求及时拉开主枝基部角度。

2．自由纺锤形

自由纺锤形属中小冠树形，树形轮廓比小冠疏层形小些，比细长纺锤形大些，适于半矮化果树和短枝型品种。适于行距4～5m，株距2～3m的栽植距离。其基本结构为：在主干上按一定距离（15～20cm）或成层分布10～15个伸向各方的小主枝，其角度基本呈水平状态。在主干上每15cm左右着生一个小主枝，小主枝上不安排侧枝。树高2～3m，下部最大冠幅2.5～3.0m。

修剪要点：

（1）1～3年生树整形修剪 一要注意中干长势，如中干长势过强，可换第2枝作中干，将第一强旺枝疏去；二要注意把选留的主枝拉平，使基角开张，并长放不剪或轻去头，过强或基角过小的要早疏除；三要注意疏除拉平枝后部靠近主干 20～30cm 的直立旺枝和徒长枝，延长头前部的直立枝，三头枝可疏除竞争枝，但尽量减轻冬剪量，以缓和长势，促生短枝。

（2）4～5 年树型修剪　树势仍旺，但枝量大增，夏季要注意疏除密生、徒长梢，旺、壮枝采用促花技术，如基部环割及扭梢等。冬剪仍以疏除密生枝为主，极少短截，多留枝，多留花芽，争取提早实现丰产。

3. 小冠疏层形

小冠疏层形树体矮小，其基本结构为：干高 40～50cm，树高 2.5～3.0m，全树共有骨干枝 5～6 个。第一层有主枝 3～4 个，临近枝相互错落着生，开张角度为 80°～85°，其上直接着生结果枝组。第二层 2 个，全部邻节或临近排列，开张角度为 85°～90°，其上直接着生中小枝组。第一层与第二层间距为 80～100cm。

修剪要点：

（1）株行距 3m×4m。

（2）减少主枝数量，具体应根据树冠的大小来确定。每株树保留 5～7 个主枝，其中第一层 3～4 个，第二层 2 个，第三层 1 个或无。

（3）主枝开张角度 80°～85°，第一层主枝直接着生结果枝组，与第二层主枝层间距 80～100cm，干高 80cm 左右。

二、梨树整形修剪技术

1. 自然开心形

基本结构为：树高 2.5m，主干高 60cm 左右，主枝基角 50°～60°，腰角 50°左右，梢角 30°，三大主枝成 120°方位角延伸，各主枝两侧成 90°配置侧枝。同侧侧枝间距离 50～70cm。

修剪要点：

（1）定植当年　壮苗定植后 60cm 左右处定干，5 月份当顶端两芽新梢 20cm 左右时予以扭梢，促使下部芽生长。8～9 月份选三枝按 120°方位角开张基角 50°左右，作主枝培养，强枝开张角较大，弱枝较小。冬季剪除顶端扭梢枝，三主枝中截，强枝略重，弱枝略轻。

（2）第2年　5月对背生直立梢强行扭梢。7～9月对主枝延长梢拉枝开张角度45°左右。主枝选两侧生长较强新梢各1枝（间隔30cm左右），与主枝成直角，开张角度60°左右，作侧枝培养。冬季三主枝继续中截，侧枝轻截。

（3）第3年后　其间主要是对侧枝的修剪。冬季主枝短截逐年加重。5年左右树冠基本形成后，为避免枝间重叠、交叉，可采取重截或换头的方法。

2. 小冠疏层形

基本结构为：干高60cm，树高3m，冠径3m，第一层主枝3个，第二层主枝2个，第三层主枝1个，层间距70cm，主枝上直接着生大、中、小型结果枝组。适宜于按株行距3m×4m规格定植的晚熟梨品种。

修剪要点：培养小冠疏层形的第一步是定干。干高50cm时，树冠剪留60cm，余10cm作为整形带。梨苗定干后一般只发2～3个枝。当定干后只发生2个枝，第2枝分枝角度较大时，用第1枝作中干，剪留40cm左右。定干后两个新生枝夹角较小时，第1枝剪留40cm，第2枝重短截并里芽外蹬，下一年再去直留斜，重新培养第1主枝。定干后剪口下萌发2个枝，第2枝生长很短时，第1枝做中干延长枝，剪留30cm。第二枝在枝前刻伤，甩放下剪。利用伤口，促其顶萌发壮枝，下一年再重新培养。培养主枝时不要剪留太长，否则后部光杆，前部生长弱，一般留30～40cm。培养主枝时也不要剪留太短，主枝剪留短，树冠扩大慢；主枝剪留长，树冠扩大快。定干第3年，中干延长枝仍剪留30～40cm，以利促生分枝。主枝延长树也应剪留30～40cm，将剪口下第3芽留在第1侧枝的对面略偏背下的位置上，并在芽前刻伤，促其生长，培养第2侧枝。定干第3年，中干延长枝不能按层间距的要求培养第4主枝，应剪40cm左右。

三、桃树整形修剪技术

1. 自然开心形

通常留3个主枝，不留中心干，又称三主枝开心形。具有整形容易、树体光照好、易丰收等特点。

（1）基本结构　干高30～50cm。主干以上错落着生3个主枝，相距15cm左右。主枝开张角度40°～60°，第1主枝角度大些，可为60°，第2主枝略小，第3主枝则开张40°左右。三个主枝的水平分布宜第1主枝朝向一侧，其他两个主枝的水平夹角相对较小，朝向另一侧，使每一行树的群体结构呈开心形，以免影响光照。

主枝直线或弯曲延伸，设施内空间较小，通常不留侧枝。在主枝上培养中、小型枝组，以平斜枝组为主。

（2）整形过程　定干高度50～60cm，整形带15～30cm，带内有5个以上的饱满芽。

定植萌芽后抹去整形带以下的芽，在整形带内选留4～5个新梢。当新梢长达30～40cm时，进行第1次摘心，促进发分枝，可摘心2次，以增加枝量。注意选3个生长健壮、相距15cm左右、方位和角度符合树形对主枝要求的3个新梢作为主枝培养。其他枝拉平缓放，辅养树体。

第1年休眠期修剪时，留作3个主枝的延长枝剪留40～50cm。其他枝原则上不动，以尽可能多地留下花芽。

果实采收后，3个主枝延长枝剪留50～60cm，继续扩大树冠，其他辅养枝条原则上疏除。

桃树的生长量大，在生长季当主枝的延长枝长度达到40～50cm即行剪梢处理，以促进分枝，可以加快整形进度。

在整形过程中，除主枝外其余枝培养为大、中、小型枝组或结果枝，枝条过密时，适当疏除。

2. 二主枝开心形

树体结构与自然开心形相近，只是留二主枝，更适合在比较高的栽植密度下采用。

（1）基本结构　干高40～50cm，主干上着生2个主枝，长势相近，相向延伸。主枝开张角度45°～60°，在主枝上配置结果枝组。

（2）整形过程　定干高度50～60cm，在整形带内选留2个对侧的新梢培养主枝。2个主枝朝向温室的两侧，整体结构呈V字形。第一个休眠期修剪时主枝剪留50～60cm，其他枝条按培养枝组的要求修剪，到第4年树体基本成形。

3. 纺锤形

适合高密度栽培和设施栽培，需设支架。整形时要及时调整上部大型结果枝组，切忌上强下弱。

（1）基本结构　干高30～50cm，有中心干，在中心干上着生8～10个小型主枝或大型枝组，基部主枝稍大，长0.9～1.2m，基角55°～65°，往上主枝长度渐短（0.7～0.9m），基角渐大（65°～80°）。主枝在中心干上均匀分布，间距25～30cm，同方向主枝间距50～60cm。结果枝组直接着生在主枝和中心干上，树高2.5～3.0m。如果栽植密度加大，中心干上主枝上下相差不多，则为细长纺锤形。

（2）整形过程　定干高度80～90cm。春季萌芽后在剪口下30cm处选留新梢培养第1主枝，剪口下第3芽梢培养第2主枝，顶芽梢直立生长培养中心干。当中心干延长梢长到60～80cm时摘心，利用下部副梢培养第3、第4主枝（枝组）。各主枝按螺旋状上升排列。第1年休眠期修剪时，所选主枝尽可能长留，整形过程结束。

四、樱桃整形修剪技术

树形一般采用自然开心形、丛状自然形、自由纺锤形（主干疏层形）等。无论采用哪种树形，树冠顶部与棚顶之间必须留有1.5m左右的空间。适合日光温室栽培的主要树形有自然开心形和自然纺锤形。

1. 自然开心形

干高20～40cm，无中心主干，全树有2～4个主枝，开张角度为40°左右，每个主枝上配备2～3层侧枝，每层间隔30cm，侧枝上有各种类型的结果枝组。

2. 自由纺锤形

干高40～60cm，中心干上配备单轴延长的主枝6～10个，角度开张几乎成水平，上面着生大量结果枝组。修剪时要及时落头开心，以控制树高。整形时，定植当年留50cm定干，定干后从抽生的长枝中选留长势健壮、方位好的作为主枝，在生长季节拉成水平角。第2年冬剪时中心干延长枝留40～60cm短截。生长季对主枝开张角度，主枝背上的强旺枝摘心。冬剪时对竞争枝和背上枝要疏除或短截，其余的斜生枝、中庸枝可缓放或轻剪。第3年对中心干留50cm摘心，生长季继续开张角度，背上枝和内膛旺长枝摘心，培养成结果枝组。

五、葡萄整形修剪技术

1. 篱架扇形

篱架整形架面利用合理，更新、管理方便，产量高，但若修剪不当易造成郁闭。由于主干的有无和主蔓的多少而分为有主干扇形和无主干扇形。扇面整枝因主蔓的多少而分为小扇形（2个主蔓）、中扇形（3～4个主蔓）、大扇形（5～6个主蔓）和多主蔓自由扇形（6个主蔓以上）。主蔓的多少，应根据品种、土肥水等条件及株行距而定。

（1）小扇形　适于生长势弱、植株较小的品种，以及土壤较瘠薄的条件。一般定植当年冬剪时，留2个30cm以上的枝蔓作为主蔓，并利用副梢加速整形；次年春每蔓留2～3个健壮的新梢作为结果枝以形成结果母枝。以后每年对结果母枝进行双枝更新。

（2）中扇形　定植当年冬剪时，留近地面处2～3个粗壮、充实的新梢，剪成中、长梢作为主蔓；次年在每个主蔓上留2～3个结果枝，并选留基部的1～2个新梢作为主蔓，同时留1个萌蘖枝更新用。以后每年在主蔓上留 2 ~ 3 个结果母枝，并保持结果部位相对稳定。

（3）大扇形　整形过程基本与中扇形相似，只是多留主蔓，加大行株距，选择生长势强的品种。

（4）多主蔓自由扇形　主蔓较多，整形过程基本与大扇形相似，只是留结果母枝数和长度不一，分布也无一定规律，主要根据架面空间和生长情况灵活修剪。

2. 大棚架双主蔓形

若采用 100cm 的株距时，可进行双主蔓整枝。定植当年每株葡萄选留 2 个新梢为主蔓。在整形时，一年一栽制可不留预备枝；多年一栽制可在每个主蔓基部留一条粗壮的新梢作预备枝，去掉上面的花序。第 2 年冬季修剪时，从预备枝以上剪截，用新留的预备枝代替原结果母枝，以后每年依次循环。

3. 独龙干

独龙干在架面上只留 1 个主蔓，整形分 3 年完成：定植当年新梢长到 80cm 左右摘心，抽出副梢后，顶端第 1 个副梢继续沿架面伸长，待长到 60 ~ 70cm 时二次摘心，其余副梢从地面 30cm 起每隔 15 ~ 20cm 留 1 个培养成结果母枝。第 2 年以头年顶端副梢前面抽生的壮枝为延长头去爬架面，头一年副梢形成的结果母枝和主蔓上的冬芽抽生的结果枝结果。第 3 年继续布满架面，并适当安排结果枝，培养结果枝组。这种树形无侧蔓，结果枝组均匀地分布在主蔓两侧，整形容易，结果早，埋土上架方便，适合北方埋土区。

六、杏树整形修剪技术

1. 小冠疏层形

干高 40cm 左右，树高 3.0 ~ 3.5m，冠径 2.5 ~ 3.0m。全树共有主枝 5 ~ 6 个。第一层 3 个主枝，可以互相邻接，开角 60° ~ 70°，每一主枝上相对应两侧各配备 1 ~ 2 个大型结果枝；第二层 1 ~ 2 个主枝，方位插在一层主枝空间，开角 50° ~ 60°，上着生中、小枝组；第三层 1 个主枝，上着生小型枝组。该种树形树冠呈扁圆形，骨干枝级次少，光照良好，立体结果，树势稳定。小冠疏层形修剪方法剪除了大量的长枝，减少了营养竞争，从而集中营养供给内膛短枝开花结果。

2. 自然圆头形

树高3.5m，干高60cm，没有明显的主干，在主干上着生5～6个主枝，各主枝上每隔50～60cm留1个侧枝，侧枝上配有结果枝组。第1年70cm定干。在整形带内选留5～6个错落着生的主枝，主枝基部与树干呈60°。当主枝长达50～60cm时，进行短剪截或摘心，促其生成2～3个侧枝，主枝头继续延伸。当侧枝长达30～50cm时摘心，形成各类结果枝，逐渐形成结果枝组，当树高超过3.5m时进行落头。这种树形修剪量小，定植后2～3年即能成型，结果早，易管理，但骨干枝下部易光秃，结果部位外移较快。

七、李树整形修剪技术

1. 自然丛状开心形

在距地面10～20cm处或贴地面选3～5个向四周分布的主枝，其余枝条全部疏除。树高2.5m，视栽植密度配置侧枝，株行距3m×4m的，每主枝配侧枝2个，第1侧枝距地面80cm，第2侧枝距第1侧枝30～40cm，主枝和侧枝上再配置大、中、小型结果枝组。这种树形造形容易，树冠扩大快，结果和丰产早，单株产量高，适于密植。缺点是通风透光稍差，内膛易光秃，结果部位易外移，地面耕作不方便。

2. 自然开心形

主干高30～40cm，树高1.5m。定值后，在距地面50cm左右处用短截定干，发枝后在顶端向下15～20cm的整形带内，选3～4个生长健壮、向四周延伸的枝条作主枝，其余枝条全部疏除，以免影响主枝的生长。主枝上再用摘心或短截配置侧枝，第1侧枝距主干60cm，第2侧枝距第1侧枝30～40cm，侧枝应是单数一边，双数一边，以免造成两主枝夹角间的相互交叉，扰乱树形。这种树形，骨架牢固，树冠大而不空，枝条密而不挤，既不挡风遮光，又不易出现下部光秃，并且生长旺盛，丰产性好，更新容易，但培养树形和修剪技术要求较高。

3. 小冠疏层形

适用于干性强、层性明显的植株，株行距2m×3m。主干高30～40cm，树高1.5～2.0m，有中心干，主枝两层，第一层3～4个，第二层2个。培养方法是：定植后次春在距地面50cm左右定干。发枝后选顶端生长健壮、位于中心的一枝作中心干，其下选向四周分布的3～4枝作第一层主枝，枝距10～15cm，不能轮生，并用撑、拉、背、坠等方法开张主枝角度和调整好延伸方位。以后再在第一层最上一个主枝上端30～50cm的中心干上，配置第二层主枝，其枝应与第一层主枝错落着生，不能重叠。第一层每主枝配侧枝2个，第二层每主枝配侧枝1个，配置方法与前一种相同。这种树形结果部位多，单株产量高，缺点是通风透光较差，内膛易空虚，更新不便。

4. V字形

V字形适合1m×3m的株行距。李幼树以短果枝及花束状果枝结果为主，除味王品种外，其他几个品种对修剪反应都较为敏感，且萌芽率高、抽枝力强，易发徒长枝，因此在夏季修剪时应以疏为主。

李树的枝条节间短，主枝和侧枝短截后，应抠除剪口下2～3个芽，以免发生竞争枝，影响延长枝的生长和满足整形的要求。

第三节 果树病虫害防治

我国地域辽阔，自然环境条件复杂，果树种类及其相关病虫害种类繁多。据有关资料显示，在我国主要栽培的30余种果树中，病害种类就高达736种，其中严重危害的达60余种；虫害种类546种，其中严重危害的达40余种。果树病虫害的广泛发生，制约了果树生产能力的提高和产品数量的增加，降低了果品的内在品质和外在的商品属性。因此，加强对果树病害、虫害及其发生规律、防治方法等基础知识的学习，增强生产上对果树病虫害的重点辨识能力与综合防治能力，对发展现代果品产业具有十分重要的意义。

一、病虫害种类

（一）果树病害

果树由于受到病原生物或不良环境条件的持续干扰，当其干扰强度超过了果树的忍耐程度时，果树正常的生理功能就会受到严重影响，在生理上和外观上表现出异常，并造成经济上的损失，这种偏离了正常状态的果树就是发生了病害。

引起果树病害的原因称之为病原，病原有生物性病原和非生物性病原之分。其中生物性病原主要有真菌、细菌、病毒、线虫、寄生性种子植物五大类，它们被统称为病原生物，简称病原物；非生物病原包括一切不利于果树正常生长发育的气候、土壤、营养、有害物质等因素。

1. 病害种类

果树的病害由于病原物的不同可以分为两大类：传染性病害和非传染性病害。

（1）传染性病害　病原生物都是寄生物，被寄生的植物（果树）叫寄主，习惯称为寄主植物。凡是由病原生物引起的果树病害都能相互传染，所以称传染性病害或侵染性病害，也称寄生性病害。果树常见的传染性病害种类有：① 枝干病害：干腐病、腐烂病等。② 叶片病害：褐斑病、霜霉病、灰斑病、圆斑病、半点落叶病、白粉病、花叶病等。③ 根部病害：根朽病、圆斑根腐病、紫纹羽病、白绢病等。④ 果实病害：炭疽病、轮纹病、黑星病、白腐病、褐腐病、霉心病、锈果病等。

（2）非传染性病害　由一切不利于果树正常生长发育的气候、土壤、营养、有害生物等非生物因素引起的果树病害称为非生物性病害。此类果树病害是不能相互传染的，故称为非传染性病害，也称为生理性病害。果树常见的非传染性病害种类有：① 枝梢病害：抽条、枝枯、裂纹等。② 叶部病害：小叶病、黄叶病、叶枯等。③ 根部病害：肥害、冻害，水分过多引起的沤根、根枯、死根等。④ 果实病害：霜环病、水心病、苦痘病、虎皮病、缩果病、果锈、日烧等。

（3）传染性病害和非传染性病害的关系　传染性病害大多会削弱果树对非传染性病害的抵抗能力，如落叶病害不仅引起果树提早落叶，也使果树更容易遭受冻害和霜害。非传染性病害使果树抗病性降低，利于传染性病原的侵入和发病，如冻害不仅可以使细胞组织死亡，还往往导致果树的生长势衰弱，使许多病原物更易于侵入。加强果树的栽培管理，改善其生长条件，及时防治病害，可以减轻两类病害的恶性互作。

2. 病害症状

果树生病后所表现的病态称为植物病害症状。症状又可分为病状和病症。病状是指果树得病后其本身所表现的不正常状态，如变色、斑点、畸形、腐烂和枯萎等；病症是指引起果树发病的病原物在病部的表现，如黑色霉层、小黑点、粉状物、霉状物、菌核、菌脓等。果树发生病害后迟早都会表现病状，但不一定表现病症。因为植物病毒是寄主（果树或果实）细胞内寄生物，所以只有病状，而不产生病症。

3. 病害发生规律

果树以病毒、细菌、真菌、线虫为病原的传染性病害发生时，首先出现发病中心，然后向四周扩散与蔓延；而非传染性病害（生理病害）恰恰相反，往往呈块状、片状的发生。两者也有可能相互影响，交叉发生。

（二）果树虫害

在果树上寄生或果树下土壤中潜伏的农业害虫，严重影响果树的高产、稳产和果实品质的提高。据统计，每年全球因虫害造成的农业经济损失高达数百亿美元，因此辨识果树害虫并及时有效地防治虫害，是果树生产的重要任务之一。

1. 虫害种类

危害果树的昆虫种类较多，数量较大。按其口器类型可分为咀嚼式害虫和刺吸式害虫两类；按害虫的危害部位可以将其分为食叶类、蛀茎类、食根类等；按危害昆虫的自身特征，又可将其分为鳞翅目、同翅目、鞘翅目、膜翅目、蜱螨目等。

2. 虫害症状

咀嚼式口器害虫的危害在果树上可造成缺刻、空洞、组织破碎，如葡萄天蛾造成叶片缺刻、桃红颈天牛造成桃树空洞、苹小食心虫蛀食苹果造成虫孔、香蕉弄蝶卷食蕉叶造成叶面组织破碎等被害症状；刺吸式口器害虫如蚜虫、红蜘蛛、介壳虫等刺吸果树嫩叶或嫩梢后会出现萎蔫、失绿、黄斑、黑斑，甚至全株枯死等被害症状。

3. 虫害发生规律

果树虫害一般在春、夏生长季节危害严重，秋、冬季多开始以卵、蛹等虫态蛰伏，危害减轻；一般在干旱年份或暖冬年份虫害发生较重，并且一些刺吸式口器害虫如叶蝉、飞虱等直接危害的同时还传播病毒性病害。

二、病虫害防治方法

果树病虫害防治经历了一个漫长的发展过程，在不断探索、改进、总结的基础上，形成了目前普遍采用的植物检疫防治、农业防治、生物防治、物理防治、化学防治等五大类防治方法。这五类基本方法在病虫防治上各有优点，但也存在一定的局限性，因此在生产实践中常常采用的是五类方法优化组合、协调运用的综合防治方法。

（一）植物检疫防治

植物检疫防治法也称法规防治方法。它是由国家或地方政府颁布的条例或法规、法令，对植物（果树）及其产品，特别是苗木、接穗、插条、种子等繁殖材料进行管理和控制，有效地防止外来检疫对象和危害性病、虫、草的传入和带出，以及在国内的传播蔓延，是国家保护农业生产的一项根本性措施。事实表明，很多果树病虫害都是通过苗木、接穗调运进行远距离传播的，如美国白蛾、苹果棉蚜等。因此，各产果区必须严格遵守植物检疫法规，认真搞好产地及调运过程中的植物检疫工作，防止调入带检疫性病虫的苗木和接穗。同时，发现疫情应及时上报，努力做好疫情防控工作，把危害损失降到最低限度。

国家和地区根据保护农业生产的实际需要和病、虫、杂草发生特点而确定检疫对象，组织力量进行普查或专题调查，并根据调查结果划定疫区、保护区；对进出口或国内调运的种苗和农产品进行检疫，合格者发给植物检疫证书，不合格又无法消毒者禁运。

（二）农业防治

农业防治法是在果树栽培过程中，利用和改进各项农业栽培措施，有目的地改变病原微生物和果树害虫的生活条件和环境条件，创造有利于果树生长发育的有利条件，使其不利于病、虫、草害发生的防治方法。如秋、冬季清理翻耕果园不但能消除杂草，增进肥效，积蓄水分，而且可以消灭在土壤中越冬的蛴螬、蚱蝉等部分蛹、幼虫和成虫；结合春夏季的修剪除去病虫枝并集中烧毁，可以使果树通风透光良好，枝梢生长健壮，还可以减少病、虫、草害发生。这些都是行之有效的农业控制方法。

1．农业防治的优点和缺点

农业防治法在大多数情况下是结合果树栽培管理措施进行的，不需要额外投入人力、物力和药剂与资金，即可达到推迟和减轻病虫危害、作用相对持久的效果。同时由于减少了化学农药的使用量而避免了果树害虫产生抗药性、环境污染以及杀伤农业有益昆虫等不良影响。它具有经济实用、操作简便等优点，但在实际运用中也存在一定的局限性，如对果树病虫害的作用表现缓慢，防治效果不如化学防治效果快。

2．农业防治的主要措施

（1）选育推广果树抗性品种　增强果树抗病、抗虫和抗逆耐害的能力。

（2）耕作制度的改进和创新　在果园实行其他作物的合理间作、套作和轮作，从而改变果园环境条件，控制和减少食性专一和比较单纯的病虫害发生数量。

（3）加强果园管理　使果园有利于果树的生长发育，而不利于害虫的发生和发展。

(4) 整地施肥　改变土壤性状和肥力水平，增强果树抗病虫能力，恶化土壤中病原物和潜伏害虫的生存条件。

(5) 在果树发展区兴修水利　在改善农田、果园灌溉条件的同时，必然引起生物群落的剧烈震荡，改变或破坏某些害虫的适生环境，从而抑制虫害的发生、发展。

(三) 生物防治

生物防治是利用自然界有益生物或其他生物抑制或消灭果树病虫害的一种防治方法。它包括以虫治虫、以菌治虫、以菌治菌等多种手段。果园生态条件比较稳定，开展生物防治有很多有利条件。在认真调查昆虫种群和病害种类的条件下，积极开展保护和利用(引进)天敌，以及运用相克的菌群防治病、虫都是可行的。生物防治具有自然、环保、经济等很多优点，但也有其局限性，必须与其他防治措施相结合。要正确处理生物防治与化学防治的矛盾，纠正重用、乱用违禁农药和广谱性农药的问题。

在自然界里，可以用于生物防治的有益生物有三大类:

(1) 捕食性生物　包括草蛉、瓢虫、螳螂、步行虫、畸螯螨、钝绥螨、蜘蛛等可利用虫类和山雀、灰喜鹊、啄木鸟等食虫鸟类，以及捕食果园鼠类的黄鼬、猫头鹰、蛇等。

(2) 寄生性生物　包括寄生蜂、寄生蝇等。

(3) 病原微生物　包括真菌、细菌、病毒和能分泌抗生物质的抗生菌等。

(四) 生物防治的主要方法

生物防治的主要方法包括四种：利用天敌防治，利用作物对病虫害的抗性防治，利用耕作方法防治，利用不育昆虫和遗传方法防治。

(1) 利用天敌防治　利用天敌防治有害生物的方法应用较为普遍。每种害虫都有一种或几种天敌，能有效地抑制害虫的大量繁殖。① 保护和利用大红瓢虫和澳洲瓢虫捕食吹绵介；利用日本方头甲、整胸寡节瓢虫捕食矢尖蚧；利用草蛉、小黑瓢虫、捕食螨可以捕食红蜘蛛；利用异色瓢虫、食蚜虻可捕食蚜虫；利用啄木鸟捕食天牛、吉丁虫幼虫等。② 利用赤眼蜂、寄生蝇防治毛虫、卷叶蛾等多种害虫；利用花角蚜、黄金蚜小蜂防治矢尖蚧等害虫。③ 应用白僵菌（真菌）防治毛虫等鳞翅目害虫；利用苏云金杆菌各变种制剂（细菌）防治卷叶蛾和凤蝶幼虫等多种林木害虫；用病毒粗提液（病毒）防治蜀柏毒蛾、松毛虫、卷叶蛾；用 5406（抗生菌）防治苗木立枯病；用多抗霉素（农用抗生素）防治苹果斑点落叶病；用泰山 1 号（线虫）防治天牛等。

（2）利用果树对病虫害的抗性防治　果树的抗性表现为忍耐性、抗生性和无嗜爱性。忍耐性是植物虽受到有害生物侵袭，仍能保持正常产量；抗生性是植物能对有害生物的生长发育或生理功能产生影响，抑制它们的生活力和发育速度，如使雌性成虫的生殖能力减退等；无嗜爱性是植物对有害生物不具有吸引能力。选育具有抗性的果树品种防治病虫害已经取得了不小进展。

（3）利用耕作方法防治　耕作防治就是通过果树栽培管理制度和措施，如园土翻挖、灌溉施肥、修枝整形等方式，改变果园生态环境，减少有害生物的发生。

（4）利用不育昆虫和遗传方法防治　不育昆虫防治是搜集或培养大量有害昆虫，用 γ 射线或化学不育剂使它们成为不育个体，再把它们释放出去与野生害虫交配，使其后代失去繁殖能力。遗传防治是通过改变有害昆虫的基因成分，使它们后代的活力降低，生殖力减弱或出现遗传不育。此外，利用一些生物激素或其他代谢产物，使某些有害昆虫失去繁殖能力，也是生物防治的有效措施。

（五）物理防治

物理防治是利用物理因素（光照、温度、颜色等）以及人工、机械设备来防治病虫害的措施。它基于在充分掌握果园害虫对环境的各种物理因子如光照、温度、颜色等的反应和要求之后，利用其生理特点来诱集消灭害虫，以及利用热力、低湿、辐射等杀灭或抑制病害。该法收效迅速，可作为作物虫害大规模发生时的应急措施和病虫害检疫时的辅助措施。物理防治虫害的主要方法如下。

（1）人工捕捉法　由于果树虫害的一些特殊性，如很多害虫在果树老皮裂缝中越冬，有些害虫群集危害，因此人工防治仍为不可忽视、值得推荐的手段。如用铁丝钩捕果园中的天牛幼虫，人工摘除尚未分散的舟形毛虫、天幕毛虫和山楂卷粉蝶的虫巢，人工剪除梨瘤蛾越冬枝梢，以及摇树振枝将夜蛾类幼虫振落而集中消灭等，都是行之有效且经济无副作用的防治措施。只要细心彻底，完全可以控制果园危害，避免损失。

（2）灯光诱杀法　果园害虫的许多成虫都具有趋光性，利用这一特性诱杀害虫现已普遍采用。用高压汞灯诱杀害虫的种类多、范围广、效果较好。

（3）障碍阻隔法　根据果园害虫的生活习性，设置各种障碍物，如防虫网、果树套袋、树干刷白等防止其危害或阻止其蔓延。这一方法在农业发达国家和地区早已广泛运用，其防虫效果良好。

此外，还有声控法、高低温处理法、辐射处理法、微波处理法等已开始运用于果实储藏、检疫和防治实验实践中。

（六）物理防治病害的主要方法

（1）热力治疗法　利用热力治疗感染病毒的植株和无性繁殖材料是生产无病毒种苗的重要途径。可分为热水处理法和热空气（蒸汽）处理法，后者因处理效果较好且对植株伤害较小而成为防治苹果、桃、梨、草莓等水果病毒病的常规措施。如柑橘苗木和接穗用49℃热空气处理50min，对治疗黄龙病效果颇佳；又如干果类产品经日光照射、充分干燥后，可避免真菌和细菌的侵染。

（2）低温处理法　低温处理是水果保鲜和干果储藏控制病害的常用方法之一。虽然不能杀死病原微生物，但可抑制病原微生物的生长和侵染。

此外，还有辐射处理法用于果实储藏的保鲜灭菌，微波处理法用于植物检疫、处理旅客随身携带或少量邮寄的种子与水果等。

（七）化学防治

运用有毒化学物质（即农药）来防治植物病虫害的方法称作化学防治方法，也称为药剂防治方法。农药包含杀虫剂、杀螨剂、杀菌剂、杀线虫剂、除草剂、杀鼠剂和植物生长调节剂等七大类，用其防治果树病虫害具有高效、高速、特效等优点。在可预见到的将来，使用化学农药和病虫害作斗争仍是植保工作的重要手段，但化学农药的不合理使用对水源、土壤、大气环境会造成严重污染，对害虫天敌造成伤害，对人畜安全构成威胁，也提高了农业种植成本。同时，单一使用农药防治还会导致病虫产生抗药性，反而还会造成病虫害的再猖獗。我们必须安全用药、科学用药，最大限度地发挥化学农药防治病虫害的作用，并把对生态环境和生态系统的影响、对人及其生物的副作用降到安全允许值以内。

1．常用农药的使用方法

利用农药防治病虫害，其效果的好坏除与所选农药品种密切相关外，还和使用方法的选择得当与否有很大的关系。常用农药的使用方法包括喷雾法、喷粉法、种子种苗处理法、毒饵法、撒施法、土壤处理法、熏蒸法、涂抹法等。在果园生产中，喷雾法、种子种苗处理法、涂抹法应用较为广泛。各种方法都有其优点，但也存在缺陷，因此在生产实践中要根据病虫害发生的规律和特点，综合权衡利弊，尽量将几种方法结合使用，才能充分发挥化学防治病虫害的最佳效果。

2．禁止使用的化学农药

（1）国家明令禁止使用的农药　六六六、滴滴涕、毒杀芬、二溴氯丙烷、除草醚、杀虫脒、二溴乙烷狄氏剂、艾氏剂、砷制剂、铅制剂、敌枯双、氟乙酰胺、氟乙酸钠、甘氟、毒鼠强、毒鼠硅。

（2）禁止在蔬菜、果树、茶叶、中药材上使用的农药　甲胺磷、甲基对硫磷、对硫磷、久效磷、甲拌磷、磷胺、甲基异柳磷、特丁硫磷、甲基硫环磷、硫环磷、治螟磷、内吸磷、克百威、涕灭威、灭线磷、蝇毒磷、地虫硫磷、氯唑磷、苯线磷。

3．不宜使用的化学农药

果树对某些农药很敏感，即使在微量的情况下，也会发生药害，轻者会使果树出现落叶、落花、落果，重者将导致植株死亡。

（1）新型植物素、敌敌畏　猕猴桃、核果类果树特别敏感，不可使用。

（2）乐果　猕猴桃特别敏感，忌用。柑橘、桃、李、枣对稀释倍数小于1500倍的药液敏感，使用时应先做试验，以确定安全使用浓度。

（3）稻丰散　可防治柑橘等果树的病害，但桃、葡萄对该药敏感，应慎用。

（4）炔螨特　在梨树上使用会发生药害。柑橘新梢使用，稀释浓度不可低于2000倍。

（5）砷制剂（退菌特、福美胂等）　核果类、猕猴桃、柑橘和梨的某些品种敏感，不宜使用。柿树应在6月以后使用。

（6）2，4-滴丁酯、二甲四氯　所有果树对这两种药剂都很敏感，应禁止使用。

（7）草甘膦、百草枯　均为灭生性除草剂，所有果树都敏感，只可用于果园行间定向喷雾除草。

（8）波尔多液　桃、李生长季节对其敏感，禁止使用。制波尔多液石灰与硫酸铜之比低于倍量式（石灰为硫酸铜的一倍）时，梨、杏、柿易发生药害；高于等量式（石灰和硫酸铜用量相同）时，葡萄等浆果类品种易发生药害。

（9）石硫合剂　桃、李、葡萄、梨等果树的幼嫩组织易发生药害，故生长季节不能使用。

（八）综合防治

综合防治是从农业生产的全局或农业生态的总体观出发，创造不利于病害发生危害而有利于植物生长发育和有益生物生存、繁殖的条件，因地制宜、合理应用植物检疫和农业、生物、物理、化学防治控制病虫害的综合防治。经济、安全、有效地把病虫害控制在不能造成危害的程度，同时把整个农业生态系统内的毒副作用减少到最低限度。果树病虫害的综合防治应注意以下几个方面的问题。

1. 加强栽培管理措施

加强栽培管理是最根本、最经济的办法，可提高树体的抵抗力，并能有效控制病害侵染。合理施肥和灌溉，可增强树势，减少病虫害发生；搞好果园卫生，及时查找和剪除病虫枝梢，摘除病果、虫果等，可减少侵染源。

2．抓好最佳时期及时防治

以预测预报为基础，依据害虫的发生规律抓住防治的关键时期。在害虫抵抗力弱、暴露最明显或虫体群居的时期进行防治，效果最好。如在梨木虱若虫的孵化盛期，若虫集中且未分泌黏液，药液可直接接触虫体，此时防治，杀虫率最高。

3．科学合理地使用农药

由于果农在防治病虫害时长期用药单一，多种果树病虫产生了明显的抗药性，广谱农药防治病虫害的效果下降，因此要提倡科学使用农药，不使用违禁农药。

（1）交替使用农药　用没有施过或互抗性的药剂交换使用，以提高防治效果。例如，为防梨黑星病，第1次可在早春喷洒退菌特，第2次喷洒苯醚甲环唑，第3次喷洒氟硅唑。这样，前期选用杀菌力强的退菌特，后期选用治疗性的苯醚甲环唑、氟硅唑，增加了防治效果。

（2）混合使用农药　混合使用理化性质相近的农药，可提高防治效果，并可起到兼防多种病虫的作用，如杀虫剂间或与杀菌剂混用等。

（3）农药中添加增效剂和黏附剂　一般常用的增效剂有有机硅、增效散等，黏附剂用柔水通等。通过添加增效剂和黏附剂，可提高对病虫害的防治效果。

4．提高农药喷洒质量

农药喷洒质量的高低直接关系到病虫害的防治效果。在喷药时应确保果树叶片正反两面、树冠内外上下，以及包括树干都要喷洒细致周到，防止漏喷而使病虫害漏网。

5．实行区域性联防联治

目前，果园大多都是以户为单位分散经营，独立管理。因此对集中连片的果园，果农间应进行联防联治，在一定时间内统一喷药。这样才能减少区域内由于一户防治但另一户不治而造成病虫害再侵染、再传播的现象，避免重复防治带来生产成本的增加。

三、病虫害防治时期

（一）春季防治

入春后，随着气温的逐渐回升，植株生长，树液流动，腐烂病开始扩展蔓延，各种越冬休眠的果树病虫也开始活动繁殖。春季果树的主要病害有白粉病、根腐病和褐斑病等；虫害主要有叶螨类、蚜虫、介壳虫、金纹细蛾和金龟子等。此时加强对果园病虫害的综合防治是全年防治的关键。

1. 加强管理，增强树势

平衡施肥，增施有机肥和磷、钾肥；合理修剪，控制果树负载量，避免造成大小年现象；果园灌水，树干涂白，防止早春寒冻害发生；果园种草，改善果园生态环境，为天敌提供适宜栖息的场所，增加天敌种群数量。

2. 结合修剪，全面清园

仔细剪除病虫树梢、病僵果，刮除粗老翘皮，刮除树缝、树洞、剪锯口、病虫伤疤边缘等处的越冬害虫，清除枯枝落叶，集中带出园外深埋或烧毁，减少越冬病虫源。对剪锯口及时涂蜡或涂药保护，药剂可用45%代森铵水剂100～200倍液。

3. 彻底检查，扶壮病树

彻底检查和刮治腐烂病病斑、枝干轮纹病病瘤，刮后用45%代森铵水剂50倍液或5%菌毒清50倍液或腐无敌200～300倍液涂抹伤口，然后用塑料薄膜包扎；对腐烂病及时采用桥接、脚接的方式扶壮病树。

4. 抓住时机，杀灭病虫

果树萌芽至开花前，用3～5°Bé石硫合剂或45%石硫合剂晶体40～60倍液全园喷雾，可杀死90%以上的红蜘蛛和在芽中越冬的白粉病、落叶病等菌源孢子，还可以防治金龟子和蚜虫、卷叶虫和控制腐烂病等。棉蚜、介壳虫严重的选用95%机油乳剂50～60

倍液或40%毒死蜱1000～1500倍液喷洒全树，杀灭越冬病菌，兼治越冬螨类、蚜虫等害虫。花后10～15d内可喷1∶4∶20的波尔多液（即1kg硫酸铜、4kg生石灰、20kg清水）或喷40%多菌灵、退菌特600～800倍液，能防治因多雨、高温而易发生的落叶病、炭疽病和褐斑病。开花后1个月内严禁使用水胺硫磷和敌敌畏。

（二）夏季防治

夏季是大部分果树的生长旺季，同时也是各种食叶害虫猖獗的时期，更是叶片病虫害易感染时期。及时搞好夏季果树病虫害的防治，对果树的高产、优质、高效极为重要。这一时期危害果树的病虫害主要有：早期落叶病、轮纹病、炭疽病、苹果腐烂病、桃小食心虫、山楂叶螨、金纹细蛾、介壳虫、梨黑星病、梨木虱、梨黄粉蚜等，需采取综合防治技术加强防治，保护好叶片和果实。

1. 加强农业防治，增强果园树势

夏季果树枝叶生长茂盛、树冠郁闭、通风透光条件差，栽培管理粗放、树势衰弱的果园，为各种病虫提供了可滋生条件，便于病虫害流行。因此，要改善园内通风透光条件以保护叶片和果实，注意排涝和压青，施用有机肥增强树势以增强树体对病虫害的抵抗能力。

此外，要剪除果园病虫枝梢，摘除食心虫果，带出果园集中烧毁或深埋；利用性引诱剂诱杀桃小食心虫、苹小卷叶蛾、金纹细蛾、梨小食心虫等。

2. 运用物理措施，阻隔捕杀病虫

采用果实套袋，阻隔防范果园病虫；检查树体枝干虫害，刮除天牛幼虫，人工捕捉成虫；设置灯光诱杀，扩大灭虫范围和种类。

3. 实施药剂防治，控制病虫危害

根据果园病虫害发生情况对症适时用药。在7月下旬或8月上旬，对果树可喷施一次杀虫杀螨剂，用药种类为1.8%虫螨杀星1500～2000倍液，或20%哒螨灵可湿性粉剂4000～5000倍液，或40%毒死蜱乳剂1500倍液加40%炔螨特乳剂1500～2000倍液，主要防治刺蛾、毛虫类、红蜘蛛、叶片穿孔病等；发现枝干害虫蛀孔，用稀释50倍的敌敌畏药棉或药泥填塞蛀孔熏杀；喷波尔多液或多菌灵、退菌特等可防治各种叶、果病害。

（三）秋季防治

1. 灭杀初秋害虫

入秋后随着温度的逐渐下降，红蜘蛛等螨类对果树的危害开始回升，要根据虫情及时防治。秋季后期螨类的危害比前期重，放松管理会造成果树在冬季大量落叶，因此务必认真防治。在防治上可选用杀螨制剂、新型植物素等进行喷雾灭杀。

此外，入秋后天牛等害虫继续危害树干，可在清园时使用铁丝钩出幼虫或埋药熏死幼虫，并人工捕捉杀灭成虫，以减少越冬虫卵。

2. 清除残枝落叶

苹果的褐斑病、灰斑病，梨的黑星病，葡萄的褐斑病、白腐病，桃的褐腐病等病菌的越冬场所是残枝落叶及杂草。入秋后结合剪枝，要剪除病梢、虫梢，并把果园及其周围附近的杂草和枯枝落叶清理干净，对梨瘤蛾、苹果顶梢卷叶蛾等形成的虫苞、虫巢、虫梢也应结合秋季清园予以集中烧毁或深埋，可以消灭大量越冬病虫。

3. 诱集化蛹害虫

利用害虫对越冬场所的选择性，入秋后在果树大枝上绑草把、破麻袋片等，诱集害虫化蛹越冬，然后集中杀灭。据调查，这种方法对梨小食心虫的诱集效果可达47%～78%，对山楂红蜘蛛、枣黏虫、旋纹潜叶蛾、苹果小卷叶蛾、褐卷叶蛾等，也有很好的诱集作用，特别是在当年越冬虫口（单位面积上虫子的密度）密度较大时，其诱集效果更为明显。

（四）冬季防治

冬季是果树害虫、病菌的休眠期。这时的病虫比较集中，是防治病虫的最好时机。搞好冬季果树病虫防治，可使翌年果树虫害、病情指数大幅降低，起到事半功倍的效果。具体要做好以下几点。

1. 深翻施肥，强树灭害

有许多害虫以幼虫、蛹的形态或以菌体、卵孢子在土壤中越冬，因此冬季进行果园深翻，可闷死或暴露虫、蛹、病菌，让鸟啄食或冻死。结合深翻树盘，按树龄大小、树势强弱施入腐熟的有机肥，适当配施磷、钾肥，这样既改善了土壤肥力状况，增强了树体抵抗病虫害的能力，又对桃小食心虫、山楂叶螨、梨虎等多种地下越冬害虫具有较好的防治作用。通过破坏害虫越冬栖息场所，致使其翌年不能出土，减轻冲口密度。

2. 清洁果园，涂白树干

有些害虫的卵、幼虫、蛹及病菌的孢子和菌丝体，会在枯枝落叶中寄宿越冬，如螨类、介壳虫类、卷叶蛾类、叶虫、炭疽病、黑星病、溃疡病等。冬季彻底清园，清除枯枝落叶，拾净落果，铲除杂草，及时集中烧毁或深埋，是减少虫源、病源的简便易行、效果较好的措施。同时，冬季涂白树干，可杀死多种病菌和害虫，防止病虫害侵染树干，还能预防冻害。涂白剂配方为石灰0.5kg、食盐0.5kg、兽油0.5kg、石硫合剂0.5kg、黏土0.5kg、水18kg搅拌均匀后涂抹树干。涂白的位置以树干基部为主，高约1m，涂抹时要由上而下，在害虫产卵之前涂抹效果最佳。

3. 结合冬剪，剪除病枝

许多病虫以虫茧、卵块在枝、芽、叶子上越冬，病菌在病枝、病叶上越冬。冬季剪除干枯枝、病虫枝，摘除病僵果，除净越冬卵茧，集中烧毁，可有效地降低蚜虫、刺蛾、蓑蛾、木虱、茎蜂等害虫的越冬基数，可减少多种枝叶病害的侵染源。

4. 刮除翘皮，束干绑膜

果树的树皮裂缝、翘皮是许多病虫潜伏越冬的场所。如梨和苹果小食心虫、网蝽、毛虫、小卷叶蛾等，冬季有躲进翘皮群巢越冬的习性。因此，冬季果树刮皮，胜过施用药剂。刮皮时间在12月中、下旬和次年1月之内，民间有“小寒大寒，树皮刮完”之说，最迟也要在萌芽之前刮完。一般是2~3年刮一次皮，把老裂后翘皮用刀轻轻刮去，切忌过深以免刮伤里面的嫩皮；刮下的碎片木屑应集中烧毁；梨灰色膏药病菌膜也可用刀刮除，刮后要涂白或涂保护剂如石硫合剂或腐必清等，对腐烂病、螨类等多种病虫害的防治效果尤为明显。

入冬时，用稻草等扭成粗草把，绑在树干上，于开春果树萌发前解开并带出园外烧毁，这样可以把草中的冬眠害虫灭尽。立春前，在树干基部绑一圈20cm左右的塑料薄膜，可防止害虫春暖后爬上树干。

5. 使用药剂，杀虫灭菌

在清园、修剪、刮皮后，普遍喷一遍含油量4%～5%的柴油乳剂和5°Bé的石硫合剂，对防治梨圆蚧、山楂红蜘蛛、梨黑星病、苹果腐烂病等有明显的效果。喷药时要求树上、地面均要喷洒，这样不但可以保护伤口和枝干，而且还能消灭在树干和土壤中越冬的部分病虫。

（五）最佳防治时期

1. 病虫发生初期防治

病虫发生分为初发、盛发、末发三个时期。其危害范围有点、片发生和大面积发生之分。病害应在初发阶段或发病中心尚未蔓延流行前防治；虫害则应在发生量小、尚未开始大量取食之前防治。把病虫害控制在初发阶段和点、片发生阶段。

2. 病虫生命活动最弱期防治

害虫宜在3龄前防治，此时虫体小、体壁薄、食叶量小、活动较集中、抗药能力低、药杀效果好。如防治介壳虫，可在幼虫分泌蜡质前防治。在芽鳞片内越冬的梨黑星病菌，随鳞片开张而散发进行初次侵染，在病枝溃疡处越冬的桃细菌性穿孔病菌于萌芽初散发进行初次侵染，该时期均是最佳防治期。

3. 害虫隐藏危害前防治

在害虫寄生于果树枝干、叶、花果的表面时进行喷药，易接触致死。防治卷叶蛾，应在害虫卷叶之前；防治食心虫，主要在蛀果前；防治蛀干害虫，在蛀干之前或刚蛀干时为最佳防治期；而梨潜皮蛾，在成虫发生初盛期用药，效果特别显著。

4. 果树抗药较强期防治

果树在芽期、花期最易产生药害，应尽量不施药或少施药。在生长停止期和休眠期防治，尤其是病虫越冬期，潜伏场所比较集中，虫龄一致，有利于集中消灭。

5．避开天敌高峰期防治

害虫天敌寄生蜂的成虫抗药性最弱，防治时应尽量避开寄生蜂羽化高峰期喷药。

6．危害临界期以内防治

果树病虫害在临界线以内，如苹果树果实受小食心虫危害2%～3%时，果树的叶子被食叶毛虫吃掉25%时，每100个幼芽上有8～10个苹果蚜虫群体时，防治最为经济高效。

7．根据果树物候期防治

果树生长发育的物候期与病虫害发生危害密切相关。如梨树芽膨大露绿时，是梨星毛虫、梨大食心虫越冬代幼虫出蛰危害芽盛期；国光苹果花序初期，是山楂红蜘蛛越冬代雌成虫出蛰危害盛期；梨树芽萌发时，梨芽卵孵化危害；梨树新梢长出7～10片叶时，梨茎蜂成虫开始出现并产卵危害。

8．选好天气和时间防治

防治果树病虫害时，如果在刮大风时喷药，雾点（粒）易被风吹散而不能降落；下大雨时喷药，雨水不仅稀释药剂浓度，药滴也会被雨水冲跑；叶片上露水未干时喷药，易使叶片灼伤。因此，宜选择晴天下午4时后至傍晚喷药，此时叶片吸水力强，防治效果好。

第四节　果实套袋技术

随着人们生活水平的提高，人们对水果的要求转向高品质和无公害化（即所谓绿色水果）。市售无公害水果价格明显高于普通水果，而无公害水果的生产取决于是否应用水果套袋技术等。果品套袋的好处主要体现在以下几个方面。

（1）防治果实病虫害　可通过物理及化学的作用，防治危害果实的病虫害。

（2）提高果实外观和内在品质　套袋可促进果实着色，减少果实锈斑，使果点变小和果点颜色变浅，促进果实增大和提高内在风味品质。

（3）防治果面污染　套袋后，由于果实受到保护，可防止灰尘、农药等直接落于果面而造成的污染。

（4）大大减少果实中农药的残留量　水果套袋，不但可阻挡农药直接喷于果面，而且可减少农药的喷施次数，使果面在采收前2~4个月不需喷洒农药，从而大大地降低了水果中农药的残留量。

（5）提高果实的耐储性　套袋水果病虫极少，且果面受到保护，因而耐储性大大提高。

（6）防止果实成熟期间虫鸟危害。

一、纸袋的选择

纸袋（即果实袋）是一种由国家法定机构认定的、具一定耐候性及适宜透光光谱、且能防治果实病虫害的果实防护袋，由袋口、袋切口、捆扎丝、袋体、袋底、除袋切线和通风放水孔等部分组成。果实袋的质量取决于用纸的好坏，商品纸袋的用纸应具有强度大、风吹雨淋不变形、不破碎等特点，其次具有较强的透隙度。另外，外侧颜色浅、反射光照较强的果实袋，袋内湿度小，温度不致过高或升温过快。为有效增强果袋的抗雨水冲刷能力，采用防水胶处理。果袋还应涂布杀虫、杀菌剂以防入袋害虫及病菌。

1. 纸袋的种类

以苹果为例，根据苹果品种套袋要求不同，所用纸袋种类分为双层袋和单层袋。日本所用的双层袋，主要由两个袋组合而成，外层袋是双色纸，外侧主要是灰色、绿色、蓝色，内侧为黑色，这样外层袋隔绝阳光，果皮内叶绿素在生长期即被抑制；内层袋由农药处理过的蜡纸制成，主要有绿色、红色和蓝色。中国台湾地区的双层袋，外袋外侧灰色，内侧黑色，内袋为黑色。中国大陆生产的双层袋，外袋外侧灰色，内侧黑色，内袋为红色（见图2－4）。

单层袋在生产中主要应用5种类型：中国台湾地区的单层袋，外侧银灰色，内侧黑色；中国大陆生产的外侧灰色、内侧黑色的单层袋（复合纸袋）；木浆纸原色单层袋；黄色涂蜡单层袋；用新闻报纸制作的单层袋。中国台湾地区双层袋和涂蜡木浆纸袋在高温季节，袋内温度过高，较易发生日灼；新闻报纸袋的缺点是易破碎。

图2-4 纸袋种类

2. 纸袋种类的选择

选择纸袋类型，应依品种、立地条件不同而有差异。较易着色的品种新红星、新乔纳金等主要采用单层袋，如复合型纸袋和原色木浆纸袋；较难着色的品种红富士、乔纳金等，主要采用双层袋，如河北农业大学研制的SR-2型红色内衬双层袋等。日本在红富士上应用的纸袋分别为M千曲竹青2-8、M千曲红2-8、M千曲绀紫2-8、千曲竹青2-8、千曲红2-8和千曲绀紫2-8；在乔纳金品种上应用的纸袋种类为M千曲竹青2-8、M千曲红2-8、千曲竹青2-7和千曲红2-7。为防止有些品种（如金帅等）产生果锈，中国主要采用复合型单层袋、黄色木浆单层袋、涂蜡单层袋和新闻报纸袋。而日本选用PK-5号（带浆糊的小袋，尺寸64mm×88mm）、牛皮纸小袋（尺寸80mm×100mm）和千曲黑2-8（尺寸138mm×168mm）。

另外，不同的气候环境条件，使用袋类也有差异。在海拔高、温差大的地区，较难上色的品种采用单层袋效果不错；高温多雨果区宜选用通气性较好的纸袋；高温少雨果区不易使用涂蜡袋。

3. 果袋质量的鉴别

(1) 看外观　果袋外观必须平整、光洁，所有黏合部分牢固，右上角铁丝紧固，下方通气孔明显，上方果柄孔圆齐。外袋纸一般外面颜色为土黄色偏绿，过绿、过黄或发黑、发亮的外袋纸质量不可靠。外袋纸内面一般涂黑色，要求均匀不透光。

(2) 用手摸　外袋纸手感要薄厚均匀，不能过厚或过薄，纸张柔软而有韧性，用双手大拇指与食指捏紧纸袋，纵向及横向撕，用力越大，说明纸张拉力好；反之，拉力小的纸袋，遇水变形后难以复原，纸张紧贴在果面，造成日灼、落果、畸形等。另外，手感发脆的纸，或者过于软的纸张，质量不合格。纸张发脆过硬，透气性差；过于柔软，张力不足，遇水易透。

(3) 用水浸　在同等条件下将几种果袋浸于水中或喷上水，比较一下湿水的速度及水干后的变形程度，外纸表面是否显露出黑斑。如出现变形大、露黑、湿水速度快，均为不合格纸袋。

(4) 试用套袋法　左手拿果袋，右手伸入撑开成筒形，取出手后由袋口向里看袋底的通气孔是否打开，若通气孔粘死不开，或者开孔过多（超过3个）、过大（超过15mm），不可使用。另外查看一下内袋是否破裂。

二、套袋前的管理

进行套袋的果园，与无袋栽培相比，在管理技术上有许多不同之处。套袋前的果园管理应着重加强整形修剪、疏花疏果、病虫防治以及选择纸袋等方面的工作。

1. 套袋苹果树的合理修剪

套袋苹果树整形修剪的原则是采用合理的树形；枝条稀疏，每$1hm^2$枝量留120万条左右；通风透光。

(1) 树形选择与树体结构特点　目前苹果树形主要采用小冠疏层形和自由纺锤形两种。

小冠疏层形树形结构特点：干高40~50cm，树高3.0m左右。全树共有主枝5~6个。第一层有3个主枝，可以互相邻接或临近，开张角度60°~70°，每一主枝上相对应两侧各配备1~2个侧枝，无副侧枝；第二层1~2个主枝，方位插在一层主枝空间，开角50°~60°，其上直接着生中、小枝组；第三层1个主枝，其上着生小型枝组。这种树形树冠呈扁圆形，骨干枝级次少，光照良好，立体结果，枝势稳定。

自由纺锤树形结构特点：干高60~70cm，树高2.5~3.0m。主干较直立，全树共10~12个主枝，主枝向四周均衡分布，插空排列，不分层次。下层主枝长1~2m，上层主枝依次递减，相邻两主枝间隔15~20cm，同一方向主枝间隔50cm左右。主枝角度80°~90°，主枝与中干粗度比以0.4左右为宜，最大不能超过0.5。保持主干优势，主枝单轴延伸，其上直接着生枝组，以短果枝和中小型结果枝组结果为主。这种树形树冠紧凑丰满，通风透光良好，有利于生产优质果。

（2）幼树期的修剪　幼树期的生长特点是树冠小、枝叶量少；生长势旺盛，发育枝多。其修剪任务为：促进树体生长发育，加快树形形成，增加枝叶量，为幼树早果丰产创造条件。以促为主，长留缓放，多截少疏，扩大树冠。

幼树期修剪前3年尽量一枝不疏，多利用辅养枝结果，尤其是下垂枝，并促生中短枝，尽早形成花芽结果，有空间的树继续扩大树冠。幼树主要靠辅养枝结果，采用压枝、缓放、别枝、曲枝、疏枝、环剥、刻芽等方法，让辅养枝早成花结果。随着幼树的生长，树冠不断扩大，辅养枝也由小变大。修剪时，可去强留弱，去直立留平斜，去大留小，多缓放少短截，多留结果枝，尽量使其多结果。当树冠已达到合理大小时，对辅养枝加以控制，主要是不让其影响骨干枝的生长、发育、结果，不能影响冠内枝组生长，要根据不同部位及其周围情况进行促控修剪。

（3）初结果期树的修剪　苹果初结果期树生长特点是：新梢生长旺盛，粗壮直立，树冠趋于稳定，树形逐渐形成，结果部位逐渐增加，产量提高。该期修剪任务是：首先，继续培养各级骨干枝，扩大树冠，完成整形任务；其次，打开光路，解决树冠通风透光条件；再次，培养好结果枝组，把结果部位逐渐移到骨干枝和其他永久枝上。特别是矮化密植园，树体已经长大，枝间开始交接，必须解决好光照问题。解决光照的方法有：① 减少外围发育枝，处理层间辅养枝，解决好侧光；② 落头开心，解决好上光；③ 疏除部分密挤的裙枝，解决好下光。在解决光照的同时，努力培养好结果枝组，做好结果部位的过渡和转移，但此时树势刚开始稳定，产量正大幅度增加，修剪应稳妥；若修剪过重，就会促使树势过旺，造成产量下降。但又必须及时处理辅养枝，在培养结果枝组的同时，打开光路，完成结果部位的过渡和转移。

（4）盛果期树的修剪　果树进入盛果期，此时树势已逐渐缓和，树冠骨架基本牢固，树姿逐渐开张，发育枝与中、长果枝逐年减少，短果枝数量增多，结果量剧增，后期长势随结果量的增加而减弱，内膛小枝不断枯衰，往往出现树冠郁闭，通风透光不良，而引起大小年结果。此期修剪任务是调节生长与结果的关系，维持健壮的树势，保持丰产稳产，延长盛果期年限。修剪上要改善树冠内的光照，促发营养枝，控制花果数量，复壮结果枝组，及时疏弱留壮，抑前促后，更新复壮，保持枝组的健壮和高产稳产，做到见长短截，以提高坐果率，增大果个。

修剪时应着重注意以下几方面：① 平衡树势，控制骨干枝。果园的覆盖率宜为75%，密植果园行间至少保留0.8m的作业道。修剪时外围枝不再短截，同时应避免外围疏枝过多，要多用拉枝、拿枝的方法处理枝头，让其保持优势又不过旺。对主干的修剪，要保持树体不要超过所要求高度，可对原主枝轻剪缓放多结果，疏除竞争枝。对主枝的修剪，旺主枝前端的竞争枝可行疏除或重短截，减少外围枝，延长枝戴帽修剪，缓和树势，促进内膛枝生长势，解决光照；对弱主枝注意抬高枝头，减少主枝前端花芽量，以恢复其生长势，此时中干落头，抑上促下。② 调整辅养枝，保持树冠通风透光。密植园保留下来的辅养枝应逐步缩剪或疏除，给永久性骨干枝让路。层间大枝应首先疏除，以便保持良好的通风透光条件。③ 更新结果枝组，稳定结果能力。强旺结果枝组，旺枝比例大，直立徒长枝比例大，中、短枝少，成花也少，修剪时，要调整枝组生长，促进增加中、短枝和果枝的数量。中庸枝组的修剪，应看花修剪，采取抑顶促花、中枝带头的方法，抑制枝组和先端优势，促使下部枝条的花芽量增加；衰弱枝组，旺条少，花芽量大，生长势弱，修剪时应留壮枝、壮芽回缩，以更新其生长结果能力；小年树枝组的修剪，要轻回缩或不回缩，中、长果树不打头，以保证花芽量，对一年生营养枝适当中截，促发新枝，以减少翌年花芽量。大年树的修剪，对连续结果多年的枝组及时回缩，更新复壮，疏除密枝，多短截中、长果枝，减少当年花芽量。④ 精细修剪，克服大小年。大量结果树的修剪一定要处理好枝梢，生长细弱、连年不能成花的无效枝剪除，对交叉、重叠、并生枝适当压缩或疏除，尽量使结果枝靠近骨干枝。花多的年份多疏除花芽，保留一些有顶芽的中短枝，促使其当年成花，防止开花过多消耗营养。

2. 人工授粉与疏花疏果

套袋苹果树更应重视人工授粉与疏花疏果，加强这方面的工作，有利于苹果套袋的成功。

(1) 人工授粉　苹果花期短，若在花期遇到阴雨、低温、大风及干热风等不良天气，会严重影响授粉受精。实践证明，即使在良好的天气条件下，人工授粉也可以明显提高坐果率和果实品质。因此，即使有足够的授粉树，也必须大力推行人工授粉工作（见图2－5）。

图2－5　人工授粉

① 采花：在栽培品种开花前，选择适宜的授粉品种，采集含苞待放的铃铛花，带回室内。采花时要注意不影响授粉树的产量，按疏花的要求进行。采花量根据授粉面积来定。据报道，每10kg鲜花能出1kg鲜花药；每5kg鲜花药在阴干后能出1kg干花粉（含干的花药壳），可供2.00～3.33hm^2果园授粉用。

② 取粉：采回的鲜花立即取花药，将两花相对，互相揉搓，把花药放在光滑的纸上，去除花丝、花瓣等杂物，准备取粉。大面积授粉可采用花粉机制粉。取粉方法有三种：一是阴干取粉。将花药均匀摊在光滑洁净的纸上，放在相对湿度60%～80%、温度20～25℃的通风房间内，经2d左右花药即可自行开裂，散出黄色的花粉。二是火炕增温取粉。在火炕上垫上厚纸板等物，放上光滑洁净的纸，纸上平放一温度计，将花药均匀摊在上面，保持温度在22～25℃。一般1d左右即可。三是温箱取粉。找一纸箱（装苹果纸箱、木箱等），箱底铺一张光洁的纸板或报纸，放温度计，摊上花粉，上面悬挂一个60～100W的灯泡，调整灯泡高度，使箱底保持22～25℃，经24h左右即可。干燥好的花粉连同花药壳一起收集在干燥的玻璃瓶中，放在阴凉干燥的地方备用。

③ 授粉：苹果花开放当天授粉坐果率最高。因此，要在初花期，即全树约有25%的花开放时就抓紧开始授粉，授粉要在上午9时至下午4时之间进行。同时，要注意分期授粉，一般于初期和盛花期授粉2次效果比较好。授粉方法有三种：一是点授，用旧报纸卷成铅笔样的硬纸棒，一端磨细成削好的铅笔样，用来蘸取花粉，也可以用毛笔或橡皮头。花粉装在干净的小玻璃瓶中。授粉时将蘸有花粉的纸棒向初开的花心轻轻一点就行。一次蘸粉可点3～5朵花。一般每花序授1～2朵。二是花粉袋撒粉，将花粉混合50倍的滑石粉或甘薯面儿，装在两层纱布袋中，绑在长竿上，在树冠上方轻轻振动，使花粉均匀落下。三是液体授粉，将花粉均匀落下。将花粉研细过筛，每1kg水加花粉2g，糖50g，尿素3g，硼砂2g，配成悬浮液，用超低量喷雾器喷雾。注意此悬浮液要随配随用。

（2）花期放蜂　苹果园花期放蜂，可以大大提高授粉工效，而且可避免人工授粉时间掌握不准、对树梢及内膛操作不便等弊端（见图2－6）。

图2－6　蜜蜂授粉

果园放蜂要在开花前2～3d将蜂放入果园，使蜜蜂熟悉果园环境。一般每箱蜂可以保证0.67hm^2果园授粉。山东威海等地引进角额壁蜂，授粉能力是普通蜜蜂的70～80倍，每1hm^2果园仅需900～1200头即可满足需要。果园放蜂要注意花期及花前不要喷用农药，以免引起蜜蜂中毒，造成损失。

另外，增加花期营养，可以明显提高坐果率。花期喷2次0.3%的硼砂混加0.3%的尿素，花后喷（50～100）$\times 10^{-6}$的细胞分裂素（6－BA）。花期在旺枝、徒长枝基部环剥，下弱上强树在一层主枝以上的中干上环剥，旺长新梢摘心，集中养分供应，不仅可以提高坐果率，而且可以增大果个。

（3）疏花疏果，合理负载　合理疏花疏果，可以节省大量养分，使树体负载合理，提高果品质量，保持树势，保证丰产稳产，防止结果大小年。

① 留果标准：留花留果的标准应根据品种、树龄、管理水平及品质要求来确定，留果标准一般有以下几种方法。

1）依干截面积确定留花果量：树体的负载能力与其树干粗度密切相关，可以此为依据计。

苹果树适宜的留花、留果量，公式为：

$$Y = (3 \sim 4) \times 0.08C^2 \times A$$

式中　Y——单株合理留花、留果量，个；

（3～4）——每cm^2干截面积留3～4个果（按1kg6个果计算）；

C——树干距地面20cm处的周长，cm；

A——保险系数。花定果时取1.20，即多留20%的花量；疏果定果时取1.05，即多留5%的果量。

使用时，只要量出距地面20cm处的干周，代入公式就可以计算出该株适宜的留果个数。为使用方便，可以事先按公式计算出不同干周的留花、留果量，制成表格，使用时量干周查表即可。

2）依主枝截面积确定留花果量：以主干截面积确定留花果量，在幼树上容易做到，而在成龄大枝上，总负载量在各主枝上如何分担就不容易掌握。因此，山东省果树研究所提出，以主枝截面积确定各主枝适宜的留花果量，公式如下：

$$合理留花量（个）=（3\sim4）\times 0.08C^2$$

$$合理留果量=（3\sim4）\times 0.066C^2$$

式中，C——主枝基部处的周长，cm。

以上公式在主枝数3~8的范围内都可以应用。

② 疏花疏果技术

1）以花定果法：疏花要于花序分离期开始，至开花前完成。按每20~25cm留1个花序，多余花序全部疏除。疏花时要先上后下，先里后外，先去掉弱枝花、腋花和顶头花，多留短枝花。然后疏除每一花序的边花，只留中心花，小型果可多留1朵边花。

2）间距疏果法：疏果要在谢花后10d开始，20d内完成。大型果品种如元帅系、红富士系等每隔20~25cm留1个果台，每台只留1个中心果，弱树弱枝每25cm留1个果，小型果品种每台可留2个果，其余全部疏掉。疏果时要首先去掉小果、病虫果和畸形果，保留大果、好果。

如果前期疏花疏果时留量过大，到7月上、中旬时可明显看出超负荷，此时要坚决进行后期疏果。据报道，后期疏果不仅不会减产，而且能够提高产量和品质，增加产值。日本的疏果从幼果开始一直疏到采收。

3．防治病虫害

套袋前果园病虫害防治尤为重要，是关系套袋成败的关键。首先采取农业措施，其次科学合理用药。

（1）采取农业措施防治病虫害　为减少病源，冬季休眠期彻底清理果园，结合冬季修剪、花前复剪，剪除树上病虫干枝、病虫僵果，刮除粗翘树皮和病皮，扫除果园地面枯枝落叶与杂草，远离果园烧毁或挖坑深埋。

早春使用地膜覆盖，防止病原菌和害虫上树侵染；进行树盘覆草，将病虫诱集入杂草中，集中消灭，减少树上用药；在果园中挂梨小食心虫、桃小食心虫、金纹细蛾性诱芯，及时测报害虫的发生规律，为综合防治病虫害提供依据。

（2）合理科学用药　早春结合刮除腐烂病斑，涂以5倍腐必清液。枝干喷布5°Bé石硫合剂或腐必清50～70倍液或5%菌毒清200倍液或索利巴尔80～100倍液。有小叶病的果园在发芽前20d喷3%硫酸锌。

萌芽期至开花前，以防治腐烂病、白粉病、红蜘蛛类、蚜虫、金纹细蛾为重点。继续刮治腐烂病，剪除白粉病梢；发芽展叶期，树上喷15%粉锈宁可湿性粉剂1000～1500倍+新型植物素；花序露红期，喷0.5°Bé石硫合剂。

落花以后至套袋以前，是防治病虫害关键期，也是发生病虫害第一个高峰期，应以防治病害为主，兼治虫害。虫害主要有红蜘蛛、蚜虫、棉铃虫和金纹细蛾，喷布2500倍螨死净或20%灭扫利乳油2000～2500倍液，以及灭幼脲3号2000倍液；病害以防治早期落叶病、轮纹病、炭疽病等为主，喷第1次杀菌剂，使用50%代森锰锌可湿性粉剂500倍液（或复方多菌灵800倍液）+大生M-45800倍液。套袋前1周再喷布第2次杀菌杀虫剂甲基托布津700倍液（或复方多菌灵800倍液），加2.5%功夫乳油3000～3500倍液。

若套袋时间拉得过长或套袋期间遇有较大降雨时，应对还未套袋树再喷布杀菌剂1次。

三、套袋时间及方法

（一）套袋的时间

套袋一般在定果后进行，不同的地区、不同的苹果品种套袋的最佳时间不同，可根据品种、物候期和树龄而定。过早或过晚都将影响套袋果的质量和商品率。套袋过早，幼果容易发生落果和日灼，加上果形判断困难，影响后期商品率。套袋过晚，果实皮孔易大，表面粗糙，苹果退绿不彻底，底色发绿，摘袋后上色慢，影响后期色泽。宁夏不同苹果品种套袋的时间如下。

1. 黄绿色品种

为预防果锈，保持果面光洁，落花后10~15d开始套袋。

2. 早熟红色品种

宜在落花后约30d，即5月底至6月初。对于生理落果重的品种，应在生理落果结束后套袋。

3. 晚熟红色品种

谢花后（4月底至5月初）35~40d开始套袋。即从6月5~10日开始套袋，到6月20日结束最为合适，最迟于7月初套完。因为6月落果已结束，果实优劣明显，果柄木质化程度和果皮老化程度增高，不容易伤果实。套袋自早晨露水干后到傍晚都可进行。但天气晴朗、温度较高、太阳光较强的情况下，以上午8:30—11:30和下午2:30—5:30为宜，可防止日灼。需注意，早晨露水未干时不能套袋，否则果实萼端容易出现斑点。因为露水通常具有一定的酸性，会增加果面上药液的溶解度，导致果皮中毒产生坏死现象；同样，喷药后药液未干也不能套袋，下雨时更不能套袋。

（二）套袋的方法

套袋顺序就一棵树而言，先套上部，后套下部；先套内膛，后套外围，以防碰落果实。套袋要逐株成片进行，以便于管理。要努力克服见果就套的倾向，严格选择果形端正、果萼紧闭、发育好的幼果，用于套袋的果实应该是单果、中心果和下垂果。还要注意不套外围梢头果、背上朝天果，不套树冠顶层果和底层近地果。提倡全园、全树套袋；好果套好袋，差果套差袋。只有全园套袋才能减少打药次数，降低生产成本。生长后期如有果袋损坏和露黑应及时换袋，随摘随换（见图2-7）。

图2-7 套袋

（1）套纸袋的方法 套袋前，预先将整捆果袋放于潮湿处，使袋口潮湿软化。套时用手把袋子撑开，使之膨胀，张开两边底角的通气孔，防止纸袋贴近果面发生日灼，然后纵向开口向下，将幼果轻轻放入袋内，使果柄置于纵向开口基部。幼果悬于袋中，勿将叶片及副梢套入袋内，再将袋口左右横向折叠，最后将袋口处的扎丝变成“V”形夹住袋口。操作时，一定要防止幼果紧贴纸袋（纸袋向阳面与幼果之间必须留有空隙）造成日灼；二要保证扎严袋口，尽量不留空隙，防止雨水和病虫进入袋中；三要注意扎丝不能扭在果柄上，而要夹在纸袋叠层上（或扎在果枝上），以免损伤果柄，造成落果。

（2）套膜袋的方法 气温高时可在早晚进行。遵循先上后下，先内后外的顺序。套膜袋时，先揉搓数次，吹气鼓开膜袋后上袋，将幼果套入膜袋中部。袋口一定要扎紧，利于防风防雨和防病虫害的入侵。

套“膜+纸”袋时，先将袋口撑开（内膜口最好不要撕开，利于防水），用右手握拳由上往里冲一下，下底微微打开通气口和雨水口（但不能漏气），将幼果轻轻放入袋口中部。折叠2~3折，收拢扎紧，使雨水、药水、害虫不能从袋口进入袋内，否则影响套袋效果，形成花脸果。

（三）套袋应注意的问题

（1）给弱树套袋　山沟地、高原地等浇不上水的苹果树及连年环剥主干的结果弱树，一般果实个头小、形不正、底色黄、易返糖、口味差、果肉硬涩，达不到预期效果，不应套袋。

（2）切忌使用劣质袋　未经国家商标注册的杂牌纸袋和塑膜袋，透光、透气、透水性不当，温度、湿度的稳定性差，塑膜袋不抗老化，纸袋风雨天破碎，套袋效果往往比不套袋还差，千万不要使用。

（3）幼果期易发日灼果　幼果期干旱、高温，套透气性差的塑膜袋或纸袋，易发生日灼果。套袋后2～5d是日灼高峰。套袋早，日灼重。凡套袋前浇水，用可靠袋的果园，日灼果都很少。

（4）缺钙症、黑点病加重　凡施氮肥过多、树势旺、留果少、树冠郁闭的密植园，套袋果发生苦痘病、痘斑病和黑点、红点病都较严重。花后40d内喷2次300倍液的氨基酸钙或腐植酸钙和喷2次多抗霉素是防治关键。

（5）果实在袋内腐烂　果在袋内腐烂是因套前未喷防治轮纹烂果病的特效药（如甲基托布津、大生等）。套袋越晚，烂果率越高。因此套袋前一定要喷特效药，并要尽早套袋。

（6）害虫进袋为害　主要原因是套袋前没有打好杀虫药，袋口封闭不严。入袋的主要害虫有黄粉虫、梨圆介壳虫、蚜虫、卷叶虫等。防治的最好办法是套袋前喷生物杀虫剂和灭幼脲类杀虫剂，严封袋口。

（7）果皮粗糙裂口　主要原因是外层纸袋雨后破碎，遇连阴天或套透水、透气性差的袋，纸袋吸水干得慢，或袋内进水短期不干，袋内湿度变化太大所致。严封袋的上口，雨季剪开2个下角预防效果较好。

（8）果在袋内萎缩不长　表现在旱天、弱树不浇水的果园。特别是外层纸厚而耐雨淋，内为非亚光黑纸的双层纸袋，高温天气袋内温度达50℃以上，平日袋内又无湿气，果内水分向叶片倒流造成果实萎缩。不要给浇不上水的旱地弱树套袋，不要用紫、红色的塑膜袋，慎用内层不是亚光黑纸的双层纸袋。

（9）上色差或暗红色　密植园树冠郁闭、施氮肥过多的旺树，套光性差的纸袋，套袋太晚，果实难脱绿，脱袋后难上色；套透气性过强、不含紫外线转化剂的塑膜袋，果实易呈紫红色，底色黄，易反糖，袋易破碎。解决的办法是加强果园管理，使果园通风透光好，合理施肥和尽早套优质袋等。

（10）脱袋后易萎蔫不耐储藏　套袋果脱袋后，由于果皮的蜡粉层薄，果实储藏期易萎蔫。套纸袋果，应在采收前 15 ~ 20d 脱袋，采收后尽快分级，准备长期储藏的包上保鲜纸，或套塑膜保鲜袋。套塑膜袋的果可带袋采收储藏，外销前脱下原袋，换用保鲜纸包或套塑膜保鲜袋。

四、摘袋时间及方法

1. 摘袋时间

摘袋时期依袋种、品种不同而有较大差别，黄绿色品种苹果单层袋的，可在采收时除袋；红色品种使用单层袋的，于采收前 30d 左右，将袋体撕开呈伞形，罩于果上防止日光直射果面，过 7 ~ 10d 后将全袋除去，以防止日灼，加速着色；红色品种使用双层袋的，于果实采收前 30 ~ 35d，先摘外袋，外袋除去后经 4 ~ 5 个晴天再除去内袋。一天中适宜除袋时间为上午 9 ~ 11 时，下午 3 ~ 5 时。上午除南侧的纸袋，一定要避开中午日光最强的时间，以免果实受日灼。摘袋时间过早或过晚都达不到套袋的预期效果。过早摘袋，果面颜色暗，光洁度差；过晚除袋，果面颜色淡，储藏易褪色。

2. 摘袋方法

摘除双层袋时应用左手托住果实，右手将“V”字形铁丝板直，解开袋口，然后用左手捏住袋上口，右手将外袋轻轻拉下，保留内层袋，使内层袋靠果实的支撑附在果实上。一般在摘除外层袋 5 ~ 7 个晴天（阴天需扣除）后摘除内层袋，宜在 10 ~ 14 时进行。日灼的发生，并非是因日光的直射而引起的，而是由果皮表面温度与大气温度决定，因而不会产生较大的温差可以避免日灼的发生。

此外，若遇连阴雨天气，摘除内层袋的时间应推迟，以免摘后果皮表面再形成叶绿素。摘除单层袋时，首先打开袋底通风或将纸袋撕成长条，几天后即可全部摘除。

3．摘袋应注意的问题

（1）注意灌水　除袋前注意灌一次水，以减少苹果摘袋后裂果的发生和苹果失水缩果。

（2）注意摘袋时间　正确确定苹果摘袋的时间是生产优质果的关键所在。如果摘袋过早，苹果暴露时间长，造成果面粗糙，病菌侵染率高，失去套袋的意义；如果摘袋过晚，果实着色差，着色不均匀，硬度不降，含糖量降低。

（3）注意剪除果实附近的枯枝　除袋时注意将易造成果实伤害的枯枝、干橛及时剪除，防止扎伤果实。

（4）注意摘袋时的天气　除袋最好选择在阴天或多云的天气进行，避开下雨天。

4．摘袋后的田间管理

摘袋后的管理也是很重要的，要及时检查。

（1）顶吊果枝，理顺果实　随着果实的膨大增重，果实和果枝的生长位置发生了变化，要根据实际情况，将果实理顺使之下垂生长，避免与枝摩擦，同时可提高果形指数。因果实负载量大而下垂堆集的果枝，务必要进行顶吊，保证正常的角度，以调整全树的风光条件。

（2）摘叶　摘除枯黄和受挤压叶片。果实套袋后，果台上的许多莲座叶因光照差而枯黄，或两果一起夹住叶片，此种情况最易滋生病虫害，应随时清除枯黄挤压叶片，保证枝枝见光，果果向阳，枝、叶、果健康生长。以摘除果实基部叶片为主，也可适当摘除果实附近新梢基部到中部的叶片，以增加果实直接浴光程度，有效增进着色，同时防止叶面紧贴果面，形成花斑，还可以避免一些害虫借助贴果叶片掩护为害果实。摘叶一般分 2 次进行，第 1 次结合摘除果实内袋一并进行，以摘除果实周围的小叶为主；第 2 次摘叶在第1次摘叶的一周后进行，可全部摘除果实周围的遮光叶。随着摘叶量的增加，全红果的比率也随之增加。但摘叶并非越多越好，随着摘叶量的增加日灼现象也越来越严重，适宜摘叶量为全树的15% ~20%。

（3）套袋后需要注意防治病虫害　虽然果实得到了纸袋的保护，但树体仍需要喷药。套袋后需注意防治轮纹病、炭疽病、斑点落叶病、褐斑病等病害，以及棉铃虫、康氏粉蚧、桃小食心虫、卷叶蛾、金纹细蛾、红蜘蛛、白蜘蛛等虫螨。

（4）铺银色反光膜　在果实着色期（红富士苹果在9月上旬），树盘铺银色反光膜可改善树冠内膛和下部光照状况，使树冠下部的果实尤其萼洼及周围充分着色，真正达到全红果，同时提高果实含糖量。将反光膜铺于树冠下，行间留出作业道，边缘固定，每667m^2园用膜400 ~500m^2，果实采收前12d将反光膜收起洗净晾干，第2年可继续使用。铺设的范围以树冠的垂直投影为限。

五、艺术果的生产及管理

艺术苹果是指一些带有美丽动人图案或喜庆吉祥文字的红色苹果。这类苹果附加了果业文化韵味，拓展了苹果销路，增强了市场竞争力，备受消费者青睐和好评，经济效益也成倍增长（见图2－8）。

（1）字贴的选择　选用一面带胶，一面不带胶的两层纸合成的“即时贴”纸，在“即时贴”上用正楷或艺术字写上“福、禄、寿、禧、吉祥如意、生日快乐、心想事成”等吉祥语或画上生肖图，一字一贴也可，四字一贴也可。一般四字组合者宜用四字一贴，便于带字果的装箱、配对。

图2－8　艺术苹果

（2）果实的选择　宜选择大果型、品质优良的红色品种，如元帅系品种、红富士系品种等。

应选择具备生产无公害苹果和全套袋栽培条件的苹果园。在树势健壮、光照良好的红色品种树上，选着生部位好、果形端正、摘袋后果面光洁的大果，注意选果应相对集中，以利贴字图和采收。

(3) 贴字时间及方法　一般套袋果，边去内袋边贴字效果较好。在贴字时将需贴字的果面灰尘擦干净后再贴，字贴最好贴于向阳果面。贴字时，揭下“即时贴”，一手抓果，一手贴字，将“即时贴”平展地贴于果面，尽量减少“即时贴”皱褶而影响贴字效果，同时要求“即时贴”均匀地粘在果面上，不可有空隙，否则贴字效果不好，而且“即时贴”易脱落。操作过程要轻拿轻放，以防碰落果实。

(4) 贴字后的管理　贴字后，适当摘除果实周围5~10cm范围枝梢基部的遮光叶，增加果面受光。当向阳面着色鲜艳时转果。转果时捏住果柄基部，右手握着果实，将阴面转到阳面，使其着色。

六、套袋果及艺术果的采收

(1) 按市场要求采收　为提早上市，给早、中熟品种套单层纸袋的果实均可早采；色泽鲜红的红富士苹果脱袋时间离采收时间可短些；为使套纸袋的果实糖度高、风味好，脱袋时间离采收时间可长些；为提高树冠内膛果的品质，增大果个，可适当晚采。

(2) 分批采收　一般套纸袋果摘袋后，15~20d后及时采收。

根据果实不同着色程度和市场需求，分批采收，达不到优质指标的推迟采收。先采着色好的大果，阴雨、露水未干或浓雾时不要采收，晴天的中午或午后也不宜采收，最好在天气晴朗的上午10时前与下午3时后采收。

采时要轻拿、轻放、轻装、轻卸，防止指甲伤、碰压伤、摩擦伤等；同时随采随将病虫果、伤果等残次果剔除。

(3) 采后处理　套纸袋果采收后，要尽快放入冷凉处。初次分级时对优质果包上保鲜纸，或套上保鲜膜袋。凡套袋果，装箱外运时，最好包上保鲜纸，不要直接套塑料泡沫网套，以免加重果实失水。

（4）贴字果的采收　贴字果在采收时一定要轻拿轻放，防止碰、压、刺、扎、划等伤，并剪去果把，同时将同一个字的果实放在一块，方便包装。

（5）贴字果的包装　贴字果宜采用礼品盒小包装。先将字揭下，有条件的可进行清洗打蜡，然后根据果个大小包装于不同规格聚乙烯压模内入纸箱打包。最常见的包装数量有 8、12、16 个三种规格。

（6）适期采收　一般苹果品种宜于除内袋后 15～20d 分两期采收（相距 8d 左右），采果顺序是先上后下，先外后内。由于套袋果果皮较薄嫩，在采收和搬运过程中，应尽量小心，轻拿轻放，减少碰、压、刺、划伤等。要求做到：边采收，边分级，最大限度地提高果实商品价值和经济效益。晚熟品种，采收越晚，着色越好，品质越佳。

第五节　果 品 储 藏

一、水果储藏的意义

一些地方的水果由于运不出去只能眼睁睁看着烂在地里，有的近距离贩运，由于当地已经形成产品的相对集聚，造成供大于求的局面，市场价格很低。特别是随着城镇生活水平的提高，人们对农产品在安全性、新鲜度等诸多方面的要求越来越高，对果品的储藏运输提出了更高的要求。

要做到“旺季不烂，淡季不淡”，需要通过应用储藏保鲜技术创造适合果蔬保鲜的外界环境，以抑制微生物的活动和繁殖，调节果品本身的生理活动，从而减少腐烂，延缓成熟，保持果蔬的鲜度和品质。

水果采后仍然是活体，含水量高，营养物质丰富，易受微生物侵染；保护组织差，容易受机械损伤。

水果属于易腐商品。要想将新鲜水果储藏好，除了做好必要的采后商品化处理外，还必须有适宜的储藏设施，并根据采后的生理特性，创造适宜的储藏环境条件，使其在维持正常新陈代谢和正常生理的前提下，最大限度地抑制新陈代谢，从而减少水果的物质消耗，延缓成熟和衰老进程，延长采后寿命和货架期，并有效地防止微生物生长繁殖，避免因浸染而引起的腐烂变质。

因此，选择储藏方式和设施，维持储藏环境的适宜温湿度或气体成分是我们首先要考虑的问题。

我国目前水果储藏方式多种多样，有不少行之有效的储藏方式，现代化的冷藏和气调储藏也在不断发展。储藏方式和设施有的比较简单，有的则比较复杂，产地和销地可以因地制宜，根据具体条件和要求灵活选择采用。

二、影响果实储藏的因素

（一）储藏温度与果实储藏

1．储藏温度对果实生理反应的影响

（1）高温对果实的生理反应的影响　水果的呼吸包含了很多酶促反应，这些反应的速度在生理反应范围内随着温度的升高而增加，每升高10℃，化学反应速率约增加1倍；温度超过30℃，某些酶的活力降低，大多数酶在35℃仍有活力，但到40℃时则无活力。有呼吸高峰的果实，如果连续处于30℃以上温度中，将使果肉成熟，但果皮不能正常着色。如海南岛的甜橙或香蕉虽能成熟，但其果皮仍保持青绿色。如将果品放置在温度为35℃以上的环境中，将会使生理代谢不正常，破坏细胞膜的完整性并使结构分解，可导致果品迅速败坏，失去色素，组织变成水渍性烧伤。

（2）低温对果实生理反应的影响　果品正常代谢的低限是细胞组织的受冻点，一般在0～20℃。一旦组织受冻，在细胞的不同组成中，代谢物的互换受到严重障碍，因此，一般果品储存温度应稍高于冷冻点，这样可以降低呼吸强度和呼吸代谢，从而延长储藏寿命。

降低温度将减弱果品的呼吸作用，并使维生素C受到损失。然而，降低温度的效应对所有生理因素并不一致。在临界温度的下限稍微降低温度只能对储藏寿命有少量的改进；在最低温度上限范围内降低温度，则可以有效地改善水果的储藏寿命。此外，低温可以抑制微生物的生长繁殖。在温度较低时，多数真菌孢子不能发芽生长，从而可以减少在储藏期的多种病害。对冷害敏感的果品，即使短时间处于10℃以下的环境也会受害。

对于无呼吸高峰的果实，降低温度只能降低果品败坏率；对于有呼吸高峰的果实，降低温度能延迟果品后熟作用，因为降低温度不但可以减少乙烯的产生，而且可以降低细胞组织对乙烯反应的影响。

2．储藏温度与储藏寿命

所有果实储藏的理想温度尚难确定，因为各种果实品种对降温的反应各异。需要做长期储藏时，应考虑真菌的生长和低温冷害。对不易发生冷害的果品如苹果、梨等，将其储藏于接近冰点温度时，可以得到最大的储藏寿命。但对于易受冷害的品种，如柠檬、柑橘、香蕉等，低温必须控制在造成冷害的临界温度之上。果品的储藏寿命差异很大，一般而言，呼吸强度和储藏寿命成反相关的关系，呼吸强度较低的果品，一般储存时间较长。

此外，气候和土壤因素均可影响果品的储藏寿命。一般而言，呼吸强度高和过熟采收的果品，以及容易受冷害的品种，储藏寿命最短。另一影响储藏寿命的重要因素是果品对真菌腐烂的感病性。

（二）相对湿度与果实储藏

果实中的水分大多是自由水，少部分是化学结合的束缚水。当新鲜果品的组织放在容器中时，果实中的自由水就会与空气中的水分相互平衡。当果实暴露在低湿的空气中时，果实内的水分就会汽化消失。此外，将高温的果品移至低温储藏环境时，由于果实温度下降，相对湿度增加，水蒸气也会外逸，有时就凝结在果实表面。所以，低温储藏时，需要较高的湿度。

气压差是果品的相对湿度和空气中实际相对湿度的差异，是新鲜果品制冷的重要结果。因此，果品入库时应预冷，迅速降低果品入库温度，这样可以减少果品和制冷气流之间的气压差，以防止果品失水。

（三）气体成分与果实储藏

储藏空气中的气体成分可影响果品的储藏寿命。降低氧和增加二氧化碳可以延长果品的储藏寿命，在某种程度上，可用来代替制冷。由果品释放出来的多种挥发性气体可以在储藏库中积累，其中乙烯是最重要的挥发性气体，当积累到关键浓度时，就会降低储藏寿命，所以排除乙烯也是很重要的。气调储藏是指降低氧增加二氧化碳浓度，并严格控制这些气体；限气储藏是指储藏气体成分并不严格控制，如应用塑料薄膜包装，让果实自身呼吸来调节气体成分，这也是气调的一种方式。

1. 影响果品气调储藏或限气储藏适用性的因素

在储藏空气中限制氧的供应或提高二氧化碳浓度均可延缓呼吸作用的发生。至今，气调储藏在商业上的应用仅限于苹果和梨的某些品种；限气储藏已成功应用于某些水果的运输，如香蕉、油梨和芒果等。影响果品气调储藏或限气储藏适用性的因素有以下几方面。

（1）一种果品如果在空气中储藏能安全无恙，就不需要应用气调储藏等技术。

（2）气调或限气储藏应当具有有利的反应和明显的经济效益。

（3）果品气调储藏应当能较好地延长果品储藏时期，而不损害其食用价值。

2. 气体浓度对储藏果品的影响

增加二氧化碳浓度或降低氧的浓度，对呼吸作用或其他代谢反应大都发挥单独作用。一般来说，氧的浓度必须降到10%以下，才能起到抑制呼吸强度的作用。如苹果储藏在5℃的环境中，氧的浓度必须降到约2.5%，才能起到降低果品50%呼吸强度的作用。但还必须注意保持足够的氧气，以防止果品缺氧呼吸以及伴随发生的异味。

降低氧的浓度以抑制果品的呼吸作用尚需按照储藏的温度而定。如温度降低，呼吸强度下降，则需要氧的浓度也要降低。温度高呼吸强度也高，也就易发生缺氧呼吸。不同果品对低氧的耐受点不同，氧的关键浓度还要依果品耐受低氧浓度的时间而定，对于较低浓度的氧，果品耐受时间也较短。此外，还受二氧化碳浓度的影响。当二氧化碳缺少或浓度较低时，对于需要较低水平氧的果品，通常也能耐受较长的时间。

在储藏空气中增加少量的二氧化碳，可显著影响果品的呼吸作用。但如二氧化碳含量过高，则会引起和缺氧呼吸相同的反应，而且反应变化的幅度比降低氧的浓度时更大。

气调储藏尤其在二氧化碳含量较高的情况下，可抑制果胶物质的分解，因此，可以较长时间地保持果品的坚硬结构，改进果品的风味。但不同的果品对气调储藏的反应也不同，因此，不同品种的果品不能储藏在同一气体成分的储藏室中。由于不同果品品种对氧和二氧化碳的浓度反应各异，因此，理想的气调储藏气体成分必须按每个品种通过试验来确定。一般情况下，空气中含有10%或更高浓度的二氧化碳时，只要该果品不受伤害，就可以抑制数种腐烂病菌的活性。但很多果品不能耐受如此高的二氧化碳浓度。实际上，气调储藏可通过延迟果品的后熟和衰老，来保持对病原菌的抗性，以降低果品的腐烂损耗。另外，适当的采收成熟度对气调储藏的效果也非常重要。

3. 乙烯

（1）乙烯对储藏果品寿命的影响　有呼吸高峰的果品从自然成熟开始，乙烯发生量就随之增加。在储藏室中，如果有一种后熟的果品放出大量的乙烯，可以引起其他果品后熟作用的发生。如果积累到较高的乙烯浓度时，则可以缩短许多果品的储藏寿命。

（2）降低乙烯含量的措施　一般情况下，可以通过降低温度、升高二氧化碳浓度来降低储藏空气中乙烯的浓度。在一般的储藏室内，可以通过通风设备将乙烯浓度降低到0.01μL/L以下。应特别注意在通风换气时，应先将外面空气制冷后再送入储藏室内。另外，还可以利用高锰酸钾来降低乙烯的浓度。为了保证乙烯浓度的充分降低，需要将大量的高锰酸钾最大面积地暴露于储藏空气中。可以用水泥和膨胀云母片的混合物来覆盖饱和的高锰酸钾溶液，应用这种形式的高锰酸钾与聚乙烯袋中的限气储藏相结合，能延迟香蕉和油梨的后熟作用。

（3）限制乙烯技术的利用　为获得正常的后熟果实，食用前必须将果品从袋中取出，放置在空气中一段时间。如在限气袋中保持过长时间，果实取出后可能后熟效果不好。密封聚乙烯袋加高锰酸钾的方法，同样也可延迟整串香蕉采收后的后熟作用，这种技术也已成功地应用于延迟整串香蕉在母株生长时的后熟作用。限气储藏和乙烯吸收技术也可应用于其他水果，特别是能耐受二氧化碳和氧浓度较大变化的果品，如苹果、梨、芒果和枇杷等。当乙烯浓度超过0.1μL/L时，则会促进无呼吸高峰果实的衰老。因此，在储藏库中除去乙烯，可以保持柑橘果实的甜度和食用品质。

三、水果储藏方式与方法

（一）水果储藏方式

水果的储藏方式概括起来可以分为自然降温（简易储藏）和人工降温（机械冷藏）两种。

1. 自然降温储藏

自然降温储藏是一种简易的、传统的储藏方式。人们常用的自然降温储藏主要有堆藏（垛藏）、沟藏（埋藏）、冻藏、假植储藏和通风窖藏（窑窖、井窖），它们都是利用外界自然低温（气温或土温）来调节储藏环境温湿度。使用时受地区和季节限制，而且不能将储藏温度控制到理想水平。但是，因其设施结构简单，有些是临时性的设施（如堆藏、垛藏、沟藏），所需建筑材料少，费用低廉，在缓解产品供需上又能起到一定的作用，所以这种简易储藏方式在我国许多水果产区使用非常普遍，在水果的总储藏量上占有较大的比重。虽然降温储藏产品的储藏寿命不太长，然而对于某些种类的水果却有其特殊的应用价值，如苹果、梨等可以窖藏。它们多在北方有外界低温的冬季和早春使用，适用产品的储藏温度为0℃左右。我国其他地区也可以，如南通地区柑橘的地窖储藏。

2. 人工降温储藏

人工降温储藏是利用机械制冷调节储藏环境温度的储藏方式。使用时不受季节和地区的限制，可以比较精确地控制储藏温度，适用于各种水果，如果管理得当可以达到满意的储藏效果。尽管低温能够最有效地减缓代谢速度，但是冷藏也不能无限制地延长储藏寿命。迄今为止，世界上经济发达国家都将机械冷藏看作是储藏新鲜水果的必要手段。由于机械冷藏的应用，使许多水果如猕猴桃、早中熟苹果、桃、荔枝等在常温下难以储藏的产品得以较长期储藏或远途运输。

在冷藏的基础上，又研究出冷藏气调储藏。对于一些水果采用气调冷藏比冷藏的效果更好，如冷藏苹果只可储 6 个月，但气调冷藏却可以储 10 个月，仍然保持很好的硬度。这种人为地控制或改变储藏环境中的气体成分（降低氧气浓度，提高二氧化碳浓度）的储藏方式称为气调储藏，通常用“CA 储藏”表示。这是发达国家大量储藏和保证长期供应苹果和西洋梨的主要手段之一。但是并非所有的水果都适合气调储藏，有的产品气调储藏效果并不明显，甚至有副作用。一般情况下，呼吸跃变型果实气调储藏的效果较好，而非跃变型果实气调储藏对保持产品品质作用不大。此外，不同的水果对气体的敏感程度不同，要求的氧和二氧化碳配比也不一样。由于气调储藏的成本较高，操作管理的难度也比较大，因此，应该选择那些适合长期储藏或经济价值高的水果进行气调储藏。目前我国应用较多的是自发气调储藏，即利用产品的自身呼吸作用消耗氧气，累积二氧化碳，从而达到气调效果。此法虽比不上真正的气调储藏，但操作简单，成本较低，风险也较小。苹果的硅窗袋或塑料袋小包装储藏都属于自发气调储藏，储藏效果良好。

（二）水果储藏方法

必须要根据成熟度分批采收。晴天的上午露水干后采摘果最好；采收时不同品种和不同熟期的果要分开采、分开放、分开装、分开储存；病虫果、烂果、碰伤果、不够标准果采后应尽快剔除。为提高水果的耐储性，可在采前半月对树冠喷洒 0.2% 氯化钙溶液，也可喷 150 倍高脂膜或 1000 倍托布津过磷酸钠液，可防水果感染真菌。

在冷藏条件下适合储藏的相对湿度为 80% ~95%。温度控制在 -5~5℃，主要适于水果类保鲜。

我国北方的大部分水果用低温储藏在 -3~5℃。比如苹果、梨子、冬枣等晚熟品种，质量好的更容易储藏。

南方广东的大部分水果用低温储藏在 3~15℃。不是每一种水果都适合放进冰箱低温保鲜。有些水果天生怕冷，像一些原产于热带的香蕉、芒果、木瓜等，放入冰箱反而会造成果皮上起斑点或变成黑褐色，水果品质和风味也受到破坏。

(1) 南方储藏法　储藏于干燥、凉爽并消毒的库内，最好储藏于 0~5℃ 的库房中。水果一般用纸箱、布袋或麻袋盛放储藏。出冷库前，应移到稍高温度处过渡并逐渐移到库外。为防因冷凝结有水珠，不可出库就重新包装，而应摊晾，待冷凝的水珠消失后再换新包装转运。

(2) 北方储藏法　量大时用麻袋盛装码垛应离墙 50~60cm，垛与垛之间也要预留能进出的走道，以利通风、过人。梅雨季节，应给每袋水果外再套一条麻袋，以增加隔潮效果。外界气温低又干燥时，可打开库房通气孔，以排除库内空气并换入干燥空气。水果储藏时，若在库房中放置几小堆石灰粉，可显著降低库房内的湿度。

(3) 家庭简易储藏法　量少可用坛、钵、缸、塑料袋等盛装之后密封放阴凉处储藏。量稍多时，用稻壳灰储藏好，且无公害。方法是：选一干净、干燥、凉爽的水泥地面房，先打扫四周并撒上石灰粉，接着在地面铺 1cm 厚的稻壳灰，然后铺一层水果，如此一层稻壳灰一层水果，堆高至 30~40cm。此法防潮、杀菌，可储 2~3 个月。

四、国外水果保鲜技术

水果是鲜活食品，采收后易腐烂。为延长保鲜期，各国科研人员发明了多种保鲜新技术，主要有如下10种。

（1）保鲜纸箱　这是由日本食品流通系统协会近年来研制的一种新式纸箱。研究人员用一种“里斯托瓦尔石”（硅酸岩的一种）作为纸浆的添加剂。因这种石粉对各种气体独具良好的吸附作用，且价格便宜又不需低温高成本设备，特别具有较长时间的保鲜作用，而且所保鲜的水果分量不会减轻，所以商家都爱用它，对进行远距离储运更是优势明显。

（2）微波保鲜　这是由荷兰一家公司对水果进行低温消毒的保鲜办法。它是采用微波在很短的时间（120s）将其加热到72℃，然后将这种经处理后的食品在0～4℃环境条件下上市，可储存42～45d不会变质，十分适宜淡季供应“时令水果”，备受人们青睐。

（3）可食用的水果保鲜剂　这是由英国一家食品协会研制的可食用的水果保鲜剂。它是采用蔗糖、淀粉、脂肪酸和聚酯物配制成的一种“半透明乳液”，既可喷雾，又可涂刷，还可浸渍覆盖于西瓜、西红柿、甜椒、茄子、黄瓜、苹果、香蕉等表面，其保鲜期可长达200d以上。这是由于这种保鲜剂在蔬果表面形成一层“密封薄膜”，完全阻止了氧气进入蔬果内部，从而达到延长水果熟化过程，增强保鲜效果的目的。

（4）新型薄膜保鲜　这是日本研制开发出的一种一次性消费的吸湿保鲜塑料包装膜，它是由2片具有较强透水性的半透明尼龙膜所组成，并在膜之间装有天然糊料和渗透压高的砂糖糖浆，能缓慢地吸收从果实、肉表面渗出的水分，从而达到保鲜作用。

（5）加压保鲜　是由日本京都大学粮科所研制成功，利用压力制作食品的方法。水果加压杀菌后可延长保鲜时间，提高新鲜味道；但在加压状态下酸无法发挥作用，因此掌握在最好吃的状态下保存水果最为理想。

（6）陶瓷保鲜袋　这是由日本一家公司研制的一种具有远红外线效果的水果保鲜袋，主要在袋的内侧涂上一层极薄的陶瓷物质，于是通过陶瓷所释放出来的红外线就能与水果中所含的水分发生强烈的“共振”运动，从而促使水果得到保鲜作用。

（7）微生物保鲜法　乙烯具有促进水果老化和成熟的作用，所以要使水果能达到保鲜目的，就必须去掉乙烯。科学家经过筛选研究，分离出一种“NH－10 菌株”，这种菌株能够制成除去乙烯的“乙烯去除剂 NH－T”物质，可防止葡萄储存中发生的变褐、松散、掉粒，对部分水果起到防止失水、变色和松软的作用，有明显的保鲜作用。

（8）减压保鲜法　它是一种新兴的水果储存法，有很好的保鲜效果，且具有管理方便、操作简单、成本不高等优势。目前英、美、德、法等一些国家已研制出了具有标准规格的低压集装箱，已广泛应用于长途运输水果中。

（9）烃类混合物保鲜法　这是英国一家生物工艺公司研制出的能使梨、葡萄等水果储藏寿命延长 1 倍的“天然可食保鲜剂”。它采用一种复杂的烃类混合物，在使用时，将其溶于水中成溶液状态，然后将需保鲜的水果浸泡在溶液中，使水果表面很均匀地涂上一层液剂。这样就大大降低了氧的吸收量，使水果所产生的 CO_2 几乎全部排出。因此，保鲜剂的作用酷似给水果施了“麻醉药”，使其处于休眠状态。

（10）电子技术保鲜法　它是利用高压负静电场所产生的负氧离子和臭氧来达到目的的。负氧离子可以使水果进行代谢的酶钝化，从而降低水果的呼吸强度，减弱果实催熟剂乙烯的生存。而臭氧是一种强氧化剂，又是一种良好的消毒剂和杀菌剂，既可杀灭和消除水果上的微生物及其分泌的毒素，又能抑制并延缓水果有机物的水解，从而延长水果储藏期。

第三章　果树反季节栽培技术

反季节果树栽培是利用日光温室、塑料大棚等设施，在不适宜果树生长的地区或季节，人为调控创造适宜其生长发育所需要的环境条件，保证其正常开花结果，生产出反季节、时令、新鲜、优质、无公害果品的方法，从而达到果品周年供应的最终目标。

近年来，果树反季节栽培的树种逐渐增多，但仍以较难储存的鲜食类水果为主。在20世纪50年代，北京、天津和东北等地始有果树反季节栽培研究，为我国现代果树反季节栽培的发端。真正的果树反季节生产则始于20世纪80年代，最早用于反季节生产的树种是葡萄。20世纪80年代末到90年代初，随着人民生活水平的提高和市场需求的增加，各种果树设施栽培逐渐受到重视，逐步形成果树生产发展的新趋势，以核果类果树为主的反季节栽培相继获得成功，用于反季节栽培的果树树种逐渐向多样化发展。随着市场经济的发展，尤其是在调整农村产业结构以来，全国性的果树反季节栽培发展很快，设施栽培树种以草莓、葡萄、桃为主，以杏、樱桃、李、枣为辅。

（一）反季节种植规划的原则

反季节栽培必须在温室中进行，生产集约化程度较高，对生产要素和环境条件的要求较高，因此，种植规划要坚持以下原则。

（1）形成资源和要素配置更为合理的生产能力和稳定的商品量，从而获得反季节栽培的高质量和高效益。

（2）因地制宜，优化产业布局，抓好基地与产业带，促进要素向优势区域集中，发挥区位优势，形成区域化生产、规模化经营的格局。

（3）抓好品种的结构调整，重点发展名、特、新、稀和具有区域特色的品种，以高品质、高附加值、高科技含量和加工增值的品种为主攻方向，实现产品的周年供应，扩大出口，提高经济效益。

（4）以市场为导向，大力发展无公害、标准化生产，围绕秋冬季和反季节两大特点，在保持面积适度增长的基础上，努力提高集约化水平，加快发展加工业、流通业，推进产业化经营。

（5）合理安排种植时间，提高温室光能利用率和土地利用率，实现全年生产，均衡供应，满足市场需求。

（二）反季节栽培的优越性

1. 充分利用土地和劳动力

反季节栽培是一种高精度栽培，单位面积所投入的劳动力远远高于露地生产，而且反季节栽培与露地栽培相比突破了原有的季节限制，改冬闲为冬忙，为农村剩余劳动力提供了更多的就业机会。同时，由于反季节栽培所用设施的环境受人工影响的因素较大，使得露地不适宜的气候和环境在人工改良后也能进行生产，从而扩大了生产区域，让宝贵的土地资源得到了充分的利用。

2. 为市场周年供应果品

在人工调控栽培环境的条件下，通过反季节栽培使果实成熟期提前或延后，结合露地栽培和果品储藏的发展，大部分鲜食水果完全能够达到周年供应。如草莓和葡萄已达到了周年供应。

3. 经济效益显著

由于反季节栽培填补的是果品淡季，所以其价格往往是露地生产的几倍，同时设施栽培的土地利用率较高，其经济效益远远高于露地生产。正因为如此，果树反季节栽培已成为部分地区农民致富的重要途径，并成为某些地区的支柱产业。

第一节　草莓反季节栽培技术

目前，草莓反季节栽培方式大致可分为促成、超促成、半促成、抑制栽培这4种类型。促成栽培就是不让草莓进入休眠期，在低温来临之前开始保温，使其连续开花结果的一种栽培方式。现将其栽培技术介绍如下。

一、栽 培 设 施

草莓可利用日光温室，塑料大、中、小棚配套栽培。

二、主 要 品 种

日光温室促成栽培的草莓品种应具备早熟性好、休眠期短、耐低温能力强、适应范围广、生长势旺盛、果形大而整齐、畸形果少、品质佳耐储运、丰产抗病等优点。目前，生产上采用的品种有丰香、春香、静宝、全明星、土特拉、达塞莱克特等。

（1）丰香　为日本品种，由绯美与春香杂交育成。因高产、果实有浓郁香气而得名，现为日本主栽品种。植株生长势强，较开张。植株叶数少，发叶速度较慢，匍匐茎发生较多；叶片圆形，大而厚，叶色浓绿，叶面平展（见图3－1）。花序低于叶面，坐果率极高。果实圆锥形，第一级序果平均单果重25g；果面鲜红，有光泽；果肉白色，较硬，果心较充实；味甜酸适中，香味浓郁，是优良的鲜食品种。丰香休眠浅，约需5℃以下的低温50～70d可通过自然休眠，适于促成栽培。丰香抗白粉病能力弱，栽培时应注意防治。

（2）甜查理　该品种植株健壮，株高、冠径相近，皆为20cm左右。花较大而雌蕊高，花梗粗壮，每株有花序6～8个，每序有花数9～11朵。自开花至果实成熟约需40d。果实圆锥形，成熟后色泽鲜红，光泽好，美观艳丽（见图3－2）。果面平整，种子稍凹入果面，肉色橙红，髓心较小而稍空，硬度大，可溶性固形物高达12%以上，甜脆爽口，香气浓郁，适口性极佳。浆果抗压力较强，摔至硬地面不破裂，耐储运性好。浆果较大，第一级序果平均重50g，最大果重高达83g。“甜查理”草莓休眠极浅，与“丰香”近同，为20h左右，适于设施（大棚）促成栽培。一般10月下旬扣棚，采果时间可从12月中旬一直延续到翌年5月中旬，平均单株全期产量481.5g，每667m^{2}栽8000～10000株，产量高达3500kg以上。

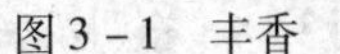

图3-1　丰香

图3-2　甜查理

(3) 红颜　又称红颊草莓，是杂交选育而成的大果型草莓新品种。它具有叶绿、花白、果红、味佳的品质（见图3-3）。红颜草莓味浓，甜度能达到14%～16%，一般草莓甜度只有10%左右。红颜植株极高大，以章姬为母本杂交而成，叶片长、叶色嫩绿，休眠浅，比丰香略深。植株分茎数较少，果实长圆锥形，顶果略短圆锥带三角形。红颜草莓果面平整，种子黄而微绿，稍凹入果面，果皮红色，果肉橙红色，果型美观，质密多汁，香味浓香，风味极佳，富有光泽，韧性强，果实硬度大，耐储存，抗白粉病能力较强，耐低温不抗高温。

(4) 全明星草莓　由美国引进的中晚熟品种，为鲜食加工兼用型品种。植株高大直立、生长势强，茎叶粗壮，匍匐茎繁殖能力强。叶片椭圆形，深绿色，有光泽，叶脉明显。果实橙红色，长椭圆形，不规则（见图3-4）；果实大，平均单果重28.8g，最大果重63.5g；果肉硬度大，淡红色，酸甜适口汁多，可溶性固形物含量8.7%，品质上等。种子黄色，向阳面红色，陷果面较浅。丰产，较耐储运，常温可储藏23d；抗病性强，较抗叶斑病、黄萎病、枯萎病、白粉病等。该品种耐高温、高湿，对枯萎病、白粉病及红中柱抗性强，对黄萎病也有一定的抗性。丰产性好，每667m^2产2000kg以上。果实耐储运，适宜鲜食或加工。适宜露地和保护地栽培，每667m^2栽9000株。

(5) 枥乙女　1999年由日本引进。该品种长势壮，大植株，叶片大而厚，匍匐茎抽生能力中等，可连续抽生花序，结果期长

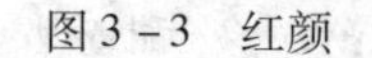
图3－3　红颜

图3－4　全明星草莓

达6～7个月，丰产性能很强。果实粗圆锥形，果面鲜红色，种子稀，凹陷于果面（见图3－5）。果肉橘红色，风味甜香，含糖量高达12%～16%。一级花序平均单果重42g，最大98g，果实硬度与丰香相当，较耐储运。

（6）达赛莱克特（Darselect）　法国达鹏种苗公司于1995年由派克×爱尔桑塔培育的新品种，近年引入我国。植株生长势强，株态较直立，叶片多而厚，深绿色，对红蜘蛛抗性差，较抗其他病虫害。果实长圆锥形，形整齐，大且均匀（见图3－6）。一级序果平均单果重30g，最大果重90g。果面深红色，有光泽，果肉全红，质地坚硬，耐远距离运输。果实风味浓，酸甜适度，可溶性固形物含量9%～12%。丰产好，一般株产300g左右。保护地栽培每667m^{2}产3500kg，露地栽培每667m^{2}产2500kg。休眠浅，适宜露地栽培和温室、拱棚促成、半促成栽培。每667m^{2}栽植10000～11000株，应注重防治螨类危害。

图3－5　枥乙女

图3－6　达赛莱克特

（7）卡麦罗莎（Camarosa）　别名卡麦若莎、卡姆罗莎、童子一号。美国加利福尼亚佛罗里达大学20世纪90年代育成品种。该品种长势旺健，株态半开张，匍匐茎抽生能力强，根系发达，抗白粉病和灰霉病，休眠浅，叶片中大，近圆形，色浓绿有光泽。果实长圆锥或楔形，果面光滑平整，种子略凹陷果面，果色鲜红并具蜡质光泽，肉红色（见图3－7），质地细密，硬度好，耐储运。口味甜酸，可溶性固形物9%以上，丰产性强，一级序果平均重22g，最大果重100g，可连续结果采收5～6个月，667m^2产4000kg左右，为鲜食和深加工兼用品种。适合温室和露地栽培，667m^2栽植10000～11000株。

（8）森加森加拉（Senga Sengana）　别名森加森加纳、森格森格纳、森嘎那、森嘎。德国种，由Markee×Sieger培育获得，20世纪80年代初由沈阳农业大学引入我国。植株长势稳健，株态紧凑，叶色深绿，叶片厚，椭圆形，平展有光泽，花梗较粗，花序较短，低于叶面，匍匐茎抽生能力强，匍匐茎粗而节间短，茎稍显红色。果面深红色，有光泽，种子分布均匀，平于果面（见图3－8），果肉多汁，口味甜酸爽口，可溶性固形物含量7%～9%。果个中等，大小均匀，一级序果平均16g，最大单果重25g。每667m^2产2000kg左右，是深加工极佳品种。667m^2栽植11000～12000株。

图3－7　卡麦罗莎

图3－8　森加森加拉

（9）香绯　系美国培育的草莓新品种。植株小，生长健壮，叶片厚，匍匐茎抽生中等，抗旱、耐高温、抗病，有广泛的适应性。秋季开花早、花量大、品质好。果实圆锥形，果个大，果形规整；果面红色，有光泽（见图3－9）；果实紧硬，适合长途运销；果味香甜，口感好，风味浓；丰产、稳产。栽培要注重育苗管理，高温雨季及时疏花，植株对缺钾和缺锰敏感，秋季结果应有防雨和遮阳设施。该品种适宜一年四季连续结果，如采取设施栽培，能在夏秋旅游旺季和重要节日生产高档草莓。香绯适合我国北方日光温室和南方广大地区用于秋季种植，是目前替代"安娜"和"三星"的理想四季草莓新品种。

（10）红香草莓　抗重茬，高抗白粉病。产量高（每667m^2产2500～3000kg），硬度大，耐储运。花粉生命力强，坐果率高，畸形果少。上市早，采收期长，果个大、均匀，颜色鲜艳，果味香甜（见图3－10）。

图3－9　香绯

图3－10　红香草莓

三、栽 培 技 术

（一）繁殖方法

草莓秧苗是生产的物质基础和先决条件，培育优质壮苗是草莓丰产的基本保证。秧苗质量的高低，不但影响草莓生长，而且还影响到草莓产量的高低和品质的优劣。健壮秧苗的标准：具有5～6片正常叶片，叶色不浓不淡，为鲜绿色，叶柄粗壮。根状茎粗度为1.2～1.5cm；须根多，长度在5～6cm的根系有5条以上，粗而白。株型紧凑，矮壮，侧芽少，全株重达30g以上。植株完整，根、茎、叶部位没有受损，无病虫害。

草莓的繁殖方法通常有匍匐茎分株繁殖、新茎分株繁殖和组织培养繁殖。

1. 匍匐茎分株繁殖

草莓在生长旺盛时期会抽生较多匍匐生长的蔓生茎，即匍匐茎。匍匐茎的偶数节上可以长出新的秧苗，当新秧苗完全成活时，切断匍匐茎，使其脱离母株而形成独立完整的植株，这种方法获得的秧苗称为匍匐茎苗，是生产中常用的一种繁殖方法。其优点如下。

（1）能够保持品种的优良特性　匍匐茎繁殖是无性繁殖，所以能保持本品种的原有特性，发生变异率较低。

（2）繁殖系数高　草莓一般品种都能发出匍匐茎，由母株上抽生的匍匐茎在营养条件好的情况下，可再发出匍匐茎，即二次匍匐茎；在营养充足的条件下可发出三次匍匐茎。对于专用育苗圃，每株可繁殖 50 ~ 100 株秧苗，667m^2可繁殖 15000 株左右。

（3）秧苗质量好　匍匐茎繁殖的秧苗前期利用母株营养，生命力强，根系发达，植株健壮，缓苗后生长旺盛，专用繁殖苗圃管理严格，病虫害防治及时，所有繁殖材料经过严格消毒与防疫，减少了母株带病机会，故秧苗病虫害发生概率也非常低。

（4）方法简单　草莓本身具有发生匍匐茎的特性，匍匐茎偶数节上的芽在温、湿度适宜的情况下，即可生根长叶，当具有3 ~ 4 片正常展开叶并发生较多不定根时，切断匍匐茎即可得到独立的植株。

2. 新茎分株繁殖

新茎分株繁殖法又称老株法。这种方法适用于需要更新换地的草莓圃，或者不易发生匍匐茎的草莓品种。它主要利用母株上产生的新茎分枝进行繁殖。具体方法是：在浆果采收后，加强对植株的管理，7 月中旬至 8 月上旬，当老株地上部分每个新茎分枝达到 4 ~ 5 个发育良好的健壮叶片，地下有新根发生时将整个秧苗翻起，剪除下部黑色的不定根和衰老的根状茎，分离 1 ~ 2 年新生长的根状茎，使每株新茎苗带有一定数量的白色新根，用于生产定植。

这种繁殖方法操作简便，可省去育苗过程。但繁殖系数低，秧苗质量不如匍匐茎苗，单株产量低，并容易带有病虫害，所以它只是草莓繁殖方法的补充。

3. 组织培养繁殖

组织培养繁殖法是利用细胞的全能性和组织的再生能力，切取草莓植株的部分组织和器官，在无菌条件下，接种到人工配制的培养基上，使之发育成完整的植株。草莓组织培养繁殖的优点如下。

（1）植株健壮，结果好　任何植物在长期的无性繁殖过程中都容易感染病毒，受到病毒感染的植株生活力衰退，产量降低，品质变劣。而组织培养繁殖的整个过程是在无菌环境中进行的，对于繁殖材料的茎尖也要进行脱毒处理，这样所得的秧苗不含或少含病毒，比一般秧苗叶片大而厚，叶色浓绿，生长健壮且整齐一致，结果期延长 3 周，平均增产 20% 左右，果个大，品质优。

（2）繁殖速度快　利用组织培养法繁殖草莓，一年内 1 个分生组织可获得几千株甚至几万株秧苗，这种繁殖方法对加速新品种推广，特别是对抽生匍匐茎低的品种的繁殖更为有利。

（3）不受外界环境条件的影响　一年四季均可生产，在人工控制条件下，可进行工厂化育苗。

（4）节省土地、利于品种保存　用组织培养法繁殖是在实验室中进行的，对露地占用少。所以，不仅节省土地，便于管理，而且对保存种质资源更加安全。

（二）定植

1. 移植前准备

（1）整地施肥　选择未栽过草莓、土壤疏松、土层厚、肥力中等、供水条件好的温室。清除杂草，土壤消毒，并施入腐熟细碎的有机肥、磷酸二氢钾做基肥。保证苗期对肥料的需求，并将土壤深翻 30cm 左右。草莓做高畦栽培，畦宽 90cm，垄宽 60cm。

（2）棚室消毒　在移栽前 7 ~ 10d，扣严棚膜，用硫黄粉熏棚，每棚用量 1kg，封闭门窗，熏棚 12 次，可有效杀死棚内及地表虫害。

2. 定植

(1) 定植时间　草莓的定植一般以秋季为主，因为秋季土壤含水量大，气温相对较低，草莓成活率高；而且反季节草莓的上市时间主要在冬季和春季，北京地区移栽时间在9月下旬至11月上旬为宜，具体时间宜早不宜迟，早栽可防止假植时间过长形成老化苗。栽时最好选择阴雨天进行，由于湿度大，气温低，可防止高温秧苗失水和伤根，秧苗成活率高。栽植时蘸泥浆，可提高成活率。栽苗时要使每行秧苗的弓背方向向外保持一致，使果实均向外伸展，方便管理。掌握深不埋心、浅不露根的要领，栽后浇足水，以后每天早晚各浇1次水，待生长点冒出新叶时，停止浇水，进入正常管理。

(2) 定植后的管理　草莓苗生长的好坏直接影响着以后的结果和产量。所以定植后一定要加强田间管理，为以后的丰产打下良好的基础。

① 浇水：定植当天立即浇缓苗水，第1次浇水是秧苗成活的关键。因为草莓根系浅，不耐旱，必须及早浇水。要浇大水，顺沟浇，浇透浇散土坨，以利根系生长。浇水时应在早晚浇，避免在中午气温高时浇水，以免影响根系生长。浇后出现倒苗浮苗现象应及时扶正。缓苗前应保持土壤湿润，必要时12d浇1次。7d左右当心叶开始生长说明已缓苗，停止浇水。不旱不浇水，保持土壤见干见湿。

② 中耕除草：定植缓苗后要进行首次中耕松土，以改善土壤透气条件，促发新根。因定植缓苗期间根系未扎牢固，所以松土要浅，根系周围不松土，以免碰伤植株和根系。以后每次浇水后表土似干未干时要及时松土，以防止土壤水分迅速蒸发和造成土壤板结不透气。由于土壤湿润，杂草生长很快，在中耕时应除去田间杂草。

③ 施肥：缓苗后若秧苗弱，可每667m^2施尿素7kg，也可叶面施ABT生根粉、NEB等促根下扎，如果苗子长势好则不施，因为植株营养过旺会延迟花芽分化。到9月下旬顶花序开始分化，为促进花芽发育，可追施一次氮肥，每667m^2施10kg左右，追肥时结合浇水。

在施足基肥的前提下，苗期以追施氮肥为主，促进根、茎、叶的生长。花芽分化期和开花、采收期，以追施磷、钾肥为主，以满足其生殖生长的需要，有机肥与化肥结合施用。应当注意的是：草莓的根系分布范围较浅，绝大部分离地表20~30cm，根系比较脆弱，施肥较多、过分集中或过分靠近根系而造成烧根现象，以少量多次为宜。在草莓采收期根外追肥，用磷酸二氢钾、施丰乐、草莓膨大素等每7~10d叶面交替喷施，可提高果实品质。

④ 疏花疏果：草莓的花序为二歧聚伞花序和多歧聚伞花序。一般1株草莓有1~3个花序；一个花序上着生3~30朵花，一般为7~15朵。花轴顶端发育成花后停止生长，称为一级序花；在一级花序花朵苞叶间生出等长的花柄，形成2朵二级花序；二级花序的苞叶间生出2个花柄，形成2朵三级序花。依此类推，形成更高级序花。要将弱花、小果、畸形果、病叶、老叶、早期抽生和匍匐茎等及时摘除，每个花序上留果3~5个，每株保留8~10片大叶，提高通风透光率，使果实着色快。

⑤ 摘叶、芽及匍匐茎：老叶枯叶影响茎的膨大，也易诱发病害，因此缓苗后要及时摘除枯叶老叶及刚发生的匍匐茎。当植株开始发育时，会发生旺盛的腋芽和匍匐茎，为减少植株养分的消耗，要及早摘除刚发生的腋芽和匍匐茎。但摘叶不能过分，否则开花和果实膨大变得缓慢，推迟采收期。生产园中草莓从坐果期开始就发生匍匐茎，到果实采收期达到高峰。这些匍匐茎在生长过程中要消耗大量营养，与浆果互相竞争养分、水分，降低果实产量和品质。同时，匍匐茎遮挡阳光，影响通风，影响了光合作用，减少光合产物积累。所以，生产园应及时摘除匍匐茎。

3. 覆地膜

（1）覆膜时间　待草莓成活后进行覆膜。覆膜前要把草莓的枯枝烂叶清理干净，选择无风天进行，顺着畦或垄的行向把地膜盖在草莓的植株上，薄膜四周用土封严，一般是边覆膜边压土，要求薄膜四周必须平展，不能折卷。畦、垄过长可适当地在一定距离横向压土，使膜面不能鼓起被风撕破。

（2）覆膜后的管理　扣棚后立即将地膜清扫干净，以利地膜采光。随着棚内温度的升高，地温也升高，棚内土壤迅速解冻，此时不需放风。一般经2周左右，草莓植株开始萌动，在萌发1~2片新叶时，破开地膜将苗提到膜外。

① 温度管理：必须视天气状况通过揭膜来调节温度。草莓植株生长温度范围是10~30℃，土温17~18℃最适根系生长，20~30℃最适匍匐茎生长，13~30℃适宜叶片生长。30℃以上或15℃以下光和效率降低，最适宜温度为10~20℃。整个棚期温度应控制在白天22~28℃，夜间不得低于8℃。温度过高，会加速果实成熟，增加小果比例；在30℃以上时，要及时放风调节。

② 湿度管理：棚内湿度大，必须揭膜降湿，夜间再密闭保温，晴天早揭迟盖，阴天迟揭早盖；通风换气1~2h，切忌长时间连续几天不通风换气。

③ 花期放蜂：花期放蜂可提高授粉质量，提高坐果率。一般335m^2的大棚放1箱蜜蜂即可。注意放风口要用纱布封好，防止蜜蜂飞走。

④ 疏花疏果：根据植株的生长结果情况，摘除过多、过弱的花序和小果、畸形果、病虫果，保留健壮的花序和大果，每个花序保留2~3个果；还应经常摘除枯、老、病叶和侧芽，一棵植株随时保留5~7片绿叶，才能满足需求。

（3）拆棚时间　当外界气温稳定在8℃以上，即4月中旬，可撤掉薄膜。

（三）土肥水管理

1. 中耕除草

扣棚升温后，当地面冻土层化透，表土稍干时，进行第1次中耕松土，深度以不伤根为度。中耕具有保墒、除草、提高地温的作用，为根系生长创造良好的环境条件。植株开花前进行第2次松土，结合去除老叶、枯叶，同时给植株根部培土，培土厚度以不埋心为度。培土可促进草莓发出更多新根，增强草莓植株根系吸收能力。并且每隔10d左右结合去老叶、疏花疏果、去匍匐茎及弱芽，拔除田间杂草，直到收获为止。

2. 施肥灌水

扣棚后要灌一次透水，保证草莓萌芽生长需要。以后视土壤墒情进行浇水，保持土壤湿度在80%左右。经验做法是根据清晨叶片是否有吐水现象来确定，如果叶片有吐水现象，说明水分充足，不需灌水；如无吐水现象，说明土壤已经缺水，应及时灌水。果实成熟期应适当控制水分，以增加果实硬度，减轻病害发生。由于在温室条件下通气条件不好，为了防止湿度过大，灌溉方式与露地栽培不同，最好采用膜下滴灌。

草莓追肥从植株现蕾开始，每隔15d左右进行1次，共追2~3次。开花前追肥以氮肥、磷肥为主，可每1hm^{2}施尿素150kg，磷肥300kg。坐果后追肥以磷肥、钾肥为主，可每1hm^{2}施磷酸二氢钾225~300kg。追肥方法是在距植株5~6cm处，用打孔器打一个深5cm的孔，将尿素或氮磷钾复合肥施入孔内，用土覆盖好。追肥后要立即灌水，使化肥溶于土壤。也可进行叶面喷肥，用0.3%~0.5%的尿素和磷酸二氢钾叶面喷肥，每隔10d左右喷1次。

(四) 病虫害防治

草莓反季节栽培具有投资少、见效快、产量高、效益好的特点。每667m^{2}土地产1500kg，较露地高出1倍以上；产值比露地高出10倍多。采用设施生产优点很多，但也有不足之处。由于棚内高温多湿，易为病虫害发生创造极有利的环境条件，故加强对病虫害的综合防治显得尤为重要，是实现反季节草莓高产稳产的关键环节。

(1) 白粉病　主要为害叶片，也侵害花、果、果梗和叶柄。叶片上卷呈汤匙状。花蕾、花瓣受害呈紫红色，不能开花或不能开完全花，果实不膨大，呈瘦长形；幼果失去光泽、硬化。近熟期草莓受到为害会失去商品价值。

防治对策：在发病中心株及其周围，重点喷布0.3°Bé石硫合剂。采收后全园割叶，喷布70%甲基托布津1000倍液或50%退菌特800倍液及30%特富灵5000倍液等。

(2) 灰霉病 春季的重要病害，在花朵、花瓣、果实、叶上均可发病。在果实膨大期，生成褐色斑点，并逐渐扩大，密生灰霉使果实软化、腐败，严重影响产量。

防治措施：① 随时将病果、病花序及枯、老、病叶摘除，集中销毁；② 扣棚期适时揭膜降湿，疏通沟系，雨后及时排水；③ 盖地膜前和扣棚前、扣棚后每半月左右分别喷 1 次 50% 甲基托布津可湿性粉剂 700～800 倍或 50% 多菌灵可湿性粉剂 1000 倍，或 50% 速克灵 2000 倍。

(3) 叶斑病 又称蛇眼病。主要为害叶片、叶柄、果梗、嫩茎和种子。在叶片上形成暗紫色小斑点，扩大后形成近圆形或椭圆形病斑，边缘紫红褐色，中央灰白色，略有细轮，使整个病斑呈蛇眼状，病斑上不形成小黑粒。

防治对策：及时摘除病叶、老叶。发病初期用 70% 百菌清可湿性粉剂 500～700 倍液，10d 后再喷 1 遍；或用 70% 代森锰锌可湿性粉剂，每 667m^2 用 200g 对水 75kg 进行喷雾。

(4) 根腐病 从下部叶开始，叶缘变成红褐色，逐渐向上凋萎，以至枯死。支柱在中间开始变成黑褐色而腐败，根的中心柱呈红色。

防治对策：草莓移栽前用 40% 百菌清粉剂 600 倍液，浇于畦面，然后覆土，整平移栽，能有效杀死土壤中的病菌，降低田间菌源基数，减少传染机会。

(5) 黄萎病 该病是土壤病害。主要症状是幼叶畸形，叶变黄，叶表面粗糙无比；随后叶缘变褐色向内凋萎，直到枯死。

防治对策：严格引入无病植株种植，缩短更新年限，用氯化苦防治，拔除已发病株并烧毁。

(6) 生理病害防治 草莓高产或化肥施用过量时可能会发生缺素症状。因此，草莓开始进入成果期时，要结合病虫防治及时多次喷施微肥。

(7) 红蜘蛛 防治方法：20% 灭扫利 2000 倍或 10% 增效杀灭菊酯 1000 倍液喷雾防治。

（8）蚜虫　初夏和初秋密度最大。蚜虫能传播草莓病毒，导致病毒病大发生。可用50%辟蚜雾可湿性粉剂2000～3000倍或50%抗芽威3000倍等药剂喷雾防治。

（五）采收、分级和包装

（1）采收　成熟果的最显著特征是果实着色，果面由原来的绿色，逐渐发白，最后成为红色或浓红色，并有光泽。最先是受光面着色，随后是侧面，随着成熟，果实软化，并释放出特有的香味。采收时宜在上下午进行，此时露水已干，果面干爽。还可以根据生育期来确定果实成熟期。一般情况下，草莓从开花至浆果成熟大约需要30d左右。采摘时连同果柄摘下，将草莓放入特制的容器内，上覆保鲜膜，在适温下可保持7d风味不变。

（2）分级标准　草莓按质量大小分为4级：5.0～9.9g为S级；10.0～14.9g为M级；15～19g为L级；20g以上为LL级。5g以下因其商品价值非常低，称为废果或无效果。生产上把L级、LL级统称大果，M级为中果，S级为小果。

（3）包装　草莓为高级果品，而且不是耐储运的浆果，所以必须做好包装工作。草莓包装应结合采收进行，随采收随分级包装，以避免多次倒手、倒箱碰伤浆果。生产上常用的包装容器有塑料箱、木箱、纸箱、塑料盒等。包装箱深度不超过20cm，容量不超过20kg。塑料盒容量在200～300g。外运的箱要有一定的坚硬度，摞起来摆放不变形。采收时外界气温高，应选用带眼孔的塑料箱或纸箱；外界温度低时，选择不带眼孔并有一定保温效果的包装箱。

第二节　葡萄反季节栽培技术

一、栽培设施

目前，我国北方葡萄设施栽培普遍采用日光温室和塑料大棚，栽培形式主要是促成栽培，促成兼延迟形式采用得很少。北方地区日光温室葡萄反季节栽培已成为农业的支柱产业，经济效益显著。

塑料大棚是一种简易实用的保护地栽培设施。塑料大棚充分利用太阳能，有一定的保温作用，并通过卷膜可在一定范围调节棚内的温度和湿度，提早葡萄成熟时间。在我国北方利用塑料大棚进行葡萄促早成熟栽培从20世纪80年代开始大规模发展，一般可提前30～45d成熟，还可更换遮阴网用于夏秋季节的遮阴降温和防雨、防风、防雹等。

（一）大棚的种类

塑料大棚的种类主要有竹木结构大棚、水泥结构大棚、组装式钢管结构大棚三种。

（二）场地选择

选择建大棚场地是第一道程序。由于大棚有一定的使用年限（如竹木结构3～5年，水泥、钢材结构在10年以上），一旦建成不可能随意更动，因此选择建棚场地时要考虑周密细致，要注意场地的以下几个条件：

（1）光照充足，所以要选择地势开阔、平坦，东、南、西三面无高大建筑物及树林遮荫。如是坡地，则地势向南或向东南倾斜，以坡度在10°以内的缓坡为宜。这样光照充足，早春棚温回升快。

（2）自然灾害发生较少，要避免山谷风口，以免大棚遭强风倒塌。但也不应选择地形闭塞地段，要保持场地有良好的通风条件。

（3）选土壤肥沃、地下水位高、富含腐殖质、排水良好的壤土，若在低洼地区，应注意开挖排水沟。

（4）水源充足，以利灌溉。

（5）交通便利，便于管理，以便于生产资料和农产品的运输，离居民点尽可能近些。

（6）避免污水、有害气体、烟尘污染，离工厂尽可能远些。远离高压线，避免火灾。

二、主要品种

（一）选种原则

（1）应选择极早熟或早中熟品种，促成栽培选种时还应注意筛选自然休眠期短、需冷量低、易于人工打破休眠的品种。

（2）应选择适应性强，尤其是对温、湿度等环境条件适应范围较宽、抗病性强，而且易成花、易坐果、易丰产的品种；长势中庸、难成花的旺长品种不宜选择。

（3）应选择色泽艳丽、品质优良、耐存储、耐运输、市场占有率高的品种。随着栽培面积的不断扩大，果品质量已经成为栽培效益的重要因素之一，同期市场质量差异价格可相差1倍以上，所以果品质量应是品种选择的重要依据。

（4）同一大棚的品种应统一，一般以一个品种为宜，若超过一个品种，应选同一品种群中的品种，以便于管理；不同大棚在选择品种时，可考虑市场的持续供应而选早、中熟品种配套，增加花色，以满足市场需要。

（二）主要品种

首先要选择耐低温、低湿、对外部环境反应比较迟钝的葡萄品种。适于设施栽培的品种有京秀、乍娜、京亚、金星无核等。

（1）京秀　欧亚种，二倍体。由中国科学院北京植物园以潘诺尼亚和杂种60－33杂交而成（见图3－11）。果穗圆锥形，平均穗重513.6g；果粒椭圆形，平均粒重6.3g，最大9g；玫瑰红色，肉质脆，味甜，品质上等，易丰产，抗病力中等，为极早熟品种。

（2）乍娜　欧亚种，品种来源不详（见图3－12）。果穗长圆锥形，多有副穗，平均穗重500g；果粒近圆形或椭圆形，粉红色，有时具紫红色条状色晕；果粒大，平均粒重9.6g；肉质脆，多汁，味甜，具清香味。可溶性固形物含量为15%。日光温室内4月下旬成熟。

（3）京亚　欧美杂交种，中国科学院北京植物园从黑奥林实生苗中选育的新品种，四倍体（见图3－13）。植株形态与黑奥林极相似。果穗圆锥形，有的带副穗，平均穗重476g，大的可达

1070g；果皮紫黑色，果肉较软，汁多，稍有草莓香味，品质中上。可溶性固形物 15% ~17%。抗病性强，丰产性好，不脱粒，耐运输，耐弱光照。在日光温室内表现很好，5 月上旬成熟。

图 3－11　京秀

图 3－12　乍娜

（4）巨峰　欧美杂交种，四倍体，原产日本（见图 3－14）。由石原早生与森田尼杂交而成，果穗圆锥形，平均粒重 10.5g，黑紫色，果肉有肉囊，汁多，味较甜，品质中上。可溶性固形物 15% ~16%。抗病性较强，对高温有一定的耐力，在日光温室内坐果率较高，产量比较稳定。但该品种结果过多，着色期遇到高温环境，果实着色不良。它是设施栽培的一个较为理想的品种。

图 3－13　京亚

图 3－14　巨峰

（5）里扎马特　欧亚种，原产苏联，二倍体（见图 3－15）。由可口甘与巴尔干斯基杂交而成，又称玫瑰牛奶。果穗圆锥形，平均穗重 850g，果粒长椭圆形，肉质脆，味甜，可溶性固形物 10.2%，含酸 0.57%，品质中上。不耐储运。抗病中等，易感白腐病和霜霉病。

（6）金星无核　欧美杂交种，引自美国。果穗圆柱形，紧密，平均穗重450g；果粒近圆形，平均粒重4.1g，经赤霉素处理后增大近1倍；果皮蓝黑色，果粉厚，果肉较软，清香味，可溶性固形物15%，品质中上。抗病性较强，能适应高温高湿的气候。丰产性好，不裂果，不脱粒，是较为理想的高档无核早熟品种。

（7）无核白鸡心　欧亚种，美国品种（见图3-16）。果穗圆锥形，平均穗重600g，易感白腐病和霜霉病。该品种适合大棚栽培。果粒常长卵形，略呈鸡心形，平均粒重6g，经赤霉素处理后果粒重可达10g，果皮黄绿色，较薄，不裂果。果肉硬、脆，微有草莓香味，品质上等。是适合设施栽培的无核品种。

图3-15　里扎马特

图3-16　无核白鸡心

（8）康太　欧美杂交种（图3-17）。辽宁省农业科学院园艺研究所从“康贝尔”选出的四倍体自然芽变品种。果穗圆锥形，果粒着生紧密，平均穗重330g。果粒近圆形，平均粒重6.7g，整齐，蓝黑色。果皮厚，果粉多，果皮与果肉不易分离。果肉软，有肉囊，多汁，果汁无色，有美洲种的香味。可溶性固形物含量12.8%，含酸0.6%，品质中等。抗病性超过巨峰，对霜霉病、黑痘病有较强的抗性，但抗旱性差。

（9）红脸无核　欧亚种，从美国引入（见图3-18）。果穗长圆锥形，平均穗重650g，有的可达1500g以上。果粒椭圆形，平均粒重4g左右。果皮鲜红色，果肉硬脆，味甜，可溶性固形物15%~16%，品质极佳。不裂果，不脱粒。

图 3－17　康太

图 3－18　红脸无核

（10）维多利亚　欧亚种，由河北昌黎果树研究所从罗马尼亚引入我国（见图3－19）。果穗圆锥形或圆柱形，平均穗重730g，最大1950g。果粒着生中等紧密，果粒大，长椭圆形，美观诱人，平均粒重 9.5g，平均横径 2.31cm，纵径 3.3cm，最大粒重 16g。果皮黄绿色，中等厚，果肉硬而脆，味甜爽口，含糖 17% 以上，品质极佳。适应性强，不裂果，不脱粒。

图 3－19　维多利亚

三、栽 培 技 术

（一）栽植

1. 苗木准备

苗木质量的好坏，不仅反映成活率和生长状况，而且对结果时期、产量高低、适应能力、抗逆性和生产寿命都有很大的影响。因此，温室栽培的苗木必须是品种纯正、生长健壮、根系发达的合格苗木。设施栽培葡萄，最好选用一年生、无病虫害、生长良好的优质苗木进行栽植。定植前挖深 50cm、宽 60cm 的定植沟。每 667m^2 施农家肥 6000kg 和钙肥 300kg，回填土高出地面 16cm，12 月至翌年 2 月立春前后定植。定植后灌足定根水，并经常保持土壤湿润。

2. 栽植技术

对生长势强、结果部位高的品种一般宜用棚架，对生长中庸和较弱的品种应用篱架。葡萄的行向要与棚长一致。采用棚架式，可在大棚内侧各栽1行向中央对爬而架成圆拱形。篱架可根据棚宽确定栽培行数，架高根据棚面高低而定。棚架：行距3~4m，株距0.7~1.0m；篱架：行距1.5~2.0m，株距0.5~1.0m。目前，温室葡萄生产常用两种栽植制度，一种是一年一栽制，另一种是多年一栽制。生产上多采用多年一栽制。温室栽培的株行距比露地栽培要密，篱架种植，株行距为0.52m×2.00m。定植前，根据行向，开挖深80cm、宽100cm的定植沟，沟底覆10cm厚秸秆，每667m^2施羊粪5~7m^3和适量的磷钾肥与土混拌均匀回填定植沟内，浇水沉实，然后按照不同栽培的株行距进行定植。栽植时期，一般春季1~3月份为宜。

（二）周年生产管理技术

1. 棚膜管理

（1）扣棚时间　葡萄扣棚升温的时间应在自然休眠结束后进行。一般品种在0~5℃的低温条件下，经过1个月左右即可完成自然休眠，待到自然休眠结束后，正是扣棚开始的适宜时间。在我国北方严寒地区，冬季低温来得早，需延长后期的生育时间，则必须在霜降前进行扣棚。

（2）日常管理　① 萌芽前可全天候不卷膜。② 萌芽后，白天在棚内温度达到28℃时，要及时通风；若外界温度较低，为防止突然降温，可采取先开门再卷一边膜的方法。③ 揭膜时间在3月下旬、4月初，可直接揭膜，以免光照减弱，影响花芽分化，造成第2年产量降低。

2. 棚内温、湿度控制

（1）温度　塑料大棚葡萄主要靠阳光的照射增温和棚膜的保温，这是直接关系到温棚葡萄经济效益高低的关键。葡萄生长期棚温应以25~28℃为宜，如超过30℃应及时采取降温措施，进行通风，所以要掌握好每天上午卷膜和下午盖膜时间，要求经常擦、扫、清洁膜面，增加膜面的透光性，建议悬挂反光幕。

① 增温技术：增加棚内温度的方法主要有根际覆膜、增加地温、采用双层膜覆盖，在寒流阴冷天气的晚上可采取增温措施。

② 降温技术：通风降温，注意通风降温顺序：先放顶风，再放底风，最后打开北墙通风窗进行降温；喷水降温，注意喷水降温必须结合通风降温，防止空气湿度过大；遮阴降温，此方法只能在催芽期使用。

③ 土温调控：设施内的土温调控技术主要是指提高地温技术，使地温和气温协调一致。葡萄设施栽培，尤其是早熟促成栽培中，设施内地温上升慢，气温上升快，地温与气温不协调，造成发芽迟缓，花期延长，花序发育不良，严重影响葡萄坐果率和果粒的第一次膨大生长。另外，地温变幅大，会严重影响根系的活动和功能发挥。

④ 提高地温技术：

起垄栽培：该项技术措施简单有效，在我国葡萄设施栽培中应用很广。具体操作如下：在葡萄栽植前，按适宜行向和株行距挖沟，一般沟宽 80 ~ 100cm，深 60 ~ 80cm，首先回填 20 ~ 30cm 厚的砖瓦碎块，再回填 30 ~ 40cm 厚的秸秆杂草（压实后形成约 10cm 厚的草垫），然后按每 667m^2施腐熟有机肥 5 ~ 10m^3与土混匀回填，灌水沉实，再将表土与 500kg 新型多功能生物有机肥混匀，起高 40 ~ 50cm、宽 80 ~ 100cm 的定植垄，最后在定植垄上栽植葡萄。

早期覆盖地膜：一般于扣棚前 30 ~ 40d 覆盖。

建造地下火炕或地热管和地热线：该项措施对于提高地温最为有效，但成本过高，目前我国基本没有应用。

在人工集中预冷过程中合理控温：在人工集中预冷过程中，气温调控分为三段。第一段从扣棚覆盖草苫始到最低气温低于 0℃止。此段具体操作是草苫和保温被等保温覆盖材料于夜间揭开，同时开启通风口，让外界冷空气进入设施，白天覆盖保温覆盖材料，保持白天设施内相对低的温度。第二段即从最低气温低于 0℃始到白天大多数时间温度低于 0℃止。此段具体操作是白天黑夜均覆盖草苫和保温被等保温覆盖材料。第三段是从白天大多数时间温度低于0℃始到开始升温止。此段具体操作是白天适当揭开草苫等保温覆盖材料，让少量阳光进入，提升设施内气温，当气温升至7℃时覆盖保温材料，夜间覆盖保温材料。总控温原则是保持设施内绝大多数时间气温在2.1～7.2℃，这样一方面利于休眠解除，另一方面防止地温过低，利于升温后保持地温和气温的协调一致。

秸秆生物反应堆技术：利用秸秆发酵释放热量提高地温。该项措施简单有效，提高地温的同时还释放二氧化碳气体，提高设施内的二氧化碳浓度，而且秸秆发酵腐烂后提高土壤有机质含量。具体操作如下：在行间开挖宽30～50cm、深30～50cm、长度与树行长度相同的沟槽，然后将玉米秸、麦秸、杂草等填入，同时喷洒促进秸秆发酵的生物菌剂，最后秸秆上面填埋10～20cm厚的园土。园土填埋时注意两头及中间每隔2～3m留置一个宽20cm左右的通气孔为生物菌剂提供氧气通道，促进秸秆发酵发热。园土填埋完后，从两头通气孔浇透水。

（2）湿度　设施栽培条件下如果空气湿度过高，使棚膜上凝结大量水滴，既影响光合作用，也诱发多种病害。

① 覆膜前大棚内充分灌水，使整个萌芽期棚内空气相对湿度控制在90%左右，以利于萌芽整齐。若大棚内空气湿度过低，枝芽过干，会推迟萌芽，甚至导致枯芽，可以采取枝条喷水的方法，提高芽的湿润度。

② 发芽后的空气湿度应控制在60%～65%。如空气湿度过高，会引起徒长。花期不能过湿，否则应暂停灌水。幼果期水分要求量比较大，要适当灌水，以促使果实迅速增大，田间持水量应保持在80%左右。硬核期前后，对水分有更高的要求，应充分灌水。

③ 葡萄开始着色后，应控制灌水。采收前水分过多，会延迟果实成熟，并影响色、香、味，降低品质，严重时会发生裂果和加剧病害的蔓延。

④ 降低空气湿度技术：通风降湿。全园覆盖地膜；改革灌溉制度，将传统漫灌改为膜下滴灌或膜下灌溉，并采用隔行交替灌

溉、升温降湿、挂吸湿物等措施。

3. 施肥

（1）基肥　要求每年秋季 667m^2 大棚施入优质腐熟有机肥 2000kg、过磷酸钙 100kg。

（2）追肥　分别是催芽肥、花前肥、幼果膨大肥、上色肥、采后壮树肥。前期以氮肥为主，后期以磷、钾肥为主，根据树势决定追肥量。

（3）叶面追肥　每年 3～4 次，喷施磷酸二氢钾、云大 120、垦原丰产素等叶面肥。

4. 增施 CO_2

设施条件下，由于保温的需要，常使葡萄处于密闭环境，通风换气受到限制，造成设施内 CO_2 浓度过低，影响光合作用。研究表明，当设施内 CO_2 浓度达室外浓度（340μg/g）的 3 倍时，光合强度提高 2 倍以上，而且在弱光条件下效果明显。而天气晴朗时，从上午 9 时开始，设施内 CO_2 浓度明显低于设施外，使葡萄处于 CO_2 饥饿状态。因此，CO_2 施肥技术对于葡萄设施栽培非常重要。提高 CO_2 浓度的方法如下。

（1）增施有机肥　在我国目前条件下，补充 CO_2 比较现实的方法是在土壤中增施有机肥。

（2）施用固体 CO_2 气肥　如大棚栽培反季节果菜，可增设吊袋式 CO_2 固体气肥，植物开花早，长势好，增产明显。浓度和用量因大棚面积、开闭棚时间和具体气温而定。悬挂要在葡萄生长期进行。此外，使用固体 CO_2 气肥要注意大棚通风位置最好选择上风口。

（3）燃烧法　燃烧煤、焦炭、液化气或天然气等产生 CO_2。该法使用不当容易造成 CO 中毒。

（4）液态 CO_2　该法虽然使用效果最好，但由于成本过高，很少应用。

（5）化学反应法　利用化学反应法产生 CO_2，操作简单，价格较低，适合广大农村，易于推广。目前应用方法有：盐酸－石灰石法、硝酸－石灰石法和碳铵－硫酸法。其中碳铵－硫酸法成本低、易掌握，在产生 CO_2 的同时，还能将不宜在保护地中直接施用的碳铵转化为比较稳定的可直接用作追肥的硫酸铵，是现在应用较广的一种方法。

（6）合理通风换气　在通风降温的同时，使设施内外 CO_2 浓度达到平衡。

（7）CO_2 生物发生器法　利用生物菌剂促进秸秆发酵释放 CO_2 气体，提高设施内的 CO_2 浓度。该方法简单有效，不仅释放 CO_2 气体，而且增加土壤有机质含量。具体操作如下：在行间开挖宽 30～50cm、深 30～50cm、长度与树行长度相同的沟槽，将玉米秸、麦秸、杂草等填入，同时喷洒促进秸秆发酵的生物菌剂，最后在秸秆上面填埋 10～20cm 厚的园土。填土时，注意每隔 2～3m 留置一个宽 20cm 左右的通气孔，为生物菌剂提供氧气通道，促进秸秆发酵发热。园土填埋完后，将两头通气孔浇透水。

CO_2 一般在天气晴朗、温度适宜的天气条件下于早上日出 12h 后开始施用，每天至少保证连续施用 2～4h，全天施用或单独上午施用，阴雨天不能施用。葡萄设施栽培中施用经济有效的 CO_2，施用浓度为（800～1000）$\times 10^{-6}$［空气中 CO_2 浓度为（320～360）$\times 10^{-6}$］。

5．花果整理

（1）疏花疏果　掐去所有花序上的副穗和总花序 1/5～1/4 的穗尖。主蔓延长梢不留花序。始花期结果新梢长度在 40cm 以下的，抹除所有花序；40～80cm 的，保留 1 个花序；80cm 以上的，保留全部 1～2 个花序。在果实膨大期疏掉过挤和较小的果粒。

（2）果实套袋　套袋应在定梢、定穗完成，整穗、疏粒结束后。通常在谢花后 2 周，坐果稳定、疏果结束后进行（幼果如黄豆大小）。早套袋有利于减少果实感病机会和增加果粉。套袋前先在果穗上喷 1 次高效低毒、低残留的杀虫、杀菌剂，以铲除病菌、虫源，可用波尔多液、托布津、退菌特、大生等喷施，待药液干后即可开始套袋。喷药后 10d 仍未完成套袋作业的，或者是套袋前遇雨水的，都应再补喷一次才套袋。套袋时间应在晴天上午 8:00—

11:00 和下午 15:00—19:00 为宜。套袋后应定期抽样检查袋内情况，一旦发现病虫害，就必须把纸袋取下，重新喷药，再套袋。另外，有色品种应在预定收获前 1 周除袋，增强光照，加快着色，但如果遇到雨季，则不宜除袋，可以打开袋底，以增加散射光，促进着色。若着色和成熟正常，则不宜打开袋底，应连袋采收，以增强储运性能，销售时才将袋打开，可以更好地保持果粉完整和果面清洁。

6. 整形与修剪

（1）幼树整形修剪　促早成熟栽培宜采用小扇形整枝。

① 第 1 年整形：所留主蔓新梢长到 60cm 时进行第 1 次摘心，摘心后留顶端副梢继续延长生长，其余副梢留 40cm 摘心。当顶端保留延长副梢长到 40cm 左右时，进行第 2 次摘心，副梢处理同上。以此类推，进行第 3 次、第 4 次摘心。8 月以后，如果生长势仍较强，顶端可保留 2～3 个副梢延长生长，下部萌发的副梢可适当放长，留 4～6 片叶摘心。

② 第 2 年整形：及时绑缚上架，以单株为基础，使枝蔓均匀分布在架面上。主蔓离地面 30cm 以下芽全抹去。主蔓上只留 2～3 个粗壮、部位恰当的副梢，副梢 3～5 个芽摘心，第 2 次副梢留一叶反复摘心。

（2）冬剪　12 月中旬冬剪，结果母枝留 3～5 个芽修剪，疏除病枝、虫枝、弱枝、重叠枝。

（3）抹芽、定梢　在萌芽至展叶初期进行，抹去老蔓上萌发的隐芽、畸形芽、结果母枝基部的弱芽和副芽，位置不当或方向不好的芽、病虫芽、双芽或三芽中的弱芽，留下含有花序的壮芽。当新梢长到 10cm、伤流期已过时，要结合定梢再次进行修剪，疏除密生枝蔓，剪除枯桩。当新梢长到 20～30cm，具有 5～6 片叶时进行定梢。除去弱芽梢和过强梢、徒长梢、无顶梢、密集的发育梢，使留下的芽梢长势整齐、分布均衡，及时绑缚上架。

（4）摘心和副梢处理　① 结果枝在花序着生节位上 7～9 叶摘心；② 花序以下的副梢全部除去，对花序以上的副梢留 1～2 叶反复摘心；③ 在营养枝上的副梢留2~3叶反复摘心。

（5）绑新梢　在新梢长到20~30cm开始，整个生长期随新梢的生长不断绑缚。要充分利用架面，延长梢一般应直立绑缚，当生长势较弱和架面已被占满时则要适当倾斜绑缚，其他新梢可“弓形”绑梢，副梢可不绑。绑梢时要把新梢套在绑缚材料中间，留出空隙，把绑扣结成死扣，使新梢有充分生长的余地，然后再牢固地绑在铅丝上，使之不能来回移动。常用的绑扣多为“∞”形或猪蹄绑扣。

（6）剪梢和摘老叶　在果实着色前，剪除架面上过密的新梢，摘除架下部分老叶和部分果穗附近的老化叶片，改善通风透光条件。

7. 病虫害防治

在葡萄的整个生育期中，病虫害的种类很多。较常见的病害有葡萄霜霉病、灰霉病、黑痘病、白粉病、炭疽病、叶斑病，虫害有蓟马、介壳虫、红蜘蛛、短须螨等，应作为主要防治对象，加以综合防治。

（1）病害防治　最重要的措施是扣棚前彻底消毒，其次是严格控制棚内温度，同时应彻底清除落叶、残枝及病果，集中烧毁或清除到园外处理。在春季发芽前喷5°Bé石硫合剂，萌芽后以喷布波尔多液（1∶0.5∶200）为主。每10d喷1次，或交替喷5%多菌灵可湿性粉剂600倍液或70%代森锰锌可湿性粉剂800倍液。果实膨大期、着色期和果实成熟期交替喷20%瑞毒霉800液、70%甲基托布津可湿性粉剂1000倍液防治。

（2）虫害防治　结合清扫，刮去老翘皮，集中烧毁。生长期喷20%氯杀螨醇800倍液或新型植物素进行防治。应该特别强调的是：在选择农药时严禁施用剧毒高残留农药，同时在采摘前15~20d必须停止施用农药，以保证产品的安全性。

（三）葡萄二次结果栽培技术

合理利用葡萄花序形成早而短的特点和优越的光热条件，在树体健壮、管理水平较高的葡萄园中，实现“一年两熟”，一般可增产5%～10%，而且延长了鲜果供应时期，可以有效地增加葡萄栽培的经济效益。

1．品种选择

不同品种花芽形成特点不同，一年中多次结果能力在品种间差异较大。一般来讲，应采用当年生新梢上的冬芽和夏芽结实力强的品种结二次果，同时应注意选择发芽整齐、果实生育期适中、抗性强、果穗紧凑、果粒均匀、丰产稳产性好的品种。

2．二次结果栽培技术

（1）修剪时间　在积温满足的情况下，葡萄生长期相对稳定，修剪后10～16d发芽。从发芽后计算生长天数，可以预计二次果成熟时间，即二次果的成熟时间可以通过修剪来控制。由于12月下旬温度过低，如葡萄在12月中旬以后才成熟，果实可溶性固形物较一次果低，12月下旬以后成熟，可溶性固形物低于15%，品质、风味降低，且有可能遇霜冻。因此，应把二次果成熟时间控制在12月上、中旬。

（2）修剪整形　一次果采收完，加强肥水管理，主梢留10～12叶短截，仅留顶端1～2个副梢，留3～4叶反复摘心，以当年营养枝为主要结果母枝，留3～5个芽修剪。

新梢长出后，在主梢花序着生节位以上留7～9叶摘心。主梢摘心后抽生的副梢处理，常采用两种方法：① 对所抽生的副梢全部抹去，仅留顶端2～3个副梢，每次留2～3片叶反复摘心；② 对花序以下的副梢全部除去，对花序以上的副梢留1～2叶反复摘心；③ 在营养枝上的副梢留2～3叶反复摘心。

（3）加强植株管理　一年多次结果使树体营养消耗显著增加，因此相应的管理技术一定要跟上，如水肥管理、土壤管理、病虫害防治等。在肥料管理上要重视全年均衡施肥，适当增加追肥次数；在水分管理上要注意夏秋季多雨季节的排水防涝和后期防旱工作，同时要高度重视病虫害防治，确保功能叶的健壮生长；在栽培管理上尤其要重视合理负载和适时采收，在一年多次结果的情况下，负载量过大不但影响果实的品质和成熟时期，而且对第二年树体生长发育及产量和品质也有重大的影响。因此，必须强调合理负载。如何决定一次果和二次果的产量比例，可根据树体生长情况、栽培目的及管理状况来确定，如把冬季成熟的二次果作为重点，可少留一次果，甚至全部疏除一次果花序，促使树势强壮，重点生产二次果。

（4）避雨设施的应用　二次结果生长季前期正遇雨季，宜采用避雨栽培措施，以降低病害防治难度。避雨设施应在萌芽前 2～3d 建好，在雨季结束后即可拆除避雨设施。

第三节　桃树反季节栽培技术

一、栽培设施

桃以鲜食为主，不耐储藏，市场季节性断档时间长。设施栽培极大地延长了鲜桃供应期，丰富了水果市场，同时也提高了果农的经济效益。目前，桃以日光温室和塑料大棚促成栽培为主，延迟栽培也有少量的生产。

日光温室主要是以东、西、北三面墙体、骨架、通风设施、塑料薄膜、保温屋顶及草（布）帘等部分够成。其结构是东西长 40～80m，宽 7～8m，高 2.9～3.1m，后墙高 1.9～2.2m，前肩 1.2～1.5m，面积 280～640m^2。

1．透光面

透光面的角度直接影响日光温室的采光性能。冬暖日光温室的棚面角以 23°～27°为宜。在棚高跨比及后坡大小条件适宜的情况下，角度越大越有利于采光。最好采用圆拱形面，不仅能增加透光量，而且有利于温室内南部桃树的生长及操作管理。

2．墙体

在北京地区气候条件下，桃日光温室的墙体可采用土打、石砌、红砖砌、空心砖砌等，因地制宜，廉价取材。采用土泥墙体时需用砖做墙基，屋顶还要出檐，以防雨淋倒塌。

3. 骨架

骨架包括主柱、拱杆等。骨架的设计应本着结构坚固、造价低和易施工的原则。温室内立柱用水泥柱（硬木亦可，钢架结构可无柱），柱的东西方向间距2~4m，南北方向4排，柱上担横梁，梁上缚竹竿，或拉8号铅丝成琴弦式。覆盖后绑紧压膜线，压膜线可用塑料绳、铅丝或专用线。

4. 棚膜

选用透光率高、聚水力低、柔韧性好、对温度变化适应性强的长寿无滴聚乙烯膜。这种膜不结水滴，较普通的薄膜增加光照15%以上，室内日均温增加2℃，最低气温增加1.5°C，晴天最高气温增加5°C~7°C。棚内无水滴落，可减少病害发生。薄膜最好定期更换，因旧膜透光率下降，影响棚内温度。

5. 通风设施

在修建温室后墙时，应在1.5m高处，每隔3~4m设圆形或方形通风口（面积0.2m^2左右），用编织袋、碎草或砖块堵塞，另在温室的前屋顶及温室的前棚肩下设置活窗，以利用于通风降温。

6. 后屋顶及保温草帘

后屋顶与温室的保温有直接关系，取材可用玉米秸、麦秸、稻草等。建造屋顶时，底部可先铺苇箔等作支撑物，然后密排直径20cm左右的玉米秸捆，其上铺一层稻草或者麦秸，再覆盖一层塑料薄膜，以防止雨水下渗。钢架结构无柱温室后坡可用加气板，上铺40cm厚的焦砟，其上再加防水设施。温室的保温除要有一定厚度的墙体和屋顶外，棚面要采用稻草或蒲草等编织的宽1.2m、厚3~5cm、长度与棚面一致的草帘，可减少棚面热量散失，稳定温度。特别是在花期，设施尤为重要，这是栽培成功与否的关键措施之一。

二、主要品种

目前，设施栽培油桃品种主要有早红二号、曙光、艳光、华光、早红艳、潮红珠、丽春、春光、中油4号、中油5号等；普通桃主要品种有早凤王、安农水蜜、早艳等；蟠桃品种主要有早露蟠桃、早油蟠、美国红蟠等。

1. 油桃品种

(1) 早红 2 号　果实圆形，平均单果重 160g，最大单果重 212g。果皮底色黄色，果面着红色霞晕，有光泽，外观美（见图 3－20）。果肉橙黄色，硬溶质，耐储运，常温下可自然存放 1 周左右。果实发育 90～95d。树势强健、成花容易，各类枝均能结果。复花芽多，花粉多，自花结果率高、丰产。休眠期需冷量 500h，适于温室栽培。辽宁熊岳地区日光温室内，1 月中旬开花，果实 4 月下旬成熟上市。

(2) 曙光　果实长圆形，平均单果重 125g，最大 210g，果面全面浓红色（见图 3－21）。果实发育期 65d。果实风味甜香，硬溶质，裂果少。休眠期需冷量 650～700h，适于设施栽培。

图 3－20　早红 2 号

图 3－21　曙光

(3) 华光　果实近圆形，平均单果重 80g，果实发育期 60d。在郑州地区露地区 5 月至 6 月初成熟，是极早熟白肉甜油桃品种。

(4) 春艳　果实近圆形，平均单果重 132g，果顶向下凹陷，缝合线较深。果皮底色乳白，果面鲜红色，被少量茸毛，果皮薄，较光滑，色泽艳丽（见图 3－22）。果肉白色，细脆多汁，味甜，有香气。采前落果轻，无裂果，耐储运，以中长结果枝结果为主。自花结果率高，丰产性能好，适宜设施栽培。

(5) 艳光　果实椭圆形，平均单果重 120g，果皮底色发白，果面着玫瑰红色（见图 3－23）。果肉白色，风味浓甜，有芳香，品质优良，黏核。果实发育期 65～70d，树势中庸，树姿开张，自花结果，丰产性能好，结果早，各类果枝结果良好。

图 3－22　春艳

图 3－23　艳光

2．普通桃品种

（1）早凤王　是早凤的芽变品种。单果平均重 312g，最大重 620g。果实外观美、品质优（见图 3－24）。复花芽多，花粉量大、坐果率高。果实生育期 75d，是具有发展前途的早熟、丰产、稳定的优良品种。

（2）早醒艳　果实卵圆形，过顶尖。平均单果重 152g，最大单果重 351g。果皮橘黄色，向阳面有红晕，茸毛少而短。果肉黄色（见图 3－25），硬溶质，汁多。果实比较耐储运，果实生育期 75d。

图 3－24　早凤王

图 3－25　早醒艳

该品种休眠期需冷量很小，在辽宁省南部地区可于 11 月中旬开始升温，12 月上旬开花，翌年 3 月上中旬果实开始成熟上市。该品种成花容易，当年定植苗，翌年开花率可达 100%。自花结果率高，不用配置授粉树。

3．蟠桃品种

（1）早露蟠桃　果实扁圆形，平均单果重 103g，最大果重 140g，果实发育期 60～65d，需冷量 700h（见图 3－26）。辽宁熊岳地区日光温室内，1月中下旬开花，4月上旬果实成熟上市。树势中等，树姿开张，复花芽多，各类果枝均能结果，坐果率高，丰产性好。

（2）早油蟠桃　果实扁圆形，平均单果重100~160g，果皮底色黄，果面全面着鲜红色至紫红色，外观美（见图3-27）。果肉硬溶质，果实发育期80~85d。

图3-26　早露蟠桃

图3-27　早油蟠桃

三、栽 培 技 术

（一）栽植

设施桃栽培过去一般株行距以（1.2~1.5）m×2.0m较为适宜，目前的趋势是已从过去高密度栽培逐渐转为适当降低栽植密度，有利于管理和果实品质提高。定植前挖宽、深不小于60cm的沟或穴，株施有机肥15kg。为了克服其不耐涝的缺点，还可事先做宽、高各50m的土垄，实行垄栽，芽苗栽后距接口1cm处剪砧。为防治金龟子等食芽害虫，可在芽背立棍，套宽、长为10cm×20cm的塑料袋，并在地面撒布辛硫磷。待主芽长出3~4叶时在袋上扎几个孔，7~10d后将袋除去。在北京地区为了使棚内幼树当年即能结果丰产，提早定植可用营养袋露地培养的具有大量花芽的1年生壮苗。

（二）周年管理技术

1．休眠期管理

（1）适时扣棚降温，促进通过休眠　在秋季有些桃品种不能自然落叶，可人工顺枝捋掉叶片，注意勿损伤桃芽，同时将落叶清扫出温室。生产上也有用8%尿素作化学脱叶剂，但脱叶不宜过早，以免影响树体营养积累。然后采用“人工降温暗光促眠技术”促使桃树尽快通过休眠。

（2）适时升温，控制熟期　根据设施栽培桃品种的需冷量多少，满足栽培桃的休眠需冷量时间后即可升温。一般情况下，需冷量达到800h以上，能满足大多数桃、油桃的自然休眠要求。以辽宁熊岳地区为例，11月进入休眠期管理的温室内温度可稳定达到7℃以下，这样在12月5日需冷量可达到800h以上，可以升温管理。同时应该考虑设施的保温效果，如改良式大棚因保温效果不如温室，应晚些升温，让花期躲过1月份最低温度。大规模生产时，还应考虑分批升温，控制果实成熟上市时期，防止成熟期过于集中。

（3）休眠期修剪　生产上多在揭帘后进行。采用较多的树形有三主枝自然开心形、二主枝Y形、圆柱形等，整形过程与露地基本一致。但设施栽培栽植密度通常较大，整形上一定要注意群体结构。如同一行树要注意前低后高，前稀后密；开心形树形要整体保持V形结构，保证良好的通风透光条件。成形树的休眠期修剪主要任务是结果枝组和果枝的修剪。结果枝组采用双枝更新方法，防止结果枝组延伸过长。树体中、下部要注意培养大、中型结果枝组，避免出现光秃带。结果枝修剪时要剪到复芽处，并要看花芽修剪，保证留下足够的花芽；同时，疏除过密枝和细弱枝。

2. 催芽期管理

（1）温度管理　这一时期的温度管理原则是平缓升温，控制高温，保持夜温。方法是前期通过揭开保温材料的多少控制室内温度，后期则需通过通风控制温度过高。控制标准是第1周室温保持在白天13～15℃，夜间6～8℃。第2周室温保持在白天16～18℃，夜间7～10℃。此后室温保持在白天20～23℃，夜间7～10℃，持续16～20d。这期间夜间温度不宜长时间低于0℃，遇寒流应人工加温。一般升温后40d左右即进入萌芽阶段。

（2）湿度管理　升温后可灌一次透水，增加土壤含水量，提高温室内的湿度，使棚室内空气相对湿度保持在70%～80%，较高的湿度有利于萌芽。

（3）其他管理　升温后1周左右喷1次3～5°Bé石硫合剂，综合防治病虫害。在地上管理完成后，及早全园覆盖地膜，提高地温，保证根系和地上部生长协调一致。

3. 开花期管理

（1）温度、湿度管理　从萌芽至开花期，适宜温度为12～14℃，白天最高温度控制在22℃以下，夜间保持在5℃以上。试验表明：桃的花粉在0～2℃，发芽率为47.2%。说明桃树在开花期可以承受短时间不低于0℃的低温。但遇寒流时要采取人工加温措施，如温室内加炭火、燃液化气等，防止低温冻害。湿度指标花期空气相对湿度要控制在50%～60%。控制湿度的方法是打开天窗或通风口通风排湿。

（2）光照管理　花期对温度和光照反应敏感，光照又是温度的能量来源，所以光照管理至关重要。具体方法有：① 选择透光性能好的覆盖材料，聚乙烯无滴薄膜透光率为77%，是目前效果较好的覆盖材料；② 在保证温度的前提下，尽可能早揭帘，晚盖帘；③ 合理密植，科学整形，保持良好的群体结构，主要表现为行间透光、枝枝见光；④ 在长时间阴雪天的情况下，须人工补光，可用白炽灯、卤化金属灯、钠蒸汽灯等光源补充光照。

（3）人工辅助授粉　设施栽培桃品种大多自花结实，不必配授粉树，但有许多品种存在花粉败育现象，需要进行人工授粉。即使是花粉正常的品种，采用人工点授后也会提高其坐果率。人工辅助授粉可以采用人工点授、人工放蜂等方法。

（4）新梢管理　设施栽培管理条件下，通常复芽较多，多余的花、叶芽宜疏掉，以节省养分；并且叶芽萌发较早，在开花期应进行疏芽疏梢。一是将无花处的叶芽疏掉；二是将二芽、三芽梢保留一个叶芽梢，多余的疏除；三是根据结果枝进行疏芽梢。短果枝留2～3个叶芽，中果枝留3～4个叶芽。

4. 果实发育期管理

（1）温湿度管理

① 果实第一迅速生长期：适宜温度为白天20～25℃，夜间在5℃以上。果实生长与昼夜温度及日平均温度呈高度正相关。根据试验，从3月下旬至5月下旬，自18:00至翌日8:00加温6℃（在温室内），结果由对照（不加温）的50d缩短为35～40d，可见夜间温度的高低对第一迅速生长期影响很明显。

② 硬核期：对温度的反应不像第一迅速生长期那么敏感。这期间温度不宜高，以免新梢徒长。最高温度控制在25℃以下，夜间温度控制在10℃左右。

③ 第二迅速增大期：白天温度控制在22～25℃，夜间温度控制在10～15℃，昼夜温差保持在10℃，产量最高而且品质佳。温度过高或过低，品质都会下降。从果实的质量与甜度看，温度控制在22℃时果实发育最好。

（2）光照管理　在能保证室内温度的前提下，尽可能地延长光照时间。选择温度好的晴天，加大顶部通风口，让植株接受一定的直射光，提高花器的发育质量，对授粉受精有显著的促进作用。要经常将棚膜擦拭干净，增加透光量。遇到较长时间的阴雪天，要采取人工补光措施。如用碘钨灯补充光照，还可以增加空气相对湿度，效果比较好。在果实开始着色期，温室后墙和树下铺反光幕。

（3）花果管理　桃设施栽培一般可疏果2次。因桃设施生产多是早熟、中熟品种，疏果时间应适当提早。第1次在落花后2周左右进行，当果实有蚕豆大小时，疏掉发育不良果（小果、双果）、梢头果和过密果。一般优先保留两侧果，去掉背上果（朝天果）。第2次疏果，在硬核期之前，即在落花后4～5周进行。留果参考标准以中型果为例，长果枝留3～4个，中果枝留2～3个，短果枝留1个或不留。

疏果根据树势和品种特点，预留10%的安全系数。最后将果产量控制在每667$m^2$1250～2000kg。

（4）新梢管理　未坐果部位萌发的新梢要及时抹除，以节省营养，通风透光。坐果部位的新梢，长到30cm左右时开始摘心。

摘心后发出的副梢，除顶部留1个外，其余及时抹掉，控制新梢和副梢生长与果实发育争夺养分。对下垂枝要及时吊起，扶持新梢生长，改善通风透光条件，促进果实发育。个别背上直立枝，在有空间的前提下可扭梢控制。但因与摘心配合使用，一般不提倡过多的扭梢处理。果实发育期的新梢控制不可采取多效唑调节剂处理，以利于生产无公害果品。

（5）肥水管理　设施栽培条件下要控制化肥的使用量和使用次数。一个生长季每667m²的尿素使用量控制在10~20kg。提倡配方施肥，可按磷酸二铵、尿素、硫酸钾以1∶1.3∶1.8的比例进行施肥。一般果实发育期内追2次肥，即落花后追坐果肥，每株追磷酸二铵50g和尿素50g。第2次在果实硬核末期追催果肥，施桃树专用肥等各种复合肥每株500g和硫酸钾100g。设施内追肥宜适当深施，开15cm深沟施肥后覆土盖严，防止产生有害气体和减轻土壤盐渍化。

叶面肥在坐果后喷施0.2%~0.3%的尿素1~2次，果实膨大期喷施0.3%的磷酸二氢钾1~2次或喷高美施等叶面肥。在果实发育期内叶面肥喷肥2~3次，最后一次在采收前20d进行。

每次在追肥后要及时灌水，即坐果后、硬核末期各灌1次水，果实膨大期灌1次水。距果实采收前15d左右，不宜灌水，以免造成裂果。

（三）病虫害防治

桃在果实发育期的病害主要有桃细菌性穿孔病、花腐病、炭疽病。主要害虫有桃潜蛾、蚜虫、二斑叶螨、红蜘蛛等。

在落花后喷布70%代森锰锌可湿性粉剂500倍液，或70%甲基硫菌灵可湿性粉剂1000倍液，或大生M-45可湿性粉剂800倍液，共喷3~4次，交替使用。在设施内湿度大的情况下，可用速克灵等烟雾剂进行防治。

蚜虫可在发生期喷10%吡虫啉可湿性粉剂4000~5000倍液，或50%马拉硫磷乳油1000倍液；防治二斑叶螨可在发病期喷布1%阿维菌素乳油5000倍液；桃潜叶蛾应在发生前期防治，可用25%灭幼脲3号悬浮剂1000~2000倍液。

（四）果实采收

设施栽培桃果的采收期不一致，应按成熟的早晚分批采收。通常根据上市或外运时间在早上或晚上温度低时采摘，采摘要带果柄，并要做到轻拿轻放。采果的同时将结果的新梢留3~4节短截，为下部果实打开光照，促进下部果实着色成熟。采收的果实经过选果分级后装箱，通常用5kg聚乙烯保温箱箱装。运输时也要轻拿轻卸，尽量避免机械损伤。

（五）果实采收后的管理

（1）采收后修剪　早红珠、阿姆肯等品种一般4月上旬即可采收完。可在4月末进行修剪或在5月采收结束后立即进行修剪，主要修剪内容如下。

①调整树形：在有空间的情况下，主枝延长枝中短截，扩大树冠，避免树冠过小、结果空间不够导致产量过低的现象。可根据棚内高度将树的高度控制在1.5~1.8m。无空间时回缩过长过高的枝头和中部大行枝组，使同一行树保持在前低后高。自然开心型保持在两侧高中间低，树冠间距控制在50cm左右。形成合理的树体结构和群体结构，保持良好的光照条件和较好的结果空间。同时剪除病弱枝、下垂枝、过密枝和劈裂折断枝，集中养分，促进新枝。

②更新枝组：注意采用双枝更新技术，防止结果枝组延伸过长，避免出现光秃带。对枝轴过长的结果枝组，及时回缩到有枝处，使枝组圆满紧凑。对弱枝和过长枝，也可在二年生枝段上，有叶丛枝处缩剪，使之复壮。同时对所有结过果的新枝留2~3个芽重短截，促进新枝，重新培养结果枝。修剪时要留侧芽侧枝，以免发出的新枝过旺。

③培养结果枝：回缩的新梢萌芽后，进行一次复剪，即对过多、过旺的新梢及时疏除。个别枝壮新梢，在有空间的前提下，可在15~20cm时摘心，利用二次枝培养结果枝。摘心只能进行一次，分枝级次越多花芽分化越不好。树体成形后，生产不提倡用摘心方法。通过复剪达到两个目的：一是调整新梢密度，使每667m^{2}保留1.2万~1.5万个新梢；二是调整新梢的整齐度，使留下的新

梢均匀一致，便于利用多效唑抑制新梢生长，促进花芽分化。

（2）肥水管理　修剪后进行一次追肥和灌水，每株沟施复合肥150～250g，施肥后全园灌透水。此后主要管理是除草和排水。

9月上旬进行秋施基肥。基肥以腐熟的鸡粪、猪粪、豆饼等有机肥为主，并适量掺入复合肥和氮肥以提高肥效。每667m^2使用3000kg有机肥，掺入25～40kg复合肥，基肥可地面撒施，而后进行翻耕，将肥料翻入20cm土层以下。

雨季要严格控制水分，注意排除树盘中的积水，保证桃树正常生长。

（3）控制新梢生长，促进花芽分化　在陆地管理过程中，除过分干旱外，一般不灌水，以防止新梢生长偏旺。

喷施多效唑可使营养生长减缓，有利于花芽形成。一般在新梢长到10～20cm时，喷浓度为0.05%～0.10%的多效唑1～2次。最终应将大部分新梢控制在30～40cm，以形成较多的复花芽，适时进行休眠，为下一个生产过程打下良好基础。

第四节　樱桃反季节栽培技术

一、栽培设施

目前生产中应用较多的主要有塑料日光温室设施、单栋塑料大棚设施、连栋塑料大棚设施等。在山东、江苏、安徽等中国樱桃主产区采用塑料中棚进行中国樱桃栽培，但在环渤海湾地区以及甜樱桃非常适宜栽培区域，多采用日光温室、塑料大棚进行甜樱桃促成栽培，经济效益比较好。

二、主要品种

甜樱桃温室栽培，应选择果实发育期较短、果粒大、品质优良、耐储性好的品种。主要选择抗性强、成熟比较早的红灯、意大利早红、早生凡、岱红、早红宝石、早大果、美早等品种。

（1）红灯　由大连市农业科学研究院于1963年用那翁与黄玉品种杂交选育成，并于1973年命名（见图3－28）。是目前栽培面积较大的大果，果实发育期40d左右，6月上中旬成熟。平均单果重9g以上，温室内栽培最大单果重可达20g。果紫红，有光泽，艳丽美观，可溶性固形物17%，品质上等。树势强健，萌芽率高，成枝力强，长势旺，丰产，果实优质，耐储运，一般露地栽植4年后开始结果。授粉树宜选用红蜜、大紫、滨库等。

（2）意大利早红　原产法国，1990年引入烟台（见图3－29）。具有早结果、丰产稳产的特点，果实生育期35～40d，6月上旬成熟。3年结果，5年丰产，是甜樱桃中颜色美观、风味香甜、颇有推广价值的早熟优良品种。单果重8～10g，最大12g。果实为短鸡心形，紫红色，果肉红色，细嫩，肉质厚，硬度中等，果汁多，品质上等，可溶性固形物含量11.5%，含酸量0.68%，无裂果。该品种适应性强，抗寒、抗旱，在比较瘠薄的砾质和砂壤土上栽培生长结实良好。自花结实，自花授粉花朵坐果率可达40%左右，异花授粉坐果率更佳。适宜的授粉品种有红灯、芝罘红等。因早熟性强，是当前保护地栽培的首选品种。

图3－28　红灯

图3－29　意大利早红

（3）早生凡　原产加拿大，先锋早熟芽变品种，俗称早熟“先锋”（见图3－30）。比先锋早熟35d，成熟期一致，平均单果重9.3g，最大单果重12g左右。果肉硬而脆，口感好，丰产性好，抗逆性强。果实大小均匀，果形为肾脏形，果皮橘红色。果梗较短，深绿色。遇雨易裂果，耐储运。该品种树势中等，树形紧凑，分枝较多，花量大，产量高。适宜的授粉品种为宾库、斯坦勒、拉宾斯等。

（4）岱红　成熟期比红灯早 5～7d。在山东泰安，花芽萌动始于 3 月中旬，盛花期为 4 月初，果实成熟期为 5 月上旬，果实发育期为 33～35d。平均单果重 11g，最大单果重 15g，果实圆心脏形，无畸形果，果型端正，整齐美观（见图 3－31）。果柄短，果皮鲜红至紫红色，果肉粉红色，近核处紫红色，果肉半硬，味甜适口，抗裂果，树势强健，丰产。

图 3－30　早生凡

图 3－31　岱红

（5）美早　原产美国（见图 3－32）。本品种极其早产、早丰，栽后三年结果，五年丰产。果实宽心脏形，平均单果重 11.5g 以上，最大可达 15.6g。果皮紫红色，光彩照人。极少有畸形果，果肉硬脆，果个匀整，抗裂果，成熟集中，果柄极粗且短。

（6）早红宝石　原产乌克兰，是法兰西斯与早熟马尔齐杂交育成的早熟品种（见图 3－33）。比红灯早 7～10d 左右成熟。平均单果重 4.85g。果实心脏形，果皮、果肉暗红色，果肉柔嫩、多汁，味纯，酸甜可口。自花不实，树体大，生长较快，树冠圆形，紧凑度中等。花芽抗寒性强，连年丰产。

图 3－32　美早

图 3－33　早红宝石

(7) 早大果 原代号乌克兰2号。由乌克兰农业科学院灌溉园艺科学研究所用白拿破仑、瓦列利、热布列、艾里顿的混合花粉杂交育成，国内译为“早大果”（见图3-34）。成熟期比红灯早3~5d。果实大，平均单果重10g左右，最大单果重可达18g。果实广圆形，果梗中长、粗。果皮较厚，成熟后果面呈紫红色。果肉较软，多汁，鲜食品质佳，较耐储运。为自花不实，适宜的授粉品种为拉宾斯等。该品种抗寒性较强，易成花，品质优，丰产，是一个有发展前途的早熟大果型品种。缺点是树体较大，应及时采取控冠措施；在湿度较大情况下裂果较重。

(8) 黑兰特 美国早熟品种（见图3-35），比红灯早熟3~5d。果实鲜红色，晚采时变成紫红色。果个大，平均单果重10g左右，最大单果重16g。果肉红色，味极甜，不裂果，结果早，丰产。

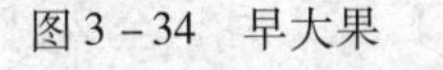

图3-34 早大果

图3-35 黑兰特

(9) 雷尼 美国培育中晚熟品种（见图3-36）。果实宽心脏形，果皮底色浅黄，阳面呈鲜红色。果个大，平均单果质量10.5g，最大果质量13.6g。肉质脆，风味酸甜较可口，可溶性固形物含量18.4%。耐储运，果实生育期60d左右。甜樱桃温室栽培应搞好品种搭配，同一温室内，应选择3~4个成熟期相近、需冷量基本相同的早中熟品种，其中1~2个品种为主栽品种，2~3个品种为授粉品种。

(10) 拉宾斯 加拿大培育的中早熟品种（见图3-37）。果实大，平均单果质量8.6g，最大果质量11.5g，近圆形或卵圆形。果皮紫红色，可溶性固形物含量17.5%，可食率94%。抗裂果，果实发育期55d。花粉量大，可给其他品种授粉。

图3－36 雷尼

图3－37 拉宾斯

三、栽培技术

（一）周年管理技术

1．休眠期管理

（1）适时扣棚与升温 甜樱桃的休眠期需冷量比较大，经过7.2℃以下低温达到需冷量以上再升温发芽整齐，花芽生长发育均匀；如达不到需冷量就升温，发芽不整齐。尤其是花芽，有些花芽起初看上去非常好，但迟迟不发芽，甚至死亡脱落；花期长，直到樱桃开始成熟还有开花的。由于开花不整齐，坐果率很低，减产甚重。所以，生产上日光温室内低温量（0～7.2℃）累计达1200h后开始揭帘升温。塑料大棚（无草帘覆盖）于1月末至2月中旬，一般当外界日平均气温达到0℃时，就可以覆膜扣棚升温。同时考虑当地气候条件和温室保温与有无临时加温条件，应确保花期及幼果期不受低温危害。如能安装制冷与加温设备，可提早强制休眠，提早升温，提早成熟。

（2）温室强制休眠技术 樱桃的日光温室栽培同其他果树一样，采用“人工降温暗光促眠”技术，以尽早满足休眠的需冷量要求。强制休眠栽培的适宜降温方法是9月初开始降温，第16d每2d降温1℃，第7～13d每天降温1℃，第14～17d每天降温2℃，至第17d降至7℃；或降温前10～15d喷布40%乙烯利600倍液，第18d每天降温1℃，第9～10d每天降温2℃，第11～12d每天降温3℃，至第12d降温至7℃。休眠期的温度应控制在

5～7℃。强制休眠可以促使甜樱桃果实春节上市，上市时间比常规日光温室提早5～7d，比塑料大棚提早9d，比露地栽培提早12d。

2. 生长期管理

（1）温度调控 大樱桃不同生育期要求温度不同，应进行分段变温管理，同时要求各段变温有过渡阶段，避免温度剧变对树体造成伤害。设施栽培适宜温度范围，从覆盖到发芽，白天18～20℃，夜间2～5℃；从发芽到开花，白天18～20℃，夜间4～6℃；开花期，白天20～22℃，夜间5～7℃；果实膨大期，白天22～24℃，夜间10～12℃；成熟期，白天22～25℃，夜间12～14℃。

温室内土壤温度管理与气温管理相辅相成，扣棚前期地温增加1℃相当于气温增加2～3℃的效果。如地温低，气温升得快，造成先发芽后开花，由于营养竞争而坐不住果，严重影响产量。土壤温度管理标准可根据棚中白天温度与夜间温度之平均值加1为适宜的土壤温度。

保温主要采取棚外加盖草帘、棉被等措施。可采用人工通风和自然通风两种降温方法，在天气晴朗、光照充足时，要随时注意棚内气温变化，当树体中部温度接近适宜温度时，就应及时通风降温，确保棚内樱桃正常生长。

（2）湿度调控 萌芽期要求棚内相对湿度较高，维持在70%～80%，不宜过低，否则萌芽和开花不整齐。晴天中午，枝条水分蒸发很快，造成芽内水分不足，使发芽、花期不一致，可对土壤灌水或对枝条喷水，为枝条补充水分。开花期棚内的相对湿度应保持在50%～60%，花期湿度过大或过小均不利于授粉受精。从坐果到果实膨大期，相对湿度保持在40%～60%。特别是从果实变白到着色期需注意降低湿度，否则会引起大量裂果。此后到采收期，湿度应略低，控制在30%～50%。

人工调控土壤湿度的主要措施是通过浇水调节；空气湿度一般通过喷水、改变棚内温度、通气换气、控制浇水等技术措施来调节。在调节棚内湿度时，要避免棚内湿度急剧变化。棚内浇水应依据土壤含水量的变化，适时浇灌。当土壤含水量低于50%时，就应该适量浇水。

（3）花果管理

① 加强授粉：花前应将弱芽掰掉，每个结果枝组应疏去30%～50%的弱花芽。同时必须进行花期放蜂，一般每棚放蜜蜂200只即可。喷布生长调节剂与微量元素。初花期喷300倍硼砂+尿素300倍1～2次，盛花期相隔10天连喷2次50mg/kg赤霉素及600倍磷酸二氢钾，有助于提高坐果率。

避免花后浇大水，追大量氮肥。控制开花前夜间温度，若长期高于8℃，会引起新梢旺长。谢花后喷PBO液100倍，控制新梢旺长。控制花后至硬核期温度不能过高，防止梢叶旺长；硬核期水分要稳定，大水或干旱易导致大量落果。采前25d喷12mg/L赤霉素加3.4g/L氯化钙水溶液，隔5～6d1次，可大量减少裂果。

② 疏花芽与疏花蕾：疏花芽宜在花芽膨大期进行。在树势较弱，花束状果枝过多、过密的情况下，可将其中20%的花束状果枝上的花芽疏除，只保留顶端的叶芽，让其抽生健壮短果枝，翌年结果。

疏蕾一般在开花前进行，主要是疏除弱花保留壮花，疏除量以30%为宜。疏果一般在生理落果后进行，坐果量较多时，应对弱枝、发育不良的果进行疏除。一个花束状果枝留3～4个果为宜。

（4）肥水管理　甜樱桃温室栽培的年生长期比露地栽培长近3个月，营养需求和营养消耗都比露地大，特别是大樱桃的花芽分化具有分化时间早、速度快、分化集中的特点，因此，在施肥上要掌握“稀、勤、足”的原则，适当增加施肥量和施肥次数。① 追肥应在升温前结合浇水进行，每株结果树追豆饼液10～20kg或三元素复合肥1.0～1.5kg；② 要重施基肥和前期施肥，总施肥量要比露地增加1/3，在采果后和8月份施2次基肥，每次每株施有机肥50～100kg；③ 从5月开始进行果园压草，每667m^{2}压草量

1000～2000kg，并施少量氮肥；④ 根据叶相，在萌芽前、开花后、果实膨大期、采果后进行多次叶面追肥，以防脱肥，稳定树势，确保连年丰产稳产。

（5）提高坐果率　温室甜樱桃由于通风差、湿度高、温度变化快，所以授粉就比露地栽培甜樱桃的难度大，严重影响产量。应采取措施：① 增大授粉树比例，由原来的30%增加到40%～50%。可将带花盆栽培授粉树移到缺少授粉树的棚内，或采取带花枝高接的方法达到当年嫁接、当年开花、当年授粉。② 根据主栽品种，增加花粉生命力强、花粉量大、亲和力好的授粉品种，如主栽品种“红灯”可选择“红蜜”和“大紫”作为授粉品种，主栽品种为“美早”可选择“友谊”和“先锋”作为授粉品种。③ 蜜蜂加人工授粉。因蜜蜂受天气和温度的制约，单靠蜜蜂授粉坐果率仅为10%，而配合人工授粉，坐果率可达50%。因此，利用蜜蜂授粉同时配合人工授粉来提高坐果率，为温室栽培甜樱桃丰产打基础。④ 盛花期用手提式吹风机在上午9～10时、下午2～3时对准授粉树吹风，加强空气流动，有利于花药散粉，从而提高坐果率。

3. 采后树体管理

（1）疏枝　采果后疏除过密过强、紊乱树形的大枝，调整树体结构，促进花芽分化。

（2）采后施肥　采后增施一次有机肥和复合肥，结合灌水，有利于樱桃复壮树势，促进花芽形成，保证连年丰产。

（3）拉枝　秋季8月下旬至9月，拉枝开角。

（4）秋施基肥　每年秋施基肥，一般每株树施入人粪尿或厩肥等有机肥20～40kg，在树盘周围开环状沟或放射状沟施入。花果期追肥，成年结果树按生长势强弱，每株可施稀薄人粪尿25～50kg或株施复合肥12kg。初花期、幼果期、果实膨大期、采果后可视树势、叶色差异，单独喷施或结合防病治虫混合喷施一定浓度的叶面肥，如生力宝600倍液或0.2%尿素加0.3%磷酸二氢钾等。

（二）病虫害防治

1. 综合措施

选用抗病和无病毒的砧木和接穗。种植前改良土壤，多施有机肥，起垄栽植，防止干旱或积涝。中耕或施肥时减少对根的伤害。加强地上地下管理，增强树势，提高树体的自身抗病能力。随时注意剪除病枝，摘除病叶、病果，清扫落叶、落果，集中深埋或烧毁。覆地膜，既可提高地温，降低棚内湿度，又能减少土壤传播或在土中越冬、越夏的病虫害。萌芽前，苗干上套塑料袋，防止象鼻虫、金龟子等啃食芽体和幼叶。

药剂防治：萌芽前全园喷4~5°Bé的石硫合剂。去棚后5~6月喷布2次70%代森锰锌500倍液或50%多菌灵600倍液。7~8月对甜樱桃喷2~3次200倍等量式波尔多液，防治穿孔病、叶斑病和干腐病。流胶病可在发病初期将病斑纵割几刀后，涂刷石硫合剂原液。对毛虫类、刺蛾类，在1~2龄虫期，喷20%杀灭菊酯2000倍液。建棚后，在覆地膜前喷波美3~5°Bé石硫合剂，幼果期喷1~2次1000倍70%甲基托布津，预防叶斑病和果腐病。

2. 几种主要病虫害防治措施

（1）穿孔病　叶片初期出现紫褐色小斑点，后期病斑干枯而脱落，造成叶片穿孔，严重时早期落叶。加强肥水管理，增强树势，提高抗病能力，剪除病枝、消除病叶是防治此病的根本。在落花后至采收前，喷2~3次65%代森锰锌可湿性粉剂500~600倍液，或50%多菌灵可湿性粉剂800倍液，也可喷施硫酸锌石灰液防治。采果后喷波尔多液防治。

（2）流胶病　主要发生在枝干上，尤其在分杈处发生较重。一般从采收后开始发病，随雨量的增加而加重。常因冻害、虫害、机械损伤所致，因此防治此病最主要的是保护好树体，冬前在树干和枝条上涂白防止冻害，防治蛀干害虫，消除机械损伤等，对发生流胶病的枝干及时刮治，并涂疏理剂防治，以防蔓延。

（3）红颈天牛　该害虫是为害枝干的重要害虫。主要防治方法：① 在成虫发生期人工捕捉成虫；② 在成虫发生产卵前，用涂白剂（生石灰10份、硫黄1份、水40份配成）在主干、主侧枝上涂抹，防止产卵；③ 刮皮时发现有虫孔，用针或铁丝刺死或钩出在韧皮部为害的幼虫；④ 对注入木质部的幼虫，可用100倍的敌敌畏药液注入虫孔，或用1/4磷化铝片剂塞入洞中，再用塑料膜或泥将洞口封死，将洞内的幼虫熏死。

第五节　杏树反季节栽培技术

一、栽培设施

目前果树设施栽培在我国迅速兴起，但主要集中在草莓、葡萄等果树种类，而杏设施栽培的面积仅占设施果树面积的0.6%，其主要原因是杏设施栽培的技术难度比其他果树要大，诸如授粉、休眠需冷量、温度等环境控制指标及实施措施等关键技术还没有被完全掌握，从而制约了设施杏的发展。

目前生产上应用的杏栽培设施主要有大棚和日光温室两种类型。大棚在构造上比日光温室简单，投资少，但抵御风险能力弱；日光温室结构复杂，投资大，但抵御风险能力强。另外，大棚与日光温室在调节果实成熟期的幅度上也有很大的差别，前者一般提早10～15d，后者则可达15～50d，生产者可根据市场情况加以选择，初始者最好采用日光温室。

二、主要品种

选用结果早、成熟早、产量高、品质好、短低温要求、抗病强的品种，最好有一定的自花结果能力，同时必须配置一定比例的授粉树。目前适宜设施栽培的品种有红丰、新世纪、凯特、金太阳等。杏的主要品种如下。

（1）凯特杏　果实为大型果，设施栽培条件下，平均单果重可达167g，最大可达246g。果色橙黄，品质上等（见图3－38）。果实生育期96d，自花结实效率高。据调查在日光温室内完全花比例为78.0%～85.2%，丰产性强，设施栽培不必配置授粉树。需冷量为700～800h。

（2）9803 辽宁省果树所从地方品种中选择出的适宜设施栽培的品种（见图3－39）。果实扁圆形，果形较端正，果顶平。在日光温室中栽培平均单果重82g，最大单果重130g。果皮橙黄色，有条状红霞，果面有光泽，无裂果。果肉橘黄色，肉质细软，汁少，酸甜适口，有香味，可溶性固形物含量14.0%，鲜食品质上等。树形半开张，树势中等。9803自花不结实，需要配置授粉树，可与凯特杏按（6～10）：1配置授粉树。丰产性好，需冷量为450～500h。在辽宁南部日光温室中栽培，于12月中旬升温，翌年1月下旬开花，果实4月中下旬成熟上市。

图3－38 凯特杏

图3－39 9803

（3）金太阳 平均单果重66.9g，最大果重87.5g。果皮金黄色，阳面透红。果味酸甜，肉脆，鲜食品质中等（见图3－40）。花器发育完全，有一定的自花结实能力，需配置授粉树。果实发育期59d，设施栽培4月上中旬果实成熟。金太阳杏需冷量低，500～700h可完成休眠。

（4）骆驼黄 果实圆形，果顶平。平均单果49.5g，最大过重78.0g。果皮底色橙黄，阳面有暗红晕。果肉橘黄色，多汁、味酸甜（见图3－41）。果实生育期55d左右。该品种较抗寒耐旱，适应性强，树势强健，以花束状果枝和短果枝为主，较丰产。自花不实，建园时需配置授粉树。该品种在设施栽培环境下管理有裂果现象。

图3-40 金太阳

图3-41 骆驼黄

三、栽培技术

（一）栽植

选择交通便利，靠近交通干线、城市、厂矿企业的地区，要求地势较高不积水，雨季地下水位不高于80~100cm，背风向阳，四周无遮阴，排灌便利，土壤以沙壤土或壤土为好。采用1.5m×2.5m株行距，起垄栽培。首先挖宽1m、深0.5m的定植沟，土壤板结时适当加深，表土与地土分放。回填时将表土和足量腐熟有机肥、适量磷钾肥混匀填入，至离地面20~30cm时再填底土，以防止肥料烧根。苗木要适量浅栽，栽后灌水，水渗透后1~2d覆土起垄。栽后定干，干高30~40cm，南低北高。

（二）周年管理技术

1. 扣棚前的管理

（1）肥水管理　对定植当年已经施足基肥的树，秋季可不再施肥；已结果树应于9月中旬至10月中旬每667m^{2}施腐熟鸡粪1000kg或厩肥2000~3000kg、硫酸钾复合肥65kg。扣棚前20~30d浇透水，全园覆盖地膜。

（2）修剪　在扣棚前要疏除无花强营养枝、病虫枝、过密枝、重叠枝及延长头竞争枝，疏除量应少于总量的10%。

2. 扣棚

当杏达到需冷量时即可扣棚。一般采用人工低温预冷法进行人工破眠，提早满足需冷量，以便及早扣棚。深秋夜间平均气温低于

10℃时扣棚，白天盖草苫降温，晚上掀草苫通风，人为创造一个0~7.2℃的低温环境，约1个月即可。

3. 扣棚后的管理措施

（1）合理调控温室环境　杏树保护地一般在12月下旬开始升温，应有7~10d循序渐进的过程。温湿度控制参考表3-1所示。环境管理包括温度、湿度、光照及CO_2等因素的管理，其中温度管理是至关重要的因素。休眠期最适宜的温度是5~7℃，但实际管理过程中不可能全天均保持这样的温度，需按照白天最高温度不超过10℃、夜间最低温度不低于0℃进行管理。休眠前期气温较高，可以通过白天遮盖草帘挡光、夜间放风降温，创造低于10℃的温度；休眠期后的温度较低，可通过白天适当拉开部分草帘加温、夜间盖草帘加温，创造高于0℃的温度。一般在5~7℃条件下保持30~35d便可以满足杏低温需求量，但最好再推迟5~10d。升温至开花前的适宜温度为8~15℃，需持续35~40d，且升温时按每10d一个小段逐渐升温，千万不能过高、过快，否则引起花结构的畸形或雌雄芯败育，造成开花容易坐果难。白天温度接近最高温度时应放风，一般先放顶风，如温度继续升高可放脚底风。空气相对湿度过大时，可以通过通风和覆盖地膜降低湿度，同时浇水时应避免大水漫灌。

表3-1　设施杏各生育期适宜温湿度范围

生育期	白天温度/℃	夜间温度/℃	相对湿度/%
萌芽期	10~15	>6	80~85
花期	22	>7	50~60
果实膨大期	26~28	10~15	60
果实近熟期	26~28	10	60

（2）控制旺长树体的措施　萌芽后要及时抹去背上芽；新梢长至15~20cm时应多次摘心控制旺长；盛花后10d结合新梢摘心喷布15%多效唑300倍液，提高坐果率，增大果个。

（3）加强肥水管理　为缓解新梢生长与果实发育之间的竞争，

应视植株营养状况及时进行叶面追肥和地下追肥。花后 2 周叶幕形成后，要叶面追肥 0.2% 尿素和 0.2% 磷酸二氢钾，10～15d 1 次，连喷 2～3 次。果实膨大初期和硬核期地下追肥各 1 次，每株追尿素 30g、磷酸二氢钾 30g。结合追肥可分别浇小水，其他时间视墒情合理浇水，切忌大水漫灌。

（4）花果管理　一是要加强授粉工作。降低空气湿度，在适宜的范围内提高气温和通风除湿；配置适量授粉树；人工授粉和蜜蜂传粉。二是要疏花疏果。对于晚花，弱花要疏除；对于并生果、畸形果要疏除，保留发育正常的大果。长枝留 3～4 个，中果枝 2～3 个，短枝 1～2 个；外围、上部多留，内膛、下部少留。

3. 撤棚后越夏管理

（1）控制旺长　在 5 月施多效唑（PP_{333}），每株 5～10g。

（2）雨季排水　杏怕涝，雨季应及时排水。

（3）肥水管理　需多施有机肥和磷、钾速效肥，少施氮肥；视墒情酌情浇水。

（4）加强夏剪　适当短截部分新梢，回缩过旺结果枝，抹除或疏除背上直立枝、过多过密新稍和细弱枝，位置适当的新枝要拉枝开角。

（三）肥水管理

对于当年定植、当年扣棚、当年丰产的大棚，一般采取前促后控技术。前促是在 7 月 15 日以前采取一定的管理措施促进营养生长，迅速地扩大树冠；后控是在 7 月 15 日以后采取一切管理措施来控制树势达到促进花芽分化的目的。

1. 前期促进生长

在新梢长至 15～20cm 时，结合浇水追施速效肥料，可地下追肥与叶面追肥交替进行。地下追肥株施 40～50g 尿素；叶面追肥为 0.3% 尿素与 0.4～0.5% 磷酸二氢钾，每 10～15d 喷 1 次，连喷 2～3 次。5 月中下旬选长势、角度好的 4～6 个新梢作培养枝，其余抹除；6 月上中旬当新梢长至 40cm 时剪除顶端 5～10cm 促发二次枝，扩大树冠。

2. 后期控制生长

7 月中旬以后停止地下追肥，应该首先为叶面每 7d 喷施 1 次 0.3% 磷酸二氢钾，直至落叶。如果墒情好，一般不用浇水，同时注意雨季排水。其次可以用化学药剂促花，在 7 月中下旬至 9 月上旬隔 10 ~ 15d 喷施 1 次 15% PP_{333}200 ~ 400 倍液，连喷 2 ~ 4 个培养枝，拉成 70° ~ 80° 角作永久性主枝，其余拉平作辅养枝，同时疏除主枝上的直立枝和过密枝。

（四）病虫害防治

（1）桃蚜　冬剪时剪除有卵虫枝，集中烧毁；展叶后用植物素涂抹树干；开花后各喷 1 次 50% 抗蚜威可湿性粉剂 2500 倍液。

（2）顶针虫　冬剪时剪除有卵块枝集中烧毁，及时捕杀幼虫；在幼虫出壳后危害前及时喷施新型植物素。

（3）红颈天牛　人工捕杀成虫；成虫发生前在树干、主枝上喷刷白粉剂防止产卵；幼虫危害时用小刀挖出杀死，对于挖不出的可用棉球蘸 50% 敌敌畏 50 倍液堵孔熏死。

（4）叶枯病　消灭越冬病菌，结合冬剪清除有病枝条；萌动之前喷施 0.5°Bé 石硫合剂，展叶后改为 0.3°Bé 石硫合剂。

（5）红点病　开花末期和叶芽开放时喷布波尔多液 200 倍液；加强果园管理，彻底清除病叶。

（6）黑心病　加强果园管理，彻底清除病枝；落花后 2 ~ 4 周喷施 0.3°Bé 石硫合剂或 75% 甲基托布津 1000 倍液。

（7）流胶病　合理修剪，减少枝干伤口；已经发生病害的，可于升温后发芽前清除病部，伤口涂抹 5°Bé 石硫合剂或 40% 福美胂 50 倍液，然后涂抹伤口保护剂。

第六节　李树反季节栽培技术

一、栽 培 设 施

反季节栽培又称设施果树栽培，主要以在冬春季节提供鲜食水果为主要目的。生产方式有两大类：一是以提早果树的生长发育期为手段，实现果实在早春成熟上市；二是以延迟果树的生长发育期为手段，实现果实在晚秋或冬季成熟上市。

适宜李树设施栽培的设施类型主要有塑料薄膜日光温室或塑料大棚。日光温室主要用于冬季促成栽培，而塑料大棚用于春季提前栽培。

二、主 要 品 种

李原产于中国，是中国栽培历史悠久的落叶果树，属蔷薇科（*Rosaceae*）李亚科（*Prunoideae*）李属（*Prunus*）。全世界李属植物共有30余个种，中国现有李属植物资源8个种、5个变种、800余个品种和类型。

李在我国北方种植较少，主要分布于河北和辽宁一带。李的主产区在南方，包括广东、广西、福建、四川等地，种植面积占全国种植面积的62.4%，产量占61.3%。我国是世界上最大的李生产国，李产量占世界总产量的48%左右。

李的生命周期可以分为四个时期：幼树期（从定植至第3年）、初果期（4~6年生）、盛果期（7~25年生）和衰老期（25年生以后）。

（一）种类

（1）中国李　本种原产于我国长江流域，是我国栽培李的主要种类，全国各地的李产区均有栽培。本种为落叶小乔木。叶片形状为长倒卵圆形或长卵圆形，叶面光滑无毛。花序通常为3朵并生，直径1.52cm，花柄长11.5cm。本种萌芽成枝力均强；潜伏芽寿命长，便于自然更新，树势强健，适应性强，结果多且丰产性稳定。果实圆形，果皮底色黄或黄绿，表色有红、紫红、或暗红；果梗较长，梗洼深，缝合线明显，果粉较厚；果肉为黄色或紫红色，核椭圆形，核面有纹，黏核或离核。多数品种自花不结实或少量结实，栽培时必须配置授粉树。该种花期较早，在寒冷地区易受晚霜危害。本种的主要品种有：玉皇李、木隽李、香蕉李、红心李、五月香李等。

（2）杏李　本种原产于我国华北地区，抗寒力强、抗病力不如中国李，自花能结实，但丰产性差。小乔木，枝条直立，树冠呈尖塔形。叶片狭长，并具直立性，叶柄短而粗。花13朵簇生。果实扁圆形，果梗短，缝合线深。果皮暗红色或紫红色，果肉淡黄色，质地紧密，香气浓。黏核，晚熟。属于本种的品种有香扁李、荷包李、腰子红、转子红、雁过红等。

（3）欧洲李　本种原产于高加索。我国辽宁、河北、山东等地有栽培，在欧洲、北美和南非等地栽培广泛。本种为乔木，树冠高大。叶片为卵形或倒卵形，蜡质厚。新梢和叶片均有茸毛。花较大，一个花芽内可开出12朵花。果实为圆形或卵形，果皮由黄、红直至紫蓝色。离核或黏核。本种花期比中国李晚10～15d，不易受晚霜危害，且自花结实力较强。果实含糖量高，可鲜食，也适于糖渍制作蜜饯、果酱和酒等加工品。属于本种的品种有冰糖李、晚黑李、大玫瑰李、甘李等。

（4）美洲李　本种原产于北美地区，经过长期栽培，现已有许多具较强抗寒力的品种，可作抗寒育种的原始材料。在我国，主要分布于东北地区。本种为乔木，树冠开张，枝条有下垂性，并有粗针刺。叶片大，无光泽，有茸毛。一个花芽内可开出3～5朵花。果实球形，果皮红或鲜红色。果梗较长，黏核，适应性强。属于本种的栽培品种有牛心李。

（5）乌苏里李　本种原产于我国的黑龙江，是李属植物中抗寒力最强的，花期能耐－3℃的低温，树体在冬季能耐－30～－25℃的严寒，是优良的砧木用种。本种植株矮小，多分枝成灌木状，枝条多刺。叶片较小，呈倒卵圆形，叶背有茸毛。果实较小，直径1.5～2.5cm，近球形；核为圆形，核面光滑。东北美丽李为该种的代表品种。

（6）樱桃李　本种原产于我国新疆。树体为灌木或小乔木，新梢暗红，无毛。叶片椭圆形、卵圆形或倒卵圆形。果皮黄色或红色。果肉厚、软、多汁，黏核，核小，呈卵形。为半栽培状态，一般多用作砧木。我国栽培的李主要为中国李，其次为欧洲李，其他种的李在生产上栽培较少。

（二）优良品种

（1）红天鹅绒　果实鲜红，果肉黄色，果重100g左右，浓甜爽口，香味浓，可溶性固形物18%～20%，果核极小，极早熟，比大石早生早熟15d。早果，栽植第2年即可结果。

（2）美国红血李　性状优良，属李中珍品，比美国李“恐龙蛋”高产、抗病，比其他红肉李（澳洲红肉李、红布林李、改良李等）表现性状更为突出，很有发展前景（见图3－42）。该品种果实美观，光滑亮丽，呈鸭蛋形。成熟后果皮鲜红，果肉鲜红如血，果核极小，可食率98.5%。肉质细脆，甘甜爽口，含糖量19%～20%，具有很浓的玫瑰香味，属高品质李。果实大而匀称，平均单果重115g，最大果重165g。8月上旬成熟，采收时果实硬度大，耐储存，常温下可放20d，冷库中可储藏至翌年春节后。

图3－42　美国红血李

（3）美国黑王　果实特大，单果平均150g，最大300g。7月上旬成熟，果实先着红色，完全成熟后呈黑色。浓甜，早果丰产，自花授粉。

（4）改良李　原产美国。平均果重150g，8月底至9月初熟，果卵型，果面鲜红，美丽诱人，果肉浓红、离核，口感极好。早果性极强，自花结实，极高产，是李中极品。

（5）仲秋红李　极晚熟，大果型，红色李新品种，具有极易着色（不见光处也能着全红色）、抗裂果、品质优、抗病强、耐储藏、丰产、稳产等优点，综合性状优于日本秋姬李（秋姬抗病性和抗寒性差）和美国幸运李。果圆形，巨大，平均150g，最大300g，成熟前呈艳红色，完熟后呈浓红色，味甜爽口，品质上等。可溶性固形物含量16.3%，核极小，离核，常温下可存放20d以上。成熟期9月上旬。

(6) 红布林　美国品种。果实特大，平均139g，大果210g，最大可达300g。果实鲜红色，果肉红色，味香、浓甜、离核。7月底至8月初成熟，高产耐储存。

(7) 春姬　特早熟优良新品种。5月下旬完熟。单果重120~160g。着色时鲜红艳丽，完熟后紫黑发亮。品质优良，可溶性固形物15%，甜脆香浓。硬溶质，熟后不软不落，货架期长达20d以上。

(8) 味王　李基因占75%。果实近圆形，果顶稍尖突起，似桃形。成熟期8月上旬。平均单果重92g，最大145g。成熟后整个果皮紫黑色，有蜡质光泽。果肉鲜红色，质地细，离核，粗纤维少，果汁多，风味甜香，口感似李，品质极佳，含糖量18%~20%。

(9) 大石大玉　系日本选育的大石早生株变种。果重、风味均优于大石早生，6月初成熟。果形圆，均重140g。果皮底色黄白，着玫瑰红色。果实熟时风味较香，含糖量15%，口感较甜。需冷量低，可作为优质早熟李在温室或南方发展。

(10) 黄金　澳大利亚品种。果面果肉均为金黄色，很有透明立体感，奇特诱人。果大质优，单果重100~155g，含糖量高达16.2%，浓甜而芳香，风味俱佳。硬溶质，很耐储运。

(11) 碧绿珠　果实近圆形，平均单果重108g，最大165g。果皮薄，果面光泽，绿色，果点小不明显，果粉少，果肉鲜红色，不溶质。质地细嫩，汁液丰富，风味甘甜爽口，可溶性固形物含量17.7%，含糖量13%，品质极佳、果核小、黏核、果实耐储藏。

(12) 恐龙蛋　美国最新育成的杂交杏李品种（见图3-43），李基因占75%。果实近圆形，成熟期8月初。单果重126~145g，含糖量18%~20%，味香甜爽口。质脆果汁多，可溶性固形物含量18%~20%，品质极佳，7月上旬果成熟。

(13) 蒙娜丽莎　属欧洲李系列。该品种树势强健，枝条粗壮，节间长，叶片大而厚，叶面及叶背均具茸毛。成花极易，以短果枝和花束状果枝结果为主，果实极大，平均单果重130~140g，最大果重206g。果肉黄色，汁多，味浓甜，具宜人香味，核小，离核，可溶性固形物含量16%～18%，品质极上，丰产。

（14）美国蛇李　美国加州引进。果实较大，圆球形（见图3-44）。平均单果重139g，最大果重210.2g。果皮鲜红至紫红色，有果粉。果肉淡黄色，随着成熟由外向内渐变红，颜色极其漂亮。肉质松脆，不溶质，清脆爽口，细腻，香味较浓，味甜爽口，品质极上。可溶性固形物含量为15.2%。采收时果实硬度大，果面光滑而有光泽，果肉紫红色，果核极小，半黏核。

图3-43　恐龙蛋李

图3-44　美国蛇李

（15）日本川岛久田李　日本特大果形，高坐果率，李子新品种。果实心脏形，果尖钝，均果重165g，最大达310g，属特大果形中熟李品种。成花和坐果习性似澳洲红肉李，花期抗低温多雨。果肉硬度大，耐储运。果面70%以上着深玫瑰红色，极美观，很受果商欢迎。果肉乳白色，脆甜，含糖量13%，品质优良。

（16）玉皇李　中国李种，原产山东。平均单果重60g左右，大果85g以上。圆形或近圆形，顶部圆或微凹，缝合线浅，梗洼中深。果实黄色，果粉较多，银灰色。果肉黄色，细腻，纤维少，汁液中多，味甜微酸，香气浓，含可溶性固形物10%～14%。离核，核小，可食率97%。果实原产地7月上中旬成熟。为生食、加工兼用优良品种。

（17）黑宝石　美国品种，商品名“布朗”李（见图3-45）。果实扁圆形，平均单果重72g，最大单果重127g。果顶圆，果皮紫黑色，无果粉。果肉黄色，质硬而脆，汁多，味甜，含可溶性固形物11.5%。离核，核小，可食率98.9%，品质上。

（18）味厚　李基因占75%。果实圆形，成熟期8上旬（见图3－46）。平均单果重96g，最大单果重149g。成熟后果皮紫黑色，有蜡质光泽，果肉橘黄色，质地细，黏核，核极小。果汁多，味甜，香气浓，品质极佳，含糖量18%。

图3－45　黑宝石李

图3－46　味厚李

（19）味帝　李基因占75%。果实扁圆或近圆形（见图3－47），单果重106～152g，风味独特，极甜，香气浓郁，十分爽口，品质极上。可溶性固形物含量14.9%。果肉鲜红，质地细，果汁多，含糖量18%～19%。

（20）盖县大李　中国李种。果实大型，平均单果重88g，最大160g以上。果实心形或近圆形，顶部稍尖或平，果梗短，梗洼深，缝合线浅，近梗洼处较深，片肉不对称。果实底色黄绿，果皮鲜红或紫红色，果皮薄；果粉厚，灰白色。果肉淡黄色，肉质硬脆，充分成熟后松软多汁，风味酸甜适度，香气浓，可溶性固形物含量12.5%。

（21）平顶香李　中国李种。果实大型，平均单果重80g，大者可达100g以上。果实扁圆形，顶部平或凹陷，肩部宽，缝合线明显；果梗粗短，梗洼圆形，广而中深。果实底色黄，紫红色条纹，充分着色后呈紫红晕。果粉薄，灰白色。果肉淡黄色，质地较软，多汁，味酸甜，具清香，可溶性固形物含量10%～12%，品质中上。黏核，为鲜食、加工兼用品种。

（22）秋姬　日本引进的特大李新品种。具有果实特大、色泽艳丽（见图3－48）、丰产性强、品质优良、抗病、耐储等突出优点。果实成熟正值中秋、国庆两大节日。8月上旬果实开始着色，果圆形，缝合性明显，两侧对称，果面光滑亮丽，完全着浓红色，其上分布黄色果点和粉。平均果重150g，最大可达350g。果肉厚，橙黄色，肉质细密，品质优于黑宝石和安哥诺品种。味浓甜，且具香味，含可溶性固形物18.5%，离核，核极小。

图3－47　味帝李

图3－48　秋姬

（23）风味玫瑰　李基因占75%，杏基因25%。果皮紫黑色，果肉红色，味香甜，可溶性固形物含量18%～19%，果大。单果重80～150g。栽植第2年结果，4～5年进入盛果期。丰产时每667m^{2}产果可达2200kg，盛果期可达20年。

（24）安哥诺　美国加州引进。果实圆形，平均果重122g，最大200～250g。果实生长期为绿色，开花成熟变为紫红色，成熟后转为紫黑色。硬度大，果粉少，果皮厚，果肉淡黄色，质地致密，清脆爽口，汁液丰富，甜香味浓，品质极上。果核极小，半黏核，可溶性固形物含量16.2%。

（25）红心李　美国品种（Red Heart）。平均单果重69.4g，最大80g以上。果实心脏形，果顶尖圆。果面棕红色，果肉血红色，肉质细嫩，汁液多，味甘甜，香气较浓，品质上等。含可溶性固形物13.0%，含糖量11.2%，可滴定酸0.89%。黏核，可食率97%。在山东泰安地区果实7月上旬成熟。较耐储运。

（26）大石早生李　日本品种。果实卵圆形，单果重50g左右，大果重70g。果皮底色黄绿，鲜艳红色，皮较厚。果粉较多，灰白色。果肉淡黄色，有放射状红条纹，质细、松脆，细纤维较多，汁液多，味甜酸，微香，含可溶性固形物11.5%。黏核，核小，品质上等，是早熟鲜食优良品种。果实在山东泰安地区6月初上色，6月中旬成熟，果实发育期60d左右。

三、栽 培 技 术

（一）栽植

1．株行距

保护地栽培为高投入产业，生产的最大愿望是在有限的土地上获得最大的回报，因而生产中要注意合理密植。定植密度原先多为（1.0～1.5）m×（1.5～2.0）m 的株行距，以每 667m² 栽 333～444 株为宜，但要注意密度太高不利于管理和品质保证。近年来密度趋向于加大。一般大冠形品种可稀植，小冠形品种可密植。

2．定植

定植时每 667m² 温室地施优质腐熟鸡粪或牛粪 3000～4000kg，以及氮、磷、钾三元复肥 20kg。南北向挖定植沟，沟宽 80cm、深 60cm，按 1m×2m 的株行距浅栽；栽后浇一遍透水，水下渗后再覆土起垄。定植 3～4d 后定干，要求干高 30～40cm，南低北高（前排干低，后排干高），形成一定的坡度。

3．肥水管理

在定植的第 1 年，前期以促为主，使其尽快抽枝，形成叶面积增加光合面积；到 7 月花芽开始分化时，应控制新梢的生长，促进形成优质花芽，为结果打好基础。定植后，新梢 10cm 时开始追肥浇水，株施尿素 50g 左右，结合追肥浇水。半月后再追肥 1 次，株施尿素 100g 左右，再过半月再追肥 1 次，株施磷酸二铵 100g 左右；施肥后浇水，促进新梢生长。在新梢长 30cm 时，留 25cm 摘心。在 20cm 部位选留第 1 主枝，以后中心干每伸长 20cm，留 15cm 摘心 1 次，刺激抽新梢。所抽新梢在长 35cm 时，留 30cm 摘心。到 7 月初对所有新梢摘心。旺树喷 15% 的多效唑 200～300 倍液，以控制新梢生长，促进成花。

4．化学调控

6 月下旬至 8 月上旬喷 1 次 15% 多效唑可湿性粉剂 300 倍液，以后每隔 10～15d 喷 1 次，连喷 2～3 次，以控制树势，促进花芽形成。花后 10d 喷 15% 多效唑可湿性粉剂 300 倍液 1 次，控制果前枝梢旺长，提高坐果率，增大果个。

5. 摘心

栽植成苗，当主枝长到60cm左右时，应摘心至4~5cm处，促发分枝，加速整形过程。到9月下旬对未停长新梢摘心，促进枝条成熟。栽植半成苗，当接芽长到70~80cm时，如是按开心形整形和按主干疏层形整形的树，摘心至60cm处，促发分枝，进行早期整形；按纺锤形整形的树不必摘心。

6. 环境调控，适期扣棚

保护地栽培李在完成休眠后扣棚，才能保证树体发芽整齐，提高坐果率。如果过早扣棚，则低温不足树体没完成休眠，则萌芽不整齐；有的甚至很长时间不能萌芽，影响生长与结果。一般早熟李完成休眠需冷量为600~750h。

扣棚前20~30d覆盖地膜，使地温预先缓慢升至15℃以上。这样在大棚升温时地温、气温协调一致，避免地温低、气温高对树体生育造成不利影响。李不同生育期对温、湿度的要求各不相同，各生育期的温、湿度管理按要求做相应的调整。

7. 花果管理

日光温室内空气湿度大，缺乏传粉媒介，不利于授粉受精，因此要采用花期放蜂、人工授粉等办法。留果量为：长果枝留3~4个果，中果枝留2~3个果，短果枝留1个果。花果期李对温、湿度及需冷量的需求参照表3-2。

表3-2　设施李对温、湿度及需冷量的需求

需冷量/h	花期最高温度/℃	果期最高温度/℃	萌芽期湿度/%	花期湿度/%	果期湿度/%
600~750	20~22	25~28	70~90	30~40	50~60

（二）病虫害防治

1. 褐腐病

又称果腐病，是核果类果树果实的主要病害，在我国分布普遍。

（1）症状　褐腐病可为害花、叶、枝梢及果实等部位，果受害最重。花受害后变褐，枯死，常残留于枝上，长久不落。嫩叶受害，自叶缘开始变褐，很快扩展全叶。病菌通过花梗和叶柄向下蔓延到嫩枝，形成长圆形溃疡斑，常引发流胶。空气湿度大时，病斑上长出灰色霉丛。当病斑环绕枝条一周时，可引起枝梢枯死。果实自幼果至成熟期都能受侵染，但近成熟果受害较重。

（2）发病规律　病菌主要以菌丝体在僵果或枝梢溃疡斑病组织内越冬。第 2 年春产生大量分生孢子，借风、雨、昆虫传播，通过病虫及机械伤口侵入。在适宜条件下，病部表面长出大量的分生孢子，引起再次侵染。在储藏期间，病果与健果接触，能继续传染。花期低温多雨，易引起花腐、枝腐或叶腐。果熟期间高温多雨，空气湿度大，易引起果腐，伤口和裂果易加重褐腐病的发生。

（3）防治方法　① 消灭越冬菌源：冬季对树上树下病枝、病果、病叶应彻底清除，集中烧毁或深埋。② 喷药防护：在褐腐病发生严重地区，于初花期喷布 70% 甲基托布津 800 ~ 1000 倍液。针对无褐腐病发生园，于花后 10d 左右喷布 65% 代森锌 500 倍液，或 50% 代森铵 800 ~ 1000 倍液，或 70% 甲基托布津 800 ~ 1000 倍液。之后，每隔半个月左右再喷 1 ~ 2 次。果成熟前 1 个月左右再喷1 ~ 2 次。

2. 穿孔病

穿孔病是核果类果树常见病害，分细菌性和真菌性两类。以细菌性穿孔病发生最普遍，严重时可引起早期落叶。真菌性穿孔病又分褐斑、霉斑及斑点三种。

（1）症状　细菌性穿孔病为害叶、新梢和果实。叶片受害初期，产生水浸状小斑点，后逐渐扩大为圆形或不规则形，潮湿天气病斑背面常溢出黄白色黏稠的菌浓。病斑脱落后形成穿孔或有一小部分与叶片相连。发病严重时，数个病斑互相愈合，使叶片焦枯脱落。枝梢上病斑有春季溃疡和夏季溃疡两种类型。春季溃疡斑多发生在上一年夏季生长的新梢上，产生暗褐色水浸状小疱疹，宽度不超过枝条直径的一半。夏季溃疡斑则生在当年新梢上，以皮孔为中心形成水浸状暗紫色病斑，圆形或椭圆形，稍凹陷，边缘水浸状，病斑形成后很快干枯。果实发病初起褐色小斑点，后发展成为近圆形、暗紫色病斑。中央稍凹陷，边缘水浸状，干燥后病部发生裂纹。天气潮湿时，病斑出现黄白色菌脓。真菌性穿孔病中，霉斑、褐斑穿孔病均为害叶、梢和果，斑点穿孔病则主要为害叶片。它们与细菌性穿孔病不同的是，在病斑上产生霉状物或黑色小粒点。

（2）发病规律　细菌性穿孔病病源细菌主要在春季溃疡斑内越冬。在李树抽梢展叶时，细菌自溃疡病斑内溢出，通过雨水传播，经叶片的气孔、枝果的皮孔侵入，幼嫩的组织最易受侵染。5～6月开始发病，雨季为发病盛期。

霉斑穿孔病菌以菌丝体或分生孢子在病梢或芽内越冬，春季产生孢子经雨水传播，侵染幼叶嫩梢及果实。病菌在生长季节可多次再侵染，多雨潮湿发病重。褐斑穿孔病菌主要以菌丝体在病叶和枝梢病组织中越冬，翌春形成分生孢子，借风雨传播侵染叶片、新梢和果实。斑点穿孔病主要以分生孢子器在落叶中越冬，翌年产生分生孢子，借风、雨传播。

（3）防治方法　加强栽培管理，清除病原；合理施肥、灌水和修剪，增强树势，提高树体抗病能力；生长季节和休眠期对病叶、病斑、病果及时清除，特别是冬剪时，彻底剪除病枝，清除落叶、落果，集中深埋或烧毁，消灭越冬菌源。

药剂防治：在树体萌芽前刮除病斑后，涂25～30°Bé石硫合剂，或全株喷布1∶1∶(100～200）波尔多液或45°Bé石硫合剂。生长季节从5月上旬开始每隔15d左右喷药一次，连喷3～4次，可用50%代森铵700倍液、50%福美双可湿性粉剂500倍液、硫酸锌石灰液（硫酸锌0.5kg，石灰2kg，水120kg）、0.3°Bé石硫合剂等。

3．桑白蚧（又称桑盾蚧）

（1）症状　以若虫或雌成虫聚集固定在枝干上吸食汁液，随后密度逐渐增大。虫体表面灰白或灰褐色，受害枝长势减弱，甚至枯死。

(2) 发生规律　北方果区一般一年发生2代，第2代受精雌成虫在枝干上越冬。第2年5月开始在壳下产卵，每一雌成虫可产卵40~60粒，产卵后死亡。第1代若虫在5月下旬至6月上旬孵化，孵化期较集中。孵化后的若虫在介壳下停留数小时后爬出介壳，分散活动12d后便成群固定在母体附近的枝条上吸食汁液，5~7d开始分泌白色蜡质介壳。个别的在果实上和叶片上为害。7~8月上旬，变成成虫又开始产卵。8月下旬第2代若虫出现，雄若虫经拟蛹期羽化为成虫，交尾后即死去，留下受精雌成虫继续为害并在枝干上越冬。

(3) 防治方法　① 消灭越冬成虫，结合冬剪和刮树皮及时剪除、刮治被害枝，也可用硬毛刷刷除在枝干上的越冬雌成虫；② 药剂防治：重点抓住第1代若虫盛发期，未形成蜡壳时进行防治，目前效果较好的是速扑杀，其渗透力强，可杀死介壳下的虫体。

4. 蚜虫

为害李树的蚜虫主要有桃蚜、桃粉蚜和桃瘤蚜三种。

(1) 症状　桃蚜使叶片不规则卷曲；桃粉蚜为害使叶向背面对合纵卷且分泌白色蜡粉；瘤蚜则造成叶从边缘向背面纵卷，卷曲组织肥厚，凹凸不平。

(2) 发生规律　以卵在枝梢芽腋、小枝叉处及树皮裂缝中越冬，第2年芽萌动时开始孵化，群集在芽上为害。展叶后转至叶背为害，5月繁殖最快，为害最重。

蚜虫繁殖很快。桃蚜一年可达20~30代。6月桃蚜产生有翅蚜，飞往其他果树及杂草上为害。10月再回到李树上，产生有性蚜，交尾后产卵越冬。

(3) 防治方法　① 消灭越冬卵，刮除老皮或萌芽前喷含油量55%的柴油乳剂；② 药剂涂干，50%久效磷乳油2~3倍液，在刮去老粗皮的树干上涂5~6cm宽的药环，外缚塑料薄膜，但此法要注意药液量不宜涂得过多，以免发生药害；③ 喷药，花后用5%的吡虫啉3000倍液喷布1~2次。

5. 山楂红蜘蛛

(1) 症状　以成、幼、若螨刺吸叶片汁液为害。被害叶片初期呈现灰白色失绿小斑点，后扩大，致使全叶呈灰褐色，最后焦枯脱落。严重发生年份有的李园 7 ~ 8 月树叶大部分脱落，造成二次开花，严重影响果品产量和品质，并影响花芽形成和下年产量。

(2) 发生规律　每年发生 5 ~ 9 代，以受精雌螨在枝干树皮裂缝内和老翘皮下，或靠近树干基部 34cm 深的土缝内越冬。也有在落叶下、杂草根际及果实梗凹处越冬的。春季芽体膨大时，雌螨开始出蛰。日均温达 10℃时，雌螨开始上芽为害，是花前喷药防治的关键时期。初花至盛花期为雌螨产卵盛期，卵期 7d 左右，第 1 代幼螨和若螨发生比较整齐，历时约半个月，此时为药剂防治的关键时期。进入 6 月中旬后，气温升高，红蜘蛛发育加快，开始出现世代重叠，防治就比较困难。7 ~ 8 月螨量达高峰，为害加重；但随着雨季来临，天敌数量相应增加对红蜘蛛有一定抑制作用。8 ~ 9 月间逐渐出现越冬雌螨。

(3) 防治方法　消灭越冬雌螨，结合防治其他虫害，刮除树干粗皮，翘皮，集中烧毁，在严重发生园片可树干束草把，诱集越冬雌螨，早春取下草把烧毁。喷药防治：花前在红蜘蛛出蛰盛期，喷 0. 3 ~ 0. 5°Bé 石硫合剂，也可用杀螨利果、霸螨灵等防治；花后 1 ~ 2周为第 1 代幼、若螨发生盛期，用 5% 尼索朗可湿性粉剂 2000 倍液防治，效果佳。

6. 卷叶虫类

为害李树的卷叶虫以顶卷、黄斑卷和黑星麦蛾较多。

(1) 症状　顶梢卷叶蛾主要为害梢顶，使新的生长点不能生长，对幼树生长为害极大。黑星麦蛾、黄斑卷叶蛾主要为害叶片，造成卷叶。

(2) 发生规律　顶卷、黑星麦蛾一年多发生 3 代，黄斑卷3 ~ 4 代，顶卷以小幼虫在顶梢卷叶内越冬。成虫有趋光性和趋糖醋性。黑星麦蛾以老熟幼虫化蛹在杂草等处越冬，黄斑卷越冬型成虫在落叶、杂草及向阳土缝中越冬。

（3）防治方法　顶卷应采取人工剪除虫梢为主的防治策略，药剂防治效果不佳。黄斑卷和黑星麦蛾一是可通过清洁田园消灭越冬成虫和蛹；二是可人工捏虫；三是药剂防治，在幼虫未卷叶时喷灭幼脲三号或触杀性药剂。

7．李实蜂

李实蜂在华北、西北、华中等李果产区均有发生。某些年份有的李园因其危害造成大量落果甚至绝产。

（1）症状　幼虫蛀食花托和幼果，常将果核食空，果长到玉米粒大小时即停长，然后蛀果全部脱落。

（2）发生规律　李实蜂每年发生1代，以老熟幼虫在土壤中结茧越夏、越冬。春季李萌芽时化蛹，花期成虫羽化出土。成虫习惯于白天飞花间，取食花蕾，并产卵于花萼表皮上，每处产卵1粒。幼虫孵化后，钻入花内蛀食花托、花萼和幼果，常将果核食空，虫粪堆积于果内。幼虫无转果习性，约30d左右成虫老熟脱果，落地后入土集中在距地表3~7cm处结茧越夏、越冬。

（3）防治方法　①成虫羽化出土前，深翻树盘将虫茧埋入深层，使成虫不能出土；②成虫期喷药：初花期、成虫羽化盛期，在树冠、地面喷2.5%溴氰菊酯乳油2000倍液，可有效消灭成虫；③幼虫脱果入土前或成虫羽化出土前，在李树树冠下撒布植物素粉剂，每株结果大树撒0.25kg；④摘除被害果并清除落地虫果，集中烧毁。

第四章　南果北种及稀特果树栽培技术

第一节　南果北种的概况

一、南果北种的意义

“南果北种”是指将我国南方热带、亚热带地区的果树，通过一定的设施在北方进行栽培，使之能够正常的生长发育并形成产量。南果北种的成功与否及得与失历来是我国果树界争论的焦点之一，但随着近十多年来我国都市农业的发展，南果北种有了坚实的科技支撑和旺盛的市场需求，同时经科研人员创新性的摸索实践，取得了突破性的进展。

二、南果北种的发展

1999 年始，北京市农业技术推广站在京郊率先引进了南方果树——番木瓜进行试种。经过 3 年的试验研究，于 2002 年在北京小汤山种植成功。此后于 2003 年引进火龙果、莲雾、杨桃、台湾青枣和芒果进行试种；2004 年继续引进南方水果番石榴、番荔枝、菠萝、西番莲及台湾青枣；2005 年引进龙眼、荔枝、人参果、蛋黄果等，不断地引进试栽和探索。到 2011 年，引进的大部分南方果树已经能够结果并有经济产量。加上现代都市农业的快速发展，南果北种为人们的休闲、观光、旅游和采摘提供了新的亮点，丰富了北方适时成熟的南方果实，使人们在北方就能够品尝到自然成熟的南方水果。

第二节　南果北种的设施发展

目前南果北种取得了较大的成功，其首要前提是温室设施的应用，目前采用的主要有联栋温室和日光温室两种形式。

现代联栋温室是在控制下的农业生产环境，也就是利用温室可以在气候不利于甚至不能使作物生长的地方和时期，种植南方果树。当露地也能生产时，温室则可保护作物免受大风、暴雨、冰雹等自然灾害的伤害。联栋温室外形美观，结构稳定，气密性好，内部采光面积大，室内光照均匀，透光率高，温室内部利用率高。通过天窗、后侧窗、风机、湿帘、内遮阳保温系统、外遮阳降温系统等措施来调节植物所需的环境条件，具有前期一次性投入高、内部生产使用费用高、土地利用率高、光能利用率高、主体骨架可以使用20年以上等特性。现代化联栋温室主要应用于园艺作物生产，特别是应用于高价值的作物生产，如南方果树栽培等。在生产方式上，基本全部实现了环境控制自动化，生产工艺程序化和标准化，生产管理机械化、集约化。北方冬天使用必须有供暖条件。联栋式温室有许多优点，但也存在着在我国北方地区运行成本高的问题，必须注意建造地的温度变化情况，以确定建造玻璃式或塑料薄膜式联栋，为后期的生产效益做好充分的准备工作。

日光温室是我国北方地区独有的一种温室类型，具有保温效果好、节能、采光好、造价低、日光温室主体使用年限可达20年以上等优点。日光温室充分利用太阳能，通过上、下风口可以进行降温，通过保温被进行冬季保温，附加临时性加温设施应对极端天气，在气候不利于甚至不能使作物生长的地方和时期种植南方果树和产出水果。日光温室一年四季均可进行南方果树栽培，是发展高产、优质、高效农业的有效措施之一。

第三节 南果北种及稀特果树栽培技术

一、番 木 瓜

番木瓜（*Carica papaya carica* L.）又称木瓜、乳瓜、万寿果等，属番木瓜科番木瓜属小乔木，半草本热带果树，在我国主要分布于广东、广西、海南和台湾等地。番木瓜是世界十大水果之一(见图4－1、图4－2)，果肉营养丰富，除富含各种矿物质和维生素外，还含有具强烈抗癌活性的木瓜碱和帮助消化、治疗胃病的木瓜蛋白酶。木瓜除了鲜食外，还可加工成果脯等食品；未成熟果可做菜、炒食、做汤等，与肉同煮，肉质鲜嫩有助消化；果实、种子、叶片均可入药，具有理气、活血等功效。随着人们对营养保健果品的重视，番木瓜有广阔的发展前景，是北方农民增收、农业增效的好项目。而且近几年随着设施农业的不断发展，番木瓜引入北方进行温室栽培取得了成功。

图4－1　番木瓜结果状

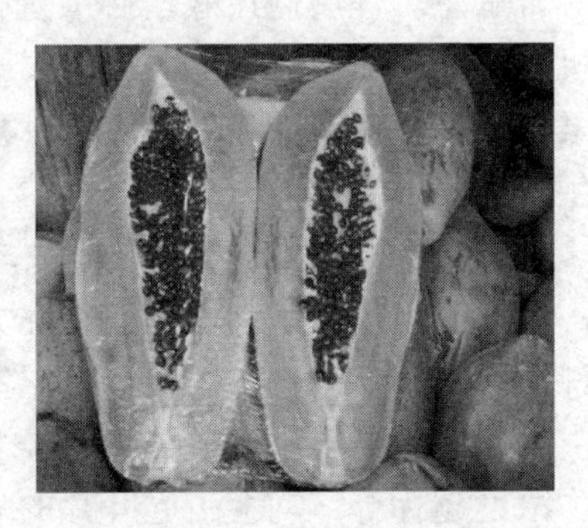

图4－2　番木瓜果实

(一) 种植条件

番木瓜适宜的生长温度为26～32℃。月均最低温16℃以上时番木瓜生长、结实、产量、品质才能正常，当温度低于6℃时植株会被冻死，而高于35℃以上时，出现趋雄现象，造成间断结果。北京地区种植必须在有加温条件的温室才能进行，温度高生长快、旺盛，且果实糖分较高，果肉颜色较深；温度低则生长慢，糖度低，果肉颜色较淡。

番木瓜生长适宜的空气湿度为60%～70%。冬季在确保番木瓜有较高的生长温度时，应尽可能每天打开风口以降低棚内的湿度。夏季可通过增加地面湿度或者喷雾来增加空气湿度。

番木瓜喜光。光照不足易引起植株徒长、花芽分化不良、落花落果、产量低，室内光照度应保证在20000～40000lx之间，不能低于12000lx。京郊日光温室的光照条件基本能够满足番木瓜生长需求。为增强光照和降低温度，5～9月可以揭开棚膜，实行露天栽培，但在7、8月的高温强光季节，要考虑适当遮阳，避免果实受日灼而影响品质。如果在现代化连栋温室种植，则需要尽量选择透光率较高的顶棚，夏季温度过高时通过遮阳网、通气等方式降低温度。

番木瓜根系为肉质根，耐旱性强，耐湿性弱，排水不良易根腐，对土壤的透气性要求较高，和地上部叶片一样，对有害气体非常敏感。优质高产栽培必须选择土壤疏松、土层深厚、富含有机质、地下水位低、排灌方便、土壤pH6.0～6.5、通气良好的壤土或沙壤土，京郊大部分土壤经过局部改土可以适应番木瓜生长。

番木瓜是一种对空气质量要求较高的植物。在南方露天栽培一般不宜出现气害问题，但在北方设施栽培中，由于温室通风条件的限制和冬季保温的需要，温室内的空气质量一般较差，如果由于施肥不当产生氨气或由于空气污染物SO_2、氟化氢、氮氧化物浓度超标等，均会引起叶片的病变。表现为功能叶的叶缘和叶脉间出现白斑，严重时叶片干枯。正在生长的嫩叶和老的叶片上不会发生，因此可与一般叶斑病区分开来。所以，温室栽培到了冬春季节要注意通风换气，避免有害气体的积累伤害。要避免在温室内过量追施未完全腐熟的有机肥、氨态氮肥，熏硫黄和刷防腐漆；禁止在温室附近焚烧有害垃圾；要避免在附近有污染源的温室中栽培等。

（二）品种选择

适宜北方温室种植的番木瓜品种有红妃、台农1号、台农2号、夏威夷和红日等品种。其中红日和夏威夷为小果型品种，单果重0.5kg，红妃1.5kg，台农1号和台农2号单果重2kg。相比台农1号和台农2号，红妃、红日和夏威夷植株较矮。引进品种时应根据温室高度选择对应品种。

（三）播种育苗

番木瓜种子如同绿豆粒大小，黑色，外有一层假种皮。北京地区一般采用冬育春移，10 月中下旬浸种催芽，用500 倍托布津消毒，洗净后用1% 小苏打液浸种 4～5h 可提高发芽率。番木瓜种子发芽的适宜温度为 30～32℃，低于 23℃和高于 40℃对发芽不利。将小苏打液浸泡后的种子捞出，清水洗净后置于30℃的恒温恒湿条件下催芽（发芽适宜温度为 30～32℃，），每隔 8h 左右检查一次。用温水淘洗，待种壳开裂露出白色根尖时，分拣出置于 20～22℃的湿润环境中，待大部分种子露白时一起播种。经高温催芽的种子发芽出苗整齐，否则，出苗时间可长达一个月以上，给育苗管理带来难度。播种时将种子播于营养钵上，播后覆盖 1.0～1.5cm 厚的细土，浇水盖膜。营养基质要求疏松，通透性良好；育苗期间要求光照充足，土壤湿润，但不可积水。番木瓜有雌雄异株情况，但大部分栽培品种还是雌雄同株的。对于雌雄异株的番木瓜，现蕾前难以识别性别，所以需增植 35% 的备用苗。当苗高 50～70cm 开始现蕾时，除保留 10% 的雄株外，其余的要立即去掉，及时补栽。台农 2 号为雌雄同花，只留 10% 的备用苗即可。

育苗宜在塑料温室或日光温室内进行，温度控制在 20～30℃。通常播种后 10d 左右出苗，出苗后经常保持土壤湿润，忌过湿。当幼苗长出 2～3 片真叶后控水，促根防徒长。出 4 片叶时，追肥，用0.10%～0.15% 的尿素加 0.15% 的磷酸二氢钾水溶液淋施。无土育苗则可随时浇施浓度 0.15%～0.20% 的完全营养液，15d 一次。苗期可长达 4～5 个月。

定植前对土壤要进行深翻改良并施足底肥，创造透气性好、pH 适宜、肥力均匀的土壤环境。底肥所选用的有机肥必须是经充分发酵腐熟的，以避免有机肥施入土中再次发酵产生有害气体伤害根系。可以把有机肥与耕作层土壤充分混匀，结合深翻，每 $1hm^2$ 施优质有机肥 75t，硫酸钾复合肥 50kg，过磷酸钙 30kg，硼、镁、锰、锌等微肥各 1kg，精细整地。由于番木瓜的树冠幅度大，可采用宽行密植，株行距 1.8m×2.5m。定植要挖深穴，一般穴的直径为 60cm，深 40cm。定植前再进行营养土配制和回填。营养土的配制可按草炭、有机肥、沙子、表土比例为 2∶1∶1∶6 进行，把配好的营养土回填定植穴并高于地面 20cm，充分灌溉后等待种植。春天气温回升，晚间最低温度不低于 8℃时可以进行种苗移栽，北京地区一般在 4 月中下旬。选择粗壮、无病害种苗种植，种植时将塑料袋包的整个根部放入穴内，用手小心撕开除去塑料袋，将幼苗轻轻放入穴中，覆土压实。种苗不要种植过深，以略深于根茎为宜，然后淋足定根水，使根系与土壤充分接触。日光温室种植时，可以在植株高度 50cm 左右时采用斜拉的方法，使植株垂直高度降低，适应温室高度。

（四）肥水管理

番木瓜根浅，叶大，不耐干旱，生长迅速，产量高，需肥水大。缓苗后，新根长出，可施 0.5% 尿素液进行叶面喷施或尿素环施，促进植株的营养生长。每隔 10～15d 施 1 次，以速效肥为主。现蕾前后及时施重肥，每株用尿素 1.2kg，复合肥 0.75kg，追肥 1～2次。供花芽形成等需要，以氮肥为主，适当增施磷、钾肥，另用开花精进行叶面追肥。进入盛花坐果期，要满足果实发育和顶部开花坐果需要，应每月施肥一次，按氮、磷、钾比例为 1∶2∶2 配合施用。在幼树根系周围 30～50cm 范围内环施，每株 0.2kg，以后每 30～45d 个月施 1 次，每次每株 0.3～0.5kg，可条沟施或畦沟撒施。每次施肥后浇水不可过大，但应保持土壤湿润，同时，加施有机肥，如沤熟的花生枯加有机生物肥；每次每株番木瓜可追施 2.0kg，可增施 2.5～5.0g 硼砂，以防果实硬化，风味变劣，失去食用价值；结合叶面喷施甜果精等，提高产量及果实品质。番木瓜根浅，不耐干旱，而根部浸水超过 24h 即发生腐烂，因此，水分的调控至关重要。旱季应经常灌水，保持土壤湿润，一般每月灌水 1～2次，畦沟浸水不超过 1h，土壤含水量控制在最大持水量的 70% 左右。番木瓜定植后浇好定植水，覆膜进行保温，促进根系恢复生长，以后根据植株长势和生长的季节进行合理的浇水，冬春季节和雨季要避免积水；夏秋高温季节要避免干旱缺水，在生长结果旺盛时缺水会导致果实外观和品质变劣。

(五) 除草及花果管理

1. 锄草

番木瓜为浅根性果树，应浅锄以免伤其根部。也可覆盖黑色薄膜，抑制杂草丛生。

2. 除腋芽

定植后应及时摘除侧芽萌发的嫩梢，注意先摘除无病虫害树的腋芽，再摘除病树的腋芽，以防病毒传播。

3. 花果管理

番木瓜在树干叶腋间萌发着生花芽，为了减少养分消耗，侧芽要摘除。植株开始产生花芽后一般就不形成叶芽，但对每一叶腋间的花朵数也需进行控制，一般先保留 1 ~ 2 朵花，对过多花序进行摘除。

番木瓜大棚栽植的生育期在 9 月至翌年 5 月，因塑料隔离昆虫进入，只有两性株能自然授粉结果，而单性花——雌株本身无花粉可授，必须进行人工辅助授粉才能结果。

番木瓜未授粉的花 2 ~ 3d 即变黄脱落，高温干旱、低温阴雨、坐果过密、缺肥缺水及肥害、药害等都会引起落花落果，应及时将授粉不良、形状不整、病虫害及过密的果疏去。每叶腋只留 1 ~ 2 个果，一般雌性株坐果率高，留 1 个果；两性株间断结果明显，可部分留 2 个果，株留果 15 ~ 25 个，以利养分集中供应，提高单果的品质。留下形状整齐美观的果实让其充分膨大，枯死的老叶应连叶柄一起摘除，下部枯老叶遇大水会刺伤果皮导致流胶呈伤疤，影响商品质量，而且老叶光合作用衰退，消耗养分，应随时割除。田间如有雄株应及早去除。这些操作必须在晴天进行，疏花、疏果及授粉时一定要细心操作，避免尖锐器具触伤果实表皮，引起流胶和结痂，影响果实商品外观。

4. 结果期

从开花到成熟的时间，不同季节相差比较大。北方设施栽培夏季开花经120~130d成熟，春季开花160~180d成熟，秋季开花则需200~230d才能熟。低温弱光不但果实发育历期延长，而且果实品质也非常差。所以，北方设施栽培10月以后开的花，建议放弃不结果，这样有利于植株能更好地度过低温弱光的冬季。

（六）病虫害防治

增施有机肥，控制氮肥用量，合理密植，改善大棚通风透光条件，降低棚内湿度能减少白粉病的发生；及时清除残果、病原体，防止炭疽病的发生。杂草是红蜘蛛的寄主，杂草发生时要及时用20%的三氯杀螨醇乳油500~800倍液或10%扑虱乳油1000倍液进行防治；蚜虫可用杀灭菊酯500倍液喷洒防治；病害可用50%多菌灵500倍液或托布津1000倍液防治。

（七）采收

番木瓜生长快、结果早、产量高，在北方温室栽培7~9个月结果，连续结果能力强，可以陆续成熟采收，具有较好的发展潜力。

采收嫩瓜做菜，可在幼瓜基本定形尚未转色时采收；做水果鲜食应在果实定个后，果色由绿变黄后采收。采收时手托果实向上提或向一个方向旋转，或用剪刀连果柄一起剪下。采下的果实果柄朝下放入果筐，运回经清洁、包装处理即可食用或销售。

二、番　石　榴

番石榴又名鸡矢果、梨仔拔、那拔或芭乐，属桃金娘科番石榴属，原产美洲热带国家，现主产于印度、巴西、墨西哥和我国的华南等地（见图4－3、图4－4）。番石榴于17世纪传入我国，在台湾栽培较多，近年来广东等南方地区也有了一定的发展。2003年，北京市农业技术推广站引进番石榴，并在日光温室栽培成功。从2007年开始，北京大兴、通州、昌平等区的农业园区推广种植，表现不错，具有稳定的适应性、良好的观赏价值和较高的经济效益。

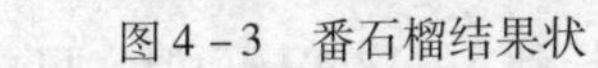
图4－3　番石榴结果状

图4－4　番石榴果实

（一）园地选择和种植

番石榴适应性广，对土壤要求不严，pH 在 4.5～8.0 的范围，最佳值在 5.5～6.5；气温在 23～28℃生长最快，最低月平均温度在 16℃有利生长。番石榴树体可以忍耐的最低温度是 0℃，因此在北京地区不加温的日光温室可以正常种植，如果提早上市就需要加温。园地选择冬季无霜而夏季适当高温、坐北朝南、阳光充足、排灌方便的温室种植。3～5 月成活率高，营养袋苗全年皆可种植。掌握株行距为 2m×3m。种植初期应注意灌水、遮阴并保持相对的温度，使根须顺利生长。

北方没有保温设施的日光温室，必须保证夜间最低气温稳定在 15℃以上才能种植。京郊一般在 4 月中下旬，此时气温适宜且逐渐回升，有利于当年种植，当年开花结果，当年就可以取得经济效益。

（二）生产期管理

1．种苗的准备

北方温室最好采用假植一年以上的种苗，规格为地上部 5cm、直径在 1cm 以上、侧根发达、嫁接口愈合良好的壮苗。外地调入的苗木，定植前清水浸泡根系 12h，用 800～1000 倍的甲基托布津或多菌灵液浸泡 10min，效果更好。

2．定植后的管理要点

水分管理：定植后要求土壤湿润，3～5d 浇水 1 次，一个月后

5~7d浇水1次，2个月后10d浇水1次。每次浇水的量不能太大，以免过度降低温度和影响根系的通气性。

3. 根系在北方温室的表现

番石榴是常绿小乔木或灌木，根系浅，主要集中在50cm的土层，主根不明显，侧根、须根多且密，吸收能力强。在北京温室里3月开始发生新根，10月以后随着气温的降低，根系生长发育减缓。一年中的生长量较大。

4. 枝干在北方温室的表现

番石榴没有直立主干，在南方可以长到5~12m高，温室里应该控制在3m以内。番石榴由于侧枝多密，生长量旺盛。比如珍珠番石榴，在条件适宜的情况下，周年可以产生新梢，自然情况下可产生新梢5~6次，同时枝梢加长生长能力很强，往往可以长到1m以上。因此设施栽培下必须及时摘心，当新梢长到30cm及时摘心处理，培养充实的结果枝条。

5. 开花结果习性

番石榴是完全花，自花结实能力强，坐果率高，是目前所有引进南方树种中最容易开花结果的树种。只要温度适宜，肥力充足，在京郊不加温的日光温室，4~10月均可开花坐果。如果能够加温，就可以实现一年四季分批分次采收供应市场。

番石榴花着生于新梢1~4节，当新梢处长6~8对叶片，叶色由青黄转为浅绿时，花蕾抽出，自开花到果实成熟需要80~100d。

6. 花果管理及修剪

疏花期间在新梢上仅单花序者保留，二花去小留大，三花簇生去两边。疏果则视枝条叶片的发育强弱而定，每枝留3~4个果子，叶节短而枝细者整枝剪除，使树体正常生长，四季均有挂果。控制每期的产量是调节树势的关键步骤。

枝条修剪：将密枝、细弱枝、老化枝剪除，留发育良好营养丰富的结果母枝。修剪掌握在全树冠的35%~65%，下次修剪另外的枝条，如此交替循环修剪。

在花果枝修剪的同时，应注意肥料的补充、水分的补给和病虫害防治等配套管理技术。

7. 缺素症的防治

番石榴由于生长量大、产量高，生产上经常产生缺素症，特别是微量元素锌和硼，因此通过叶面喷肥补充微量元素很有必要。缺锌时可以用0.2%的硫酸锌或氧化锌叶面喷施；缺硼时可以用1000倍的硼砂水溶液喷施叶面，20d后再喷一次。

（三）套袋

在果实直径达到2～3cm时，再次将营养不良、留量偏多的果实摘除后，对果园树进行一次较均匀的无公害杀虫、杀菌剂喷施。2～3d后，在早晨露水蒸干后开始套袋，只把果粒套进袋内，叶片留在外面，并订紧袋口，留好缝隙以利通气和水分的排出。套袋能减轻病虫害、鸟类、蜂类等危害，降低农药在果实中的残留，提高品质和外观，但也会诱发一些潜在病害发生，应注意管理防治。

（四）整形修剪

整形宜从幼苗开始进行，定干高度为40～50cm，促留3～4个主枝，均匀开张，使树体形成自然开心形，50～60cm处摘心，以后还应注意主枝与结果枝的培养修剪。夏季高温时，番石榴的顶芽、侧芽和不定芽应适当抹除，以免枝梢过密及徒长枝的发生。培养健壮的结果母枝，并保持树冠的内枝条分布均匀。着果后，在果实上端3～4节摘心（保留1/3～1/2之间不摘心，树冠维持树势正常光合作用及水、肥、气、热的平衡），使顶端再次萌发新梢及为开花着蕾做准备，并避开花期过于集中的矛盾，此法对调节花期、产期十分有效。萌梢着蕾后，植株应开心水平式修剪，即把主枝诱引斜伸近水平线，矮化树体，增加对日照、光线、露水、通气等自然条件的利用，此法可减少病虫的滋生，利于树体管理，并提高果实产量、品质。

（五）病虫害防治

番石榴抗病虫能力相对较强，管理上可相应粗放些。主要病害有炭疽病、焦腐病等，可危害叶片、枝梢、果实等，病害发生时用

70%的可湿性甲基托布津粉剂1000～1500倍液或75%的百菌清800～1000倍液喷施。主要虫害有木蠹蛾、红蜘蛛、蚜虫等，用25功夫乳油2000～3000倍液防治。有时也有线虫的危害，导致叶片变小黄化，节间缩短，严重时新芽变黑，可用普二硫松或苯线灵直接喷布或灌根处理。

三、火 龙 果

火龙果又名神龙果、仙蜜果，属仙人掌科蔓性多年生果树，原产于中美洲的热带地区。火龙果依果肉颜色分为红皮白肉、红皮红肉、黄皮白肉三大类。在我国台湾，红肉火龙果有莲花红龙、尊龙、玫瑰红龙、祥龙及香龙、珠龙、天龙等；白肉品种多称白蜜、仙蜜果、白肉火龙果。火龙果具有良好的保健功能，近年来在福建、海南、广东和广西等地得到发展，在云南、贵州高海拔山区也有引种栽培，在北方也进行了南果北种的探索并已成功。

火龙果栽培技术简单。性喜温暖潮湿，耐荫耐贫瘠，生长的最适温度为25～35℃，年最低温高于5℃的地方均可露天种植。对土壤的要求不严，平地、水田、山坡或旱地均可栽培，在肥沃、排水良好的中性或微酸性沙红壤或壤土中生长良好，具气生根，根多强壮，生命力及其旺盛。

（一）育苗

火龙果主要采用扦插或嫁接法繁殖。

1. 扦插苗

以春季最适宜，插条选生长充实的茎节，截长成15cm的小段，待伤口风干后插入沙床，15～30d可生根，根长到3～4cm时移植苗床。

2. 嫁接苗

选择无病虫害、生长健壮、茎肉饱满的量天尺做砧木，于晴天进行嫁接。将火龙果茎用刀切平面，把接穗插入，对准形成层，用棉线绑牢固定，在28～30℃条件下，4～5d伤口接合面即有大量愈伤组织形成。接穗与砧木颜色接近，说明二者维管束已愈合，嫁接成功，而后可移进假植苗床继续培育。

3. 苗期管理

育苗床宜选通风向阳、土壤肥沃、排灌方便的田块，整细作畦，畦加沟宽 90cm，每 667m^2 施腐熟鸡粪或牛粪 1500～2000kg，掺入谷壳灰 1000kg，充分搅匀，在整地时施于畦面以下 10～20cm 的表土层。其后再施 100～150kg 钙镁磷肥，用锄头充分搅拌，施于 4～5cm 深的表土层中，然后把小苗按株行距 3cm×3cm 种于苗床，浇透水，并喷洒 500 倍多菌灵 1 次。每隔 10～15d 施复合肥 5～7kg，长出第一节茎肉饱满的茎段即可出圃。

(二) 栽培管理

1. 棚室选择

火龙果不耐霜冻，冬季在低于 0℃的地区需采用温室种植，普通的 2 代日光温室就能种植。为防老化，采用聚乙烯无滴膜作棚膜提高光能利用率；寒冷地区棚内加保温设施，棚外覆盖加厚防寒草帘或纸被，以备风雪严寒，保证冬季增温。

2. 种植方式

火龙果种植方式多种多样，可以爬墙种植，也可以架式、柱式栽培。其中架试和柱式栽培最为普遍，生产成本低，效益好，生产上采用得较多。

(1) 架式栽培　采用 PVC 管材、竹竿、木材等搭成“井”字架，架高 1.5m，架距 2m，架宽 1m，架下垄面定植植株，株距 60cm，行距 100cm。

(2) 立柱式栽培　柱式栽培是指立起一根水泥柱或木柱，立柱在垄下埋 40cm，使立柱在垄上高度 1.6m，行距 2m，柱距 1.5m。在柱的周围种 3～4 株火龙果苗，让其植株沿着柱向上生长。在柱顶部用 10 号铅丝做成空间网，用以吊固果枝。

3. 对环境与土壤的要求

(1) 温度　火龙果喜温暖，最佳生长温度为 20～30℃，较高的昼夜温差有利于养分的积累。实验数据表明，火龙果植株在 8℃生长缓慢，低于 4℃会受冻害，高于 35℃或低于 8℃时则进入休眠或半休眠状态。

（2）光照　火龙果喜光但也较耐阴，充足的光照可使植株强壮，多孕蕾；反之可导致植株徒长。

（3）土壤　火龙果对土壤的适应性很强，但以疏松透气、排水良好、保水保湿性强、富含有机质的壤土为好，土壤pH6～7为宜，黑黏土、红黏土应掺以沙子、稻壳、锯末、草炭等进行改良。

4. 定植

（1）种植密度及时间　每667m^2土地可树立100～110根柱子，株行距1.5m×2m。按每柱4株果苗计算，每667m^2可种植750株左右。火龙果一年四季均可种植，4～5月定植最佳。

（2）整地作畦　每667m^2施有机肥4000kg、过磷酸钙100～150kg，深耕耙匀，畦面宽1.4m，两畦间预留40cm间隙，做20cm深的沟，沟内上均匀撒在畦面上，使畦面中间高两肩低。

（3）定植　株行距0.6m×1.0m或1.5m×2.0m定植。因火龙果根系透气性强，故不可深植（大约3cm深为宜）。种植初期应保持土壤湿润，否则不利于生长。

5. 田间栽培管理

火龙果植后12～14月后即可开花结果，每年可开花12～15次，4～11月为产果期，谢花后30～40d即可采收。单果一般重500～1000g，植后第2年每柱产果20个以上，第3年进入盛果期。

（1）养分管理　火龙果为多年生植物，每年都要重施有机肥，均衡施用氮磷钾复合肥。腐熟的家畜、家禽粪、腐叶土、豆饼、花生饼、骨粉、贝壳粉等都是很好的肥源，同时辅以少量的化肥。火龙果栽培用肥在营养生长期以氮肥为主，进入花果期应以磷、钾肥为主，以促进果实糖分积累，提高品质。在春秋两季的旺长期，每隔15d施1次以氮素为主的复合肥；夏季高温期植株进入半休眠状态，应暂停施肥；秋后天气转凉，植株生理活动缓慢，仅可施以稀薄肥水；冬季植株处于冬眠状态要停止施肥。在挂果期应施一些富含多种微量元素的肥料，以提高果实的品质。施肥时间应选择晴天早晨或傍晚进行，施肥浓度应掌握薄肥勤施。结果期保持土壤湿润，根部要用草覆盖。具体方法如下。

① 基肥：基肥以腐熟的农家肥、粒状有机肥为主，无机肥为辅，以改善并提高土壤的孔隙度；定植时，株施农家肥 10 ~ 15kg，磷钾肥各 0.2kg。

② 追肥：生长季节，施肥原则主要以薄肥勤施，根据植株的长势施肥 1 ~ 2 次。N、P、K 肥的比例应均衡，比例为 1∶0.5∶0.7，株施复合肥 0.5kg。开花结果期应施 P、K 肥，少施 N 肥，此时的 N、P、K 肥的比例应为 0.5∶1.0∶1.5，株施混合肥 0.5 ~ 0.6kg。

③ 根外施肥：主要用来补充微量元素，提高植株抗病能力与开花坐果率。

④ 叶面喷肥：生长季节喷施 0.1 ~ 0.2% 的磷酸二氢钾加 0.1% 尿素；开花季节喷施 0.2 ~ 0.3% 磷酸二氢钾加 0.1% 尿素加 0.2% 硼锌肥。

（2）水分　火龙果植株耐旱能力强，空气湿度保持在 60% ~ 70% 为最佳，田间浇水次数与多少依不同生长季节而定。一般春天地温低蒸发量小，植株生长缓慢，水分消耗少应少浇水；春夏交错季节，光照充足，且大风，蒸发量大，此时应适当多浇些水。在盛夏阳光强烈，气温过高，植株会出现短时休眠，应少浇水，同时加盖遮阳网降温，并注意排涝防汛，田间忌积水，避免烂根。秋天来临，气温适宜，昼夜温差大，植株生长快，应适当多浇水。天气炎热、气温高的季节浇水以早晨或傍晚为好。植株生长旺季适宜勤浇水，在挂果期以土壤不湿不干为宜；采果前 5d 应停止浇水，以利糖分的积累。温室栽培选用滴灌，既节水又易于管理。

（3）整枝　火龙果成苗栽植后 30d 可发芽，植株生长迅速，平均每天长高 2cm 以上。在生长过程中会生出许多芽苞，因此应注意整枝，一般前期只留一个主干，其余侧枝全部剪除，待主茎长至所需高度（1.3 ~ 1.5m）时再行打顶，促其滋生侧枝即以后的结果枝条。预留枝数一般每株 10 ~ 15 条，随着侧枝的生长，要合理分布空间，对于侧枝上过密的枝杈要及时剪掉，以免过多消耗养分，让结果枝条自然下垂，积累养分，提早开花结果。5 月种植的成苗到翌年5月即可开花挂果，应配合人工授粉疏花疏果，每条挂果枝留果3～5个。结过果的枝条每年收果后将其剪除，以促使新枝长出，保证来年的产量。

（4）授粉树的配置与人工授粉　虽然火龙果原产地的自花结实率高达98%，实际温室生产过程中，自花结实率只有20%～30%。经过摸索经验，人工授粉可大大提高火龙果的坐果率，并且坐果率可达到85%以上。授粉时间非常重要，火龙果的开花时间为晚上7时左右至早上6时。授粉时间一般定于晚上9～10时，采集多个花朵的花粉混合后，再将花粉均匀地涂在柱头上即可。

日光温室内种植火龙果要注意不同品种间种，以便相互间传粉受精。一般以红肉品种栽培为主的，间种10%的白肉品种，不同品种间相互授粉，可提高结实率。

（5）温度的管理　火龙果属热带、亚热带植物，耐高温，怕霜冻，在温度低于5℃时，生长受影响；在温度保持25℃的情况下，一年四季可开花结果。因此应加强温度管理，如果保持日光温室内的温度25～28℃，可以实现周年采收，补充淡季供应，增加日光温室的经济效益。

6. 病虫害防治

火龙果病虫害很少，幼苗期易受蚂蚁和蜗牛的危害，可用高效氯氰菊酯等杀虫剂防治；在温度高、湿度大时，枝条部分组织易出现坏死或霉烂，可用粉锈宁进行防治。过于干旱或者长期空气湿度过大，会出现锈状生理病斑。人为伤、虫口伤或者因为空气湿度诱发等原因，最后都会表现为茎腐病。

7. 采收

火龙果为多年生果树，种植后12～14个月即可开花结果，花谢后40d即可采收果实。

四、番　荔　枝

番荔枝是世界五大热带名果（香蕉、菠萝、番荔枝、芒果、莽吉柿）之一。番荔枝果形奇特，果实营养丰富，风味芳香，是人们喜爱的优良果品。作为果树类型，番荔枝科（Annona squamosa）包括番荔枝属（*Annona*）、娄林果属、阿芳属、番瓜树属、紫玉磐属、嘉陵花属、假鹰爪属、爪哇番荔属、暗罗属等，而作为主要经济栽培的是番荔枝属中普通番荔枝、秘鲁番荔枝、刺番荔枝和阿蒂莫耶番荔枝四个种类。我国目前栽培的主要是普通番荔枝。

番荔枝原产于热带美洲陆地或加勒比海的海岛和西印度群岛，现世界上热带、亚热带地区均广为栽培。热带美洲作为原生地种植最多，秘鲁、墨西哥、巴西、古巴及美国等地广泛栽培。亚洲地区种植也较多，栽培面积 10000hm^2 以上，越南、印度尼西亚、菲律宾等均有生产性栽培。大洋洲的澳大利亚和新西兰近十年来发展较快，但总的栽培面积不是很大，约有 15 万株。此外，西班牙和智利也是番荔枝的主要生产国。

据考证，番荔枝传入我国约有 400 年的历史，我国古籍《岭南杂记》、《植物名实图考》均有记载。由于果实表皮有菱形疣状鳞目，与我国原产的荔枝外皮相似，又是外来品（番夷人引入），故称番荔枝（番鬼荔枝）；又因其外表鳞目状似佛头，所以又常称“佛头果”或“释迦果”。目前我国台湾、福建、广东、广西、海南、云南等热带、亚热带地区均有种植，尤以台湾最多。台湾栽培面积达 5000 多公顷。

由于番荔枝鲜果易烂，不耐储运，所以我国北方市场上销售量较小，且价格较高。北京市农业技术推广站于 2004 年引种的番荔枝利用加温温室栽培，使番荔枝在北京地区正常生长和结果，经济效益显著，是京郊设施栽培中很有前途的一个品种。

（一）特性及营养价值

番荔枝为半落叶性小乔木或灌木，树高 3～5m，枝条细软下垂，叶互生，椭圆状披针形，先端短尖或钝，叶背灰绿色，幼时被茸毛，后变秃净。番荔枝的根系一般较浅生，多分布在地下 15～35cm 的土层，新生根肉质性，木栓化较迟，好气，忌积水。番荔枝的芽为复芽，其腋芽被叶柄包嵌，若叶片（包括叶柄）不脱落，腋芽一般不能萌发。在生长季节只要将老熟枝条中任何一节位的叶片摘除，并结合剪顶或摘心处理后4~5d，被摘叶柄间就能抽发新梢。同一叶腋，往往能抽发2条强弱相当的新梢，其中先抽发的新梢基本上都可成花。新梢无自剪现象，具有连续伸长的生长习性，冬季枝梢生长缓慢，进入半休眠状态。自然状态下，外围枝条较长而下垂重叠，影响树体的通风透光，使内膛枝叶迅速衰退老化，树冠顶部由于顶端优势而向上生长，徒长枝较多。

番荔枝在我国南方一年中可多次开花，通过修剪可调控开花时期。北方温室栽培一般从5月开始直至10月均可开花，但能成果的花主要集中在6~7月。番荔枝开花因品种、气候、环境而异。抽梢早，花期早；抽梢晚，花期迟。如广东湛江地区4月下旬至5月上旬开花，而京郊设施栽培一般要到5月下旬才开花。

番荔枝花芽分化对环境条件要求不严格，只要有一定的营养积累，便能进行花芽分化。花芽主要在当季梢形成，也有一些在老枝或主杆的叶痕处形成。花芽分化充分完成约需35d，经生理分化后，进行形态分化。

番荔枝的花外轮花瓣狭长而肥厚，肉质，长三棱形，顶端尖，被微毛，内轮花瓣细小，呈鳞片状；雌蕊通常成圆锥或棱锥形突起的雌蕊体。番荔枝的花具有雌雄异株现象，因此人工授粉可显著提高番荔枝的坐果率，尤其是在北方的设施栽培更要进行人工授粉才能坐果。果实为聚合果，圆锥形或球形，直径5~10cm，浆果由多数心皮聚合而成，心皮在果面形成瘤状突起，熟时易分离；假种皮为食用部分，乳白色，味极甜，有芳香。种子黑褐色或深褐色，表面光滑，纺锤形、椭圆形或长卵形。

番荔枝具有较高的营养价值。果实可食部分含水量73.3%，蛋白质1.60%~2.34%，脂肪0.14%~0.30%，矿物质0.6%~0.7%，糖类23.1%，钙0.2%，磷0.04%，铁1.0%。中国热带农业科学院南亚热带作物研究所对“非洲骄傲”番荔枝营养成分进行测定，每100g果肉含维生素C 13.6~40.0mg，酸0.25%~0.37%，总糖15.3%~18.3%，可溶性固形物18.0%~25.0%。

其蛋白质、糖类及矿物质元素含量比大部分的热带水果都高。

现在我国引种的番荔枝品种为“非洲骄傲”，简称 AP，属普通番荔枝与秘鲁番荔枝种间杂种，是目前世界上最为重要的商业栽培品种。20 世纪 50 年代于南非育成，1959 年引入澳大利亚，1981 年再从澳大利亚引入我国。该品种树势开张，生长势旺，叶大，早产，丰产，相对耐低温，果实品质较优。种植当年见花，第 2 年开始结实，第 3 年可正式投产，具有见效快、效益好的优点，是京郊温室极具发展前景的一个南方果树品种。

（二）生长条件

1. 光照

番荔枝喜光耐阴，光照充足植株生长健壮，叶片肥厚。在果实发育阶段增加光照可提高果实的品质。

2. 温度

番荔枝需要温暖的气候，不耐霜冻和阴冷天气。普通番荔枝最适生长温度平均最高为 25～32℃，平均最低为 15～25℃，果实成熟最适平均温度为 25～30℃。番荔枝果树安全越冬的临界温度为 0℃。大部分的番荔枝都为半落叶果树，在冬末或早春便进入自然休眠或环境条件引起的强迫性休眠。休眠使植株免除冬春晚霜或干旱的影响。适当的冬季低温利于加速落叶，促进萌芽。但低温对诱发萌芽的作用并不像其他落叶果树那样必要。在果实成熟期间的温度既不能过低，也不能过高。遇上低温，特别是 13℃以下的低温，果实会出现生理病害，经常会出现锈斑病，推迟成熟时间；而温度过高又会造成过早成熟，容易造成果实腐烂。

3. 水分

番荔枝对水分比较敏感，水分过多过少都不利于植株生长。番荔枝在短期的水淹情况下生长即受到影响，造成落叶少花。灌溉或降水对开花和早期坐果影响较大。这期间过于缺水，会导致落花落果，果实生长缓慢；同时，水分还会影响果实的品质。有报道澳大利亚有灌溉的番荔枝裂果率为 9.8%，而没有灌溉的番荔枝的裂果率为 20%。马鲁兹园艺研究站最近的研究表明，在低湿（相对湿度低于70%）情况下，落花增加，柱头干化，坐果明显减少。昆士兰东南部番荔枝盛花期，最热的时候白天相对湿度常低于30%，生产上他们采用高密度种植、营造防风林和喷雾的方法来增加果园的湿度。但湿度过高（高于95%）又会把柱头上的糖类分泌物稀释，使花粉发芽率低，不利于受精。

4．土壤

番荔枝对各类土壤的适应性都很强，在沙质到黏壤质土上都能生长。但是要获得高产和稳产，则以沙质土或沙壤土为好。因为土壤黏重，排水不良会影响开花坐果。而疏松的沙壤土则无此弊端，容易通过施肥和灌溉来控制生长。如土层浅薄，可培土加厚土层，改进排水，也可进行覆盖，促使表土层吸收根的发育。

（三）温室栽培技术要点

1．种植时间、方式、密度

京郊地区番荔枝温室栽培宜在4月中下旬定植（不管温室是否盖膜都可以种植），此时气温回升，有利于植株的缓苗和生长。在定植前要进行苗木处理，首先消毒，用3～5°Bé的石硫合剂药液喷布苗木，并同时对苗木进行分级和修整。按苗木大小、根系好坏进行分级，选用壮苗或优劣分栽。对外地调入和储藏中失水的苗木栽前须在水中浸根35h。番荔枝北方温室种植规格应根据温室的具体情况而定。如棚宽6m，可采用东西行走向，株行距2m×2m，错行“品”字形种植，每667m^{2}种植110株。棚宽7m（或以上）的则采用南北行走向，株行距2m×3m，每667m^{2}种植约95株。种植番荔枝的温室棚宽应大于7m，有利于田间作业和提高温室的利用率，获得更好的产量和效益。

种植前，先将温室地面平整，然后挖穴种植，穴的规格80cm×80cm×50cm。并备好有机肥和三元复合肥，将有机肥（如经发酵腐熟的猪、牛粪）与表土按1∶1拌匀并加入500～1000g/穴的三元复合肥制成营养土进行回填，回填的营养土以高出地面10～15cm为宜。种植的种苗如果是裸根苗最好用生根粉浸泡10min，以利于缓苗。定植后要及时淋足定根水，并盖上遮阳网。

2. 水肥管理

新植番荔枝忌旱又怕积水。去膜后的温室雨季时要注意及时排出积水。新定植的幼树主要保证土壤湿度，一般以土壤最大持水量的60% ~80% 为宜，以利于缓苗和生长。

合理的施肥量主要从树体本身的消耗、土壤的供给能力以及肥料的利用率等方面来考虑。一般通过叶片营养分析来判断营养的盈亏，再通过施肥来加以调整。但在实际生产中往往难以操作，大多凭经验施肥。番荔枝在施足有机肥的情况下再追施无机肥，通常 4 年生的树每年每株施入腐熟农家肥 10kg，并依树龄逐年增加。新定植的幼树施肥以勤施、薄施肥料为好，一般每培养一次新梢施肥 2 次，于新梢萌芽期及新梢长到 40cm 时各施一次。肥料以速效氮肥为主，每次每株施三元复合肥（15∶15∶15）50g，对水 35kg 淋施。

不同树龄番荔枝每株年施肥量大概为：① 1 ~2 年生：N 100g，P_2O_5 60g，K_2O 30g；② 3 ~4 年生：N 300g，P_2O_5 200g，K_2O 90g；③ 5 ~6年生：N 500g，P_2O_5 350g，K_2O 180g。以上用量分数次施用。京郊第 1 次施肥在每年春季的修剪前后实行，以有机肥为主，掌握三条施肥原则，即“深挖深放，重放，全施”。施入全部的有机肥及占全年总量 80% 的磷肥、20% 的氮肥和钾肥。第 2 次在开花的幼果期（6 月中旬至 7 月中旬），施放全年用量氮肥的 35%，磷肥的 10%，钾肥的 20%。第 3 次在果实膨大期（9 月中旬至 10 月中旬），把余下部分全部施入。施肥方法可采用环状施肥、半环状施肥、放射状施肥、穴状施肥、条沟施肥等。

3. 花果管理

番荔枝的花果期管理对提高坐果率、提高果实品质尤其重要。北方温室栽培由于室内昆虫少，往往因为缺乏花粉传媒而致使番荔枝坐果率低甚至不能坐果，因此北方温室栽培进行人工授粉是必需的。番荔枝具有雌蕊先熟、柱头容受时间短的特点。花瓣从开始松弛到完全张开为 4 ~8h，在花药裂开前花瓣才完全张开。与此同时，花丝迅速伸长，随即花药裂开，释放花粉。柱头容受性不仅在花药裂开时完全失去，且在花药裂开前的短期已部分失去。所以人工授粉要在花瓣半张开、花药不裂时进行。人工授粉的方法是用毛笔从花瓣完全张开、花药正自然裂开的花上蘸取花粉，授于花瓣半张开的花柱上，蘸一次花粉授2～3朵花。

京郊种植番荔枝有效花期集中在6～7月，而此时正处于热风时期，空气湿度低，对番荔枝坐果非常不利。因此，采用人工加湿办法进行湿度的调控又是一项重要的措施。一是在温室内安装加湿设备进行湿度调控；二是采用人工喷水的办法进行调控，空气湿度以保持在70%～90%为宜。

疏花疏果：为提高果品质量，要将畸形果、病虫果或过多过密的小果疏除，一般每条长果枝留果12个。

4．整形和修剪

新定植的幼树采用摘心的方法，促进分枝，尽快培养成矮化多分枝、枝条分布均匀的伞形树冠，为早结丰产打基础。具体操作：定干高度40～50cm，并摘除主干中上部叶片3～4片，以促发主枝3～4条；主枝长至60cm时摘心，待枝梢叶片老熟后再于每条主枝的中、上部摘去2片叶，以促留二级分枝各两条；二级分枝长至30～40cm时摘心，待枝梢叶片老熟后摘除2片叶，促留三级分枝。

结果树的修剪则是每年收完果后重剪一次。时间在3月中、下旬，在落叶枝的芽眼大部分萌动时进行。方法是将树冠外围的大枝条回缩修剪至第三或第四级分枝。回缩后留桩头20～30cm，并要求桩头在树冠中呈伞状均匀分布；树冠内膛直径0.5cm以上的枝条一般保留2～4节位回缩修剪；其余弱枝、过密枝，则从基部疏除。春季重剪后，嫩梢长5～10cm时要及时疏梢，每条枝桩留2～3条分布均匀的新梢，在新梢结果枝或营养枝长至30～40cm时及时摘心。

5．温室管理

北方地区种植番荔枝其生长环境可分两部分：一是在温室大棚内的生长；二是揭膜后的露地生长。露地生长期在5～9月，此时气温逐渐升高，进入北方雨季，气候条件与南方基本相似，在这个阶段要注意防止下雨时地面积水。着重需要调控的是在温室大棚的生长阶段。

（1）扣膜上帘、卸帘揭膜　番荔枝与其他南方果树相比虽然耐寒性较强，但北方地区种植没有采取适当的加温、保温措施也难以安全越冬。加温、扣棚盖帘和揭膜应根据当地的气候特点，尤其是气温的变化而确定。扣膜时间应在早霜来临之前，外界最低气温不低于15℃前完成；揭膜时间在晚霜解除后，外界气温稳定通过15℃以后。北京地区一般要在9月的中、下旬上膜；10月中、下旬盖帘；11月上、中旬加温；次年3月中、下旬可停止加温，4月中、下旬当日平均气温稳定通过15℃时即可揭膜。揭膜后番荔枝在露地进行生长，露地生长期间的光温条件可完全满足番荔枝的生长需求，只需做好水、肥管理工作即可。

（2）温、湿度管理　北方地区番荔枝一年中有大半时间在扣膜的温室大棚里生长。管理要点是：调温和调湿。根据天气确定揭帘放帘的早晚，以及打开薄膜风口的大小。在确保番荔枝有较高的生长温度的时候，尽可能每天打开风口以降低棚内的湿度。在刚盖膜的9～10月（即深秋和初冬）或快揭膜时的3～4月（晚春），每天风口要开得早、关得晚，以防棚内温度过高灼伤植株；11月至次年2月期间（在较寒冷的冬季），北京地区一般需进行加温来提高室内温度，确保番荔枝安全越冬和保证果实的品质。

草帘的揭放管理：冬天气温较低时，揭帘要迟（如早上9～10时太阳出来后），放帘要早（下午3～4时，在太阳下山之前），具体的标准是揭放帘时不让棚内温度下降。风口大小根据棚内温、湿度决定，重点是保证大棚内有较高的温度。

6．病虫害防治

番荔枝在我国南方常见的病害有叶斑病、白纹羽病、赤衣病、果实蒂黑病、根腐病等。北方大棚种植由于引入时间短，目前只发现根腐病，其他病害还未见发生。根腐病的症状是根茎腐烂，该病一旦发生，叶片凋萎黄化，根茎腐烂，根内部组织失色变黑，最后树体衰弱致死。目前尚无有效的药剂防治，可通过加强田间管理、增强树势来防止该病的发生。在我国南方常见的虫害如蓟马类、果实斑螟蛾、介壳虫类、叶螨虫尖等也没见发生。

7. 缺素症及其防治

番荔枝易发生缺锌、缺硼、缺铁、缺钾、缺镁等症状，尤其是碱性较大的土壤。解决办法：在重施有机肥的基础上，调节土壤的酸碱度，并通过叶面施肥或施用所需微量元素的粒剂化学药品解决。

五、台湾青枣

台湾青枣是台湾育种专家从印度枣中选育出来的，属热带亚热带小乔木，鼠李科，枣属，与我国北方枣同科同属，但不同种，主产台湾，福建、广东、广西、海南、云南等地也有栽培。它是一种速生小乔木，速生易长，树高2.5m左右，1年3~5次抽枝，当年抽枝，当年开花，当年结果，枝条斜生。台湾青枣高朗一号，单果重90~160g，果实长椭圆形，果皮光滑，青中带黄，味香脆清甜，汁多爽口，营养丰富。北方设施栽培成熟期正逢元旦、春节果品销售旺季，市场需求量大，售价高，具有广阔的市场前景。台湾青枣除适宜鲜食外，还非常适宜加工果酒、果汁、果酱、果脯等，市场需求量大。同时，因其独特的株型和奇特的果实，又是制作盆景、观光采摘的好材料，具有极高的观赏价值，是北方农业科技观光园、生态绿色餐厅，尤其是冬季观光采摘不可多得的优良观赏树种和日光温室内种植结构优化调整的好项目。

（一）台湾青枣北方日光温室栽培的优势

1. 植株无休眠期，易于调控

台湾青枣在北方日光温室栽培条件下，无须像北方落叶果树那样采取措施打破休眠，只要创造适合生长的环境条件，就可快速生长，实现四季栽植。繁殖方法简单、容易，同时植株适于主干更新，便于人工控制树的生长发育和树冠大小，减少了技术环节。

2. 植株易生长健壮，花芽多次分化，当年实现早果丰产

台湾青枣的花芽分化属于不定期多次分化型，只要加强当年管理，花芽分化容易，而且分化数量多、质量好；同时，由于北方光照充足，空气干爽，植株生长健壮而迅速，不易徒长，可实现栽植当年株产5kg以上。

3. 果实供应期长，品质好，经济价值高

台湾青枣花朵多次陆续分批开放，果实陆续分批成熟，且果实挂果期长，不易脱落，大大延长了鲜果供应期，而且果实成熟期正值元旦、春节期间，其成熟度好，风味独特，又属珍稀特色热带水果，营养价值和保健价值高，因而经济价值高。同时，由于北方昼夜温差大，光照充足，干物质积累多，再加上成熟度好，及时供应上市，因此，口感佳，风味好，解决了南方生产的台湾青枣供应北方市场存在的品质不佳、储藏性差和运输距离远、损耗大、成本高等一系列问题。

4. 树体受病虫害影响小，可实现绿色果品生产

台湾青枣引入北方日光温室栽培，由于北方空气干燥，光照充足，植株和新梢生长快而健壮，加之温室封闭性好，外界病虫难以传入蔓延，病虫害侵染的几率极小。只要加强预防管理，可以少用农药，具备了生产绿色果实的有利条件。并且管理方便、省工，既降低了生产成本，又减少了果实及周边环境污染，非常符合人们健康消费的需求，市场潜力巨大，发展前景广阔。

5. 自然灾害影响小，扩大了栽培区域

由于设施的保护，台湾青枣可在雨、雪、风等不良环境条件下正常进行生产管理，降低了南方露地栽培条件下风、雨、雹、霜、雪、冻等自然灾害的影响，生产稳定，植株生长发育的环境可靠，便于提高劳动效率，降低生产成本。通过人工调控改变植株的生长进程，在不适合台湾青枣生长的区域和季节，能够生产台湾青枣，从而扩大了栽培区域。同时由于花期环境优越，授粉受精良好，实现了丰产优质栽培的目的。

（二）形态特征

台湾青枣为常绿小乔木，枝干生长旺盛，根系发达。枝干层次分明，每间隔3节互生1枝。嫩梢被茸毛，灰色；主枝基部深褐色，树皮纵裂，老枝紫褐色。叶片互生，长8~15cm，宽3~6cm，呈椭圆形或心脏形。叶龄1年左右，一般在采果后，新梢抽生、新叶片逐渐转绿时，老叶片始落去。叶片密被短茸毛，深绿色，背面灰白色。叶脉突出，面凹陷，叶缘锯齿状，叶柄正面具浅沟，长1.5~2.2cm，基部与枝条相接处有托叶刺2枚，一枚下弯成钩状，一枚斜直向上。台湾青枣花为聚伞花序，每穗着生绿黄色小花8~30朵，丛生于果枝叶腋间，花轴短，仅25cm，花小，冠径5cm。果实椭圆形、长圆形、扁圆形，幼果绿色，成熟时果皮淡绿色、黄绿色或淡黄色。种子榄圆形，种壳坚硬。

（三）品种选择

北方日光温室的栽培要注意选用抗低温能力强、喜干燥气候的品种，应有针对性地选育适合北方设施栽培的优良品种加以推广。目前应着重选择含糖量高、口感好、自然坐果率高、耐储运的大果型品种。同时还应加强良种推广和种苗繁育、销售环节的规范化管理，确保栽培品种的纯正健壮。目前以蜜枣、五千种最适宜，各地也可以根据具体情况选择高朗1号、五千等品种。

（1）高朗1号　果实长卵形，果顶较尖，果大，单果重100~150g，最大果重200g。果皮光滑，初为深绿，成熟后为黄绿色，外观美。果肉纯白色，肉质清脆，浓甜多汁，无酸无涩，核小，耐藏性好，完熟或储放后果肉不变软，还原糖含量10%~11%，可溶性固形物含量16%，含有丰富的维生素C及多种微量元素，鲜食品质最佳。

（2）五千　果个儿大，外观好，椭圆形，汁多肉脆，无酸涩味，但甜味较淡，耐藏性差，完熟或储放后果肉松软不堪食用，还原糖含量9.5%左右，可溶性固形物含量10%~11%，鲜食品质中上。

（四）种植

台湾青枣属热带水果，耐寒性差，适宜在热带及南亚热带地区发展。在年均温18℃以上、极端最低温度不低于0℃、≥10℃的活动积温达5000℃以上的环境即能种植成功。虽然其植株有一定的耐寒力，但其开花与果实生长期在秋冬季节，花与幼果极易受到冻害，即使用塑料大棚进行栽培，也难获得较好的效果。因此，在亚热带地区发展一定要考虑越冬增温措施，否则，将难以产生较好的生产效益。

温室建设应选择地势平坦开阔、排灌方便、地下水位低、土壤肥沃疏松、光照充足、背风的地块。在北方地区，冬季最冷月最低温度保持在8℃以上的日光温室，栽植台湾青枣均能正常生长、开花结果。台湾青枣根系发达，抗旱能力强，但过于干燥，树体生长缓慢，产量低，果实小，品质差，水分充足则植株生长结果良好。台湾青枣怕涝，在地下水位高、积水严重的地块树体生长缓慢，甚至会烂根死苗。结果期果园须保持湿润。台湾青枣对土壤要求不严，在微碱性的黏土、石砾土、沙土、壤土等多种土壤类型中都能生长，但以排水良好、pH6.0～6.5、土层深厚、疏松肥沃的沙土或壤土栽培台湾青枣为好，植株生长旺盛，果实品质好。台湾青枣为阳性树种，不耐阴湿，喜光照，在通风透气环境中生产快、花果多、品质好。

大棚建好后，第1年种植，株行距2m×2m，每667m^2栽167株。栽植前南北行向先挖植树坑，深60cm，宽80cm。挖好沟暴晒半个月后，每沟施土杂肥（杂草、绿肥、垃圾土或圈肥等）80～100kg，腐熟饼肥4～6kg，磷肥2～3kg，硫酸镁、硫酸锌等适量。肥料应与表土拌匀后回填，回填厚度30cm，再回填所有剩余土，修成宽1m畦面后，灌大水沉实；水渗干后，做高于地面10cm左右的高畦，待种植。棚内地温稳定在15℃左右时选择阴天或晴天傍晚定植。定植前苗木用多菌灵可湿性粉剂或硫磺胶悬剂等消毒，裸根苗定植前根系要蘸黄泥浆。定植时，先在土墩中间挖好浅穴，放入苗木，用细土培根，由外向主干逐渐压实，使根系和土壤充分接触。埋土至根头部即可，要“深穴浅种”，不可种植过深。土压实后浇足定根水，然后盖地膜保湿。定植后，要经常浇水保湿，防止干旱死苗，发现死苗及时补种。定植时，搭配10%其他品种作授粉树，可提高坐果率，并使果实风味更好。定植成活后除去嫁接口薄膜。

（五）肥水管理

1. 施肥

台湾青枣根系多，生长量大，需肥量大。为了满足其抽枝、开花、结果对养分的需求，必须施大量基肥。大棚栽培青枣每667m^2施腐熟鸡粪2000kg，N、P、K复合肥50kg，花生饼100～200kg，过磷酸钙50kg，把肥料均匀撒在棚内，然后翻到30～50cm的土层中。每年果实采收、主干更新后（即2～3月份）施有机肥，在定植沟外开深30～40cm、宽20cm左右环沟或条沟，每沟施腐熟粪肥30～40kg、复合肥0.5～1.0kg、过磷酸钙11.5kg。为及时补充营养物质的供应，还需要及时追肥。第1次追肥，幼树在定植后或2年生树主干新梢长出、叶片开始转绿时进行，可淋施腐熟的鸡粪水、人粪尿或干施化肥，最好两者交替使用，每15d施1次。如施腐熟的人粪尿5kg，加水50kg，也可加入0.3%～0.5%的尿素或0.6%～0.8%的三元复合肥，每次每株施5kg，化肥则每次每株可施尿素50g、复合肥50～100g，对水淋施（浓度控制在0.4%～0.5%），或在树冠投影外围开浅沟撒施，施后淋水。但无论是淋施或者沟施，必须离开主干20cm以上，以后每月施一次，并视情况适当加大粪水浓度，直至初花前。6月中旬至10月下旬为花期，追施第2次肥，每15d施1次，每株沟施三元素复合肥150g+硫酸镁50g，施后淋水，此期间每月喷一次500～600倍青枣专用肥“促丰宝”，每10d喷1次0.2%尿素+0.2%磷酸二氢钾+0.2%硼砂，待第一批枣直径达1.5cm时，施壮果肥，每株施三元复合肥250g+硫酸钾50g，施后淋水。11月初至翌年2月底为果实成熟期，挖沟施肥，每株施三元素复合肥150g+硫酸钾100g，施后淋水，待水渗后覆地膜，以提高地温，降低棚内空气湿度，保持土壤湿度，减少病害发生。并且每10～15d叶面喷施0.3%磷酸二氢钾+0.2%葡萄糖，每月叶面喷500～600倍“促丰宝”，以提高果实品质。

2. 灌水

台湾青枣需水量大，但又忌积水。积水或缺水对其生长、开花、结果都十分不利，严重时，还会引起落叶、落花和落果。4～6月是新梢生长的关键时期，土壤以保持湿润为好，切忌忽干忽湿，以有利于促进树体的营养生长。结合施肥，根据土壤及空气湿度，12d淋水1次，但尽量不灌大水以免沤根。此时温室的棚膜不撤为好，保持相对湿度在80%以上。7～9月为花期至幼果期，表层土壤不宜灌水，宜保持一定的干燥度，但如果土壤表层出现干旱而有裂纹时，可轻度淋水，以有利于开花坐果。10～11月果实开始膨大后，应2～3d淋水1次或灌过膛水，保持土壤湿润，促进果实增大和品质改善。12月至翌年2月果实大量采收期，空气的相对湿度应控制在80%以下。控制方法，一是通风排湿，二是地面覆盖地膜。土壤也宜保持适度干燥，以利于果实糖分积累，提高果实品质及耐储性。

（六）温、湿度管理

台湾青枣是一种喜温、喜湿、忌冻的果树，只有提供适宜的温度、湿度和光照，才能正常生长、开花、结果。在北方温室栽培台湾青枣，温度是最关键的因素之一。全年整个生长季中，无休眠期，对低温相当敏感。低于0℃花果会受到冻害，低于－5℃树体会受到冻害，高于40℃植株生长缓慢。4～6月新梢生长期温度为15～35℃，7～9月花期至幼果期温度为25～30℃，10～11月果实膨大期温度为10～35℃，12月至翌年2月果实集中采收期温度为8～35℃。冬春季利用大棚的升温隔热性能，气温白天稳定在25℃以上，在35℃以内温度越高越好，土壤温度稳定在20℃以上。扣棚期间，棚内空气相对湿度大，果树易发病，因此，一定要做好排湿工作：一是地面覆盖地膜；二是每天揭棚通风换气调节温度，揭棚时间以中午前后为宜。

（七）整形修剪

台湾青枣对光照要求高，针对其喜光及温室内空间小的特点，采用一边倒、双鱼刺整形方式。在新梢生长初期（4～5月），选择2条健壮新梢为主枝，分别用竹竿向东北、西北方向引绑，使其与地面成60°夹角。新植树嫁接口以下的芽及主枝上60cm以下萌发的2次枝一律剪除；为促进二次枝生长，当主枝长到150cm时摘心，每延长米主枝留7～8个位置在东西两侧、均匀分布、平斜生长的中庸健壮二次枝（呈鱼刺形）。每条二次枝上可留3～5条平斜生长的三次结果枝，结果枝纤细，一般水平或下垂生长，为青枣的主要结果部位。台湾青枣枝梢多、生长快。一般在6月开始进行枝梢修剪，剪除直立枝、纤细枝、交叉枝、下垂枝、拖地枝、过密枝、徒长枝、病虫枝。到11月，为避免花果过多影响前期果实膨大和品质，可将枝梢末端幼果连花穗一并剪除。台湾青枣枝条较软，必须在结果后进行吊枝，使枝条平斜向上生长。青枣的发芽能力强，一般生长一年或一季后，在其二次枝、三次枝的附近可萌发23个芽，为防树势衰弱或枯顶现象，在修剪上可利用这部分芽更新二次枝、三次枝，第三级、第四级分枝是主要结果枝。大量挂果的末级枝在果实发育后一般不再萌发新梢，不继续形成下一级分枝。每年3月回缩修剪的植株，经过5个月的生长，一般在层次上可形成3～4级分枝。结果树采收后若不回缩修剪，则会在上年的主干或主枝上萌发出2～3m长的发育枝，其上继续形成分枝，自然更新原有枝组，造成树冠零乱、荫蔽。而上年结果枝一部分会自然脱落，一部分则在基上抽出短而纤细的枝梢，形成内膛结果枝。基于这一特性，台湾青枣在早春采果后一般应保留骨干主枝，回缩所有二次枝，留1～2cm，重新萌发培养二次三次枝。

台湾青枣的二级分枝为结果母枝，其抽生过程中在叶腋间开花、结果，并抽生三次枝（结果枝）。结果枝结果后干枯脱落，又抽生新的结果枝，供下季结果。一般结果母枝1～2年内结果能力强，以后逐渐减弱。在同一树冠内，要不断补充新的二次枝，才能正常结果。若不更新，则抽生的结果枝细弱，产量低。结果枝抽生于枝干中部的结果能力强，上、下部较差。

（八）花果管理

台湾青枣具有花芽当年分化、持续时间长、分化快、连续分化的特性。花量大，花果同枝，一年可多次开花结果。花芽分化与新梢生长同步进行，花芽分化期5～8d。花芽易形成，定植后70d即能开花结果，春植树当年冬、翌年春即可收获果实。在北方日光温室栽培，除冬季采果、3月回缩修剪换叶期外，台湾青枣一年四季可见开花，但不同时期开的花其坐果能力不同。4～6月基本上只开花不结果；7～8月开花的坐果率低，果实在11～12月少量成熟；9～10月开的花坐果率高，果实在12月大量成熟；12月少量开花，鲜见结果。台湾青枣花的开放为昼开型，6～8时初开，8～11时盛开，12时后很少裂蕾。台湾青枣为虫媒花，传粉昆虫以蝇类、蜜蜂为主，授粉过程一般在开花当天完成。果实生长型为核果类典型的单“S”形，授粉后5周内果实体积增大较快；以后逐渐缓慢，成熟前3周左右又有短暂的加快期，果实发育期长短因品种而异。

7～8月可在树盘间撒放鸡粪或树上挂臭鱼等方法诱集苍蝇授粉，花期最佳授粉温度20℃，8月底必须扣棚膜，9月上旬开始晚上覆草苫保温，9～10月正值大青枣开花盛期，一般不宜追施氮肥，不宜浇大水，否则容易引起落花落果。盛花期亦不宜喷洒农药，必须用药时，药量浓度应减半。花期喷施1次0.1%的硼砂液，保花保果，可借用蜜蜂授粉，以促进坐果。台湾青枣每个叶腋着生一个花序，每个花序开花5～10朵，可自然挂果3～5个，如任其自然坐果，会严重减小果个。为了促进果实的发育，提高果实的品质，必须疏花疏果。疏花疏果可分2次进行。开花后现果时可隔一片叶留一个果实，其余的抹掉。第2次等到果长至手指头大小时，每三片叶留一个果，其余的剪掉。一般选留生长朝下的果，朝上的长大后重心向下易脱落。壮枝2节留1个果，弱枝3～4节留1个果，疏掉病虫果、小果、畸形果。

（九）病虫害防治

台湾青枣病虫害极少，在温室栽培条件下需注意防治的病害有白粉病、根腐病、轮班病、黑斑病。

白粉病主要为害叶片和果实。4~6月和9~11月为发病高峰期，应控制湿度，并用50%多菌灵600倍液、5%菌毒清500倍液或25%粉锈宁2500倍液防治。根腐病多发生在4~5月，发病初期叶片白天萎蔫，早晚又能恢复，随病情发展叶片枯萎，根茎病表皮变褐，腐烂，露出木质部。在发病初期用50%多菌灵600倍液、5%菌毒清300倍液、70%代森锰锌800倍液5~7d喷施1次，连喷2~3次。去除病根要用甲基托布津、五氯酚钠稀释液灌根。

轮斑病主要为害叶片；7~9月开始发生，一般延至11月，会造成叶片黄化、脱落。可以摘除病叶，并用三环唑、甲基托布津、多菌灵可湿性粉剂喷施防治。尺蠖、毛虫类6~9月份发生较多，喷施杀螟硫磷、敌杀死等防治。螨类2~6月、10~12月发生较多，用螨死净、三氯杀螨醇、虫螨光等防治。黑斑病主要症状是叶片背面先产生零星黑色小斑点，以后逐渐扩大，成圆形或不规则形黑斑，严重时病斑可联合成片，在叶片背面呈现煤烟状大黑斑，叶面则呈现黄褐色斑点。受害叶片呈卷曲或扭曲状，易脱落。10月开始零星发生，到翌年2~3月为发病高峰期，4月底至10月为病害衰退期。可用多菌灵、扑海因、代森锰锌、甲基托布津等防治。

六、莲　雾

莲雾果［*Syzygium. Samarangense*（Bi.）Merr. et Perry］又名洋蒲桃，因平放像莲台，吊挂像铃铛而得名。莲雾是我国台湾的称呼，我国大陆多称之为“洋蒲桃”，属桃金娘科，热带亚热带常绿果树，原产于印度和马来西亚，我国海南、广东、广西、福建南部也有栽培。现今在我国台湾已广泛种植，并且在本土20多种水果中排列第6位。果实具有特殊的芳香，清脆可口，品质极佳，形状独特。

（一）营养价值

果肉海绵质，略有苹果香气，味道清甜，清凉爽口，品种有乳白色、青绿、粉红、深红色（见图4－5、图4－6）。果实成分：每100g莲雾中，含有热量142kJ，水分90.6g，粗蛋白0.5g，粗脂肪0.2g，碳水化合物8.6g，粗纤维0.6g，膳食纤维1.0g，灰分0.2g，另外还含有大量维生素B、维生素C以及钙、镁、硼、锰、铁、铜、锌、钼等微量元素。

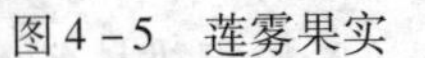

图4－5　莲雾果实　　图4－6　莲雾结果状

性味甘平，功能润肺、止咳、除痰、凉血、收敛。主治肺燥咳嗽、呃逆不止、痔疮出血、胃腹胀满、肠炎痢疾、糖尿病等症。用果核炭研末还可治外伤出血、下肢溃疡。另外，台湾民间有“吃莲雾清肺火之说”。人们把它视为消暑解渴的佳果，是天然的解热剂。由于含有许多水分，在食疗上有解热、利尿、宁心安神的作用。

（二）品种选择

莲雾根据果实颜色可分为深红、淡红、粉红、绿色和白色等种类。近年来北方引种试栽，认为“黑珍珠”、“黑金刚”在温室中表现不错。

（1）黑珍珠　黑珍珠莲雾树形开张，枝粗叶大而厚，叶长21～25cm，叶色浓绿。果淡红色或深红紫色，一般纵径和横径相近，果径约6.4cm，果顶宽约6.2cm，吊钟形，平均单果重约97g，平均含可溶性固形物10%左右，最高可达19%。该品种易催花挂果，较丰产，产量可达60t/hm^2。

（2）黑金刚　泰国黑金刚超甜莲雾是近年来泰国专家培育的优质莲雾新品种。该品种果形呈长吊钟状，无核，果实特大，单果重达200g，果实成熟时呈暗红色，皮色光滑，色泽鲜艳，果形美观，果肉汁多味美，含糖13%～16%，特别爽脆，清甜可口，百吃不腻。

（三）定植

京郊温室莲雾定植冬季需加温，莲雾在春季3～4月和秋季9～10月定植为宜。春季定植以土壤解冻后进行，但7～8月的高温多雨季节也可以种植。株行距可以为2m×3m或3m×4m，每667m^{2}种植55～111株。外调种苗种植前先置于阴棚下或阴凉处充分浇水，经5～7d恢复后再进行种植。初期密度可掌握，3年后可逐步间伐。

（四）生长特性

1．光照

作为热带水果的莲雾果喜欢充足的阳光，以促进枝条生长和营养积累，长日照田间有利于莲雾果开花，全年日照时数在2000～2500h莲雾果营养生长好，养分积累多，品质优并丰产。

2．温度

产自热带的莲雾果树，对温度要求较高，生育期最适宜温度为25～30℃，冬季温度不应低于10℃，以免发生冻害现象。

3．水分

喜土壤湿润，忌积水又怕干旱。莲雾对水分要求高，周年均需有充足的水分供应。莲雾喜多湿的气候，提高空气湿度可促进开花结果。

4．土壤

对土壤要求不严，沙土、黏土、微酸或微碱性土壤均可。北戴河集发农业观光园地处沿海城市，土壤pH 7.5～8.0，呈碱性，栽培一年多来生长良好，单果重均能达到100g，因此莲雾适应性极强。为了便于管理和提高品质，设施栽培可以配土，营养土可按照草炭、有机肥、表土为2∶2∶6比例配制，效果较好。

（五）栽培管理

1．温度

因最适温度为25～30℃，冬季棚内最低温度应保持10℃以上，以利于生长，花芽分化。花期棚内温度最高不高于28℃。

2．灌溉

莲雾果根系分布比较浅，喜湿润，既忌积水又怕干旱，因此，首先应设好排水沟，防止棚内积水；其次及时松土，保持土壤含水量。

3．施肥

有机肥和无机肥增施相结合；土壤施肥与根外施肥相结合，重视微量元素的补给。

（1）基肥　新栽植时，每栽植穴施腐熟有机肥（农家肥）20～30kg、过磷酸钙1kg、钾肥1.5kg、微肥0.5kg。

（2）追肥　新栽树以薄肥勤施为原则。

① 促梢壮梢催花肥：2～3月施用，每株施复合肥0.2～0.3kg、尿素0.1kg、腐熟人畜肥10～20kg。

② 花前肥：以磷肥钾肥为主，每株施磷肥0.2kg、钾肥0.3kg，具体施肥量因树体大小而定。

③ 促果壮果肥：在6月以后果实快速膨大期施用，应多施钾肥，每株施钾肥0.3kg、尿素0.1kg。

④ 催熟肥与采后肥：于果实成熟前施用，每株施尿素0.1～0.2kg。

（3）根外施肥

① 生长季节：每10～15d喷施一次0.1%～0.2%磷酸二氢钾+0.1%尿素，连喷3次。

② 花期：0.2%磷酸二氢钾+0.1%尿素+0.1%硼肥，提高坐果率。

③ 花芽分化期：0.3%磷酸二氢钾+0.2%尿素+0.1%硼肥，促进花芽分化。

（六）整形修剪

1. 幼树修剪

主要通过修剪来培养形成圆伞形树冠。选3～4个分布均匀的枝条做主枝，营造侧枝分布均匀的圆伞形树冠。

2. 大树修剪

（1）春季修剪　修剪最佳时期为3月左右。

（2）结果期修剪　修剪时期为7～8月，正结果或结果后进行。主要短截内膛枝，一般保留2～3cm粗的枝桩作为下一结果枝。

（3）冬季修剪　10月至入冬，所有的新梢全部剪掉，以储备充足的养分供越冬需要。

（七）疏果、防落果

莲雾果结果过多时应考虑酌量疏果，以促使果形美观、肥大和均匀。莲雾开花多，坐果也多，应及时进行疏花疏果，选留良好结果部位，促果增大，提高品质。花穗的保留位置应该分布均匀，疏花蔬果后，每花穗保留4～6个发育正常的果实。开花结果期要适当控制抽梢，随时抹芽和摘心，避免枝梢生长与开花结果争夺养分。花后20d进行果实套袋。7～8月果实成熟时注意棚内不能积水，以免引起落果。

（八）病虫害防治

1. 主要病害及防治

主要病害有叶斑病、炭疽病、果腐病。

（1）主要采用“预防为主，综合防治”的植保方针，提倡生态防治。

（2）药物防治：用50%多菌灵800倍液、75%甲基托布津800～1000倍液来防治。

2. 主要虫害及防治

主要虫害有毒蛾、介壳虫、金龟子、红蜘蛛等。

（1）机械防治　把过密的枝条适当疏除，使树冠内通风透光，减少虫害发生。

（2）药物防治

介壳虫：速扑蚧杀1000～2000倍液。

红蜘蛛：阿维菌素2000倍液、红白螨死3000～4000倍液、利劈螨1500～3000倍液等。

（九）采收

莲雾果成熟时，果实硕大，果皮薄，不耐储藏，一般室温下只能储存一周，采收包装后宜立即送往市场出售。莲雾以鲜果生食为主，也可盐渍、糖渍、制作罐头及脱水蜜饯或制成果汁等。

七、枇　杷

枇杷系蔷薇科苹果亚科枇杷属，原产我国，俗称"小水果"。为常绿小乔木，是我国南方的重要果树之一。其果肉柔软多汁，营养丰富，甜酸适度，是重要的营养和保健果品，又正值水果最缺的初夏上市，深受人们喜爱。枇杷除供鲜食之外，还可制成糖水罐头、果膏、果露等，是润肺、止咳、健胃和清热的良药，也用为镇咳剂和利尿剂。枇杷营养丰富，经济价值高，但不耐储运。为丰富我国北方冬季鲜果市场，北京市海淀区、平谷区、昌平区、怀柔区、大兴区的郊区县等地引种试栽，生长良好，经济效益显著。

（一）种植条件

枇杷为亚热带常绿果树，对环境的适应性较强。枇杷较耐寒，一般年平均温度在12～15℃以上，冬季最低温度不低于－5℃，幼果期温度不低于－3℃的地方均可经济栽培。试验证明，在北方冬季，日光温室覆盖保温良好，棚内温度可保持在5℃以上，对枇杷开花坐果不会产生不良影响。土质以土层深厚、肥沃的砾质壤土或沙质壤土为最好。枇杷不耐涝，穴植易积水而致烂根，栽植时宜起垄栽植。枇杷幼苗喜散射光，幼苗定植后在光照强烈时搭遮阳网遮荫。成年树要求光照充足，以利花芽分化、果实发育、着色和提早成熟，但是枇杷的树干受烈日直射易造成灼伤，在果实由绿转黄时，日光直射也易引起日灼，因此必须适当密植，并在棚膜拆掉后的夏季搭遮阳网遮荫。温室高度要求2.5m以上。

（二）品种选择

北方温室种植的枇杷品种有早钟六号、大红袍、冠玉、青种枇杷。

早钟六号枇杷是2000年从福建引进的优良品种。该品种果形大，横径4.8cm，纵径5.8cm，平均单果重可达50g，最大果重75g，锈斑少，果实倒卵形或梨形，果皮和果肉为橙红色，肉嫩化渣，可溶性固形物11.2%，平均单果种子4.5粒，可食率70%，香气浓。3月上旬至4月上中旬成熟，比本地枇杷品种早熟15～20d，是水果淡季中的珍品。嫁接苗定植第2年，部分植株开花，枝梢成花能力强，花量大；第3年株产可达5kg以上，盛产期每667m^2产量可达2000kg以上。

大红袍枇杷是我国南方特有的珍稀水果。其特点：甜，香，肉厚，水分多，容易剥皮，果实大小均匀，倒卵至洋梨形，单果大约重52g，皮橙红色、锈斑少、鲜艳美观，果皮中厚易剥离。果肉橙黄色，质细、化渣，味甜酸适口，香气浓，可溶性固形物11.9%，每百克果肉含维生素C 6.0mg，可食率71%～72%。该品种丰产，特早熟，抗性强。

冠玉枇杷是江苏苏州地区农业部门选育出来的白肉枇杷品种。该品种果大（单果重43.5～61.5g，最大达75g）、质优（汁多、肉细、味浓、微香，可溶性固形物13.4%，可食率66%～71%）、晚熟、耐储，是目前生产上推广的主要白沙枇杷品种。

青种枇杷是由野生枇杷变异而来的山西传统名特优果品。果形为圆球形，颜色为淡橙黄，平均单果重33.2g，最大的达50g。果肉为淡黄色，含水分90%，为枇杷品种之首。可溶性固形物（含糖量）为13%，酸度0.58%。果肉鲜嫩，甜酸适度，汁多，爽口，果皮薄，易剥离。果实不仅味道好，而且营养价值也很高。据分析，每1kg枇杷果肉中含有蛋白质2.6g，糖类46g，磷238g，维生素C 21g。储藏性较强，一般在当地能存放20多天。6月上旬成熟。

以上品种早钟六号综合性状表现佳，其树势旺盛，果实较其他品种早熟，单株产量高，品质好，口感佳，是适宜温室种植的优良品种。

（三）播种育苗

枇杷种子没有休眠期，果实成熟后，种子自果实中取出，洗净后即可播种。枇杷种子播种后约1个月可发芽。将第1年5月初播种产生的幼苗于当年10月底移入温室，温度控制在20～30℃，经常保持土壤湿润，忌过湿，15d追一次肥，用0.10%～0.15%的尿素加0.15%的磷酸二氢钾水溶液淋施。第2年3月测量砧木粗度，同时在温室内嫁接，成活后生长一年为成苗。枇杷目前以嫁接苗为主。

（四）定植

采取密植栽植方式，南北行向，行株距2m×3m，定植前2个月挖长、宽、深为60cm×60cm×50cm的定植沟，每株施腐熟的有机肥40kg，与表土混匀填入沟内；整理成长、宽、高为60cm×60cm×30cm的定植树盘，保证苗木定植后不积水。选择品种纯正、无病虫、叶色浓绿、根系完好、高度80cm以上、苗干基径粗0.9cm以上、嫁接口愈合良好的二年生嫁接苗，在春天的晴朗天气定植。定植时边培土边压实，深度以苗木根茎部位略高于地面为宜，如栽得太深，不仅生长受影响，而且容易感染烂脚病。栽后要浇足定根水，而且要浇透，干旱时10d以后再浇一次，还应预备相当总定植苗数10%的苗木进行假植以便及时补苗。

（五）温度管理

北京地区，11月初温室扣棚，11月下旬加温，3月底停止加温，5月中旬将棚膜和覆盖物（被子）除掉。温室内枇杷花期为10～11月，较南方花期提前2个月左右，花期昼温要求15～25℃，夜温10～15℃，最低温度不低于10℃，否则花粉易发育不良；12月至翌年1月为幼果期，昼温15～25℃，夜温10～14℃；2～3月为果实膨大期，昼温18～28℃，夜温12～15℃。晴好天气注意温度不宜过高，及时通风换气，确保温室内温度不要超过30℃。

（六）肥水管理

枇杷无休眠期，每年抽梢3～5次，生长量大，需肥量大。枇杷果实含氮、磷、钾分别为0.89%、0.81%、3.19%，说明枇杷需钾多，氮、磷次之。幼树采用薄肥勤施的方式，2个月左右施1次，每年5~6次，每次株施10~15kg腐熟圈肥，或每次株施15:15:15复合肥0.25~0.30kg。成年结果树全年施肥4次，7~8月花前肥，株施1kg左右高浓度三元复合肥，促进花器官发育质量，占总施肥量1/5。11~12月施促果肥，株施腐熟圈肥约5kg、复合肥1kg、钙镁磷肥1kg、尿素0.5kg，占总施肥量1/3。翌年1月施壮果肥，以磷钾肥为主，株施约1kg，占年施肥量1/5。翌年3月采后肥，株施30kg左右的腐熟圈肥，以氮、磷为主的复合肥1kg，占年施肥量1/3。温室枇杷的浇水原则为随施肥随浇水，注意采果后浇透水，果实发育期和新梢生长期浇薄水，果实成熟期控水，以免发生裂果、果实品质下降和成熟期推迟等不良后果。

（七）花果管理

枇杷花期为3~4个月，生产上习惯于把枇杷花分为头花、二花和三花。头花果实生育期长，果形大，品质好，温室栽培枇杷主要保留头花，每穗留5~6个果。枇杷成年结果树枝条成花容易且单穗花量大，为丰产优质；花蕾幼穗显露至开花前及早疏花穗，去强留弱，一个结果母枝保留1~2个花穗，其余疏除，树冠顶部要多疏，全树所留花穗60%~70%宜在树冠中下部。在花穗支轴分裂后，每穗留花30朵左右，疏蕾要整个花穗疏除，不可只疏一部分。疏果时先疏病虫果、畸形果，选留发育强壮、果形较长的幼果，在同一果穗中应疏去顶部和基部的果，留中部丰满、大小一致的果实。疏果后用（13~14）cm×20cm的专用纸袋套住整个果穗即可。从上向下、从里到外套袋。套袋时，为便于通风，注意用手撑开袋口，使袋鼓起。元旦和春节期间果实成熟，比原产地提前了2~3个月。

（八）整形修剪

枇杷产区生产上常用的树形，有疏散分层形和主干形。目前，广东福建等主产区开始推广枇杷低冠矮化栽培技术，所采用的树形为“双层圆头形”。

1. 双层圆头形

为两层结构，层间相距50～80cm。主干高40～60cm。第1年，在苗木定干后，留4～5个主枝，向四面伸展，并拉成与主干成40°～50°。第2年，在适当位置，选留副主枝若干个，将主干截顶，使植株不再增高，形成中空的双层圆头形。3～4年后，即可形成树冠。成年封行后，树冠高度控制在2.5～3.0m，便于管理。这种树形，树冠较矮，操作比较便利。通风透光较好，果实质量较高。由于枇杷生长势旺，每年在枇杷树中上部会萌发大量的枝条，因此，为了维持树形，促进结果，对双层圆头形枇杷树每年需及时进行拉枝和回缩。

2. 疏散分层形

该树形一般有3～4层。各层主枝数，自下而上为3—2—1，或3—2—1—1，共有主枝6～7个。在主干高度30～60cm处，选留第一层。第一层与第二层的层间距应较大，为1.0～1.2m，其后各层梢短。主枝上配备副主枝3～4个，错开排列。上层主枝的副主枝数，比下层主枝的副主枝数逐渐减少。各主枝上的副主枝排列方向要一致。第一副主枝离主枝基部40～60cm，以后各副主枝间的距离逐步缩短。各层主枝也要错开，以免荫蔽过重。最上一层的主枝选定后，将主干顶部的直立枝去掉，使树不再长高。这种树形成型容易，树势缓和，产量较高。但主枝数较多，在日照少的地区，通风透光较差，影响果实的品质。

3. 主干形

没有明显的层次，不从一处长出几个主枝，所有的主枝逐年配置在不同的高度上。在主干高40～60cm处留一主枝，将其余枝条摘心，拉平，培养成辅养枝，过分密集的可以抹芽疏去。中央主干向上延伸后，往上30～40cm处留第二主枝，方位在第一主枝的对面。再往上，继续留第三、第四主枝，间距仍是30～40cm，方位在第一主枝的对面。再往上，继续留第三、第四主枝，间距仍是30～40cm，方位分别在第一、第二主枝之间，使得这四个主枝正好形成“十”字形。上面如继续配备主枝，其方位最好在下面主枝的空当处。全树共留5~7个主枝，上面各主枝的间距略短，各主枝上配备副主枝，并培养为枝组。该树形在定植后4~5年基本构成。

4. 开心形

枇杷苗木定植后，在主干发出的第一轮枝中，离地面30~40cm处，选4~5个枝作为未来的主枝及候补主枝，去掉中心枝。各主枝间的距离应尽量拉开，不要集中在一点。如第一轮发枝少，选不出三个主枝，则应暂时保留中心枝，待以后在第二轮发枝中选留。主枝上配备副主枝。主枝间的平衡，依靠调整枝条角度来解决。对过分强旺的主枝，要将角度放大；对衰弱的主枝，应将角度缩小。以后，只选择其中3~4个作为主枝。此树形适宜于干性较弱、树姿开张的品种，如大五星品种等。这种树形主枝少，结果枝多，产量较高；通风透光好，果实品质佳；而且树形较矮，便于作业。

（九）病虫害防治

枇杷的病虫害较少，易发生的病害有日灼病和叶尖焦枯病，利用遮阳网等设施来避免日灼病。主要虫害有红蜘蛛、蚜虫等，可选用阿维菌素等生物药进行防治，防治中注意交替用药，以防害虫产生抗药性。

八、香　蕉

香蕉为热带、亚热带重要水果，是多年生巨型草本植物，种子已退化无发芽能力，繁殖利用地下茎所生出的吸芽（见图4-7）。香蕉原产于我国江南一带及东南亚，叶片基部圆形，不对称，叶翼张开，果肉质熟时黄色，蕉肉芳香，富含糖类，蛋白质和脂肪的含量很低，所含的糖类主要是葡萄糖、果糖和蔗糖。

图4-7　香蕉结果状

（一）生活习性

香蕉性喜温暖湿润，喜充足阳光，既忌积水又怕干旱，喜欢土壤肥沃疏松的沙质壤土。生长温度为20～35℃，最适宜为24～32℃，不宜低于15.5℃。最适年降水量1800～2500mm，且降水量分布均匀。

（二）栽培管理

1. 适宜北方温室的品种

（1）大种高把　属高干型香牙蕉，又称“青身高把”、“高把香牙蕉”，福建称“高种天宝蕉”，为广东省东莞市的优良品种。植株高大健壮，假茎高260～360cm，假茎基周长85～95cm；叶片长大，叶鞘较疏，叶背主脉披白粉；果穗长75～85cm，果梳数9～11梳，果指长19.5～20.0cm；果肉柔滑，味甜而香，可溶性固形物含量20%～30%；在一般情况下单株产量20～25kg，最高可达60kg。该品种产量高，品质好，耐旱和耐寒能力都较强，受寒害后恢复生长快，但易受风害。

（2）齐尾　属高干型香牙蕉，主要分布在广东高州市，为高州市的优良品种。植株假干高300～360cm，茎周65～80cm，茎干上下较均匀，皮色淡绿；叶片较直立向上伸长，叶片窄长，叶柄较细长，叶鞘距较疏，叶片密集成束，尤其在抽蕾前后十分明显，故名；果穗较长大，一般情况下果穗梳数及果数与“高脚顿地雷”相似；平均果穗梳数为810梳；果指长18～22cm，单果重130～140g，含可溶性固形物19%～20%，品质中上。在正常的情况下，单株产量可达25～30kg，最高可达50kg。该品种产量高，果指长，是出口（适于北运）的品种之一。但抗风力较差，抗寒和抗病能力弱，要求水肥条件较高。该品种有“高脚齐尾”和“矮脚齐尾”两个品系。

（3）天宝矮蕉　天宝矮蕉原产福建，为闽南主栽品种，茎高1.4～1.8m，茎粗，每穗果梳数8～10梳，每梳果指数18～20条，果指长，单株产量10～20kg。果指弯月形、短小，果实味香甜，品质中等。抗病性较差，产量较低。

2. 温、湿度管理

（1）温度　香蕉为热带植物，对温度要求高，生长的最适温度为25～30℃，温度低于10℃根系生长缓慢，低于5℃叶即受冻害。北方温室栽培，保持夜间棚内温度不低于10℃，白天不高于30℃，根据温度的高低进行增温和降温。冬季采用温室后墙铺反光膜、棚上覆盖保温被、草苫等措施进行夜间保暖。夏季同时打开棚上和棚下的风口及时通风降温，湿度保持在50%～60%。

（2）水分　香蕉既怕积水，又怕干旱，因此前期小苗要经常淋水，保持湿润，应见干见湿；中期可适当多浇些水，使其更好地生长，避免因水分供应不足引起叶片变黄等，影响观赏价值；后期要保持土壤湿润，进行保根、保叶，雨季应及时排放积水。香蕉叶大，需水量多，但根系浅，既不耐旱，又忌浸水，水分过多则影响根系生长，甚至烂根。因此，水分的控制至关重要，一般每月浇水2次。

3. 香蕉的生长阶段

（1）苗期　从吸芽萌发出土至抽出大叶前，历时2～3个月，此期植株生长量不大。

（2）营养生长期　从开始抽出大叶至花芽分化前，历时5～6个月，是香蕉营养生长期，此期植株生物产量占全育期生物产量的30%～35%。据调查，高秆香蕉抽出31～34片叶时抽蕾，矮秆香蕉抽叶28～30叶片时抽蕾。

（3）果实成熟期　雌雄花粉完成至果实成熟。

4. 施肥

香蕉没有主根，根系在表土10～25cm深的范围分布最多。香蕉是典型的喜钾植物，对钾需求最多，氮肥次之，磷肥最少，一般氮、磷、钾的比例为1:（0.4～0.5）:2的配方施肥为最好。施肥原则为前期攻苗要薄肥勤施，以氮肥为主，其他次之；中期与后期以钾肥为主，配施磷钾肥；施肥方法以淋施为主，穴施为辅。香蕉由于根系较弱，应勤施薄肥，并与叶面喷肥相结合。

香蕉在其生长年周期中，需要多次施肥，全年10～15次。冬春一般施用有机肥，可在离香蕉头 50cm 左右，深 20 ~ 30cm 的沟与穴，沟施或穴施。

生长期追肥一般宜用化肥。抽蕾前采用勤施薄施。累计施肥量占总量的 75%，新种植的吸芽苗成活后至抽出 10 片大叶前，每月施肥 2 次，每次施肥量占总施肥量的 3% ~5%；新种植的组培苗，在香蕉成活后每隔 7d 浇施 0.2% 复合肥溶液 1 次，共 4 ~ 6d；随着再抽出 10 片叶大叶前，每隔 15d 施肥一次，每次施肥量占总施肥量 3% ~5%。在香蕉抽出 10 ~ 16 片大叶期间，植株生长加速，每月施肥 2 次，每次施肥量占总量的 10%；在香蕉 16 ~ 23 片大叶期间，植株明显增高，假茎增粗，花芽开始分化，应重视肥料，每月 2 次，每次施肥量占总量的 15% 左右。

随着抽蕾期再追肥 1 次，施肥量占总量的 15%；在初果期再追施 1 次，施肥量占施肥总量的 10%。

5. 花果管理

香蕉的生长周期为 12 ~ 14 个月，叶片达到 22 片叶以上时才能现蕾。香蕉花蕾抽出后，花蕾下垂落在叶柄上，要及时校蕾，即把花蕾或叶柄稍加移位，花蕾能顺利下垂生长。抽蕾后当花蕾开至中性花或雄性花后，割尾断段，减少养分消耗。从现蕾到断蕾的过程，夏季需 15d 左右，冬季则要 20d 以上。断蕾要在晴天午后进行，不宜在雨天或早上露水未干时进行。

（三）吸芽管理

香蕉没有整形过程，吸芽管理很重要。

1. 除吸芽

应适时除去吸芽，香蕉生长到 1m 高左右时开始长出吸芽，每株一般能抽出 4 ~ 6 个吸芽，此时应选留 1 个健壮吸芽，其余的吸芽长到 15 ~ 30cm 时全部割除。

2. 科学断蕾

断蕾在雌花开放结束后进行，果穗的梳数根据生长适度而定，一般每穗留 7 ~ 8 梳，在其所留最后的一梳下间隔 1 ~ 2 个果梳处，切断果轴。

（四）病虫害防治

1. 主要病害及防治

主要有束顶病、花叶心腐病、叶斑病、炭疽病和黑星病等。防治措施：发现束顶病、花叶心腐病时要及时挖除病株，喷施敌力脱乳油1000倍液防治叶斑病；75%多菌灵800倍液用来防治黑星病与炭疽病。

2. 主要虫害及防治

红蜘蛛、蚜虫等。防治措施：红蜘蛛用利劈螨1500～2000倍液、螨虫净1500～2000倍液；蚜虫用一便净、粉虱快净2000～3000倍液。

（五）采收储藏

观察果穗中部位置的小果棱角状态，如明显高出，是七成以下饱满度；果身近乎平满时为七成；圆满但尚见棱为八成；圆满无棱为九成以上成熟，根据上市时间来具体决定采收时间。储藏香蕉的最适温度为13℃。低于12℃容易使香蕉发生冻伤，品质下降；温度高于15℃，则后熟加快。

九、菠　萝

菠萝又名凤梨、玉梨或黄梨，属亚热带水果，草本植物，是热带地区重要的水果，也是世界名果之一。由于菠萝喜高温多雨的气候条件，在种植上受一定气候条件的限制，我国仅在广东、广西、海南、福建等省种植。随着保护地栽培的发展，菠萝在北方地区已种植成功。

（一）种植条件

菠萝在北方越冬是关键，最低温度应不低于15℃。保温主要采用塑料大棚保温和加温法，保证菠萝的健壮生长。菠萝栽植应选择排水良好、土壤肥沃、土质深厚、疏松、透气、微酸性的沙壤土地。菠萝虽然对土壤适宜性较广，但不宜中性或碱性土、黏性或无结构的粉沙土，要求pH在5～6。菠萝生长需要酸性土壤环境，北方温室栽培需要进行土壤调酸，草炭、蛭石、表土按5:3:2配制营养土。

扣棚加温时间为霜降前10d，撤棚膜时间为农历5月5日（立夏）。

（二）品种选择

北方温室适宜种植的菠萝品种如下。

（1）菲选1号　其株高约60cm，株型紧凑，叶绿色，花淡紫，果型端正，果色鲜黄，香味浓郁，酸、甜适度，纤维少，质脆嫩，品质上等，抗性强，高产、稳产，适种性好，经济效益高，既适合鲜食又适宜罐藏，耐储运，单果重1300g左右，最大可达2500g。

（2）巴厘　植株较卡因种小，但生长势强，叶片较卡因种短阔、叶色青绿带黄，叶背有白粉，叶面彩带明显，叶缘有刺。吸芽一般有2~3个，顶芽较卡因种和西班牙种小。在海南3月开花，花淡紫色。果形端正，圆筒形或椭圆形以至稍呈圆锥形，中等大，单果重0.75~1.50kg，大的2.5kg。果眼较小，呈棱状突起，果眼较深。最适宜鲜食。5~6月成熟。果皮和果肉均金黄色，肉质爽脆，纤维少，风味香甜，品质上等。该品种适应性强，比较抗旱耐寒，且能高产稳产，果实也比较耐储运。缺点是叶缘有刺，田间管理不方便；果眼比较深，加工成品率比卡因种低。

（三）育苗

菠萝采用无性繁殖方法育苗，最常用的是利用吸芽繁殖，也可用冠芽、裔芽等繁殖。无性繁殖的菠萝苗，常发生多冠芽、鸡冠果、扇形果、多裔果、畸形果、不结果等各种不良的变异，故在繁殖采芽时，应注意母株的选择。目前，生产上大部分采用冠芽、裔芽、吸芽三种芽种进行无性系繁殖。最主要的是利用吸芽，冠芽利用得相应较少，采用冠芽繁殖的苗木果实大，但结果晚，果实肉质粗，因此只是在繁殖材料比较缺少时采用。冠芽繁殖应选择土壤疏松、排水良好、土壤肥沃的地块，育苗地提前整地起畦，施下基肥后等待育芽，将采集来的小芽大小分级，以5~10cm的株行距假植，种植不宜过深，以利根叶伸展；待小苗长至25cm即可出圃供应定植。裔芽繁殖注意采果后留在果柄上的小裔芽，对植株喷水肥或撒施速效肥，使小芽粗壮，迅速生长，长至高25cm时摘下做种苗。当优良品种种苗奇缺时，利用未结果的植株挖去生长点以增殖种苗（母本），待植株生长20片绿叶时，用螺丝刀挖除植株生长点，深度以破坏生长点为准，促使吸芽萌发、生长，达种植标准时分芽定植。植株越大，长出的吸芽越壮。

（四）定植

建园要选择排水良好、土壤肥沃、土质深厚、疏松、透气微酸性的沙壤土地。定植前施足基肥，每667m^2施土杂肥5000kg，氮、磷、钾含量大于45%复合肥80kg，全棚深翻30cm以上，肥料与土充分拌匀。为避免烧根，先浇水浸实，待土壤干皮后定植。栽植前将种苗基部的干枯叶片剥除，以利新根抽生。有木质化的老茎用刀切除，伤口晾干12d，干后栽植，苗心垂直向上，栽深2～3cm，株行距25cm×30cm，每667m^2栽4000～5000株，以南北行为宜。栽后浇透水，地面稍干后松土，并将喷雾器片拧下对准苗心冲水，以防泥土落入苗心，影响种苗生长。

（五）肥水管理

定植前施足基肥是获得速生高产的因素之一，同时要结合施速效肥作追肥。栽后一个月便可施肥，主要追施氮肥，每667m^2追施尿素10～15kg，施后浇水，以后每月施一次，共施3次。前期主要促苗生长，以氮为主，后期以磷钾为主。第1次在9～10月，施催花保果肥，每株施磷肥0.01kg、土杂肥0.5kg，混合施在茎基周围，然后培土。第2次在3～4月，施壮果催芽肥，每株施硫酸铵2g。第3次在6～7月，施壮芽肥，每株施用硫酸铵2g或有机肥0.5kg施于基部。这次施肥很重要，此时果实已采收，母株上的吸芽需要较多的养分，以迅速生长。浇水依照见干见湿的原则，结合施肥进行，雨季注意排水，以防积水引起根腐或凋萎病的产生。

（六）栽培管理

1. 促花

进行人工促花，可以缩短菠萝的生长期，提前收果，提高单位面积产量；可以使菠萝抽蕾一致，方便管理、采收、储运和加工；还可以控制菠萝的结果期，调节收获季节，分期分批采收，显著地提高菠萝的经济效益。人工催花常用的药剂有乙烯利和电石。

(1) 乙烯利　以 250 ~ 500μL/L 的乙烯利溶液灌心，每株 30 ~ 50mL。如果加入 1% ~ 2% 的尿素和 0.5% 的硫酸钾，则有降解及增加营养作用，效果更好。

(2) 电石　把 0.8 ~ 1.0g 电石粉投入菠萝植株顶部的喇叭口中，然后加水 30 ~ 50mL。

必须注意，凡实行人工催花的植株，一般应在 16 个月以上的株龄，株高 33cm 以上，巴厘种叶数不少于 25 片，卡因种不少于 35 片，而且植株要生长健壮。

2. 苗木和果实管理

苗木在定植期或果实膨大期，要及时用稻草进行覆盖地面，可防止烈日直射引起苗木萎蔫和果实日灼病的发生，防止杂草滋生，保持土壤湿润疏松，增进土壤的团粒结构，改善生态环境，减少病果的产生，提高果实的产量和质量。还要注意中耕锄草，做到早除、勤除、除净。

当果实长到一定程度时及时摘除果实的冠芽，以利果实发育。菠萝开花后，果实迅速膨大，必须及时摘除冠芽，并加强施肥管理和病虫害防治工作，以促使果实膨大，提高产量和改善品质。具体管理技术措施是：① 摘冠芽，在菠萝开花后 20d 左右，将菠萝果实顶部的冠芽摘去，用手轻轻扭动向下扳即可，不要伤及果实，在阴天进行。这样，能减少无效养分消耗，集中养分供应果实生长发育需要，能使果实快速、充分膨大。② 摘顶芽，要在晴天上午进行，避免阴雨天封顶引起烂果现象。③ 摘裔芽，果实封顶后，裔芽生长快，影响果实生长，要及时摘除，注意分次摘除。一次摘除过多会导致伤口难以愈合，造成果柄萎缩，早熟减产。④ 留细芽，在保证当年产量的同时，应注意选留及培养好更细芽，以保证来年结果。⑤ 分苗留苗，原则是去弱留壮。分苗时选留接近地面粗壮的大吸芽作为第 2 年结果株，其余的摘除。若是双株留苗，分苗时注意使保留的芽在母株中形成对称生长，不要集中一方，影响吸芽生长。

（七）病虫害防治

菠萝在北方温室栽培可能发生的病害有心腐病、黑腐病等，虫害发生较少。心腐病发病初期可用50%多菌灵500倍液或托布津1000倍液防治，或75%百菌清600倍液、40%乙磷铝可湿性粉剂200倍液喷雾。叶斑病在发病初期，可喷1%波尔多液保护，当病害转严重时，用甲基托布津、灭病威或百菌清等杀菌剂交替喷施。

十、百　香　果

百香果（*Passionflora edulis* f. Flavicarpa Deg.），又名西番莲、情人果。百香果科，属热带、亚热带特有水果，原产于南美洲巴西等地。百香果叶形奇特，花色鲜艳，四季常青，极具观赏价值，其果实为椭圆形浆果，单果重60~120g，果汁橙黄，馨香优美，具有芒果、石榴、柠檬等十多种水果的浓郁香味，风味独特，因此得名百香果。

（一）营养价值

百香果含有丰富的蛋白质、脂肪、碱酸，还有糖、维生素和磷、钙、铁、钾等多种化合物及17种氨基酸，营养丰富。百香果素有“饮料之王”的美称，其果汁可加工制成纯天然优质饮料，不但风味独特，营养丰富，且滋补健身，帮助消化，市场供不应求，越来越受广大消费者的喜爱。还可以加工制成果露、果酱、果冻、蜜饯。百香果全身是宝，其种籽含油量达25%，油质可与葵花油媲美，适于作食用油；果皮提取的果胶是食品加工的良好稳定剂和增稠剂；根、茎、叶均可入药，有消炎止痛、活血强身、降脂降压等疗效；百香果提取的香精是点心和酒类的良好添加剂。

（二）栽植品种选择

百香果主要栽培品系有黄果品系、紫果品系及紫红果品系三大类。

1. 三大品系的优缺点（见表4－1）

表4－1　百香果三大品系优缺点比较

区别	黄果品系	紫果品系	紫红果品系
卷须	卷须是紫色，茎呈明显紫色	卷须及嫩枝呈绿色，无紫色	
果实	黄色、圆形，星状斑点较明显	紫色、紫黑色	果皮紫红色、星状斑点明显，果形较大
单果重/g	80～100	40～60	100～130
抗寒能力	不耐寒	耐寒	耐寒
抗病能力	强	弱	强
果汁含量	45%	30%	40%
口感	酸度大（pH≈2.5）	甜度高	糖度达21%
香气	香气淡	香味浓	味极香
食用方法	加工果汁	鲜食	鲜食、加工果汁

2. 品种介绍

（1）黄果系列　枝条略紫色。果实球形，成熟果实黄橙色（见图4－8），果长6～12cm，果径47cm，果皮厚0.31cm，果汁黄橙色，风味佳，酸性强（pH约2.5），宜加工制汁。自花授粉坐果率低，需人工辅助授粉，抗茎基腐病，较不耐寒。

栽培品种主要有夏威夷的Yee、Sevcik、Kapoho、University Round、Pratt，巴西的Goias－Col，我国台湾选出的秘鲁圆形、泛美、维琪，大陆种植的有泰国种、澳A、澳B、华杨1号、华杨2号、华杨4号、华杨7号、杨黄、汕黄、圭亚那和华自等。

图4－8　百香果黄果结果状

① Goias－Gol：果实黄色，果汁具橙的风味，含糖量高，产量高（33t/hm^2）。

② 泰国种：定植后51d初花；果皮有众多不规则斑点，斑点大小为1.2mm，由果底至果顶呈放射状排列，果皮较厚，果肉充实；茎紫红色；熟果黄色，果纵径为6.75cm，横径6.6cm，单果重92.8g。

③ 澳A种：茎为淡紫色，熟果金黄色，果皮光滑，鲜亮，斑点少且均匀，果肉与果皮在果实成熟后分离，单果重75g左右。

④ 澳B种：茎为淡紫色，熟果浅黄色，单果重约87g，果皮淡黄色，果皮斑点散状排列多且均匀。

（2）紫红果系列

① 紫星：幼果绿色、卵圆形，开花后17d长至最大果，之后基本不会再膨大，平均单果重50～60g，从开花至成熟需60～70d，成熟果果皮由紫色转为深紫色，有蜡质光泽，革质，较坚韧，果肉黄色（见图4－9、图4－10）。紫星自花结实时，坐果率高达50%以上。紫星叶片全年浓绿，花形奇异美丽芳香，耐寒性强（－5.3℃未见严重冻害），鲜果鲜食风味怡人，果汁鲜美浓香可口，唯不耐长期储藏，在没有加工条件的地区不宜做太大规模的鲜食栽培（也因其繁殖种植极易）。

图4－9　百香果紫红果果实

图4－10　百香果紫红果结果状

② 台农一号：农一号西番莲是台湾凤山热带园艺研究所用紫色种与黄色种杂交选育出来的一个优异品种，其风味浓郁、营养丰富、品质极佳、果个最大，是我国台湾最优良的西番莲品种。

（三）生长特性

1. 温度

百香果最适宜的生长温度为 20～30℃，冬季棚内温度不应低于 8℃，－2℃以下时会冻死。棚内冬季温度保持在 15℃以上时，百香果能正常开花结果；夏季温度超过 30℃以上时，坐果率显著降低，甚至不开花不结果。

2. 光照

作为热带水果，百香果喜欢充足阳光，以促进枝蔓生长和营养积累。长日照条件有利于百香果的开花，在年日照时数 2300～2800h 的地区，百香果营养生长好，养分积累多，枝蔓生长快，早结，丰产。

3. 湿度

适合百香果生长的最适湿度为 60%～75%，开花时期棚内湿度尽量保持在 50%～65%。

4. 土壤

百香果适应性强，对土壤要求不严，偏酸或偏碱均可正常生长。应选择土层深厚、肥沃疏松、土壤 pH 为 5.5～6.5 沙质壤土为佳。

（四）栽培管理

1. 浇水

百香果为浅根系植物，喜湿润，即忌积水又怕干旱。首先温室内设好排水沟，防止棚内积水，浇水应掌握见干见湿的原则，每 7～10d浇水 1 次。

2. 施肥

（1）新栽植幼苗的施肥　前期以氮肥为主，磷钾肥为辅，以促进植株生长；定植后 10～15d 施人粪尿或 0.3%～0.5% 的尿素水，促进枝条生长，每隔 10～20 天施 1 次，株施腐熟人粪尿 2.5～

3kg，复合肥0.05kg，并且每15~20d叶面喷施0.1%尿素+0.2%磷酸二氢钾以促进植株加快生长。

（2）开花结果树的施肥

① 花前肥：每月株施0.10~0.15kg的钾肥、0.1%尿素，促进花芽分化。

② 果实膨大期：适当增加氮肥的施用量，用来催果与增加口感，株施尿素0.15kg、钾肥0.2kg，具体施肥量随树体的大小而增减。

③ 补充微量元素肥：避免引起缺微量元素导致的落花、落蕾、落果及果实畸形现象，应喷施1%磷酸二氢钾+0.5%尿素+0.2%硼锌钙肥。

④ 果后肥：采摘后应及早及时补充营养，此次施肥主要以氮肥为主，株施0.2kg尿素。

（3）休眠期施肥　百香果虽属常绿树种，但冬季也有一段植株生长缓慢阶段，施肥的最佳时期为11月下旬至翌年1月中旬，此次施肥主要以腐熟的有机肥（农家肥）为主，株施20~30kg农家肥、尿素0.5kg、磷肥0.8~1.0kg、钾肥1.2~1.5kg。

3．人工授粉

百香果每天上午11时左右开花，开花后应及时人工授粉，以提高结果率。人工授粉有以下方法。

（1）毛笔授粉　用毛笔将花粉均匀抹到雌蕊的三个柱头上。

（2）花粉水喷雾　用镊子采集花粉囊放到干净杯中，然后加水，使花粉溶到水中，再用喷雾器把花粉水喷到雌蕊柱头上。

（3）人工抖动　可以用手抖动行间开花植株，或用鸡毛掸子拂扫百香果花头，使花粉落到待授粉植株上。

（4）人工增风　利用鼓风机人工增风，将百香果花粉吹落，自然降落到待授粉植株上。

（五）繁殖方法

1．种子繁殖

百香果种子繁殖一年四季均可进行，多在春、秋季播种。一般采用育苗移栽法，选长势健壮、无病虫害、高产稳产的植株作为母株，选取果实性质良好、完全成熟的果实，取出种子，除渣后晾干即可播种。

播时1kg种子用多菌灵10～20g拌种20min左右，然后将种子均匀撒播在苗床上，盖一层薄草，淋足水。播后应根据天气情况浇水，晴天每天早晚喷水1次，约半个月后苗开始出土。当出苗达80%以上时，及时追肥，可用稀水肥或稀尿素液泼浇以培育壮苗，待幼苗长出4片真叶时移栽。

2. 扦插繁殖

主要采取扦插的方法，选择发育饱满、粗壮的半年生枝条为插穗，插穗保留2～3个叶节，长度为10～15cm，在茎节下端0.5～1cm 45°斜角，插条用50mg/kg IBA浸泡10s后扦插，扦插基质可选择粗砂、草炭等，扦插后要使基质含水量保持在饱和含水量的50%～60%。插后20～30d即发根，成苗率可达80%以上。随后假植塑料袋内，待恢复生长后，再定植于大田。

种植密度：一般株行距1.5m×2m或1.2m×1.5m即可，每667m^2栽350～450株。定植后宜用地膜覆盖，以保温保湿，促使其快速生根。

定植时间：视苗的高度而定，苗高达25cm以上即可定植，有浇水条件的地块可即早定植，缺水地块最好待雨季开始再定植。如果天气干燥，每隔10～15d浇1次水，常保土壤潮湿。

壮苗标准：苗高25cm，离土面3cm茎干直径0.6～0.8cm，叶色青秀而不浓绿，根系发达，白根多。

（六）整形修剪

百香果是藤本果树，需要搭架栽培，以便管理、采收。棚架的搭设有多种形式，目前以水平型棚架和单线篱式架为主。单线篱式架柱高2.3m，在株与株之间竖立，植入地下约30cm，每条柱拉2条12号铁丝。

1. 上架

幼苗恢复生长后，及时抹去侧芽，促使主蔓增粗，当主蔓长到

50～60cm时，应设立支柱来引导上架。

2. 1～2年生树修剪

主要采用复式修剪法（双层四大特点整形方法），当主蔓长到70～80cm时摘心留侧蔓2个，分别上架，作为第一层主蔓；当植株长到150～160cm时，再分别从每个侧蔓上留出两个侧蔓，作为第二层主枝，分别牵引向反方向上架，形成双层四大枝蔓整形，此期间应将80cm以下和80～160cm的侧枝萌芽、萌枝全部疏除或抹掉。

3. 成年树修剪

为了防止棚面过于茂密，采果后要尽早修剪，但忌重剪，每年无须强剪，若过度修剪，易使主蔓逐渐枯萎，严重时整株死亡。一般每批果采收后，每个侧蔓留3～4节进行短截，促其重新长出侧蔓，同时疏除过密枝条，垂下地面的枝条离地面20～30cm处剪除，以保持通风良好。冬季最后一批果实成熟收获后，所有的结果枝都从基部重剪，留3～6cm。

（七）花期管理

花期为从每年的2～3月开始开花直至12月。2～6月开的花，花后40～60d成熟；7～8月开的花需60～80d成熟；9月开的花需要80～90d成熟；10月或以后开的花则需要90d以上，果实才能成熟。

温室栽培花期注意事项：

（1）温度　冬季棚内温度应保持在15℃以上，保证能正常开花结果，夏季棚内温度不应超过30℃。

（2）湿度　开花季节，湿度不宜过大，空气相对湿度保持在50%～60%最好。

（3）浇水　掌握见干见湿的条件下，尽量适当控水，提高坐果率，避免因水大引起的落花落果现象。

（4）授粉　在开花季节，棚内应设蜜蜂箱，提高坐果率。

（5）喷施微量元素肥　喷施1%尿素+2%磷酸二氢钾+0.5%硼锌钙。

（八）病虫害防治

1. 主要病害及防治

主要病害有苗期猝倒病、疫病、花叶病毒病、茎基腐病等，防治方法如下。

（1）要选择干净土壤栽植，保持田间土壤含水量，防止积水，远离各种瓜类、茄果类蔬菜与香蕉，及时清除、烧毁病叶、病枝。

（2）药物防治

苗期猝倒病：用猝倒立枯灵800倍液、苗菌敌800～1000倍液。

疫病：用世高1000～2000倍液、丙森锌600～800倍液。

花叶病毒病：用小叶黄绝1000～1500倍液、病毒灵1500～2000倍液、菌毒毙2000～2500倍液。

茎基腐病：用多菌灵500～800倍液。

2. 主要虫害及防治方法

主要虫害有潜叶蝇、蓟马、螨类等，防治方法如下。

潜叶蝇：用斑潜皇2500～3000倍液、阿维菌素3000～6000倍液；

蓟马：用喜讯3000倍液；

螨类：用红白螨死3000～4000倍液、利劈螨1500～3000倍液。

3. 预防措施

以预防为主，综合防治为辅。提倡生态防治，把病虫害控制在发病初期。

（九）采收

适时采收，一般在落果前10d即果色变紫（紫种）或变黄（黄种）、变红（红种）且稍有香味时采收，也可以等果实成熟自然脱落后，从地上拾新鲜落果。

十一、中 华 寿 桃

（一）中华寿桃简介

中华寿桃是从中国北方冬桃自然芽变中选育出的新品种，被誉为桃中极品，是发展绿色食品和出口创汇的优良品种（见图4－11）。中华寿桃个头大，最大可达1kg以上，平均400～500g；品质好，色泽美，成熟后的大桃颜色鲜红，格外漂亮诱人。果肉软硬适度、汁多如蜜。食后清香爽口，风味独特。含糖量可达18%～20%，并含有许多人体所必需的维生素及氨基酸等。

图4－11　中华寿桃

中华寿桃是山东省地方选育的优良晚熟桃树品种，1998年通过山东省农作物品种审定委员会的审定。中华寿桃属于晚熟品种，一般在11月上中旬成熟，果个极大，平均单果重730g，500g以上的果占30%以上。果实近圆形，果形端正，缝合线顺直，果面光滑，茸毛很少，果实套袋后底色乳白，着色鲜红，着色面可达75%以上。

中华寿桃果肉细嫩，风味妙特，香甜诱人，含有可溶性固形物21%，品质上乘。其营养价值极高，对人有清脑和胃、健脾、润肠、软化血管、降低血脂等多种功效。据测定，果实中可溶性固形物含量为18%～21%，含糖量14.6%，可滴定酸的含量为0.09%，糖、酸比为151∶1，维生素C含量7mg/100g，此外还含有蛋白质、脂肪、维生素B_1、维生素B_2、胡萝卜素等多种对人体有益的营养物质。近几年中华寿桃栽培面积迅速扩大，现在已引种到河北、天津、北京、辽宁、河南、山西、内蒙等地区。中华寿桃属于特晚熟桃品种，有其特殊的生物生态学特性，采用常规的桃树管理措施，往往达不到应有的效果，不能实现优质高产的目的。

应该注意的是中华寿桃的抗逆性差，不耐寒也不耐涝；不抗桃穿孔病；易感染细菌性穿孔病和真菌性穿孔病，缩叶病、枝干腐烂病、果实褐腐病、黑星病、绿盲蝽、食心虫、潜叶蛾等病虫害危害也较重。因此，在果园选址时，不要选择潮湿、低洼的风口、盆地和土壤黏重地块；应加强病虫害管理工作，注重病虫害的预防。

另外，中华寿桃抗寒力弱、果实着色性能不好、不套袋时易裂果、果肉容易褐变等。目前北京地区已基本淘汰（但在温室、大棚设施中还有生产）。要全面及时地了解每个品种的发展变化情况。

（二）栽培技术

1. 果园选择

果园土壤要求疏松肥沃、排水良好，有灌溉条件的沙质土壤最好，盐碱地、低洼地、土质黏重的地方不宜栽培。中华寿桃作为一个着色水平较高的晚熟桃品种，对土壤 pH 的要求严格，土壤 pH 一般应在 6 ~ 7 范围内。中华寿桃果实着色水平较高，缩果病表现最轻，无缺铁性黄叶病。调整 pH 的基本措施是增施有机肥，一般每 667m^2施 3000 ~ 5000kg，视土壤条件增减，同时每株树混拌过磷酸钙 2.0 ~ 2.5kg，禁用氯化钙、钙镁磷肥等碱性肥料，并经常多补充磷、铁、锰等养分。对强酸性土壤可施消毒石灰或草石灰 50 ~ 100kg/667m^2。

2. 嫁接繁殖

中华寿桃的苗木繁育主要采用嫁接育苗方法。在园地内用毛桃核在冬春季播种，培育实生苗。嫁接前注意做好苗地施肥、除草和防病工作，促进实生苗的健壮快长。嫁接时间一般在夏季 5 ~ 7 月或春季 2 月下旬至 4 月上旬。夏季采用单芽腹接，15d 成活后解绑、剪砧。如果适当早接，加强管理，当年即可培育出合格大苗；春季枝接，多采用单芽切接或劈接方法，2 年出圃，可培育出健壮大苗。

3．定植

定植前挖直径1m的定植穴，表土、底土分开放置，株行距一般3m×4m或3m×5m（株行距最好为株距小于行距，不要株行距相等，管理不便。另外必须注意行距大些有利于机械化作业）。底部每穴施农家肥40～70kg。选用整形带内有6～8个饱满芽、无病虫害、主根发达细根多、主干粗壮、苗高1m左右的一级苗，定植后，浇足水。树下覆盖$1m^2$的地膜，增温保湿。树干涂白，防治病虫侵害和日灼。

4．整形修剪

较多采用自然开心形，定干高以30～50cm为宜。栽植后，在距地面30～50cm处留5～8个饱满芽截干定型。在新梢长至50cm左右时，选择生长旺盛健壮的3个枝条作为培养主枝，其余的剪去。3个枝条的角度应大致均匀分布，自然开心。修剪当年和翌年的幼树，要对先端生长势强、角度不开张的枝条进行拉枝，以开张角度，疏除部分旺枝。及时进行生长期的修剪，采用抹芽、摘心等技术，培养枝组，改善光照，提高花芽质量。修剪三年生以上的树，一般不剪主枝。要疏除对主枝构成激烈竞争的枝条，拉开较密的枝条；缺枝的应拉伸周围的枝条，以占领空间。该品种应注意防止结果部位过快外移，主要在果树中下部培养永久性结果枝，可将中下部的粗壮枝或徒长枝扭转压弯。或在冬季修剪时重剪，翌年夏季摘心，去强留弱，去直留平，以培养枝组。内部枝组控制在50cm以内。盛果期修剪要控制主侧枝的旺长枝角度。采用培养、更新相结合修剪枝组，对过密的中枝组要疏除或缩剪，对外面的枝组，采用缩放结合，维持结果空间。中华寿桃属大型果品种，一般以短果枝结果为主，中果枝结果为辅，长果枝结果不好，因此，在修剪时应该注意尽量培养和保留中短果枝。

5．肥水管理

施有机肥为主，化肥为辅。在树冠外围挖深60～80cm的环形沟进行沟施或撒施基肥，每$667m^2$施农家肥3000～5000kg。一般每年施追肥3次，第1次追肥在萌芽前后施入，以施氮肥为主，磷肥为辅；第2次追肥在果实膨大期施入，以施磷肥为主，氮磷钾肥混合施用；第3次追肥在果实生长后期，以施钾肥为主。全年每667m^2施纯氮18~20kg、纯磷20~25kg、纯钾25~30kg。叶面喷肥全年5~8次，主要补充钙、镁、硼、铁、锌、锰等微量元素。5月上旬1次，6月上中旬2次，果实膨大期和采果前20d各喷2次以上，以磷酸二氢钾、果树专用叶面肥为主，浓度为0.3%~0.5%。

6. 果实套袋

中华寿桃果实套袋最好使用双层纸袋，应在5月底完成。套袋前喷洒75%的百菌清可湿性粉剂1000倍液，喷药后5d内完成套袋。果实采收前15d摘袋，如天气干旱，摘袋前浇1次水，摘袋时先撕开袋口，2d后再去袋。

7. 病虫害防治

中华寿桃病虫害较重，抓好防治尤为重要。落叶后首先做好清园工作，然后进行全园深耕，破坏病虫害越冬场所，减少病虫害越冬基数。当叶片落到70%~80%时，喷1:1:100波尔多液加600倍液1605，消灭部分越冬病虫，尤其对缩叶病、流胶病和小卷叶蛾等病虫害的效果特别显著。萌芽前再喷1次5°Bé石硫合剂加300倍液的五氯酚钠，再次压低越冬病菌以及红蜘蛛、蚜虫、介壳虫等的越冬基数。喷好以上2遍药对控制全年病虫害的发生至关重要。

中华寿桃若栽植在涝洼地和黏重土壤，细菌性穿孔病发生严重，如果防治不利，易造成大量落叶，影响当年产量和果实品质以及来年的开花坐果。防治方法如下。

（1）加强肥水管理，提高中华寿桃的抗病能力　结合增施有机肥进行土壤改良，黏重土壤加沙改黏，注意果园排水，利用抬高树盘和排水沟防涝。

（2）砍除园内混栽的李、杏、樱桃等强传染源　因为这些树种对细菌性穿孔病感病性极强，往往成为中华寿桃园中的发病中心。

（3）药剂防治　在中华寿桃发芽前喷布1次1:1:100倍波尔多液或4~5°Bé石硫合剂，铲除越冬病菌。5~6月喷施65%代森锌500倍液2~3次加农用链霉素300~400ml/kg，与800倍的大生M~45或喷克交替使用，病叶率可控制在45%以内。

早春的主要害虫有桃粉蚜、绿盲蝽、小卷叶蛾、潜叶蛾等，主要病害有穿孔病、缩叶病、流胶病等。这一时期要喷好花前、花后2遍药，即花露红期喷600倍液代森锰锌加2000倍液灭扫利，花后喷5000倍液农用链霉素加600倍液多菌灵加2000倍液吡虫啉。中后期主要防治潜叶蛾、食心虫、疮痂病、穿孔病、黑星病等。在中华寿桃上，由于细菌性穿孔病和真菌性穿孔病混合发生，且发生严重，所以杀菌剂应选择对致病真菌和细菌均有效的制剂，经筛选，叶枯唑和绿乳铜效果较好。杀虫药可选用吡虫啉、阿维菌素、灭扫利、灭幼脲等生物制剂和高效、低毒农药。

十二、板　　栗

板栗是木本粮食果树之一，果材兼用。他的主要特点，一是营养丰富，栗仁含淀粉40%，糖10%~20%，蛋白质7%，脂肪3%~6%，还含多种维生素、矿物质。二是用途广泛，生吃清脆可口，熟食细嫩香甜，既可作果用，也可代粮、佐餐，有“木本粮食”之美称；还可制作风味香美的加工食品，具有健脾、补身等多方面的保健作用。三是适应性强，选地不严，栽培较易，有“铁杆庄稼”之美称。四是经济效益高，采用嫁接良种苗和先进栽培技术，一般植后四年可投产，一般每667m^2产200~300kg，高的达500kg以上；板栗寿命长，“一年种植，百年受益”；栗果优质、耐储，素为我国闻名于世的出口物品，被国外誉称为“中国甘栗”。板栗适应性强，既耐干旱，又耐瘠薄，栽培容易，管理方便，产量可靠，号称“铁杆果树”，既是栽培果树，又是绿化荒山的好树种。

（一）主要品种

我国南北各地的板栗品种有300个之多，由于自然条件、繁殖和栽培技术不同，形成南方和北方两大品种群，两者在特征、特性上各有差异。北方品种群较耐寒，但坚果较小，肉质细腻，具糯性，蛋白质和糖的含量较高，淀粉含量较低，更适于炒食。南方品种群坚果较大，含糖量较低，淀粉含量较高，肉质偏粳性，更适于菜用。

栽培的主要品种：

（1）山东栗　坚果相对较小，肉质糯性，适宜糖炒栗。出口外销称泰安栗，宜于山东、苏北、皖北、豫北、陕北一带种植。

（2）燕山栗　坚果玲珑秀美，栗果重在10g以内，肉质糯性，味香，含糖量高达20%以上，是糖炒栗佳品。出口外销称天津甘栗，深受外商欢迎，占全国年出口量的80%，适于燕山山脉以南河北、北京、天津、山西、辽宁一带，年降水量500~600mm，年平均气温10℃左右地区发展。燕山板栗是近30年来自数万实生树单株中选出的优良品种。

（3）萝岗油栗　萝岗油栗产自广州郊区。单果重10g左右。果皮光滑，深褐色，果顶微具茸毛，涩皮薄，易剥离。果肉淡黄色，品质优，10月中旬成熟。

（4）河源油栗　河源油栗产自广东河源市郊。果大，单果重14g左右。果皮薄，红棕色，油亮有光泽，无毛或具短茸毛。果肉质细嫩香甜，蛋黄色，品质优。9月下旬成熟，丰产。

（5）封开油栗　封开油栗原产广东封开县长岗镇马欧村，约有500年栽培历史，分布于附近各县。果大，单果重15g左右。果皮薄，红褐色，有光泽，极少茸毛。果肉蛋黄色，具香气，品质优。9月下旬成熟。耐储性较好。

（6）农大1号板栗　农大1号板栗为华南农业大学利用快中子辐射诱变新技术，经16年试验研究筛选育成的早熟、矮化、丰产稳产板栗新品种，于1991年通过广东省科委组织的成果鉴定。该品种5月中旬开花，8月下旬开始成熟，果实发育期虽短，但单果重13g，与原品种阳山油栗一样，且保持了内含物的含量和较好的风味，肉质细嫩甜香。树体矮化，树冠紧凑，枝条短，母枝壮，连续结果能力强，雄花减少，雌花增多，坐果率提高。嫁接苗植后4年少量结果，5年投产，比原品种产量高。

（7）韶栗18号　韶栗18号为广东韶关市林业科学研究所于

1974 年从选育的优良实生无性系中选出。树冠圆头形，开张。单果重 11g 左右。果皮红棕色，油滑光亮。煮食糯质，味甘味，品质优良。9 月上旬成熟。

（8）九家种　九家种产于江苏吴县洞庭山，为当地主栽品种，是该省最优良品种之一，由“十家就有九家种”而得名。果中等大，单果重 12g。肉甜糯性，品质极佳，9 月下旬成熟。广西多点试种，均表现优良，8 月下旬成熟。树形小，适于密植，丰产，耐储。

（9）魁栗　魁栗产于浙江上虞，为当地主栽品种。果特大，单果重约 25g。果皮赤褐色，有光泽。肉质粳性，适合菜用。9 月中旬成熟。不耐储。华南引种可能较早熟。

（10）大果乌皮栗　大果乌皮栗广西平原、山地均有栽培。果大，平均单果重 19g。果皮乌黑。10 月上旬至中旬成熟。高产稳产，抗病力强。

（11）阳朔 64－28 油栗　阳朔 64－28 油栗是广西植物研究所从阳朔白沙古板乡选出的高产稳产中熟品种。单果重 14g，果皮红褐色，10 月中旬成熟。

（二）板栗对环境条件的要求

（1）温度　板栗适于在年均温 10～17℃的范围内生长。生长期 4～10 月，日均温为 10～20℃，开花期适温为 17～27℃，低于 15℃或高于 27℃均将影响授粉受精和坐果。8～9 月间果实膨大期，20℃以上的平均气温可促使坚果生长。

（2）水分　年降水量在 500～2000mm 的地方都可栽种板栗，但以 500～1000mm 的地方最适合。不同物候期对水分的要求和反应不同，特别是秋季板栗灌浆期，如水分充足，有利于坚果的充实生长和产量的提高。

（3）光照　板栗为喜光性较强的树种，生育期间要求充足的光照。日均光照时间不足 6h 的沟谷地带，树体生长直立，叶薄枝细，产量低，品质差。因此在园址的选择、栽种密度的确立、整形修剪的方式以及其他栽培管理方面，应考虑板栗喜光性强这一特点。

(4) 土壤　板栗适宜在含有机质较多、通气良好的沙壤土上生长，有利于根系的生长和产生大量的菌根。在黏重、通气性差、雨季排水不良（易积水）的土壤上生长不良。板栗对土壤酸碱度敏感，适宜的pH范围为4~7，最适pH为5~6的微酸性土壤。石灰岩山区风化土壤多为碱性，不适宜发展板栗。花岗岩、片麻岩风化的土壤为微酸性，且通气良好，适于板栗生长。

板栗适应于酸性土壤的原因，主要是其能满足板栗树对锰和钙的要求，尤其锰元素，当pH高时锰呈不可溶状态，不能被根系所吸收利用。板栗是高锰植物，叶片中锰的含量达0.2%以上，明显超过其他果树。但在碱性土壤中叶片锰的含量低于0.12%，叶色失绿，代谢功能特低。因此，板栗必须在微酸性土壤地区发展。

(三) 育苗

1. 实生苗和砧木苗的培育

播种繁殖有两种用途：一是用作砧木，二是直接供生产栽植。作为砧木用的苗木要求生长健壮，因此要选择充分成熟、大小整齐、无病虫害和无机械损伤的坚果作种子。直接供生产栽植的苗木所用种子，必须从生长健壮、丰产优质的母树上进行采集，以保后代表现良好。

(1) 种子的储藏　板栗种子必须保持较高的含水量才能生活力强，一旦失水即丧失活力，所以种子选好后需立即进行湿沙储藏。目的一是保持种子的水分；二是在湿沙和低温条件下，打破休眠。种子数量大时可用沟藏。选择地势高、排水良好、背风阴凉的地点挖沟，沟深、宽各0.8~1.0m，长度以种子的多少而定。沟底先铺一层厚约10cm的洁净河沙，然后将一份种子与三份湿沙掺匀后放入沟内；或不与湿沙混合，先在沟底沙层上放一层种子，种子上盖一层湿沙，种沙厚度各约10cm，如此层积至距地表15~20cm时为止。在放种子的同时，沟内中央每隔1m竖立一个直径约15cm的秸秆或草把，以利通气。种子放完后，上面用湿沙填平，再在上面培土成垄状，以防雨水渗入造成种子霉烂。如种子量少，可用小型沟、坑或装入通气的容器中埋藏，方法同上。对于储藏的种子要定期检查，发现问题及时处理。

（2）播种　板栗播种可分为秋播和春播两种。秋播多在秋末冬初，秋播的优点是栗实可不必沙藏，采种后稍加处理即进行。但秋播因栗实在大田中的时间较长，易受外界气候以及其他方面的损害，影响出苗率。春播要求种子约有30%以上出芽率，在每年的3月上中旬进行。

播种方法分直播和畦播两种。直播为不建立圃地直接按预定株行距播种建园，但管理不便，效果较差。目前多用畦播，集中培育。圃地应选择地势平坦、土层深厚、肥沃、排水良好的沙壤土。经过深翻整平，施足底肥，作成宽0.8m、长5～10m的畦面，在畦内开沟，行距约30cm，深度5cm左右。若土壤干燥要浇水，待渗下后以10～15cm株距点播，随播随覆土，厚度为3～4cm。播种时种子应平放在沟内，以利于初生根茎的伸长。

（3）苗期管理　幼苗出土后立即中耕除草，对直播建园的尤为重要，以保证幼苗生长。幼苗生长1个月后，种子内养分已消耗尽，可于6月上旬和8月上旬施肥2次，1hm^{2}约施尿素510kg，施肥后立即灌水。栗苗怕涝，除土壤缺水需灌水外在雨季要及时排水，避免圃内长时间积水。还要及时防治病虫害，确保苗全、苗壮。

2. 嫁接苗的培育

（1）接穗的采集和处理　优良品种的接穗必须从健壮树上采集粗壮的发育枝和结果母枝，可结合冬季修剪采集或随采随用。早采的接穗应在阴凉处用湿沙埋藏保鲜。为提高嫁接成活率，在嫁接前20～30d对接穗进行蜡封，即将接穗剪成嫁接时所需的长度，一般为10～15cm（2个饱满芽以上，粗枝可长，细枝可短），随之将工业用石蜡在容器中熔化，温度控制在85～100℃，石蜡化好后，拿着接穗的一端进行蘸蜡，并立即取出，速度越快越好，然后换头再蘸。这样使整个接穗包上一层均匀的石蜡层。蜡封的接穗充分散热后，集中装入麻袋或塑料袋中（储藏时间稍长要装入塑料袋中），放在阴凉处备用。

（2）板栗嫁接　分枝接和带木质芽接两类。在生产上利用较多的主要以春季劈接、插皮接、双舌接等枝接方法为主。

① 劈接法：适于砧木较粗或不离皮时，在砧木离地面 5～10cm 表皮光滑的部位剪砧，削平剪口，用刀从剪口中心垂直向下劈开，在接穗的下端两侧削成长 3cm 的马耳形削面，插入劈口内，对准形成层，用塑料薄膜包紧接口（蜡封接穗）。此法也可用于中幼砧和大树多头改劣换优。

② 插皮接（砧木离皮时采用）：又叫皮下接，在嫁接部位将砧木锯断，削平锯面，选树皮光滑处将树皮纵切一刀，深达木质部，以便接穗插入。在接穗下端削一个长 3～5cm 的马耳形斜面，入刀处要陡些，再较平直地向前斜削成马耳形。然后再将马耳形背面削尖，随即将接穗插入砧木的皮层和木质部间，用塑料薄膜将接口绑紧，封严。如砧木较粗，可插 2～3 个接穗，有利于愈合。

③ 双舌接：最适于砧穗粗度相差不多的情况下采用。其速度快，且接口结合牢固，伤口愈合快，成活率高，是当前生产上利用较多的一种。首先将砧木剪断，选择光滑面，削成 3.5cm 的马耳形削面，并在其削面上端 1/3 长度处垂直向下削一长约 2cm 的切口，形如舌状。接穗与砧木处理相同，然后将接穗削面的舌片与砧木削面上的切口对准，至两个削面重合，两个舌片彼此夹紧。砧穗粗度不等时，使一侧形成层对齐，用塑料薄膜将接口绑紧扎严。

④ 切接法：适用于小砧木。嫁接时将砧木离地面 10cm 处剪断，削平剪口，然后在砧木树皮平滑处一侧从上往下直切一刀，宽度最好和接穗直径相近，长约 2.5cm，接穗削成一个长约 3cm 的削面，下刀时斜向深入到木质部中央，然后往下削平，再在反面削一个约 1cm 长的小削面。把接穗放切口处，使左右形成层都对齐，如接穗较细，对准砧木一边的形成层，用塑料条将砧木和接穗包扎捆好。

接后管理：嫁接后 10 余天，砧木即发生萌蘖，要及时除去，以保证根系吸收的营养只供接穗生长。新梢长 30cm 以上时，为避免劈裂，要绑支棍。支棍长1m左右，把新梢绑在支棍上，腹接的可绑在砧木上。随新梢的生长每隔30cm绑缚一次。到枝进入加粗生长高峰期（7月中旬），雨季来临前，要解除绑扎材料。当新梢长到50～60cm时要摘心，以促壮枝壮芽。春季萌芽后常有金龟子、象鼻虫等食叶害虫为害，可喷新型植物素、灭扫利等。接口如有病害，可涂波尔多液防治。

（四）建园

板栗园一般建在背风向阳、土层深厚、土壤肥沃、有机质丰富、土壤pH 5.5～6.5、土壤湿润、排水良好的地方。栽植密度根据立地条件、品种特性和技术措施而定，一般栽300株/hm^2左右，如选择矮化栽培技术，平地栽450～600株/hm^2，山地栽600～900株/hm^2。板栗栽植，秋季春季均可，以春栽为多。板栗苗根系恢复能力差，起苗时应多带土，防止伤根过多。栽植时挖大坑（深、宽1m以上）、添加表土、施基肥、栽大苗、保好根、灌足水、浅栽踏实，保墒防旱是提高栽植成活率的关键。

（五）土肥水管理

凹地栗园土层薄，栽植穴小，应随树龄增长、树盘的扩大，定期扩穴和深翻改土，中耕除草和刨树盘也很重要。在栗树整个生长过程中，增加氮、磷肥均有良好的效果，基肥应在果实丰收后的秋季施入，以有机肥料为主，配合少量速效氮肥和磷肥效果更佳。第1次追肥于早春萌芽前后进行，施速效氮肥；第2次追肥在果实膨大期进行，施速效氮、磷、钾肥，促进果实增大，种仁饱满。基肥施50kg/株左右，追肥施（尿素）100g/株，大树和结果多的树要多施肥。

（六）整形修剪

1．幼树整形修剪

（1）疏散分层形　有明显的中心干，一般干高80～100cm，骨干枝较少，角度张开。主枝5～7个，分为3～4层，按3、2、1排列，各主枝枝间有较大空隙，可着生大量结果枝组。

（2）自然开心形　无中心干，只有3～4个斜生的主枝，着生在主干的上部，在主干上又长出侧枝，形成比较稀疏、开张、通风、透气良好的树冠，结果部位比较多，是一种比较丰产的树形。

2. 结果树的修剪

根据栗树生长结果习性，采用分散与集中相结合的修剪方法。分散修剪，即对强树强枝，适当多留结果母枝、发育枝和徒长枝，使营养分散，缓和树势枝势，形成较多的结果母枝，提高产量。集中修剪，即对弱树弱枝，通过回缩顶端枝，疏除细弱枝，控制结果部位外移，阻缓树冠扩展，使养分集中到保留的枝条上，由弱变强，形成较强壮的结果母枝。

具体修剪要求如下。

（1）生长枝　一般多采用中度短截修剪，促发分枝和延长枝。树冠内则应进行不同程度的短截修剪，培养结果枝组。

（2）结果枝　一般不进行短截修剪，待结果衰弱以后，从基部“抬剪”，促发新的结果母枝。若形成的结果母枝较多，可从基部留芽“抬剪”部分枝条，作预备结果母枝，缩小大小年结果差距。

（3）尾枝　是在结果母枝上端形成的枝条，一般不剪，可连续结果，结果衰弱以后，随结果母枝一次“抬剪”。

（4）雄花枝　因雄花枝开花以后就失去作用，一般从基部“抬剪”，促发新枝。

（5）纤细枝、弱小枝　树冠内部的弱枝、小枝应全部修除，以减少病虫为害。

3. 衰老树更新修剪

当栗树进入衰老期，应及时更新。根据衰老程度，将大枝从中、下部截去，促其萌发重新形成树冠。为保证每年有一定的产量，可根据各个大枝的衰老程度，有放有缩，放缩结合，轮替更新，直至衰老树更新完成。

（七）病虫害防治

1. 栗象鼻虫

危害芽、叶、果。防治方法：① 及时采果，捡净落果，防虫入土；② 利用其假死性，于早晨震落成虫，收集杀虫；③ 成虫期，用新型植物素喷杀；④ 冬季中耕，杀死越冬幼虫。

2. 栗瘿蜂

危害新梢。防治方法：① 加强栗园管理，减少损失；② 早春收集带有跳小蜂的木瘤，用铁纱笼罩，放养于栗园，以制害虫；③ 春暖后刚见木瘤时，秋季见有成虫时可用农药杀虫。

3. 栗干枯病

主要危害主干、主枝。防治方法：① 发芽前刮除病斑；② 注意树基培土，晚秋刷白树干，防止发生机械伤，做好接口保护，减少受害；③ 选抗病品种。

此外，还要注意防治天牛、大蚜虫、红蜘蛛、桃蛀螟等虫害，防治白粉病、锈病等病害，以确保正常生长发育。

4. 缺素症

板栗种植过程中往往容易发生缺素症。这多是由于施肥不合理、土壤缺肥及板栗生长对某些元素的特别需求所造成。一般在症状出现时及时防治 1 ~ 2 次，待症状缓解即可。

（八）采收

当板栗的球果变成黄绿褐色，苞口裂开，露出坚果，坚果皮已变为赤褐色或棕褐色，完全成熟的坚果自然脱落即可采收。采收方法：一是拣拾自然落果，每天早晚各拾 1 次；二是在总苞部分开熟之后，用长竿打落拾取。打下总苞放通风干燥处，每隔 3 ~ 5d 洒水 1 次，10d 左右总苞自然开裂，然后取出果实，及时储藏。

十三、无 花 果

（一）无花果简介

无花果属于桑科无花果属植物，营养丰富，特别是含硒量高达 10%，抗癌作用明显。还能对抗镉、汞等有毒物质对人体的危害，并能防治心血管病、痢疾、溃疡、痔疮及降低高血压等病症，提高人体免疫功能，润肺止咳，消肿解毒，催奶强身，滋阴壮阳，清火明目，开胃助消化，增加儿童体质，既是老少妇幼皆宜的绿色保健果品，又是防止人体衰老、延年益寿的良药。无花果根、茎、叶、果均可入药。无花果既是一种富集硒元素、无公害、抗污染的树种，又是风味独特、营养高、疗效好的水果，适合庭院栽培和大田成片种植，又可作为公路、城市园林和矿区绿化的好树种（见图4－12）。

图4－12　无花果

当年栽苗当年挂果，第3年即进入丰产期，单产2000kg/667m²，结果早、产量高，没有大小年，栽培管理容易。对土壤要求不严，在典型的灰壤土、多石灰的沙质土、潮湿的亚热带酸性红壤以及冲积性黏壤土上都能正常生长。抗盐碱能力强，在盐碱地能良好地生长结果。对环境条件要求不严，凡年平均气温在13℃以上、冬季最低气温在－18℃以上（无花果是落叶性亚热带果树，冬季最低温达到－10℃时，很多枝条就要受冻，温度达到－18℃时大部分品种地上部都要冻死。无花果冬季的抗冻性还与冬季的湿度有关，如果冬季过于干燥，会加重冻害的发生）、年降水量在400～2000mm的地区均能正常生长挂果。

建议根据栽培目的选择适宜的优良品种。以鲜果上市为主的，应选择品质好、耐储运的品种，如青皮、玛斯义·陶芬、金傲芬和美利亚等；以加工利用为主的，应选择果形大小适中、色泽较淡、可溶性固形物含量较高的品种，如布兰瑞克和青皮等；以露地栽培为主的，选择较耐寒的品种，如青皮、布兰瑞克和金傲芬等；保护地栽培应选择大果、品质较佳的品种，如玛斯义·陶芬、金傲芬、美利亚等。

（二）栽培技术

1. 果园建立

选择风小有水源、土层松厚肥沃、排灌方便、阳光充足的中性园地及交通方便的地区栽植。无花果栽植距离取决于品种、土壤、排水灌水条件以及整形修剪等，株行距不宜过小，栽植密度参照土壤和品种，一般大田以4m×5m为宜，最低不能小于3.5m×4.5m。树势旺、树冠大的品种，密度可适度减少；树势中等偏弱的品种，栽植距离可适当加大。无花果结果早，苗木定植可在晚秋或早春。但因无花果发根要求温度较高（9~10℃），所以春季栽植效果较好。在气候温暖地区的盐碱地栽培，在落叶后的秋季定植，根系生长良好。无花果忌地现象明显，一般不在当年刚废除的园中种植或改植。

2. 扦插育苗

（1）扦插时间　春插在3~4月芽开始膨大萌发时进行，保护地扦插可提早在1月进行；秋插在落叶后即可进行。春插由于气温较低，插穗需要50d左右才能生根，但其养分含量丰富，成活率可达95%以上，当年苗高可超过80cm；秋插苗20d即可发根，但成活率和当年生长量比春插苗差。

（2）插穗采集　春插的穗条应在落叶后至早春树液流动前，剪取优良母树上生长健壮、组织充实的一年生枝条，捆成小把埋于湿沙内储藏备用。秋插的穗条取自母树当年的健壮春梢，捆成小把，基部用湿毛巾包好，置阴凉通风处，要求尽量随采随插。

（3）插床准备　无花果喜光怕渍，应选择背风向阳、疏松肥沃、排灌方便、地下水位较低的农田作圃地。做床前要将床面翻松、耙平，整个床面略高于地面。结合翻耕施入腐熟农家肥，耙平后，用0.5%的多菌灵进行消毒，做成东西走向宽长为1m×2m规格的扦插苗床，要求做到土壤细碎、床面平整、沟道畅通，以便于排灌。

（4）扦插操作　按20cm的行距在插床上开15cm深的扦插沟，将穗条剪成15~20cm的枝段，一般留3个芽，上端距芽1.5~2.0cm处剪成平口，下端距芽0.5cm处剪斜口（扦插前用生根粉处理，可提高扦插苗成活率）。在沟内以15cm的株距斜插（60°）入土，覆土使插穗基部入土，上部1个芽露出土面，插后在插条两侧用脚踩实，浇透水，使插穗与土壤紧密结合。秋插苗还要在苗床上方搭盖塑膜小拱棚，以防插苗发生冻害。

3．定植

无花果生长较快，对苗木规格要求不严。一般用一年生截干苗（留10～30cm），秋植或春植均可。进行灌丛型栽培，栽培密度较大，行距2～3m，株距1～2m，保苗111～333株/667m^2，旱田薄地宜密，肥沃地块宜稀。进行Y形整枝法栽培时，行距为2m，穴距4m，每穴2株，密度170株/667m^2。栽种无花果前，园地应全面深翻，施足有机肥，栽植穴挖0.5m×0.5m×0.5m。栽前穴施土杂肥20kg/667m^2、磷肥2kg。栽后用土将苗木地上部分培土封严，防寒保水，待春季发芽前，再扒去以利发芽。

4．肥水管理

无花果应注意肥料的种类及不同使用期的数量，主要包括基肥和追肥两大类。基肥1年施1次，要求在秋末冬初施用，一般果树所需50%的氮肥随基肥施入。基肥以有机肥为主，肥效长，且有大量元素，也含有树体需要的微量元素，对果实品质的提高有利。无花果施基肥一般采用条沟施肥。条沟宽30cm，深30～50cm，把堆肥和其他肥料混合施用，并结合适量石灰；留一部分基肥撒于地面，翻入浅层土壤。基肥的施用量根据树的生长年龄不同，施用量不同。幼树每株施氮50～70g、磷80～100g、钾40～60g，成年树施入氮90～120kg/hm^2、磷120～150kg/hm^2、钾60kg/hm^2。如果树体生长势弱，可增加肥料，恢复树势。追肥次数应根据果树生长状况或生长发育期对肥料的需求而定，1年最多可达7～8次。无花果在果实发育期对氮肥、钾肥、钙肥的需量大，此时补充肥料应注意补充氮、钾、钙肥。追肥一般是在早春春梢旺盛生长前，春夏果及秋果果实迅速膨大期前为宜。在采收期间追肥易造成果实开裂，可用颗粒肥以减少裂果数量，或用0.5%～1.0%磷酸二氢钾或复合肥根外追肥，以达到增大果实和减少裂果数量的效果。

无花果对水分需求量比较多，不但叶片生长需要，而且地上、地下部生长都需要水，但土壤含水量不能过高，因而排水问题在无花果果园管理中显得非常重要。一般采用暗渠排水效果最佳。当地表水分过多时，可采用明沟排水，而水稻田改造园可利用畦间通道排水。在夏季干旱季节，叶表面蒸发水分多，当土壤水分供不应求时，叶面无法补充水分，会产生旱害，新梢生长缓慢，甚至造成早期落叶，果实的产量和品质下降，树势衰弱。即使在保水力强、土层深厚的果园，处于高温干旱期，灌水也十分重要。沙质土壤的水稻田改造园，由于土层浅，灌水量不能太多，但灌水次数要增加，如有条件，在干旱季节5~7d灌1次水。灌溉方法主要取决于地面条件，可采用漫灌、沟灌，也可采用滴灌和低喷灌。在成熟期水分不能多，否则会降低含糖量，造成裂果。

5. 病虫害防治

无花果病虫害发生较少，正常年份无需防治。但管理较差的老园片和大面积高密栽培时，在多雨年份易发生疫病和炭疽病，并有少量天牛为害。在提高田间管理水平的基础上结合药剂进行防治：病害发生前1个月即6月上旬开始喷施1∶2∶200波尔多液或600~800倍液大生M-45；发病后可喷施50%多菌灵800倍液。对于天牛，可人工捕杀成虫，或自制毒饵（高粱面3份+除虫菊酯1份混成膏状物堵塞虫孔）杀死幼虫。

6. 越冬

无花果枝条越冬易抽干，是冬季需要解决的主要问题。进入冬季，温度下降，枝干因冻受伤，早春气温大幅度回升，受冻害的枝条强烈受热，大量蒸腾失水，而土壤仍然冻结，根系活动差，吸水少，枝干失水大于供水，导致枝干水分过度损失而抽干，严重时会造成地上部分整株死亡。采取的措施主要有：① 对于秋剪后的树体，幼树主干用土封埋；留有4~5条保留枝的，挖放射状条沟封埋。② 多年生树，主干涂白，基部大墩培土，结果枝用草纸套袋，或设立风障，防寒防风，或用稻草捆包。③ 树下覆膜以及浇好越冬水和早春三关水等措施，都可有效地防止树干失水抽干。

7. 采收

根据果实成熟度、用途和市场需求综合确定采收期。无花果成熟时间不一致，要分批采收。采收成熟度以八九成成熟为宜，防止过熟采收。采收必须十分小心，手掌托住果实，手指轻压果柄并折断取下，勿撕伤或撕裂果皮。严禁对果实碰、挤、摩擦。为防止无花果汁液过敏，应戴塑料或橡胶手套采收。采收后立即按标准分级，用软物包装，进行预冷。

十四、文　冠　果

（一）文冠果简介

文冠果为无患子科文冠果属落叶小乔木或大灌木，也可栽培为高大乔木。自然分布于陕西、山西、河北、内蒙古、宁夏、甘肃、河南等地（见图4－13）。

图4－13　文冠果

文冠果在国外享有“油栗子”的美称，是具有很好发展前景的木本油料树种之一。种仁所含蛋白质不仅比核桃仁高，还含粗纤维、非氮物质等对人体有益的物质。果壳质量占51.7%，含油量0.76%；果仁质量占48.3%，含油量56.4%～70.0%；种子含油量30.8%。油中含脂肪酸、植物碱、β－香树精乙酸酯、蒲公英赛醇乙酸酯、丁酰鲸鱼酸乙酸酯等14种成分。油在常温下为淡黄色，透明，无杂质，气味芳香，芥酸含量低（2.7%～7.9%），能长时间储藏，可以供食用和工业用；此外，油渣含有丰富的蛋白质（种仁粗蛋白含量为26.0%～29.7%）和淀粉（种仁含糖类物质9.1%），故可作为提取蛋白质和氨基酸的原材料，经过加工也可以作为精品饲料，种子嫩时可以食用，味甜质脆。

文冠果株形优美，花、叶俱佳，花序大、花果密，春天白花满树且有光洁秀丽的绿叶相衬，花期可持续20多天，具有较高的观赏价值。文冠果根系发达，萌蘖性强，生长较快。喜光、耐半阴。对土壤适应性很强，耐瘠薄、耐盐碱，在撂荒地、沙荒地、黏土地、黄土地和岩石裸露地上都能生长。抗寒能力强，耐旱性也很强。不耐涝、排水不良的低洼地、重盐碱地，未固定的沙丘不宜栽植。

（二）栽培技术

1. 育苗方法

（1）插根育苗法　在春季文冠果起苗时进行苗根的选留。起苗后挖出残留在地下粗0.4cm以上根系，或挖取部分老树的根截成长10～15cm的根段，区分上下，包扎成20条根的捆，进行湿沙埋藏，准备扦插。在插前深耕20～25cm，每$1hm^2$施基肥4500kg，采取床作或垄作育苗。在平整好的土地上进行插根，行距15～20cm，插根距离15cm，先开窄缝，把准备好的插根区分上下后垂直插入缝中，切勿倒插。插根顶端低于地表2～3cm，插后合缝灌水沉实，待水下渗后进行松土。一般在插根后15～20d愈合伤口，开始萌芽出土。根穗上萌发许多芽，选留一个健壮的芽，其余全部摘除。利用根插育苗，$1hm^2$地挖出来的根可供1.0～$1.5hm^2$圃地育苗，苗木质量符合标准，成活率在75%，平均苗高62cm。

（2）留根育苗法　利用文冠果深根、根蘖萌芽力强的特点，在文冠果起苗后，利用苗床深层残留的根系再度生产苗木。在原苗床扒土（主要降低地表高度，增加表土温度），扒土深度以能见到残留根系的顶端为止。扒出的土在行间筑埂，而后立即灌水，水渗后松土。为保证苗木质量，待萌生的幼芽（根蘖苗）出土后，对多蘖的苗要摘芽定株，即将茎细、叶小的萌芽及时除去。

（3）根蘖育苗法　选择丰产、健壮的优良单株为母树，经过人工抚育措施，让母树的根生芽、抽茎、长叶，成为独立的新文冠果树。早春解冻后，在母树树冠外围1/3处深翻，深度以见到母树外围的须根为止。这样在6月上、中旬于断根处出现根蘖苗，第2年春季可起出进行移栽。为了避免影响母树的生长发育，可于掘苗后施肥灌水。

2. 园地选择及整地

应选择土壤深厚、湿润肥沃、通气良好、无积水、排水灌溉条件良好、土壤pH 7.5～8.0的微碱性土壤，按经济林标准进行集约化经营管理。

3. 定植

文冠果既可秋季定植，也可春季移栽，以秋季落叶时（10 月中下旬）栽植为最好，尤其是大面积发展且不具备浇水条件的山区丘陵，特别要求秋栽，不需浇水成活率也能高达 90% 以上。春季早栽也是提高成活率的关键技术，土壤解冻深度达到 30cm 即可栽植。文冠果栽植成活率极高，较杨树高 37%，较刺槐高 18.5%，较山杏高 49%。

适当密植可增加早期产量，提高效益。具体密植应根据立地条件而定。土质肥沃、有灌溉条件的地块宜稀一些，土壤瘠薄、无灌溉条件的地块宜密一些。旱地条件下，可按 2m×2m 行株距栽植，每 667m^2定植 170 株左右；也可按 3m×2m 株行距设计，每 667m^2定植 110 株左右。有灌溉条件的地块，可按 3m×3m 株行距设计，每 667m^2栽植 70～80 株。

4. 整形修剪

幼树定植后及时定干，干高 40cm 左右，肥地、水地适当高些；苗高不足 40cm 的不定干。当年 6 月中旬进行夏季整形，选留 3～4 个主枝，一个中央干，其余枝条短截，留 5～10cm 丰产桩，遇根蘖坚决除掉。当年 7 月初再次察看树形，发现根蘖及选留主枝下的萌蘖及时剪除，以使养分集中供应所选定枝条，促其生长。所留主枝应分布均匀，角度开张，相互错落有致。当年冬季整形修剪只作为辅助手段，不得重剪。所选留的主枝只要高低一致，应放开促其生长，若有过强枝，则适当回缩，使其高度与其他主枝基本一致。夏剪时短截的枝条是为提早挂果而专门保留的，应继续甩放，促进生长发育，力争早开花。

文冠果系顶芽开花结果树种，修剪中万万不可见头就剪，这是最基本的要领。无论小树还是大树，该留的顶芽必须留足。第 2 年的修剪任务是培养枝组，调整树形，促进开花。一般 6 月中旬开始夏剪。中央干应放开，让其充分向上生长。主枝一般可打顶（摘心）处理，促生侧枝。其余枝组一般放开不作处理，促生花芽。

若分枝过密，可适度剪除，以防造成竞争。7月中旬二次夏剪。发现主枝上有背上枝、直立枝，一般均作剪除。其余枝不应过多打头，促其发育。根蘖应及时除掉。

三年生树一般均已挂果，此时的任务是控制横向生长，防止郁闭，留好二层主枝，养成优良树形，尽早提高产量。二层主枝与第一层间距40cm左右，选留2～3个。层间主干上的分枝可回缩一半，培养成结果枝组，待过于郁闭时再行疏除。第一层主枝应继续打头，促生分枝。郁闭处应适度疏除或回缩。

以后的修剪应本着“依树造形，促进丰产”的原则进行。四五年生以后的树每年均能形成大量花芽，春季大量开花，但落花落果十分严重。此时应适度剪除花芽，使养分集中，提高坐果率。

开花量过大的树，可适度疏花。文冠果挂果过密的，应在果实有拇指大时及时疏果。留果量应控制在40～50片复叶养1个果的水平上。留果过多，极易落果，并造成大小年现象。

5. 喷洒生长调节剂

文冠果落花落果十分严重，有时甚至有花无果，提高坐果率是增收的重要手段。解决落花落果问题，关键是要加强果园管理，增施肥料。在花期喷洒萘乙酸钠对提高坐果率、增加产量有明显效果。经实验，可提高坐果率10.2倍。

6. 病虫害防治

加强苗期管理，及时进行中耕松土，铲除病株，实行换茬轮作，林地实行翻耕晾土，以减轻病虫害的发生。

（1）木虱　早春喷蚍虫啉粉剂4000倍液毒杀越冬木虱，以后每隔7d喷施1次，连续喷3次可控制木虱的发生。

（2）黑绒金龟子　可用50%辛硫磷乳油，用量为3.75kg/hm^2，制成土颗粒剂或毒水，毒杀幼虫；早春越冬成虫出土前，在树冠下撒毒土（40%二嗪农乳油9kg/hm^2）毒杀，成虫期可用80%敌敌畏乳油600～800倍液喷叶。

7. 采收

作为鲜果的，可在种仁内含物变浊、已成半乳状时采收出售，种仁若开始发涩则不能再采。作为油料，须等果皮变黄、种皮变黑、种子完全成熟后采收。采回后日晒开裂，待水分降至13%以下时收储待售。晒种应在土地或席子上进行，不能在水泥地、石板上晾晒，以防影响种子生活力。

十五、树　莓

（一）树莓简介

树莓又称托盘、山莓果、悬钩子、马林果，中草药中称其为覆盆子。主要分布于北半球温带和寒带，少数分布于热带、亚热带和南半球。我国北自大兴安岭，南至海南岛，东至台湾，西至新疆都有野生树莓分布（见图4－14）。多年生落叶小灌木，树高1.5～2.0m。其果实颜色有红色、黄色、紫红色和黑红色。其中红色占主导地位，称之为红树莓。红树莓富含超氧化物歧化酶（SOD）、鞣化酸、水杨酸及覆盆子酮等，其中树莓果实中鞣化酸含量1.52mg/100g鲜果，居各类食物之首。所含鞣化酸被美国科学家证实是预防癌症最有效的物质。

图4－14　树莓

树莓与一般灌木不同的是没有2年生以上的地上树。树莓与半灌木也有不同，半灌木的茎在当年冬天几乎全部衰亡或地上部只留下很短部分，而树莓1年生茎可以越冬，只在第2年结果后才干枯衰亡。然后，又萌发出新茎，年年周而复始生长。树莓果与草莓极相似，都是聚合果或多心皮果，果实成熟时与花托分离。当采果时，果托留在果树上，果实中间是空的，属空心莓亚属。

树莓易种易管，极少病虫害。结果早，定植第2年开始结果，第3年进入盛果期。果实成熟早，7月上中旬即可上市。一次定植，可连续挂果20～30年。树莓果实可加工成果汁、果酱、果酒，效益倍增。树莓果中富含的生物色素，颜色鲜艳，对光和热的稳定性好，是天然的食品着色剂。因其有独特的味道，可作为食品加工的天然香料。

我国树莓产业目前正处于起步阶段。近些年来，全国树莓栽培面积快速增长，主要栽培地区为辽宁、黑龙江、吉林、江苏、江西、陕西、北京等地。从市场销售上看，树莓的销售主要为出口，占总产量的90%以上，其他近10%为省内外消化。目前，我国树莓已经形成四大产业带：以北京为中心含大连、丹东、沈阳、青岛、河北一线的环渤海产业带；以长白山及鸭绿江、松花江为中心的“二江一山”产业带；以秦岭为中心的中部产业带；以南疆为中心的西部产业带。目前树莓项目已得到国家科技部、中国林科院、中国农科院等科研部门的肯定和推荐，而且树莓的引进、发展已被列入国家“948”计划。

（二）栽培技术

1. 园地和品种选择

树莓是喜温、喜光、喜土壤肥沃且湿度适中的树种，所以果园应选择土质疏松、肥沃、水源充足的地块，地势平缓或向阳坡地，且交通方便、集中连片。土壤pH要求在6.5~7.0，壤土或沙壤土为好，不要在种植过番茄、茄子、马铃薯、草莓等易感染黄萎病作物的土壤上栽培。

果园根据面积、自然条件和架式等进行规划，依运输和生产管理的需要，设置主道和支道，将园地划分为若干小区。根据树莓品种对生态环境条件的适应能力，选择适宜的品种。选择分生繁殖合格苗木，提倡采用组织培养无病毒苗木。

2. 栽培架式

双篱架栽培适合大面积生产的果园，其中双臂十字型架是目前以及将来最适宜的树莓搭架方式。它是集经济、适用、便于田间生产于一体的现代化搭架方式。双臂十字型架在栽培行中间每隔5~10m设立柱，在立柱距地面1.2~1.4m高处拉80cm长的横杆，横杆与立柱、栽培行垂直，在横杆头上5cm处拉一道铁丝。春季将二年生的结果母枝引缚到篱架两侧的铁丝上，一年生枝条不用进行任何引缚，只需要及时将栽植行两侧长势旺盛的一年生枝放入栽植行的铁丝内即可，因为当年枝条在生长前期直立性状较强，多集中在两臂中间生长发育，结果枝则在两侧铁丝处生长。

3. 栽植技术

（1）整地　以秋季为宜，全面深耕一遍园地，再耙平。定植行为南北走向，挖沟或穴栽植，定植沟宽、深各50cm，长度根据地块而定，一般不超过100m。挖沟时把表土与底土分开堆放。回填时先把一部分表土回填到沟底10cm厚，再把剩余表土与厩肥混匀填入沟底，一般每100m定植行施入腐熟厩肥1500kg以上，最后回填底土。在定植沟两侧用底土做梗，浇水将土沉实，以备栽植。两土梗间距60～70cm。

（2）栽植时间　春季于土壤解冻后到苗木萌芽前（3月下旬到4月下旬）栽植，秋季应在苗木落叶后到土壤解冻前栽植。

（3）苗木栽植前处理　先将分生繁殖和压条繁殖的合格苗木进行根系修剪，定植前用1%硫酸铜溶液浸泡苗木根系3～5min，对苗木消毒，再放清水里浸泡24h。进行苗木分级后，用泥浆浸泡后栽植。泥浆由1份园田土加1份腐熟厩肥，再加清水8～10份调成。也可蘸生根粉，以促进生根。

（4）栽植方法　树莓栽培方式一般采用带状法或单株法，主栽品种与授粉品种的栽植比例按8∶1配置。①单株法：对于发根蘖少而枝条较直立的品种，如黑树莓和紫树莓，每穴1～3株，株距60～80cm，行距2.0～2.5m。②带状法：对于发根蘖多的红树莓、黄树莓，分为宽带栽培和窄带栽培。两种方法各有其优缺点，宽带栽培枝条多，产量高，但光照和水分条件差，采收和管理都不方便；窄带栽培枝条较少，产量较宽带略低，但是通风透光好，采收方便，管理容易。宽带栽培行距3.0～3.5m，株距为0.5～0.7m，带宽1.2～1.5m；窄带栽培行距2.0～2.5m，株距0.8～1.0m，带宽1m。

苗木栽植时，在定植垄上按株距要求挖深、宽各30cm的栽植穴。将一级苗木放入栽植坑内，扶正，纵横对直，边填土边提苗，踩实，使根系舒展并与土壤紧密结合。栽植深度以原苗根际与栽植沟面平齐为宜。栽后灌一次透水，待水渗下后及时封树盘，并将初生茎用沙壤土埋上 10cm 左右，以防芽眼抽干。

4. 土肥水管理

（1）土壤管理　结合施肥进行土壤深翻熟化。山地要修水平梯田，沙滩地客土压沙，黏土地掺沙改造。树莓植株随年龄增长根系上移，因此，每年应培土覆盖裸露根系。

中耕除草在行间和株间及时进行。松土宜浅不宜深，中耕深度一般以 8～12cm 为宜，避免伤害根系、新发的不定芽和枝条，经常保持表层土壤疏松、无杂草状态和园内清洁，减少水分蒸发，促进水分渗透，改善土壤通气条件，促进土壤微生物的活动和有机物的分解。在营养生长期中耕 4～6 次，同时铲除多余的根蘖。也可使用阿特拉津、精禾草克等化学除草剂，除草剂不能接触到树莓植株，并且要严格保证安全间隔期。

（2）施肥

① 基肥：早秋或结合越冬防寒进行。以农家肥为主，混加少量的氮素化肥。施肥量按生产 1kg 果实施 2kg 优质农家肥计算，每 666.7m^2施 3000kg。将粪肥均匀地撒于定植带内，并浅翻 15cm 左右，培土搂平，然后放水沉实。

② 追肥：每年 3 次，第 1 次在萌芽期，以氮肥为主；第 2 次在花期前，以氮、磷、钾肥混施为主；第 3 次在花芽分化期（7 月下旬至 8 月上旬开始），以磷、钾肥为主。在定植带内挖数条浅沟，沟深 10～15cm，撒上肥料后覆土并灌水沉实。施肥量以当地的土壤条件和施肥特点来确定。

③ 叶面喷肥：全年 4～5 次。在生长前期 2 次，以氮肥为主；后期 2～3 次，以磷、钾肥为主。常用肥料及浓度：尿素 0.3%～0.5%，磷酸二氢钾 0.3%～0.5%，硼砂 0.1%～0.3%。最后 1 次叶面喷肥在果实采收期 20d 前进行。

（2）水分管理

① 灌水：在萌芽期、开花期、果实膨大期以及埋土防寒前及时灌水，这4次灌水，依次称为返青水、开花水、丰收水和封冻水。另外，结合每次追肥都要灌1次透水。

② 排水：在雨季注意排水，滞水或土壤通气不良将会产生有毒物质，破坏根系细胞，使树莓植株生长衰弱，并引发病害。顺地势在园内或四周修排水沟，把积水排除园外。

5. 整形修剪

一年可进行3次整形修剪。第1次在防寒解除之后，将二年生枝顶端干枯部分减去，促使留下的芽发出强壮的结果枝。从基部减去过密的枝条，每丛保留7~8个二年生枝。带状法栽植的宽度内每隔15~20cm留一枝，窄带内每隔10~12cm留一枝。

第2次修剪在开花时，将距离地面40~50cm的萌芽或分枝全部清除。当结果枝长到3~4cm时，及时疏去并生枝中的弱枝、病枝和破伤枝，同时注意调整花茎之间以及结果枝之间的距离和密度，使其均匀分布。

第3次修剪在果实全部采收后，将结过果的二年生枝条连同老花茎全部紧贴地面剪除，不留残桩，使株丛通风透光。

6. 埋土防寒与撤土

(1) 越冬防寒　于冬初早晨地表开始出现冻层时进行，一般在11月上旬前后。在株丛基部堆好枕土，将枝条顺着一个方向压倒，细致绑缚，使枝条尽量紧贴地面；在距根部80cm以外的行间取土掩埋，埋土要细而严，厚度均匀，无大土块，避免透风。埋土厚度5~10cm。冬季和早春需要经常检查，发现枝条露出后要重新用土盖好。

(2) 撤土上架　在春季树液开始流动后至芽眼膨大前撤除防寒土，并及时上架。撤土的最佳时期是当地的山桃花已经含苞待放时。撤土后及时灌水防止抽条。

7. 病虫害防治

病害主要有灰霉病、茎腐病，虫害主要有绿盲蝽、金龟子、桑白蚧等。秋冬季和初春，及时清理果园中病株、病叶、病果、病虫枝条等病组织，及时清除烧毁或深埋，减少果园初侵染菌源和虫源。药剂防治禁止使用高毒、高残留农药，有限度地使用部分有机合成农药。

8. 采收

采收时期根据品种特性、果实成熟度和用途以及当地的气候条件来确定。树莓类群的品种果实由绿色逐渐变白，最后由白色变成红色至深红色，或本品种应有的颜色，并具有光泽；黑莓类群的品种果实初时绿色转红色，再成为红黑色到黑色，或本品种应有的颜色。树莓的聚合果很容易与花托分离，供本地销售的可不带花托采下；供应外地销售的需带花托一起采下，而且在充分成熟前2～3d采收，以利保存较长的时间。

在晴天进行采摘，阴雨天、有露水或烈日暴晒的中午不宜采摘。采摘时轻摘、轻拿、轻放。在每次采摘时将适度成熟的果实全部采净，以免延至下次采摘时由于过熟而造成腐烂。及时将腐烂的果实从植株上摘除，并运出树莓园销毁。

十六、越橘（蓝莓）

（一）越橘简介

越橘俗称蓝莓，为杜鹃花科（Ericaceae）越橘属（*Vaccinium*）植物，灌木。蓝莓果实为蓝色或红色，果实大小因种类不同而异，一般单果重0.5～2.5g（见图4－15）。其果实果肉细腻，种子极小，甜酸适口，并且具有清爽宜人的香气。蓝莓营养丰富，特别是其中富含花青素，吃上几粒，舌头就染上色了。花青素可以防治高血压，疏通毛细血管，增强心肌功能。还能软化血管，抗癌症、抗衰老；防止脑神经老化，有利于眼部毛细血管循环，进而保护视力；长期食用可减少斑点、减少皱纹，

图4－15 越橘

有美容作用。蓝莓是目前欧美和日本市场上售价最为昂贵的水果之一，在国外超市很少能看到蓝莓的纯果汁，多半都是复合型的果汁，蓝莓果汁含量很少。在日本也是只有高收入人群才能消费得起。

蓝莓在商业生产中主要类群包括高丛越橘（Highbush Blueberry）（*V. corymbosum*）、矮丛越橘（Lowbush Blueberry）（*V. angustifolium*）、兔眼越橘（Rabbiteye blueberry）（*V. ashei*）和蔓越橘，以及种间杂交种半高丛越橘（*V. corymbosum/angustifolium*）和南高丛越橘（Southern Highbush Blueberry）（*V. corymbosum*）。此外，从野生红豆越橘（*V. vitis－idaea*）选育出的栽培种逐渐用于生产。一般而言，高丛越橘适于温带栽培，又称北高丛越橘（Northern Highbush Blueberry）；兔眼越橘适于热带或亚热带栽培；矮丛越橘则适于高寒地带栽培。为适应（亚）热带栽培，将高丛越橘与兔眼越橘本属其他种杂交培育出短低温类型，统称为南高丛越橘。高丛越橘的栽培品种有蓝丰，半高丛越橘有北陆、北蓝，矮丛越橘有美登等。

蓝莓的特点主要有抗旱、病虫害极少、需肥量少、高产出。蓝莓和其他杜鹃花科植物一样，喜欢酸性土壤。蓝莓果种植第3年即可投产，第5年进入盛果期，盛果期长达25年以上。主要用于鲜食，制做甜点、蜜饯、果酱和酿酒。有些常绿型、矮化型的树种，一到秋季叶脉会变成红色，具有观赏价值，可用于绿化、装饰和布景。

（二）栽培技术

1．园地选择及定植

（1）园地选择　园址土壤pH 4.0～5.5，最适土壤pH为4.0～4.8。土壤有机质含量8%～12%，至少不低于5%，土壤疏松，通气良好，湿润但不积水。如果当地降水量不足，需要有充足水源。园地选好后，在定植前1年结合压绿肥深翻，深度以20～25cm为宜，深翻熟化。如果杂草较多，可提前1年喷施除草剂，杀死杂草。

(2) 土壤改良

① 调整土壤pH：对于不符合蓝莓要求的土壤类型，在定植前应进行土壤改良，以利于蓝莓生长。土壤pH影响土壤中各营养元素的存在形式和可利用性。蓝莓喜酸性土壤，对土壤pH极为敏感，pH过高不利于蓝莓的生长。土壤pH过高，往往引起蓝莓生长受阻、叶片失绿、结果不良。最常用的土壤改良方法是土壤施硫黄（S）粉或$Al_2(SO_4)_3$。

施入S粉可以有效地降低土壤pH，施后1个月土壤pH迅速降低，第2年仍可保持较低的水平。施入S粉时要在定植前一年结合整地进行，将S粉均匀撒入地中，深翻后混匀。不同的土壤类型施用S粉的用量不同。除了用S粉调节土壤pH外，土壤中掺入酸性草炭也可有效降低土壤pH，草炭与S粉混合使用效果则更佳。土壤覆盖锯末、松树皮，施用酸性肥料等均有降低土壤pH的作用。

② 土壤有机质：蓝莓要求在有机质含量高的土壤中生长良好。当土壤有机质含量$<5\%$时及土壤黏重板结时，需要掺入有机物或河沙等改良。掺入河沙虽然能改善土壤结构，疏松土壤，但不能降低土壤pH，而且会使土壤肥力下降，因此最好是掺入有机物质。最理想的有机物是草炭，土壤掺入后不仅增加土壤有机质，而且还具有降低pH的作用。土壤中掺入有机物可在定植时结合挖定植穴同时进行，一般按园土、有机物1∶1的比例混匀填入定植穴。

2. 定植

(1) 定植时期　春栽和秋栽均可，其中秋栽成活率高，春栽则宜早。

(2) 株行距　兔眼蓝莓常采用2m×2m或1.5m×3.0m；高丛蓝莓1.2m×2.0m；矮丛蓝莓0.5m×1.0m。

(三) 土肥水管理

1. 土壤管理

蓝莓根系分布较浅，而且纤细，没有根毛，因此要求疏松、通气良好的土壤条件。

2. 施肥

蓝莓施肥中提倡氮、磷、钾配比使用，肥料比例大多趋向于1∶1∶1。氮肥提倡使用硫酸铵等氨态氮肥，并且可降低土壤 pH。蓝莓对氯敏感，不要选用氯化铵、氯化钾等肥料。土壤施肥时期一般是在早春萌芽前进行，可分 2 次施入，在果实采收结束后再施 1 次。

3. 杂草控制

蓝莓园杂草很难控制，使用除草剂往往会对蓝莓树体产生伤害，引起枯梢、叶片失绿等症状，不建议使用除草剂。可采用行内覆盖 5 ~ 10cm 锯末或松树针及松树皮等，具有控制杂草、降低土壤 pH、增加土壤有机质等优点。行间采用生草法抑制草害，保持土壤湿润，增加有机质。

4. 灌溉

由于蓝莓根系分布浅，又喜湿润，干旱少雨地区栽培一定要有灌溉设备，滴灌最好。蓝莓灌水需要注意水源和水质。深井水往往 pH 偏高，需要使用硫酸调节，湖塘水最好。

5. 光照

适当遮荫对于蓝莓的产量影响不大，但可提高蓝莓果实的品质。

（四）越冬保护

尽管矮丛蓝莓和半高丛蓝莓抗寒力强，但仍时有冻害发生。最主要表现为越冬抽条和花芽冻害，在特殊年份可使地上部全部冻死。因此，在寒冷地区蓝莓栽培中，越冬保护也是保证产量的重要措施。入冬前，将枝条压倒，覆盖浅土将枝条盖住即可。但蓝莓的枝条比较硬，容易折断，因此，采用埋土防寒的果园宜斜植。树体覆盖稻草、树叶、麻袋片、稻草编织袋等都可起到越冬保护的作用。

（五）采收

矮丛蓝莓果实成熟期较长。但先成熟的果实也不易脱落，所以可待全部成熟时一起采收。高丛蓝莓由于果实成熟期不一致，一般采收需要持续3～4周，通常每隔1周采1次。采收后放入专用的保鲜盒内，避免挤压。

十七、黑　加　仑

（一）黑加仑简介

黑加仑（Blackcurrent）学名黑穗醋栗（*Ribes nigrum L.*），又名黑醋栗、黑豆果、紫梅，为虎耳草目茶藨子科茶藨子属植物，小型灌木，其成熟果实为黑色小浆果，内富含维生素C、花青素等（见图4－16）。黑加仑的氧化活性为128.8μmol/g，是草莓的6倍，苹果的25倍，番茄的117倍。因此，黑加仑是人类饮食中一种非常具有潜力的重要的抗氧化剂源。黑穗醋栗主要用于加工果酒、果汁、果酱等食品，其加工品芳香爽口，风味独特，深受消费者喜爱。黑加仑种子中含有的γ－亚麻酸在医药业中有重要作用，市场前景广阔。

图4－16　黑加仑

（二）栽培技术

黑加仑的栽培品种有黑珍珠、黑金星、早生黑、奥依宾、不劳得、寒丰、早丰等。

1. 繁殖技术

（1）扦插繁殖　秋后从良种母株上剪取发育强健的基生枝，剪成20～25cm长的插条，每50～300根捆成一束，在沟内或窖内湿沙掩埋储藏。翌春土温达5℃以上时，将插条剪成10～15cm扦插，约半月左右即可生根。在良好的管理条件下，当年秋季即可成苗。在冬季雪大的地方也可秋季扦插。

（2）压条繁殖　春季将去年发出的基生枝压在株丛四周，压埋5cm的土。新梢长高后，再覆土3cm，以扩大生根范围。秋季剪离母株后，即可成苗。

（3）分株繁殖　一般在每基生枝下都有不定根，将株丛挖起，可分成若干小株丛。

2. 建园技术

（1）园地选择　黑加仑是喜光植物，应选择较温暖、向阳而水分充足的肥沃地点建园。其根系发达，对水分的吸收能力及抗旱能力强，对缺氧环境忍耐力较弱，耐旱而不耐涝。适宜在 pH 6 ~ 7 的壤土、沙土或草甸土上生长，盐碱土、白浆土和酸性土都不宜种植，要求土壤的总盐量低于 0.4%。

（2）栽植密度　株行距以（1.5 ~ 2.0m）×（1.5 ~ 2.5m）为宜。主栽品种与授粉品种的比例为（3 ~ 4）:1。定植穴的大小为 30cm × 30cm。定植后要有 24 株出土面，以便多发侧枝。每穴可栽 1 ~ 3 株苗。

（3）栽植技术　定植以春季为宜。定植行以南北走向，定植穴直径为 40 ~ 50cm，深 40 ~ 50cm。定植后枝条 3 ~ 4 个芽露出土面，每穴栽 2 ~ 4 株苗。为促进多发不定根和基部多发基生枝，可深植斜栽。

（三）整形修剪

1. 整形方法

主要采取丛状整形。春季定植时短截全部枝条，每枝上留 4 ~ 5 个发育良好的芽，当年秋季形成 4 ~ 5 个一级枝的枝条（2 年生骨干枝），侧枝开始形成花芽。有的株丛从根茎部发生基生枝。

2. 修剪方法

培养和保持株丛 15 ~ 20 个枝龄不同的骨干枝；保持良好的光照条件，疏去过密的枝条。基生枝剪去全长的 1/2 ~ 1/3，培养强壮的骨干枝；对骨干枝上的延长枝及新梢留顶端 2 ~ 5 个芽；短果枝及短果枝群不剪。为了培养寿命长而健壮的骨干枝，要控制其基部发生的基生枝。除保留更新的芽外，把其他基部发生的芽全部抹去。衰老骨干枝要及时更新，缩剪至壮侧枝上。病虫枝、弱枝、伤枝从基部及早除去。

（四）肥水管理

1. 施肥

秋天或春季施基肥。成龄园每667m²施有机肥3000～4000kg，幼龄园施2000～3000kg，无机肥为含有效成分氮4～5kg、磷和钾各3～4kg，以条沟或环状沟施。沟施是在近根处开沟，深10～20cm，宽20～30cm，施肥后盖土。随树龄增大，施肥沟的位置逐年向外开，沟应加深加宽，直到行间全都施过为止。基肥可每隔1～2年施1次。追肥主要在春季和6月各施1次，第1次以氮肥为主，第2次氮、磷、钾配合施用。

2. 灌水

灌水主要在春季和生长前期进行，可用沟灌或穴灌，必须使根系分布层灌透，灌后将土耙平保墒。灌后及时中耕锄草。

（1）催芽水　以补充土壤中的水分，减轻春寒和晚霜危害，促进新梢的生长。

（2）开花水　有利于开花、坐果及新梢生长。

（3）坐果水　对促进果实膨大和根系生长有明显作用，对于当年及来年产量都有较大影响，可促进果实成熟，便于采收。

（4）封冻水　土壤封冻前灌好水，对植株可起到防寒作用。

（五）越冬防寒

因地理环境和栽培品种的不同可采取在10下旬至11上中旬进行防寒。防寒之前扫除落叶以减轻病害。之后先将枝条压倒，避免压断枝条，然后盖土，幼树可倒向一方，成龄树可依枝条方向压倒。冬季检查并在裂缝处填土勿使漏风。翌春土壤解冻后取除防寒土；将枝条扶起，不要碰掉芽；把土填回行间，株丛中的土也要除去，以免根系上移。

（六）病虫害防治

黑加仑病害主要是白粉病，主要以预防为主。发芽前喷布3～5°Bé石硫合剂；发病初期喷20%粉锈宁乳油800～1000倍液，每2周喷1次，摘果后喷最后1次。

虫害主要是小透翅蛾和黄刺蛾。小透刺蛾以幼虫蛀食枝条髓部，受害枝条生长衰弱，逐渐干枯，刮风时易从受害部位折断。新建园危害较轻，成龄园危害较重。应及时剪除被害枝条，集中深埋或烧毁。6 月初至 7 月上旬，用 20% 的速灭杀丁 3000 倍液，或 10% 吡虫啉 1000 倍液喷雾。

（七）采收

黑加仑果实成熟后容易脱落，须分期采收。采收时选完全成熟的果实，此时浆果的重量很大，果汁色泽好，所含维生素高。采收时间应在下午和傍晚，浆果不易腐烂。采下的浆果放在木盒内，以后连盒出售。成熟的浆果只能保存 2～3d，因此采后要及时处理和就地加工或压榨成果汁，以降低损耗。

十八、石　榴

（一）石榴简介

石榴为石榴科石榴属植物，果实色泽艳丽，外观美观。果子粒似玛瑙水晶，风味甜酸适口，营养丰富。性味甘、酸涩、温，具有杀虫、收敛、涩肠、止痢等功效。石榴可鲜食，可加工制成风味独特的浓缩果汁，有些品种可以酿酒和制醋。石榴皮可作为鞣皮工业和棉、麻等印染行业的重要原料。石榴叶片对二氧化硫、氯气、氟化氢和铅蒸气吸附能力较强，加之花期长，花色艳丽，既是美化、绿化、净化环境的优良树种，也是供庭院、盆栽及制作高档树桩盆景的观赏树木（见图 4－17）。

图 4－17　石榴

（二）栽培技术

石榴适应性强，抗旱耐热，耐瘠薄盐碱，易管理，丰产性好；果形果色美丽，果味清甜可口，是值得开发的优良果树。石榴喜暖畏寒，冬季能耐一定的低温，但在－17℃以下会发生不同程度的冻害。对水分要求不严，既抗旱又较耐涝。对土壤条件要求也不严格，但以石灰质壤土或质地疏松、透水透气性强的沙质壤土最好。石榴对土壤酸碱度适应范围大，pH 在 4.5 ~8.2 的各类土壤都可生长，而以 pH 6.5 ~7.5 最适宜。石榴的耐盐能力很强，耐盐力可达 0.4%，是落叶果树中最耐盐的树种之一。

1. 产地环境

园地应选择空气清新、远离大气和水等污染源、土壤肥沃、有机质含量在 1.0% 以上、土层在 60cm 以上、土壤 pH 6.5 ~7.5、总盐量在 0.3% 以下的地块。

2. 扦插

春夏秋三季扦插育苗的成活率都较高，在不经过任何处理的情况下，一般可达到 55% 以上。但以春季扦插的用工较少，成本较低，苗木质量优。夏季嫩枝扦插育苗，插条来源足，选条容易，成活率高，但较费工，需要遮荫、喷水，苗木质量稍差。秋季扦插育苗，需冬灌，易抽条。因此，石榴扦插育苗最好在春季春分至清明进行。若要加快繁殖，可于夏季的 6 月下旬至 7 月上旬采用嫩枝扦插。

应选用幼龄树上 1 ~2 年生枝条或萌蘖条，生长健壮无病虫害且粗壮，其中以 1 ~2 年生枝条中上部 0.7 ~1.0cm 粗的枝段最好。

育苗场地要选有排灌条件的开阔平地，选择土层深厚、土壤肥沃、中性、微碱性的壤土或沙壤土。育苗前结合深翻每 667m^2 施入有机肥 4000 ~5000kg，并灌水。待土表层稍干后，及时作畦，畦宽 1m，长 20 ~30m，畦梗底部宽一般 0.3m，高 0.2m。踏实、耙平畦地，以备扦插。

结合春季修剪，选择生长健壮、无病虫害的母树上 1 ~2 年生枝条，粗度以 0.5 ~0.8cm 为宜。枝条剪下后，剪除其上的分枝及针刺，去掉上端细弱部分及下端芽瘦瘪部分，再截成 15 ~20cm 长的枝段做插条。每个插条要有 3 ~4 个对节，上端剪口距芽眼 0.5 ~1.0cm，剪口要平，下端在近节处剪成马蹄形斜面，然后按品种、粗细度分开，每50根捆成一捆备用。若是冬季剪下的插条，在较温暖的室内，在插条下部7~8cm放入清水中浸泡24h左右，取出埋入沙土中储藏，备来年春季用。

为促进快生根及提高生根率，可将取出的插条下端3~5cm在配好的ABT_2号生根粉（50mg/L）水溶液中浸泡2h，或在清水中浸泡2~3d，每1d换水1次。

扦插时，插条要倾斜插入土中，上端芽眼高出地面1~2cm，株行距为（10~15cm）×（30~35cm），每畦扦插3~4行，每667m^2可扦插1.5万~1.7万株。扦插后，要及时浇透水。待水渗下地面稍干后，覆盖地膜使薄膜紧贴地面，拉紧压实。膜的四周用土培好，踏实。使插条顶端高出地面2cm，穿过薄膜露出膜面，把薄膜破洞处用细土盖严。

石榴扦插后在15d左右芽开始萌动，1个月左右生根；覆膜的第10d左右开始萌动，20d左右即可生根，此期间土壤要保持湿润。在覆膜的地面干时，要及时浇水，浇水后及时中耕保墒，忌太干时中耕。当苗高5cm以上时，要及时抹除新稍以下的侧芽。当新稍长到15cm左右时，追一次速效氮肥，每667m^2施尿素15kg，施后浇水。覆膜地随水撒施。7月下旬再追1次氮肥，以后要控制氮肥的施用，适当施用磷钾肥，防止苗木徒长。

石榴苗木生长期间，易被蚜虫、刺蛾类等害虫危害。一般用50%杀螟松乳油1000倍液，或2.5%溴氢菊酯乳油3000倍液。

3. 栽植

按行株距挖深0.8~1.0m的栽植沟穴，沟穴底填厚30cm左右的作物秸秆。挖出的表土与足量有机肥、磷肥、钾肥混匀回填沟穴中。栽植沟穴内施入有机肥，待填至低于地面20cm后灌水浇透，使土沉实，然后覆盖1层表土保墒。按（4.0~4.5）∶1配置授粉树。选择苗高80~100cm，具较大侧根35条，无严重劈伤、撕伤的苗木。核实品种，剔除不合格苗木，修剪根系，用水浸根后，分级栽植。在栽植沟内按株距挖深、宽均30cm的栽植穴，将苗木放入穴中央，舒展根系，扶正苗木，纵横成行，边填土边提苗，踏实。填土完毕在树苗周围做直径1m的树盘，立即灌水，浇后覆盖地膜保墒。栽植深度以苗木出圃时的深度为准。春栽苗植后立即定干。定干后，采取适当措施保护剪口。

4. 土肥水管理

（1）土壤管理　分为扩穴深翻和全园深翻。每年秋季果实采收后结合秋施基肥进行。扩穴深翻为在定植穴外挖环状沟，沟宽80cm、深60cm左右。全园深翻为将栽植穴外的土壤全部深翻，深度30～40cm。土壤回填时混以有机肥，表土放在底层，底土放在上层，然后充分灌水，使根土密接。

（2）施肥　基肥以有机肥为主，可混少量化肥。基肥自秋季果实采收后至叶前施入，施肥量按生产1kg石榴施2kg优质农家肥计算。施用方法以沟施或撒施为主，施肥部位在树冠投影范围内。沟施为挖放射线状沟或树冠外围挖环状沟，沟深60～80cm；撒施为将肥料均匀撒于树冠下，并深翻20cm。追肥每年3次，第1次在萌芽至现蕾初期，以速效氮肥为主，配合磷肥；第2次在幼果膨大期，以氮、磷速效肥为主，配合钾肥施用；第3次在果实转色期，以磷肥为主。追肥的数量可在1kg果施2kg基肥的基础上，按估产的1/10～1/5计算，一般在花期和幼果期施入。施肥方法为树冠下沟施或穴施，深度15～20cm。追肥后，及时灌水。

（3）水分管理　灌水时期应当根据土壤墒情而定。通常包括萌芽期、落花后、果实迅速膨大期和土壤封冻期4个时期。灌水后及时松土，水源缺乏的果园还应用作物秸秆等覆盖树盘，以利保墒。常用沟灌、穴灌，提倡滴灌、渗灌、微喷等节水灌溉措施。当果园出现积水时，要利用沟渠及时排水。

（三）整形修剪

定植后即根据栽培密度选定适宜树形，生产上常用树形有三主枝开心形、自然开心形、双主干“V”字形等。对幼树要轻剪多缓放，促进早花早果；初果期树疏除无用枝、长枝和纤细枝，培养以中小枝组为主的结果枝组，盛果期树以疏除无用枝、长枝和纤细枝、病虫枯枝为主，培养以中小枝为主的健壮结果枝组，调节结果量。

（四）花果管理

采用人工授粉、蜜蜂传粉等方法提高坐果率和果实整齐度。花前（5月初）在旺枝主干或主枝、大辅养枝上环割2道，提高坐果率。在花期和幼果期多次抹除背上旺梢，提高坐果率和减轻落花落果。

（五）病虫害防治

可采取剪除病虫枝、消除枯枝落叶、刮除树干翘裂皮、翻树盘、科学施肥等措施抑制病虫害发生。根据病虫生物学特性，采取糖醋液、树干缠草绳和黑光灯等方法诱杀害虫。人工释放赤眼蜂，助迁和保护瓢虫、草蛉、捕食螨等天敌，土壤施用白僵菌防治桃小食心虫，利用昆虫性外激素诱杀或干扰成虫交配。发芽前喷施45%晶体石硫合剂30倍液，可防治干腐病。喷施10%吡虫啉可湿性粉剂1000倍液，可防治蚜虫；喷施40%乐斯本1∶800倍液，可防治蚧壳虫。

（六）采收

根据果实成熟度和市场需求确定采收时期。成熟期不一致的品种，应分期采收。当红色品种果皮底色由深绿变为浅黄色，白色品种石榴底色由绿变黄时，即表示果实进入成熟阶段。石榴果梗粗壮，坐果牢固，果实充分成熟后果梗也不会产生离层。因此，采果时要用采果剪，果梗不能留得太长，以免刺伤其他果实。

十九、桑　　葚

（一）桑葚简介

桑葚，又名桑果、桑枣、桑子等。传统中医认为：桑葚味甘，性寒，具生津止渴、补肝益肾、滋阴补血、明目安神、利关节、去风湿、解酒等功效。现代医学研究表明，桑葚具有免疫促进作用，有增强脾脏功能作用，对溶血素反应有增强作用，可防止人体动脉硬化、骨骼关节硬化，能促进新陈代谢。桑葚可以加工成桑葚酒、桑葚果汁等各种营养保健食品，具有天然风味和滋补营养的功效。可用桑葚提取食用天然色素和果胶做食品添加剂，用桑葚籽提取食用油和药用油等。此外，因其具有乌发、生发、滋养毛发的功能，桑葚可用于制造化妆品，如桑葚香波、发油、护发素等。

桑葚为落叶乔木，株高2～3m。自花授粉（见图4－18）。聚合果，常由红变为紫色。三年生以上果桑园，一般每667m²产1500kg左右。阳性树种，喜光、耐旱、耐寒、速生，潮润肥沃的冲积土最适宜，微酸、中性、微碱及钙质土均能生长。根系极为发达，有极强的保持水土和抗风沙能力，能耐－30℃的低温和40℃的高温，土壤pH4.5～8.5、含盐量在0.2%条件下，均可正常生长。

图4－18 桑葚

（二）栽培技术

1. 建园标准

选择低海拔的丘陵地区，以及平原地区的各种土壤均可栽植，其中以排灌方便、pH 6.5左右、土质肥沃的土壤为好。桑葚的主栽品种有红果系列、大十、白玉王等。

先开好定植沟，沟深50cm，宽60cm，沟底铺一层厚20cm左右的稻草，上覆10cm左右表土，表土上再施鸡粪、复合肥，然后回填。每667m²共施稻草1500kg、鸡粪2000kg、复合肥150kg（或施腐熟农家肥3000kg、复合肥50kg）。定植密度一般采用株行距1m×2m，每667m²栽333株（这种密度是高密度栽培，对控冠技术要求较高，一般栽培密度要稍小一些）。定植时将苗木放于填平的定植沟内，并将根系理顺使其向四周伸展，然后培土踩实，浇定植水。

2. 整形修剪

定植后的苗木在距地面20～25cm处短截定干，发芽后每株即可萌发新梢5～6个。新梢长至15～20cm时摘心，以促发侧枝，增大树冠（若摘心1次发枝太少，可反复摘心2～3次，确保当年抽出结果母枝 15～18 个，这是保证第 2 年丰产的关键，务必高度重视）。第 2 年 5 月底或 6 月初，当桑葚成熟采收后，结合整形进行夏季修剪，所有的结果母枝均留 2～3 芽短截，促进其萌发新梢，作为下年的结果母枝。短截的时间宜早不宜迟，以保证新梢有充足的时间生长，积累营养进行花芽分化。每年都在桑葚采收后短截，逐步形成低干树形。冬季修剪时将夏季萌发的过弱小枝、腐虫枝全部从基部剪除，并将保留的结果母枝适当短截，一般剪去枝梢顶端 20～25cm。

3. 抹芽摘心

二年生以上投产树，抹芽时间一般在 3 月中下旬，抹除主干上萌发的不定芽、结果母枝基部的弱小芽。当枝条顶部有 6 片新叶左右时摘心，留 4 摘 5。中下部生长缓慢一般不需摘心。摘心时间在 4 月中下旬，此时有利于营养生长转入果实生长。增强阳光照射，提高果实品质。

4. 水肥管理

桑葚需水期主要是春季萌芽期和夏剪后萌芽期，如果这两个时期出现干旱，有条件应及时补充水分。桑葚不耐涝，雨季要及时排水，防止园内积水成灾。

春季萌芽前，每 667m^2 施复合肥 30kg，始花期和幼果期可分别叶面喷施 1 次 0.25% 的磷酸二氢钾与天然芸薹素混合液，可显著提高果实含糖量，促进早熟，果大色艳，稳产增产。

在开花结果的青果期，每 667m^2 施复合肥 20kg，促使幼果迅速膨大；桑果膨大到转色成熟期，每 667m^2 施进口复合肥 20kg 或钾肥 20kg，以提高桑果的含糖量和色泽；另外，每隔 10d 左右用 0.3% 磷酸二氢钾叶面施肥（叶子正反两面都要喷施），以提高果实含糖量，促进早熟，使桑葚果大色艳，稳产增产。

（三）病虫害防治

危害桑葚的害虫主要有桑毛虫、桑尺蠖、菱纹叶蝉、桑天牛等，病害主要有褐斑病、炭疽病、白粉病、菌核病等。应采取综合防治的方法。

(1) 每年冬季将修剪的枯枝落叶焚烧后结合深翻土壤及施肥深埋。

(2) 萌芽前用3°Bé 的石硫合剂对枝条及全园进行消毒。

(3) 始花期、盛花期、末花期分别喷1次75%百菌清800倍液或75%甲基托布津1200倍液，间隔7d。

(4) 若桑葚感染菌核病，应摘除病果，带出果园焚烧并深埋。

(5) 6月下旬至7月中旬对枝干半木质化和木质化的部位进行涂白，预防桑天牛；如发现桑天牛危害枝干，幼虫可采用蛀孔注药或药签塞入，发现成虫可人工捕捉。

(6) 7~9月份高温多雨期，每隔10~15d（应勤观察，间隔天数和喷药次数根据具体情况灵活掌握），喷1次75%甲基托布津1200倍液，或新型植物素加75%百菌清800倍液，两种组合最好交替使用，以防止产生桑毛虫、褐斑病等病虫害。

(四) 采收

一般桑葚于5月上旬成熟，当桑葚刚刚由红变黑（白色品种果梗由青绿变黄白）、且晶莹明亮时表明桑葚已成熟，应及时于清晨采收。注意轻拿轻放，不要碰破表皮。先用小塑料盒包装，再装入纸箱（一般每箱重10~15kg），即可运往市场销售。

二十、芭 蕾 苹 果

(一) 主要品种

芭蕾苹果（*Ballednaapple*），是20世纪80年代由英国推出的新型苹果品种，短枝型，树姿紧凑挺立，犹如跳芭蕾舞的美女，故名"芭蕾"（见图4-19）。由于其树冠只是一个细长的柱子，故也称柱型品种。属小乔木或灌木。集绿化观赏、果品加工于一体，在庭院很小的场地就可以栽种，也容

图4-19 芭蕾苹果

易管理。引进我国后，在华北、东北、华东、华南、西南地区试种表现良好。主要品种及其特性介绍如下。

（1）舞佳 单果重205g，底色绿黄，逐步变深红。果肉乳黄，汁多，酸甜且具香气，鲜食品质上佳。树干上基本不发中、长枝，枝条节间都短。以叶丛枝和短枝结果为主，花序坐果率80%左右。盛花期4月下旬前后，果熟期10月上旬。

（2）舞乐 单果重195g，色绿黄，果肉乳白色、质脆、汁多、具香味，鲜食品质中上。该品种抽生中、长枝能力稍强于其他品种。以短果枝和腋花芽结果。盛花期4月25日前后，果熟期9月10日。

（3）舞美 果个小，平均单果重35.5g，底色绿黄具红橙晕，鲜食品质不佳，但可加工。成短枝和叶丛枝能力很强。花序坐果率90%以上，盛花期4月20日前后，较其他品种花期长5~7d。果8月底成熟。叶片颜色在不同季节或不同叶龄时变化很大：春季幼叶鲜红或绛红色，夏季呈绿色，而新梢幼叶仍为绛红色；秋季老叶由绿变红褐或紫红色，少数新叶叶脉鲜红色，叶柄始终褐红色或浅红色。花冠呈艳丽的胭脂红色，是苹果中既可观花，又可赏花，还可瞻果的极好观赏型品种。

（4）金蕾1号 树体为柱型，成龄树树高2~5m，冠径0.5m，多年生枝灰褐色，皮孔多、明显；1年生枝浅褐色，枝条硬，皮孔小而密。叶片长椭圆形，深绿色，叶片肥厚，叶边缘锯齿明显，叶背茸毛少，托叶小或无。花蕾淡粉红色，开放后粉白色，花粉发芽率42%。果实短圆锥形，果形指数0.80，果形端正；果个中等大小，平均单果重180g。果皮浅绿色，光洁，无果锈，果粉薄；果点小，中多；果梗长19cm，梗洼较深，中广；萼洼较深，较广，萼片宿存，闭合。果皮薄，果心中等大小，果肉白绿色，肉质细、脆，汁液多，风味浓，品质优。可溶性固形物含量12.5%，可滴定酸含量0.29%，果肉硬度11.5~12.5kg/cm^2。

（5）金蕾2号 树体为柱型，成龄树树高平均2.8m，冠径0.5m，树干灰色；1年生枝灰绿色，皮孔小而密。叶片长椭圆形，绿色，叶片肥厚，叶边缘锯齿明显，叶背茸毛少，托叶大。花蕾粉白色，花粉发芽率50%。果实长圆锥形，果形指数为0.85，果形端正。果个中等大小，平均单果重180g。果皮绿色，光滑，无锈，储藏后皮色微黄，果点小；果柄长20cm，梗洼较深，萼片宿存，闭合。果皮薄，果肉细、脆，汁液多，风味浓。可溶性固形物含量13%，可滴定酸含量0.3%，果肉硬度11.5～12.5kg/cm^2。

（二）生物学特性

（1）环境要求　芭蕾苹果可耐－31.5℃的低温，适应一般土壤，较耐旱、耐盐碱，在pH 8.0的土壤条件下可正常生长。生长快，当年苗可生长1m左右，有的定植当年即开花结果，第2年即可丰产。在北方地区适应性良好，无论是一年生苗或高接树上生长势强旺的枝，都既无抽条现象，也无受冻花芽。

（2）形态特征

①枝干：树姿柱状，独干型（或称柱型），成龄树高2～3m，树干及枝条皮紫红色，树干紧密着生结果枝，侧枝极不发达，主干向上直立生长，紧密着生结果枝。成枝力中等，成枝角度较小，枝展远远小于其他品种的幅度。因此，树体透风透光性良好，不易郁闭，树体修剪与其他品种相比较为简单，成枝以春梢为主。

②叶片：大叶片多为长椭圆形，小叶片卵圆形，叶尖长尖形，叶基为宽楔形，边缘有钝锯齿。叶面较平展光滑，植株叶片背部均有白色茸毛。植株叶片颜色在不同季节或不同叶龄的变化很大，春季幼叶为绛红色，至夏季逐渐变为深绿，秋季老叶由绿变紫，少数叶变橙色。

③花：芭蕾苹果定植一年生苗，当年4～5月即可开花，花期20d左右，伞房花絮，开花成花率很高。定植当年不留果，若管理得当，肥水充足，第2年则花量很大，花期多在4月中旬，每花序平均花朵6.5个，花冠白色或浅粉红色，顶生。

④果：芭蕾苹果以短果枝结果，果期5～10月，坐果率高，平均每个花序坐果数可达到5个，最少也在2～3个。由于其树体较小，所以单株产量很低，果园总体产量主要靠所有植株的整体

产量。

(三) 栽培技术

芭蕾苹果园的栽培管理技术，比普通苹果园难度小，但要求管理细致、及时，特别是肥水供应要及时。在整形修剪、花果管理上，因为树冠体积小、树体结构简单，作业的技术要领也简单。果园的机械化管理，比普通苹果园更容易。

(1) 果园选择　该树喜肥水，宜选择地势平缓、光照充足、排灌方便的土地作果园。

(2) 苗木培育　用山定子或海棠种子培育的幼苗作砧木。选择生长健壮、嫩芽饱满的当年生枝条，剪取接穗。嫁接可采取劈接、切接、皮下接等多种方法，也可用嫩枝扦插育苗。

(3) 苗期管理　嫁接后10~15d检查枝芽，芽眼湿润呈绿色表示成活，未成活的可补接。成活后要随时抹除萌蘖，当新梢长到20cm时，适量追施氮肥，加强水肥管理和病虫害防治。

(4) 修剪及疏果　一年生干上的短枝，上端每3~4个枝疏除1个，下端每4~6个疏1个。个别较长的枝短截，留2个芽。留下的短枝若花芽多，也要短截，只留2芽，使树形、体积不大。夏季注意侧枝摘心。果以每个花絮留2个，观赏效果较好。

二十一、海　　棠

海棠为蔷薇科小乔木，春天繁花满枝，金秋果实累累，是重要的园林绿化、美化树种，被广泛应用于行道、街区、居民社区、花园。但由于我国传统栽培的海棠株形矮小、花色叶色单一、果实观赏期短等原因，其在园林景观上的应用受到一定的限制。

(一) 海棠的观赏价值

1. 美学价值

海棠（图4－20）花色丰富，有红色、粉色、白色、粉红色、紫红色，绚丽多姿；花瓣有单瓣、重

图4－20　海棠

瓣，数量不一；叶片有浅有深，有绿有红；果实成熟后，颜色金黄、橙黄、橙红、红、深红、紫红，色彩丰富，富于变化。树形多变，或开张、或紧凑、或下垂，可与其他树种、植物配置造景，提高园林绿化、美化效果。

2. 生态学价值

海棠春季开花时节，引来大量的蝴蝶、蜜蜂，在花间嬉戏、采蜜，丰富了植物群落的生物多样性。海棠果实挂果时间长，直至深冬不落，是鸟类冬季绝美的食物。海棠还具有维持碳氧平衡、提高空气湿度、缓解热岛效应、净化空气、降低噪声等功能，推广优良海棠品种的种植对建设生态型城市无疑具有极其重要的作用。

3. 文化价值

海棠在中国栽培历史悠久，深受人们喜爱，逐渐衍生出海棠绘画、海棠诗歌等一系列独具特色的海棠文化。当现代城市中忙碌了一天的人们在闲暇之余，漫步于海棠美景之中，回味着古人赞美海棠的名作佳句，可以极好地陶冶情操，舒缓身心。

（二）主要的观赏海棠品种

1. 传统观赏海棠品种

（1）西府海棠　原产中国，小乔木。叶长椭圆形，伞形总状花序，其花未开时，花蕾红艳，似胭脂点点，开后则渐变粉红，花形较大，4～7 朵成簇向上，果实近球形，红色。西府海棠不论孤植、列植、丛植均极美观。在园林中丛植于草坪边角及旷地，并伴以金叶莸等黄叶树种，则园景丰富，效果尤佳。北京故宫御花园和颐和园的西府海棠久负盛名。

（2）垂丝海棠　原产中国，落叶小乔木。树高 3～4m，喜光，耐旱，耐寒，忌水涝，宜栽植在背风向阳处。对土壤适应性强，于较深厚的土壤中长势好。以观花为主，花量大，花色鲜红艳丽，花期长，北方 4～5 月开花。果实小，坐果少，果实食用品质不好。可以作庭院栽植或风景配置树种。

2. 现代观赏海棠品种

（1）光辉海棠　原产美洲，作为苹果病毒病指示植物引入我国。树冠圆锥形，树姿半开张。幼叶及新生叶片顶部紫红色；花冠大，红色，花瓣卵圆形；花期15d。果实近圆形，端正。底色黄色，全面着亮红色。果梗细长，不易脱落。果实品质差，不宜食用。树体落叶后果实仍可挂在树间直至深冬。抗寒、抗旱、抗病虫，耐瘠薄。是观叶、观花、观果的优良品种，适宜小区、庭院栽植或作公园、绿地风景配置树种应用。

（2）舞美海棠　原产英国，属芭蕾系苹果之一。树体成柱形，无长枝。树姿紧凑直立，树干紫红色。幼叶红色或绛红色，叶片阔椭圆形。伞房花序，花色鲜胭脂红色，花朵大。从春季落花结出幼果即为紫红色，围满树干，紧密着生，形成柱状，直至秋季落果。可耐-35℃低温，较耐旱、耐盐碱。作树篱应用，效果尤佳。

（3）王族海棠　树形直立，树冠圆形。枝条暗紫红色，光滑。叶片长椭圆形，先端渐尖，基部楔形，锯齿钝。春、夏、秋三季其叶色以紫色为基调深浅变化，叶片上有金属般的光泽。伞形总状花序，花瓣紫红色，花梗长。果实小，球形，紫色，表面被霜状蜡质，味酸涩，经冬不落。喜光、耐寒、耐旱，不耐水湿；对土壤要求不严，耐瘠薄，耐轻度盐碱土。适宜栽植于小区、庭院、公园、绿地等处。

（4）绚丽海棠　原产北美地区。树形紧密，干棕红色，小枝暗紫色。多刺状短枝。嫩叶红色，逐渐变绿。花深粉色，开花繁密而艳丽。果实亮红色，灯笼形，鲜艳夺目，结果丰富，成熟期早，6月就红艳如火，挂果期可直到隆冬。抗寒、抗病、抗旱、耐瘠薄。可在小区、别墅、公园、绿地中广泛应用。

（5）凯尔斯海棠　原产北美。树势较开张，干深褐红色，小枝暗紫。叶片椭圆形，先端渐尖，锯齿浅。新叶红色，老叶绿色。在北方4月上旬始花，花蕾深粉色，表面褶皱，开放后花深红色，并逐渐变浅。花重瓣，13枚左右，上有白色斑纹，量大密集。果暗紫红色，表面有一层蓝紫色蜡霜，球形，8月底至9月初成熟，转为黄色后脱落。抗病、抗旱、耐瘠薄。既可以孤植，又可以群植。

（6）红玉海棠　枝条水平下垂，一年生枝红色，皮开裂。叶浅绿色，叶柄下垂，椭圆形，锯齿尖，花白色至浅粉色，花梗及萼筒光滑无毛，萼片翻卷。花柱3个，花药金黄色。果实亮红色，椭圆形。7月着色，经冬不落。耐寒，耐瘠薄，适合做花坛和草坪孤赏树，与山石搭配更宜。

（7）道格海棠　乔木，高度79m，冠幅7m，树冠为开放的球形。叶深绿色，椭圆形至卵圆形，锯齿尖，先端渐尖至突尖。花期较早，北方地区4月上中旬盛花。花蕾深粉色，开放后白色；花瓣上有白色线条，花梗及萼筒毛被较多。落花后果实开始迅速膨大，春夏深酒红色，色彩明亮，9月初转为金黄，9月底落果，灯笼形。道格海棠树体高大，枝型开展，花期较早，果实色彩明亮，且可以食用。其极耐寒冷气候，抗病虫害能力强，可作行道树应用。

（8）钻石海棠　树形紧密。新叶紫红色，老叶绿色，长椭圆形，锯齿浅，先端急尖。花朵玫瑰红色，开花极为繁茂，花色艳丽。果实亮红色，球形，果柄长，果熟期6~10月。抗病、抗旱、耐瘠薄。既可以孤植，又可以群植。可栽种在居民小区、高档别墅、公共建筑周围，或栽植在各类公园、街道绿地、公路分车带中，提供装饰、点缀、隔离的功能，是一种既可以观花又可以观果的海棠品种。

（三）栽培技术

1. 苗圃选择

应选择地势平坦、背风向阳、土质差异小、土壤有机质含量高，且地下水位在1m以下的地方。选择土层深厚、质地疏松、排水良好的中性或微酸性沙质壤土。遇到黏重或山石等不适合幼苗生长的土壤，需进行土壤改良，改善其理化性质，使之成为疏松、肥沃、通透性好、适合苗木生长的土壤。苗圃周围要保证水源充足，并且保证适合苗木生长的优良水质，尽量不要灌溉污水、盐碱水等有害水。另外，在播种前对病虫害进行清除杀灭，尽量不要选择离重茬地或离同种果园较近地块。道路应畅通，运输方便。

苗圃地规划应包括母本园、采穗园和繁殖区三部分，根据地块大小适当安排位置分布。本着方便管理、节省开支、少占土地原则安排道路、房舍、排灌系统等设施。育苗过程中，繁殖区必须与其他树种合理轮作，切忌连作；同种苗木至少需间隔23年。按规划设计出各区、小畦，统一编号，对各区、畦内的品种登记、建档，做到苗木品种准确无误。

2. 实生苗繁殖

种子采集应选择籽粒饱满、品种纯正、无杂质及无病虫害等优良种子。种子纯度应在90%以上。另外，春播的海棠种子，必须沙藏层积以打破休眠，层积期间有效最低温度为－5℃，有效最高温度为7℃，超过上限或下限，种子不能发芽而转入第2次休眠。此外种子层积需要良好的通气条件，氧气浓度降低也会导致第2次休眠；基质湿度对层积效果有重要影响，通常沙的湿度以手握成团而不滴水，约为最大持水量的50%为宜。层积时应铺一层干净湿沙、一层种子，沙、种子比例应以（4～5）∶1为宜，也可沙与种子拌匀。若种子量少，可用木箱或透气性好的袋子作容器放在冷凉处，温度在0～5℃，并保持一定湿度；也可直接放在冰箱0～4℃冷藏室中。若种子量较大，应在冬季采用陆地沟藏法，即在排水良好的背阴处挖深80cm、宽100cm、长度因种量而定的地沟。为防止地沟温度过高，可插秸把散热，并提高透气性。地表封顶土要高出地面，防止雨雪侵入沟内，造成种子腐烂。根据层积所需时间和播种时期确定层积开始时间。

3. 播种

选用壤土或沙壤土作为播种地，施入足量腐熟有机肥，一般45～60m^3/hm^2。然后整平除去杂物，耕翻25～30cm后，做成宽1.2m、长20～30m小畦，多雨地区或地下水位较高时宜用高畦。灌水一遍，整地、灌水时间应掌握在播前24d完成。播种时间应根据育苗需要和当地气候条件等确定，一般3月下旬至4月上旬为宜。播种量一般22.5～30.0kg/hm^2。观赏海棠为小粒种子，多行条播，开深2～3cm的浅沟，在沟内撒匀种子，随即覆土，将畦面整平，覆土按实。

种子出土前切忌灌水，如土壤干燥，可在傍晚用喷壶喷水，当苗高达 15～20cm 时，追施尿素 225～300kg/hm^2。苗出齐后长至 3～4 片真叶时，结合移栽分次间苗，根据育苗需要合理留苗，一般留苗量为 12 万～15 万株/hm^2。幼苗期间，要用小锄中耕，不可过深，除草时保持土松草净，但尽量不使用除草剂。当苗高 30～40cm 时，进行幼苗摘心，以促进加粗生长。

4．嫁接苗繁殖

砧木选择可选用一些海棠品种作为砧木。较常用的砧木主要有山荆子、扁棱海棠、新疆野苹果、平邑甜茶。实生砧木苗距地面 10cm、直径达到 0.5cm 以上时，即可嫁接。若管理好，一般在当年 7 月下旬至 9 月上旬即可嫁接。

接穗应选择所需要的优良品种，以当年抽生生长充实的无病虫害的发育枝为接穗。夏季采集的接穗，应随采随嫁接。采下后立即保留叶柄，剪去叶片，如需提前采集可将接穗下端插入干净湿沙中，或将剪口浸入干净水中。远距离运输的接穗，去叶后留叶柄，用麻袋等通气性好的材料包装，包装物充分吸水后，用普通果筐等装运；运输过程中要防高温、暴晒，并保持接穗凉、湿、新鲜。春季嫁接用的接穗，冬季采集，接穗采好后，按品种挂上标签放在冷凉的地方用湿沙埋好备用，注意保持湿度。

(1) 嫁接方法

①芽接法：在春夏秋三季均可进行，接穗选用健壮良种母株上生长发育健壮的当年生枝条，砧木基部直径达到 0.5cm 以上者均可。先削取芽片，在芽的上方 0.5～1.0cm 处横切一刀深达木质部，然后在芽的下方 1.5cm 处向上斜削至横切处，将芽片取下备用，芽片应呈盾形。在砧木距地面 5～6cm 处，用芽接刀切成“T”形，切口要平，深达木质部即可。切后拨开切口，将芽片插入，使芽片的横切口和砧木上的横切面对齐，再用塑料布捆严，只露出叶柄。

当嫁接砧木与接穗不离皮时可采用带木质部芽接法，即芽片长约 3cm，芽位于芽片的中部，芽片后部可带一薄层木质部，然后在砧木上削去相等的树皮和木质部，贴上芽片，用塑料布绑好。

②枝接法：可在春秋两季进行，春季嫁接于树液开始流动、芽尚未萌发时进行，直至砧木展叶为止。主要有切接法、劈接法、皮下枝接法、腹接法和舌接法等。以切接法为例，将砧木于近地面树皮平滑处剪断，在砧木断面一侧下切长 3 ~ 5cm，然后将保留 1 ~ 2 个饱满芽的接穗插入砧木，对准形成层，严密绑扎，并埋土保湿，接穗外露 1 ~ 2 芽。嫁接时应注意准确把握时间，动作要快，形成层要对齐，绑缚时尽量避免接口失水。

（2）嫁接苗的管理

①芽接苗：芽接 15d 后接芽新鲜、叶柄一触即落的表明已经成活。未成活的应及时进行补接。8 ~ 9 月上旬嫁接的，当年接芽不萌发可在翌年 3 月上旬解绑。冬季严寒干旱地区，在封冻前应培土防寒，防止接芽受冻或抽条，培土以超过接芽 6 ~ 10cm 为宜；春季解冻后及时扒开，以免影响接芽的萌发。越冬后已成活的半成品苗应在发芽前将接芽以上砧木部分剪去，以集中养分供给接芽生长。但剪砧不易过早，以免剪口风干和受冻。越冬后未成活的砧木，春季可用枝接法补接。剪砧后，砧木基部容易萌发萌蘖，需及时去除。生长前期需加强肥水管理，中耕除草；7 月后控制肥水，防止徒长。另外，生长期注意金龟子、蚜虫、红蜘蛛、白粉病等病虫害的防治。

②枝接苗：枝接后砧木上容易萌发萌蘖，应及早去除。如果枝接接穗多，成活后应保留位置合适、生长健壮的一根枝条，其余去除。

（3）圃内整型　在苗圃内完成基本骨架的苗木为整形苗。用整形苗建园，成形快，果期早。但育苗时间长，成本较高，包装运输困难。自根苗是由无性繁殖方法获得的苗木，又称无性系苗木或营养系苗木。方法有：① 水平压条培土法：春季将一年生矮化砧枝水平压入 5cm 左右的浅沟内，用枝杈固定，待新梢长至 15 ~ 20cm 时浇水，并第 1 次培土，新梢长至 25 ~ 30cm 时第 2 次培土。二次培土总厚度 30cm 左右，及时抹去枝条基部生长旺盛的蘖枝。

② 垂枝压条培土法：利用自根苗母株上产生的分蘖或将母株离地面8～10cm处剪除，待发出新梢后，再培土；培土方法同水平压条。③ 分株法：秋季落叶后或早春萌芽前，将茎基部已生根的萌蘖苗切离母体，另行栽植。

5．栽培管理

一般多行地栽，但也可制作桩景实行盆栽。栽植时期以秋季落叶后或早春萌芽前为宜。苗木出圃时，保持苗木完整的根系是栽植成活的关键之一。一般栽植的大苗要带土球，小苗要根据情况留宿土。苗圃地选在地势平坦、排水良好的沙壤地块为宜。栽植前，以1.5m×2.0m的株行距挖穴，规格为0.5m×0.5m×0.4m。先对挖穴作适当填土，每个栽植穴施腐熟有机肥2～3kg，与土混匀，然后放苗入穴。为防止栽后灌水土塌树斜，填入表土一半时，应将土球四周踏平，再填至满穴并踏实。栽后浇透水，确保成活。

秋施基肥效果最佳，多在9月下旬至10月上旬进行。此时正处于树体营养积累旺盛期，地下根系生长旺盛，吸收能力强，施肥后有利于增加树体养分积累，提高树体营养水，伤根也容易愈合。基肥以有机肥料为主，并适当配合部分速效化肥。常用的基肥有堆肥、圈肥、作物秸秆、绿肥、人尿粪等；速效肥以硫酸钾复合肥、果树专用复合肥等为宜；在栽后的1～2年内施基肥30000～45000kg/hm^2，3年后施量保持60000～75000kg/hm^2，宜采用撒施浅锄入土法。追肥在树体生长季节进行，1年可追施3次。第1次施入时间以萌芽前10～15d为宜，每株施尿素0.1～0.2kg。施肥时，在距树干30cm周围挖3～5条放射状施肥沟，一般沟深10～15cm、宽10～20cm、长30～40cm。第2次在果实初长期进行，用肥量不宜过大，每株施0.5～1.0kg果树专用肥即可。第3次在果实膨大期进行，以磷钾肥为主，每株施过磷酸钙和磷酸钾复合肥各0.5kg。在追肥的同时还可根据生长状况进行叶面施肥，一般从5月初展叶后开始到9月止，每隔7～10d进行1次，萌芽至开花期喷0.3%尿素，以后喷0.3%尿素+0.3%植物营养素，喷施前尿素和植物营养素要在非金属容器中浸泡2h以上。

海棠适应性强，耐寒，耐旱，忌水涝，一般在花期浇 1 次透水，雨季及时排除积水，以防烂根。每年中耕除草 2 ~ 3 次，保持园地清洁。冬前浇越冬水，萌芽前浇萌动水，保持土壤湿润。另外，在入秋后要控制浇水，防止秋发，避免新生枝条在越冬时遭受冻害。浇水一般与施肥相结合。

盆栽宜于早春萌芽前带土球上盆。盆土应富含腐殖质、疏松透气、排水良好，施入有机肥作基肥。成活后应进行整型修剪，否则只有直立枝先端开花，植株中下部不开花。育苗时第 1 年定干，主干留 20 ~ 30cm 短截，促发分枝。第 2 年选留分布合理、生长势均匀的 3 ~ 4 个枝条为主枝，生长期及时绑扎整型。主枝上的侧枝随生长而整型，每生长 20 ~ 30cm 绑扎造型一次，以使养分集中于弯曲部位的芽上，抑制顶端优势。适当控制水分，利于花芽分化，经冬季低温休眠后易于开花。

6. 整形修剪

观赏海棠的整形修剪一般根据用途、栽植方式及主要观赏器官等进行。如用于行道树、庭院绿化、大片绿地绿化、防风林等的观赏海棠修剪为纺锤形、开心型等。

定植当年为缓苗期，修剪量不宜过大。第 2 年要及时剪除过密枝、病虫枝、交叉枝。为培养骨干枝，一般选留 4 对健壮、分枝均匀的强枝作为主枝，除去其余侧枝，最好下强上弱，主枝与主干成 40° ~ 60°角，且主枝要相互错开，每个方向每对主枝间的距离为 30 ~ 40cm。冠幅与枝下高度的比例一般为 2∶1，使全株形成圆锥形树冠。若用于盆景，春季新梢进入速生期，抹去多余或过密枝，对保留枝进行反复摘心，一般枝条长出 4 ~ 5 片成熟叶时摘心，根据个人爱好培养理想的树型。对长势较强的品系复色海棠等适宜培育中型盆景，对树势中庸或偏弱的品系长寿冠、长寿乐、银长寿等适宜培育中小型盆景。树型可采用单干式、曲干式、双干式、丛林式等。在修剪的同时要注意开花枝的更新，因为每种植物都有寿命期限，海棠的开花枝也不是越老越好，而是 3 ~ 5 龄的枝条开花量最多。因此，不能一味保留老枝，疏除新枝，也不能对新生枝条不管不问，放任其自然生长。正确的方法是逐年更新开花枝，使植株始终保持盛花状态；更新开花枝一般1年2~3枝，多余的新生枝条可以疏除。

7. 花期调控

（1）促成栽培 选择经3~5年盆栽，生长健壮，且经过人工整型的植株，于10月下旬提前休眠，放入0℃低温库。计划开花期前35d移出冷库，在5~10℃低温下，每天往枝干上喷水2~3次，10d后移入温室，加温至20~25℃，10~15d即可现蕾。现蕾后置于10℃低温条件下，逐渐增加光照，使花蕾充分显色。注意加温不宜过急，否则植株易过早衰败。

（2）抑制栽培 用延长休眠的办法推迟花期。1月下旬至2月上旬将植株移入0~2℃冷库，使其继续休眠。每隔2周检查一次盆土，过干时适当浇水，水不可过多。在需花期前，依室外自然温度情况决定移出冷库时间，如室外20℃时，可提前10~15d出库。先放在阴棚下通风条件较好的地方，花芽萌动后逐渐见光，以使花色明亮。如现蕾过早，宜于见蕾后置于4℃的冷库内，则可延迟花期；如现蕾较迟，可再加温或施用0.2%磷酸二氢钾2~3次，促使开花。

8. 病虫害防治

观赏海棠主要有金龟子、卷叶虫、蚜虫、袋蛾和红蜘蛛等害虫，以及腐烂病、赤星病等病害。腐烂病是多种海棠的常见病害之一，危害树干及枝梢。一般每年4~5月开始发病，5~6月为盛发期，7月以后病势逐渐缓和。发病初期，树干上出现水渍状病斑，以后病部皮层腐烂，干缩下陷。后期长出许多黑色针状小突起，即分生孢子器。

防治方法为清除病树，烧掉病枝，减少病菌来源。早春喷洒石硫合剂或在树干刷涂石灰剂。初发病时可在病斑上割成纵横相间约0.5cm的刀痕，深达木质部，然后喷涂杀菌剂。

早春萌芽前对全株喷布5°Bé石硫合剂，6~9月每间隔2周喷洒80%的800倍液大生M-45或25%百菌清可湿性粉剂600~800

倍液防治叶片穿孔病、炭疽病、轮纹病、白粉病等。新梢生长期喷洒2096杀灭菊酯3000倍液或2.5%功夫乳油3000倍液防治蚜虫，8~9月叶面喷布新型植物素防治舟形毛虫、黄刺蛾、绿刺蛾等食叶害虫。

二十二、碧　桃

碧桃（*Prunus persica* fduplex）也称花桃、千叶桃花，是观赏桃中重瓣、半重瓣种类的通称。株高8m左右，整形后可控制在3~4m，甚至更矮；小枝红褐色或绿褐色，无毛；芽上有灰色柔毛；叶片椭圆状披针形，长7~10cm，先端渐尖，边缘有细锯齿，叶柄上有腺体，叶色除普通的绿色外还有紫红色。花单生或2朵生于叶腋，与叶同放或略早于叶开放，其花色娇艳，有白色、粉红、绯红、深红、紫红等。有些品种在同一株上还能开出不同颜色的花朵，即所谓的“跳枝桃”，甚至一朵花上也有两种不同颜色的斑点、斑纹，谓之“洒金碧桃”（见图4-21）。

图4-21　碧桃

碧桃抗干抗寒不耐涝，管理粗放，适应性强，花、叶、果都能观赏。3月上旬花芽开始膨大、叶芽萌动，4月初始花，花瓣5片，花径3.5~3.8cm，花期10~15d，自花授粉。花后结出紫红色的果实，花与叶同时生长，红叶一直保持到5月下旬，随着气温升高，紫红色的叶片从基部向上慢慢变成铜绿色或绿色，但生长出来的新梢仍为紫红色。下部绿色。上部紫红色的美丽景色一直保持到9月中旬，而后树叶全部变成绿色。果子随着气温的升高，由紫红色慢慢变为青色，到6月中旬果实纵径长至3cm左右时进入硬核期，发育开始缓慢。8月下旬，随着气温变凉又进入快速生长期。从9月上旬起果实开始着色，可看到紫红色的鲜桃挂满枝头，绿叶红果交相辉映，十分美观。此时果子逐渐成熟，单果重为80~200g，果肉白色、多汁味甜，是老少皆宜的食用佳品。

碧桃的品种很多，常见的有洒金碧桃、寿星碧桃、垂枝碧桃、红花碧桃、紫叶碧桃、塔形碧桃、白花碧桃、千瓣碧桃、两色碧桃、五彩碧桃、人面桃等。观赏碧桃的花期因地区而异，在广东、广西等较为温暖的地区，春节前后就能开放，甚至更早，而北方较为寒冷的地区一直到 4 ~5 月才开花。

（一）繁殖方法

观赏碧桃的繁殖以嫁接为主，可用毛桃、山桃、杏的一年实生苗作砧木，也可用生长多年的老桃树桩上萌发的一年生枝条做砧木，接穗则用优良品种观赏桃花的枝或芽。为了增加观赏性，还可在一株上嫁接不同品种的观赏桃花，使之开出不同颜色、花形的花朵。

（1）劈接　也称枝接，在春季发芽前进行，接穗用上年生长健壮充实的枝条，砧木要求 1.2cm 左右粗，将地面上的枝条剪去，从砧木中间劈开一条小缝，将观赏桃花接穗的下端用利刀削成斜面，以使其与砧木缝相结合，然后用塑料绳捆扎结实，用土堆埋，勿使透风和日晒，一个月左右可恢复生长。

（2）芽接　这是碧桃最常用的繁殖方法，在每年的 5 ~8 月进行。砧木要求光滑而粗壮，直径约 1.5cm；选优良品种当年发育充实的枝条中段上的芽作为接穗。在选择接芽时，要选择外形较尖的叶芽，只有这样的芽嫁接成活后才能顺利抽枝，而圆鼓饱满并被有较多白色绢毛者为花芽，不能选用。

嫁接时，先在接穗芽的上、下方用利刀切开，再在芽的背面竖着切两刀，用力挑出 0.3cm 厚的皮部，称为“模样”；再照“模样”的大小，在砧木上壮芽部位处，同样扣除芽片，再将接穗上的芽片扣上；也可将接穗上的芽切成“T”形，砧木也切成“T”形切口，把接芽插入切口中，使之互相吻合。最后自上而下用麻线或塑料绳捆扎好，只露出叶柄及芽，捆扎不宜过紧，以免损伤芽片。10d 以后若芽的颜色不变，即表示已经成活。

嫁接后的管理：嫁接成活的植株要及时抹去砧木上萌发的新

芽，剪除砧木上的枝条。对于芽接的植株，当其接芽抽枝10cm左右时，将砧木从接芽上方1.5～2.0cm处剪断。这些措施都是为了避免砧木上的枝条分散养分，促进接穗的生长。

（二）栽培技术

观赏碧桃原产我国，分布于华北、华中、西南各省，世界各国均有引种栽培。观赏碧桃喜温暖湿润和阳光充足的环境，耐寒冷，但怕涝，适宜在疏松肥沃、排水良好的沙质土壤中生长，忌碱性土和黏重土。

地栽的观赏碧桃可植于阳光充足、通风良好处，堤岸、阳坡、草坪、路旁的绿化带以及居民小区、庭院等处都可种植，但不宜植于树冠较大的乔木下面，以免影响通风透光，也不宜种植于低洼积水处，以免因积水造成烂根。

（1）移栽　观赏桃花在早春或秋季落叶后带土球移栽，对于幼树可不带土球，但要在根部打上泥浆，而移栽大树时一定要带土球，以提高成活率。定植坑要挖得稍大些，并施足腐熟的农家肥、饼肥等作基肥，栽后浇一次透水。对于树冠较大的桃树栽后应用支撑架进行固定，以免刮大风时植株来回摇动，对以后的成活及生长造成不利影响。

（2）浇水　地栽的观赏桃花在每年的早春和秋末各浇一次开冻水和封冻水即可，夏季高温时如果持续干旱也要适当浇水，如果遇干热风的天气，还要向植株周围的环境喷水，以增加空气湿度。雨季注意排水，勿使土壤积水，以免烂根。观赏桃花喜旱怕湿，平时应注意中耕、松土，进行保墒，并消灭杂草。

（3）施肥：观赏桃花一般在开花前后、秋后各施一次腐熟的有机肥，施肥时可在树干的一侧约35cm处挖一沟，施入肥料，覆土，然后浇水；第2年再在树干的另一侧开沟施肥，如此每年轮换，并随着植株的生长，逐年增加与树干的距离。6～7月追施1～2次速效磷钾肥，可促使花芽的形成。

（4）修剪　对于成年观赏桃花的修剪，主要目的是控制植株高度，保持树形的美观，抑制顶端优势，促进下部枝条的生长和花芽的形成，使植株均衡生长。观赏桃花的树形以自然开心形为主，先在春季开花前进行一次小的修剪整形，剪除影响树形美观的枝条，使其在开花时有一个优美的树形。

花后再进行一次大的修剪，以控制徒长枝，并保持树形的完美。修剪时先对侧枝进行适当短截，再结合整形剪去病虫枝、内膛枝、枯死枝、徒长枝、交叉枝，使树冠丰满圆整，并始终保持树冠有良好的通风透光。将开过花的枝条短截，只留基部的2~3个芽。这些枝条长到30cm左右时应及时摘心，夏季当枝条生长过旺时也要及时摘心，以促进腋芽饱满，多形成花枝，有利花芽分化。

盆栽观赏桃花宜选择植株矮小、节间较短、树冠紧凑、株形优美的寿星碧桃等品种，在秋季落叶后或春季开花前上盆，盆土可用腐叶土、园土各1份，河沙1份的混合土，并掺入少量沤制过的饼肥、骨粉或过磷酸钙作基肥。平时浇水不宜过多，“不干不浇，浇则浇透”是最佳的选择，以防止积水。秋季更要控制水肥，以防止秋梢萌发，促进当年生枝条木质化，有利于植株安全越冬。冬季移至冷室内或在室外避风向阳处越冬，浇水掌握见干见湿。每年春季换盆一次，换盆时去除枯根、烂根以及过密的根，用新的培养土重新栽种。盆栽观赏桃花的修剪与地栽观赏桃花基本相同，修剪时注意控制植株高度，并使枝条分布合理，以塑造优美的树形。

（三）花期控制

在北方，观赏桃花的自然花期为3~4月，如果需要还可对盆栽观赏桃花进行催花，使其在元旦、春节开花。方法是当观赏桃花落叶后，将其放在7℃左右的低温环境中，春节前40~45d将其移入室内，先给以5~10℃的室温，以后逐渐提高温度至20~25℃，注意每天向花枝上洒水，以防枝条干萎，促使花蕾绽放。如果花蕾提前裂口吐艳，要及时将其移至15℃左右的低温室内，如此可以有效地推延植株的开花时间。作为商品出售的盆栽观赏桃花，无论植株的大小，都应在花蕾含苞欲放时运到花市，不可等花朵完全绽开后搬运，以免造成花瓣脱落。

（四）盆景制作

用于制作盆景的观赏桃花可选择 2 年生、茎干粗在 1.5 ~ 2.0cm 左右的植株，也可在生长多年、形态古朴苍劲的桃树老桩一至二年生枝条上嫁接优良观赏桃花品种。观赏桃花盆景的主要形式有斜干式、临水式、双干式、丛林式、露根式、悬崖式等，其枝干宜疏不宜密，密则无韵，造型时应根据树势及生长情况和自己的审美观，采取疏剪、扭枝、拉枝、做弯、短截、平断、凿痕等手段逐步进行，以使枝干曲折有致，并注意过度枝、骨干枝的培养，及时剪除影响树形的枝条，保持盆景的优美，使作品具有诗情画意，达到源于自然而又高于自然的艺术效果。将要开花时进行一次整形，根据需要在盆面铺上青苔，摆放奇石或亭台楼阁、小桥、牧童等配件，以增加盆景的表现力。

观赏桃花幼树枝干柔软，易于弯曲造型，蟠扎成各种形状。在盆景造型时最好用棕丝吊扎，而不宜用铅丝或其他的金属丝，这是因为铅丝或金属丝容易勒伤枝条表皮，从而导致大量渗出桃胶（俗称桃油），对观赏桃花的生长危害极大，会严重影响其正常开花，而且伤口处还易感染病虫害。

（五）病虫害防治

（1）病害　观赏桃花的抗病害能力较弱，易发生的病害主要有褐斑病、缩叶病、树干流胶病等，皆因病菌感染所引起，可用百菌清、多菌灵 600 ~ 700 倍液喷洒防治，喷药时要注意叶片的正反面都要喷到。

① 流胶病：桃流胶病是生理性病害，发病枝干树皮粗糙、龟裂，不易愈合，流出黄褐色透明胶状物。流胶严重时，树势衰弱，易成为桃红颈天牛的产卵场所而加速桃树死亡。防治方法：加强管理，促进树体正常生长；对流胶严重的枝干，于秋、冬季节进行刮治，伤口用 5 ~ 6°Bé 石硫合剂或硫酸铜 100 倍液进行消毒。

② 细菌性穿孔病：桃细菌性穿孔病是细菌性病害，主要危害桃树叶片和果实，叶片上病斑近圆形，直径 2 ~ 5mm，红褐色，或数个病斑连成大的病斑，病斑边缘有黄绿色晕环，以后病斑枯死，

脱落，造成严重落叶。果实受害，初为淡褐色水渍状小圆斑，后变成褐色，稍凹陷。病斑呈星状开裂，裂口深而大，病果易腐烂。防治方法：开沟排水，降低湿度；合理修剪，改善通风透光条件，避免树冠郁闭；增施磷、钾肥，增强树势。

③ 根癌病：桃根癌病是细菌性病害，主要危害桃树根部。桃根癌病初生时病部为乳白色或微红色，光滑，柔软，后渐变为褐色，木质化而坚硬，表面粗糙，凹凸不平。受害碧桃严重生长不良，植株矮，甚至全株死亡。防治方法：加强检查，对可疑病株挖开表土，发现病部后用刀将其刮除，并用1%的五氯酸钠溶液进行消毒。也可用根癌灵20倍液浸根或浇根部；加强管理，合理施肥，改良土壤，增强树势。

（2）虫害　观赏桃花的虫害有蚜虫、介壳虫、红蜘蛛、刺蛾（俗称“洋辣子”）、卷叶蛾等，可用相关农药进行杀灭，但要注意的是观赏桃花不宜用氧化乐果，否则会产生药害，造成叶片发黄脱落。对于蛀干的天牛等害虫应用综合防治的方法：用灯光诱杀成虫；剪去虫枝；用新型植物素注射虫孔，或用药泥、毒签堵塞虫孔进行防治。

① 桃蚜：成、若虫群集于新梢和叶背刺吸汁液，被害叶失绿并向叶背对合纵卷，卷叶内积有白色蜡粉，严重时叶片早落，嫩梢干枯，排泄的蜜露常致煤污病发生。可用新型植物素喷洒，在药液中加入0.3%洗衣粉，增加黏着性，提高防治效果。

② 桃红颈天牛：幼虫在皮层和木质部蛀隧道，造成树干中空，皮层脱离，树势弱，从而导致树木死亡。防治方法：夏季成虫出现期，捕捉成虫；幼虫孵化后，经常检查枝干，

发现虫类时，即将皮下的小幼虫用铁丝钩杀，或用剪枝刀在幼虫为害部位顺树干纵划2、3道杀死幼虫；虫孔施药：幼虫蛀入木质部新鲜虫粪排出蛀孔外时，清洁一下排粪孔，将1粒磷化铝（0.6g片剂的1/8～1/4）塞入虫孔内，然后取黏泥团压紧压实虫孔。

③ 山楂叶螨：成螨和若、幼螨吸食叶片汁液，叶片受害后，大多先从叶背近叶柄的主脉两侧开始，出现许多黄白色至灰白色失

绿小斑点，其上有丝网，严重时扩大连成一片，成为大枯斑，终至全叶呈灰褐色，迅速焦落。休眠期防治：早春萌芽前彻底刮除主枝及主干上的粗皮及翘皮，收集烧毁，可消灭大量越冬雌螨；药剂防治：平均每叶有螨4~5头时，应喷选择性杀螨剂防治，用20%三氯杀螨醇乳油800~1000倍液、50%溴螨酯乳油1000倍液喷洒即可。

二十三、紫　叶　李

紫叶李，又名红叶李，是蔷薇科李属落叶小乔木樱李的变形。原产于亚洲西南部，现在华北及以南地区广为栽植，是园林绿化的重要树种（见图4-22）。为小乔木或灌木，性喜温暖湿润环境，较耐干旱，不耐积水。最适宜在土层深厚、肥沃、光照充足、通风及排水良好的立地条件下生长。花期4~5月，多单生，淡粉红色。果近球形，黄绿色有紫色晕；叶在整个生长季节中均呈紫红色，在弱光环境下，叶色偏淡。紫叶李根系较浅，生长旺盛，萌枝力较强。干皮紫灰色，小枝淡红褐色，均光滑无毛，单叶互生，叶卵圆形或长圆形状披针形，长4.5~6.0cm，宽2~4cm，先端短尖，基部楔形，缘具尖细锯齿，羽状脉5~8对，两面无毛或背面脉腋有毛，色暗绿色或紫红，叶柄光滑多无腺体，花单生或2朵簇生，白色，雄蕊约25枚，略短于花瓣，花部无毛，核果扁球形，径1~3cm，腹缝线上微见沟纹，无梗洼，熟时黄、红或紫色，光亮或微被白粉，花叶同放，花期4月，果常早落。

（一）繁殖方法

紫叶李的实生苗叶片多变为绿色，故一般采取无性繁殖，常采用的繁殖方法有芽接法、高空压条法和扦插法。

（1）芽接法　砧木可用桃、李、梅、杏、山桃、山杏、毛桃和紫叶李的实生苗。相比较而言，桃砧生长势旺，叶色紫绿，但怕涝；李做砧木较耐涝；杏、梅寿命较长，但也怕涝。在华北地区以杏、山桃和毛桃作砧木最为常用。

图4－22　紫叶李

嫁接的砧木一般选择二年生的苗，最好是专门做砧木培养的，嫁接前要先短截，只保留地表上5～7cm的树桩，6月中下旬，在事先选做接穗的枝条上定好芽位，接芽要饱满、壮实，无干尖和病虫害。用经过消毒的芽接刀在芽位下2cm处向上呈30°斜切入木质部，直至芽位上1cm处，然后在芽位上1cm处横切一刀，将接芽轻轻取下，再在砧木距地3cm处，用刀在树皮上切一个“T”形切口，使接芽和砧木紧密结合，再用塑料带绑好即可。嫁接后，接芽在7d左右没有萎蔫，说明已经成活，25d左右就可以将塑料带拆除。

（2）高空压条法　选取健壮的枝条，从顶梢以下大约15～30cm处把树皮剥掉一圈，剥后的伤口宽度在1cm左右，深度以刚刚把表皮剥掉为限。剪取一块长10～20cm、宽58cm的薄膜，上面放些淋湿的园土，像裹伤口一样把环剥的部位包扎起来，薄膜的上下两端扎紧，中间鼓起。4～6周后生根。生根后，把枝条边根系一起剪下，就成了一棵新的植株。

（3）扦插法

扦插前的准备工作：

①在 10 月中下旬到 11 月中上旬均可进行扦插，但需在土壤上冻前扦插完毕。

②苗床应设在有草苫或保温被的阳光棚内。

③苗床应在扦插前半个月准备，一般做成平床即可，土壤应为沙质壤土。作床前应施入经腐熟发酵的牛马粪，用量为 600 ~ 800kg/hm^2，土和肥料要拌匀，耙平后用 40% 五氯硝基苯颗粒与土壤充分拌匀进行消毒，用量为 7 ~ 8g/m^2，消毒后覆盖塑料布进行封闭。

④扦插的枝条应无病虫害，直径 0. 5 ~ 1. 0cm，且木质化程度要高，插条一般剪成 12 ~ 15cm 长，下剪口剪成马蹄形，上剪口应平滑，距芽 1. 0 ~ 1. 5cm，插条 100 ~ 150 个绑成一捆，在 50mg/kg 吲哚丁酸溶液中浸泡 24h，然后取出备用。

扦插先在苗床上用竹签进行打孔，株行距为 10cm × 10cm，打完孔后可进行扦插，扦插深度为外露 3 ~ 4 个芽即可。扦插后立即浇一次透水。

插后管理：

①扦插后棚内温度不应低于 5℃，晴天时应于上午 9∶30 左右揭开保温被或草苫，以提高温度增加光照，下午 4∶00 后放下覆盖物进行保温。

②在 3 月中旬再浇一次透水，并在中午棚温较高时适当通风进行练苗。

③在 4 月中旬揭掉棚膜，对叶面喷施一次 0. 5% 尿素溶液，以增强长势，此后每 45d 左右施用一次氮、磷、钾复合肥，并视土壤墒情浇水，使土壤保持在大半墒状态。8 月底前停止施肥，第 2 年春可移栽入圃地进行栽培。

④ 扦插基质：就是用来扦插的营养土或河沙、泥炭土等材料。家庭扦插限于条件很难弄到理想的扦插基质，建议使用已经配制好并且消过毒的扦插基质；用中粗河沙也行，但在使用前要用清水冲洗几次。海沙及盐碱地区的河沙不要使用，它们不适合花卉植物的生长。

⑤ 扦插枝条的选择：进行嫩枝扦插时，在春末至早秋植株生长旺盛时，选用当年生粗壮枝条作为插穗。把枝条剪下后，选取壮实的部位，剪成5～15cm长的一段，每段要带3个以上的叶节。

剪取紫叶李插穗时需要注意的是，上面的剪口在最上一个叶节的上方大约1cm处平剪，下面的剪口在最下面的叶节下方大约0.5cm处斜剪，上下剪口都要平整（刀要锋利）。进行硬枝扦插时，在早春气温回升后，选取去年的健壮枝条做插穗。每段插穗通常保留34个节，剪取的方法同嫩枝扦插。

⑥ 扦插后的温度管理：插穗生根的最适温度为20～30℃，低于20℃，插穗生根困难、缓慢；高于30℃，插穗的上、下两个剪口容易受到病菌侵染而腐烂，并且温度越高，腐烂的比例越大。扦插后遇到低温时，保温的措施主要是用薄膜把用来扦插的花盆或容器包起来；扦插后温度太高时，降温的措施主要是给插穗遮荫，要遮去阳光的50%～80%，同时，给插穗进行喷雾，3～5次/d。晴天温度较高时喷的次数较多，阴雨天温度较低湿度较大，喷的次数则少或不喷。

⑦ 湿度管理：扦插后必须保持空气的相对湿度在75%～85%。插穗生根的基本要求是，在插穗未生根之前，一定要保证插穗鲜嫩，从而能进行光合作用以制造生根物质。但没有生根的插穗是无法吸收足够的水分来维持其体内的水分平衡的，因此，必须通过喷雾来减少插穗的水分蒸发。在有遮荫的条件下，给插穗进行喷雾，3～5次/d，晴天温度越高喷的次数越多，阴雨天温度越低喷的次数则少或不喷。但过度的喷雾，插穗容易被病菌侵染而腐烂，因为很多种类的病菌就存在于水中。

⑧ 光照：扦插繁殖离不开阳光的照射，因为插穗还要继续进行光合作用以制造养分和生长素来供给其生根的需要。但是，光照越强，插穗体内的温度越高，插穗的蒸腾作用越旺盛，消耗的水分越多，不利于插穗的成活。因此，在扦插后必须把阳光遮掉50%～80%，待根系长出后，再逐步移去遮光网：晴天时每天下午4:00除下遮光网，第2天上午9:00前盖上遮光网。

（4）繁育期间管理

① 湿度管理：喜欢略微湿润至干爽的气候环境。

② 温度管理：耐寒。夏季高温期度夏困难，不能忍受闷热，否则会进入半休眠状态，生长受到阻碍。最适宜的生长温度为15～30℃。

③ 光照管理：喜欢半荫环境，但放在室内养护一段时间后（2个月左右），就要把它搬到室外有遮荫的地方养护一段时间（1个月左右），如此交替调换。放在室内养护时，尽量放在有明亮光线的地方，如采光良好的客厅、卧室、书房等场所，但要避免阳光直接照射到它。在早春、晚秋和冬季，由于温度不是很高，阳光也不是很强，可以在早晚给予它阳光的直射，以利于它进行光合作用，健康生长。

④ 肥水管理：喜欢盆土干爽或微湿状态，但其根系怕水渍，如果花盆内积水，或者浇水施肥过分频繁，就容易引起烂根。紫叶李浇肥浇水的原则是“间干间湿，干要干透，不干不浇，浇就浇透”。

春、秋这两个季节是紫叶李的生长旺季，肥水管理按照“花宝”—清水—“花宝”—清水顺序循环。间隔周期大约为：室外养护14d，晴天或高温期间隔周期短些，阴雨天或低温期间隔周期长些或者不浇；放在室内养护36d，晴天或高温期间隔周期短些，阴雨天或低温期间隔周期长些或者不浇。

夏季高温期紫叶李生长缓慢，对肥水要求不多，需要适度控肥控水，肥水管理按照“花宝”—清水—清水—“花宝”—清水—清水顺序循环。间隔周期大约为：室外养护13d，晴天或高温期间隔周期短些，阴雨天或低温期间隔周期长些或者不浇；放在室内养护35d，晴天或高温期间隔周期短些，阴雨天或低温期间隔周期长些或者不浇。浇水时间尽量安排在早晨或傍晚温度较低的时候进行。

在冬季植株生长缓慢，主要是做好控肥控水工作，肥水管理按照“花宝”—清水—清水—“花宝”—清水—清水顺序循环，间隔周期为4~8d，晴天或高温期间隔周期短些，阴雨天或低温期间隔周期长些或者不浇。浇水时间尽量安排在晴天中午温度较高的时候进行。

⑤ 注意事项

修剪：在冬季植株进入休眠或半休眠期后，要把瘦弱、病虫、枯死、过密枝条剪掉。

转盆：只要养护得当，它就会生长很快，当生长到一定的大小时（2~3年时间），就要考虑给它换个大一点的盆，以让它继续旺盛生长。换盆用的培养土及组分比例可以选择以下其一：菜园土∶炉渣=3∶1；或者园土∶中粗河沙∶锯末（茹渣）=4∶1∶2；或者水稻土、塘泥、腐叶土中的一种。

（二）栽植环境的选择

紫叶李喜光，应种植于光照充足处，切忌种植于背阴处和大树下，光照不足不仅使植株生长不良，还会使叶片发绿。紫叶李耐旱、喜湿，但不耐积水，栽种于干燥之处可正常生长，在低洼处种植则生长不良。紫叶李对土壤要求不严，喜肥沃、湿润的中性或酸性沙质壤土，也能耐轻度盐碱土，在pH为8.8、含盐量为0.2%的轻度盐碱土中能正常生长。紫叶李较耐寒，但也应该尽量种植于背风向阳处，尽量不要种植在风口。紫叶李的叶片为紫红色，种植应注意不要顺色，颜色有差异方可显出叶色的美观。

（三）肥水管理

紫叶李喜湿润环境，对于新栽植的苗除浇好“三水”外，还应于4月、5月、6月、9月各浇1~2次透水。7月、8月降雨充沛，如不是过于干旱，可不浇水。雨水较多时，还应及时排水，防止水大烂根。11月上中旬还应浇足、浇透封冻水。在第2年的管理中也应于3月初、4月、5月、6月、9月和11月中上旬各浇水1次。从第3年起只需每年早春和初冬浇足、浇透解冻水和封冻水即可。需要注意的是：进入秋季一定要控制浇水，防止水大而使枝条徒长，在冬季遭受冻害。

紫叶李喜肥，除在栽植时在坑底施入适量腐熟发酵的圈肥外，以后每年在浇封冻水前可施入一些农家肥，可使植株生长旺盛，叶片鲜亮。需要说明的是，紫叶李虽然喜肥，但每年只需要在秋末施一次肥即可，而且要适量，如果施肥次数过多或施肥量过大，会使叶片颜色发暗而不鲜亮，降低观赏价值。

（四）整形修剪

园林中紫叶李多作为观叶类花灌木进行培育，冠形一般采用圆球形树冠，干高根据园林用途及立地环境条件而定，一般干高1~2m。其整形修剪以休眠季修剪为主，配以生长季修剪，在满足其正常生长发育的基础上，营造丰满优美冠形，增强观赏性，营建优美的园林绿地景观。

紫叶李的苗期整形修剪工作主要是及时抹除砧木上的萌蘖，预留好冠形所需枝条，加强营养生长，培育良好的冠形。壮年期整形修剪主要在于及时剪除病虫枝、重叠枝、枯枝、徒长枝，除去过密的细弱枝等，保证整个树体通风透光良好，促进树体生长发育，既有利于降低紫叶李病虫害的发生概率，提高紫叶李的观赏性，也能有效延长其壮年期。紫叶李衰老期，除作为古树名木者加以保护外，观赏价值大大降低者可考虑更新换种。确需保留者可对树体重剪回缩，刺激其萌发新梢以更新树体，同时加强肥水管理、病虫害防治等工作，延长观赏利用期。

紫叶李的整形一般分4年进行。第1年的修剪在栽植后进行，在干高0.8~1.2m处短截，剪口下的第一个芽作为中心延长枝，另在第一个芽的下方选取3~4个粗壮的新生枝条作为主枝，枝条应均匀分布，可不在同一轨迹，但上下不应差5cm以上，且应呈45°向上展开；主枝选定好后，在生长期要对其进行适当的摘心，以促其粗壮。第2年冬剪时，还应适当短截中心延长枝，选取壮芽，在其上1cm处短截，芽的方向应与头年中心延长枝的方向相反，主枝也应进行短截，留粗壮的外芽。第3年冬剪时，中心延长枝再与第2年的中心延长枝方向相反，并选留第二层主枝，也同样保留外芽，长成后与第2年主枝错落分布。第4年照此法选留第三层主枝。

在实际工作中，“自然开心形”也应用较多。苗定植后，在干高0.5~1.0m处对其进行短截，不使其生长成主枝延长枝，只选取3~5个新生枝条作主枝，所留主枝分布应大致均匀，且开张角度要呈45°，然后按“疏散分层形”修剪主枝的方法来逐年进行修剪。这种树形虽不如“疏散分散形”美观，但比疏散分层形树冠通透性好，观赏效果也不错。

需要注意的是，不管是哪种树形，在对各层主枝进行修剪的时候，应适当保留一定数量的侧枝，使树冠充实而不空洞，在树形基本形成后，每年只需要剪除过密枝、下垂枝、重叠枝、交叉枝和枯死枝即可。

（五）病虫害防治

（1）虫害　紫叶李的主要虫害有红蜘蛛、刺蛾、布袋蛾、叶跳蝉、蚜虫、介壳虫等。可用40%三氯杀螨醇乳油1000倍液喷杀红蜘蛛，用BT乳剂1000倍液喷杀刺蛾、布袋蛾，用10%吡虫啉1500倍液喷杀介壳虫、叶跳蝉。

①蚜虫：蚜虫一般在早春危害紫叶李，4~5月尤甚。防治紫叶李蚜虫可选用10%氯氰菊酯乳油2000倍液、50%抗蚜威可湿性粉剂2000倍液等药剂。药剂要经常轮换，避免长期使用同一种农药致蚜虫产生抗药性，影响防治效果。同时注意在化学防治的同时保护七星瓢虫、大草蛉、食蚜蝇、寄生蜂等蚜虫的天敌，效果更好。

②螨类（红蜘蛛、黄蜘蛛等）：螨类害虫主要吸食紫叶李汁液，严重影响紫叶李正常生长发育和观赏性。螨类害虫的防治可用73%克螨特乳液1200倍液等药剂加以防治。

（2）病害

①细菌性穿孔病：紫叶李抗病性较强，常见的病害是细菌性穿孔病。这种病发生普遍，危害严重。发病后不仅影响植株正常生长和观赏效果，重者还会导致病株死亡。初发病时，叶片开始出现水渍状小褐点，然后逐步扩展成直径2cm左右的紫褐色圆形或多角形病斑，病斑周边有浅黄色晕圈，最后病斑逐渐干枯并脱落成

孔状。

该病由野油菜黄单孢杆菌桃李穿孔病变种侵染所致。病菌在枝梢病斑和病芽内越冬。第 2 年春季病组织溢出病原细菌，借雨水、气流和昆虫传播侵染。病菌发育温度为 5 ~ 35℃，最适宜温度在 25℃左右，连续阴雨天或遇蚜虫等昆虫严重危害时，易造成大面积流行。华北地区一般在 5 月发病，夏季高温、高湿期为发病高峰期。

防治方法：合理修剪，利于植株通风透光；注意防治蚜虫、介壳虫等刺吸式口器的害虫；加强水肥管理，种植穴内切忌积水，施肥要注意营养平衡，特别注意磷钾肥的施用；春季发芽前喷施 5°Bé 的石硫合剂或 1∶1∶100 等量式波尔多液，消灭菌源；发病初期喷施 95% 细菌灵或 15% 链霉素可湿性粉剂 500 倍液，每 10d 喷施 1 次，连喷 3 ~ 4 次可有效控制住病情。

②流胶病：紫叶李流胶病是一种生理病害，多因栽培养护管理工作不到位，导致树势衰弱，引发树体流胶。流胶病防治应采取“综合防治、预防为主”的病虫害防治方针，加强土肥水管理，增强树势，提高抗病能力。如及时松土、开沟排水，重点施用有机肥，做好蛀干类虫害的防治等工作，能有效减少流胶病的发生概率。对已经发生流胶的树体，可不定期将流胶部位刮除干净，涂抹消毒杀菌剂，如硫酸铜、石硫合剂等，能有效减缓流胶病的发生，并防止其他病菌侵染。

第五章 盆栽果树及容器控根育苗技术

第一节 盆 栽 果 树

一、盆栽果树概况

（一）盆栽果树的发展

把高大的果树栽入盆、钵等容器之中，使果树矮化并赋予其特殊造型即称为果树盆栽，它是集观赏、生产为一体，具有观赏和食用双重价值的果树栽培方式。

据考证，在我国商周、秦汉时期就有了果树盆栽。西汉张骞出使西域时，为了把西域的石榴引入内地，就采用了盆栽石榴的方法，这是迄今为止最早的果树盆栽文字记录。晋朝盛行玄学，士大夫从自然山水中寻求人生哲理，在居住环境和经济条件有限的情况下，为了更好地了解、接近自然，就想方设法把大自然的果树、山水等有代表性地收集到自己的住宅中，这无形中促进了盆栽果树的发展，也为盆栽果树的产生和形成奠定了基础。之后盆栽果树的发展由于受到技术的限制，经历了一个漫长的阶段，树种局限在柑橘、石榴这些自花结实的种类上，培育造型技术依附于一般观花、观叶类盆景，长期以来未取得突破性进展。我国对果树盆栽的研究始于20世纪70年代，80年代得到快速发展，90年代中后期果树盆栽技术逐渐成熟，形成了一套独特的技术体系。河北农业大学的果树科研人员经过20多年的精心研究，将现代果树栽培技术与传统的盆景造型技艺相结合，将果树盆景生产技术理论、化系统化，使得果树盆栽真正发展起来。

近年来，随着人们生活水平的提高，追求环境美、渴望回归大自然成为生活时尚，果树盆栽以其色彩斑斓、婀娜多姿、春夏枝叶青翠欲滴、金秋硕果色彩缤纷、冬枝苍劲的独特魅力渐渐地吸引了大众的目光，也多次出现在国内外展览会上，大放异彩。

（二）盆栽果树的前景

果树盆栽可以作为城市园林绿化的配置“树种”，成为造景材料（景观树种），丰富园林绿化树种资源，改变城市园林只能看花、不能赏果的缺憾。可以利用单一树种或多个树种的盆景，建成特色园林休闲区和特色生态环境观光区，充分利用果实的色彩效果及其对人的引诱力，为繁华的都市描绘出一幅新奇、美妙的景色，促进城市风景旅游事业的发展。

果树盆栽适用于多种公共场所，如幼儿园、居民住宅区、公园、广场、各类庭院、学校等的美化绿化、装点环境。

果树盆栽可以帮助千家万户实现阳台果园、家庭果园的梦想。果树盆栽的生活情趣和自然气息极强，尤其是果树盆景有着“成就人生”、“吉祥如意”、“健康长寿”、“一生平安”等特殊寓意，其独特魅力令人陶醉。

利用果树盆栽构建的微型果园、活动果园，可以走进别墅、宾馆、饭店、礼堂、展厅，成为一道别具特色的风景；走进学校尤其是农业院校，会成为很好的教学素材和实习园地。

由于果树盆栽属于高技术、高劳动密集型、高附加值的产品，果树盆栽可以作为出口产品，进入国际市场，既适于国情又符合国际经济环境的特点，具有较强的竞争力。

由于果树盆栽全部在盆内培育，可以保证果品的工厂化和无公害生产，有效控制果品的营养元素含量，是生产绿色有机食品的理想方式，同时也为一些果品的反季节生产提供了新方法。

果树盆栽的品种资源丰富，繁育技术简单，果树生产中的砧木、苗木、废弃果园均可利用，而且改变了传统树木盆栽培育对生态环境的破坏，真正走“自培、自育、自创”的道路，具有可持续发展能力。

果树盆栽的果实不但可以食用，有些还可以入药，具有可观的经济价值。

针对上述果树盆栽发展的前景，发展果树盆栽应该利用地方优势，建立和完善流通体系，满足国内外市场需求。一是实施品牌战略，提高果树盆栽档次，在技术上求突破。在树种选择上，重点选择群众喜闻乐见的、易管理的，大力发掘适宜各地栽培养护、造型美观、极具观赏和食用价值的新品种。为了适应市场，必要时调控开花结果的时间。二是建设盆栽基地，适于搞“公司+农户”模式进行生产，优化盆栽造型类型，在标准化上求突破。三是建设盆栽市场，拓宽销售渠道，在市场开发上求突破。

然而果树盆栽是高技术产品，盆景培育周期较长，致使其生产规模小，成本高，因此价格一般较高。另外好多消费者担心管理难度大，以至于影响了消费。鉴于此，本章就果树盆栽技术进行一些简单的介绍，让大家更多地了解果树盆栽技术。

二、盆栽果树的特点

（一）盆栽果树的分类

盆栽果树按用途划分，可分为三类：一是观果类。这类果树的果实五彩缤纷，形状各异，且均能食用，如大部分苹果品种、大部分梨、桃、枣等品种；二是观叶观花型类，这类果树的枝、叶、花等都具有观赏价值，且观赏时间较长，如菊花桃、红叶桃、部分石榴品种等，但只开花，不结果；三是观花果类，这类果树可赏花看果，但果实不能食用，如海棠类，一些品种的枝条、叶片及花都是红色的，花期能持续15~20d，同时，果实整个冬季不落，在白雪的映衬下，非常漂亮。

（二）盆栽果树的特点

与一般果树相比，盆栽果树有以下几个特点。

（1）植株矮小、色泽鲜艳、观赏时间长　一般果树，树体高大，占地面积很大，非一般城乡居民所能种植。观赏果树植株矮小，一般高度在50~150cm，为控制新梢生长和树体扩展，生长季中用多次摘心法和疏梢、扭梢法控制生长。树冠结构紧凑，造型优美，春季可观花，夏秋可观果，观果时间要有几个月，甚至长达半年以上。

（2）花果奇特，名贵稀品　观赏果树一般都是新品种、新类型，形状奇特，是世间珍品，如枣，有枝条弯曲如龙爪的龙须枣，像柿子一样的大荔枝蒂枣，像羊角椒似的羊角枣，还有底部有一道缢痕的葫芦枣。从5月开花，冬枣可挂果到10月。

（3）技术独特　盆栽果树与一般的花卉盆景不同，它除了研究造型以外，还需注重培养花、果，最后可以品尝果实，既可观赏又有食用价值。因此，它的培养需要具有一定生长势的枝条和一定的叶面积，也就是需要有一定的营养条件。由于果树每年的结果数量都有变化，结果位置也在变换，每年都要重新培花育果，因此，技术水平要求较高，既要通过嫁接、修剪等措施，提早成型结果，又要通过促花技术、控根技术和越冬技术，以及通过营养管理等综合措施进行生长发育的促控，使之既美观，又可口。果树盆景的自身规律决定了它在造型和修剪上粗犷、自然的风格。它每年都要培花育果，不能一劳永逸。培育果树盆景需要一定的技艺，这也正是其魅力所在。

（4）条件限制　由于盆栽果树受盆的限制，立地条件有限，即有限的栽培土壤，土壤少而薄，因此对果树的选择、栽植、养护都有重要意义；由于土少土薄，土中的营养物质是极其有限的，果树的生长发育受到抑制；外界环境条件如光照、风力等，强温、干旱、严寒都会对盆栽果树造成强烈的影响甚至致其死亡；受造型要求的约束，盆栽果树必须造型，在养护上一定要细心，管理上要科学。

（三）盆栽果树的选择

盆栽果树的市场消费者，大多为非从事园艺专业的人员，因此，在进行果树盆栽时，应从消费者的角度来选择入盆的品种，以利于盆栽果树市场化，被广大消费者所接受。因此，盆栽果树在选择时应具备以下原则：

（1）树体矮小，根系发达，抗病性强。如中矮1号梨品种，露地生长20余年树高也只有1.5m，盆栽时不用采取任何措施控制树冠大小。

（2）成活容易，结果早，坐果率高，连年丰产、稳产。如早金香梨，上盆当年即可形成花芽，自花可以授粉。

（3）采前落果少，观赏期长。如部分柿品种、山楂品种，在冬季叶片都落了，果实还挂在枝头，像一盏盏黄色、红色的灯笼。

（4）果形可观、奇特，色泽艳丽。如部分枣品种，像茶壶枣、磨盘枣及蟠桃中的寿星桃，果实奇特，惹人喜爱。

（5）宜选择对修剪反应相对迟钝的品种，即发芽、成枝均不强的品种。

（四）盆栽果树对环境的要求

（1）温度　同露地栽培果树相同，盆栽果树的生长发育周期内要求的温度范围不同。几个关键的温度是：休眠期温度保证不高于7.2℃（需冷量不足，花芽形成受影响，导致开花不整齐），花期的温度一般不超过25℃（授粉受影响，甚至花而不实），果实生长温度一般以不超过35℃为宜（否则果实生长缓慢，或落果）。盆栽果树要防止日灼。秋季局部温度过高，造成枝干皮层或果实表面局部产生高温灼伤，可采取用网遮阴或喷灌降温的方法，防止日灼产生。入冬前要灌冻水预防冻害发生。

（2）光照　光照充足，光合作用强，枝叶生长茂盛，可增强树体的生理活动，改善树体的营养状况，提高果实品质，增进果实色香味，提高了观赏价值。如光照不足，光合作用减弱，枝叶生长、花芽形成及果实生长发育都将受到影响而失去观赏价值。

（3）水分　水是盆栽果树的命，也就是说，如果盆栽果树不灌水，盆栽果树将停止生长而死亡。水分不仅保证果树正常生长发育所需，而且可调节盆土的温度。一般盆栽果树的根系适宜在土壤含水量60%～80%时活动。

（4）氧气　盆栽果树根系一般在盆土含氧量不低于15%时正常生长，不低于12%时才发生新根。各种果树对通气条件要求不同。柑橘对缺氧反应不敏感；苹果和梨反映中等；桃最敏感，缺氧根便死亡。盆土中含氧量少，影响根对营养元素的吸收。这种现象不同树种表现不同。对磷、钙葡萄吸收最多，桃和柿则吸收较少；对于钾，柿吸收最多，而桃、柑橘和葡萄则吸收较少。

(5) 酸碱度　盆栽果树的生长同其他果树一样，也要求一定的土壤酸碱度，以利于有机质、矿质元素的分解、利用。同时，土壤微生物的活动也需要在一定的酸碱度下进行。核果类果树桃、李、杏要求土壤中性。梨因砧木不同，所要求的酸碱度也不同，砂梨耐酸性，杜梨耐碱性，而秋子梨砧木不耐碱性。

(五) 盆栽果树矮化技术

果树盆栽因受容器的限制而对果树大小要求较高，为使果树适合盆栽，应对果树进行矮化，然后植入盆中。盆栽果树矮化的方法有：

(1) 选矮化品种　适合矮化栽培的品种有：① 柑橘类：佛手、金柑、柠檬、四季矮柚、矮晚柚等；② 桃树类：矮丽红、矮桃、寿星桃等。

(2) 用矮化砧木嫁接　采用矮化砧木嫁接是果树矮化的重要措施之一。主要果树矮化砧木：柑橘、柚砧木有枳壳；梨有PD1L54、S1、S5等；桃有毛樱桃、山毛桃、矮桃等；苹果有M9、M26、M27等。

(3) 缩根育苗　果树的树冠与根系有成对生长的规律。矮化树冠，首先要控制根系的生长。可采取断主根、容器育苗等方法达到矮化的效果。上盆栽植时先用小盆，再逐渐换大盆。上盆和换盆时缩剪主根和侧根，限制根系生长。

(4) 矮化修剪　苗高15～20cm时摘心，促进低分枝。采取拉、吊等方法，开张分枝角度；运用摘心、扭枝等方法，抑制顶端优势，促进开花结果。

(5) 肥水调控　适当控制氮肥，增施磷、钾肥，枝梢旺盛生长期适当控制水分。

(6) 使用生长抑制剂　在配制培养土时，掺入适量的多效唑。也可用多效唑或矮状素等生长抑制剂进行叶面喷洒或浇根，抑制营养生长，矮化树冠。

三、盆栽果树主要树种及管理技术

从理论上来讲，大多数果树都可以盆栽，但由于盆栽果树的营养面积小，又比较注重艺术造型，因此可塑性强、适应性强、须根发达、枝条较软的树种更适于盆栽。北方常见的果树，如苹果、梨、柿子、桃、杏、葡萄、石榴等，都可用于果树盆栽；南方那些成花容易、易于整形的树种，像芒果、荔枝、菠萝、神秘果等，也可用于盆栽。果树盆栽后，客观上协调了大田果树栽培中常出现的前期生长过旺与开花结实的矛盾，使其能够提早开花结果，尽快形成既有观赏价值又有经济效益的效果。

（一）苹果

苹果是我国主要水果之一，也是世界果树栽培面积较广、产量较多的树种。苹果的营养价值很高，果实品质风味好，含水分80%左右，糖含量为10%～15%，总酸0.38%～0.63%，酸甜可口。除供食用外，苹果还有较高的观赏价值（见图5－1）。苹果盆栽主要目的在于观花观果，因此在品种选择上，主要以挂果时间长、果色鲜艳宜着色、树型矮化、叶小果大、成花结果早、坐果率高、自花授粉结实率高和抗病能力强的品种最为理想。

图5－1 盆栽苹果

1．主要品种

（1）芭蕾苹果 芭蕾苹果是我国20世纪90年代从英国引进

的新型苹果品种，为当今最紧凑最短枝的果树，是盆栽果树的佳品。这些品种开花时的风姿宛如芭蕾舞女，故得名。芭蕾苹果现共有舞美、舞佳、舞乐、舞姿四大品种，其中舞美的观赏价值最高。

① 舞美：果小，平均单果重35.5g，近圆形，果肉紫红色。成短枝和叶丛枝能力很强，花期较长，花冠呈艳丽的胭脂红色，美丽妩媚。叶片颜色在不同季节变化很大，春季幼叶鲜红，夏季呈绿色，秋季老叶由绿变红褐或紫红色，煞是好看，是苹果中难得的既可观叶、又可赏花、亦可瞻果的特等观赏型品种。

② 舞佳：平均单果重205g，果实圆锥形，底色绿黄，覆以鲜红色晕，果肉脆而多汁，有芳香气味。树干柱形，短枝，极紧凑，主干上直接着生结果枝，叶片绿色，叶面有些抱合，花朵白色微红，花瓣较长，是微型果园和盆栽的理想品种。

③ 舞乐：平均单果重195g，果实底色黄，阳面微红色。果肉汁多味香，花朵粉红或浅红色，枝条紧凑。

④ 舞姿：成熟晚，果大优质丰盛，耐储藏，常温可保存1~2月，低温可保存至第2年春季。果实平均重205g，每棵树平均1.3kg，果实为粉红或浅绿色。

(2) 乙女　原产日本，实生选出，1979年引入我国。该品种树冠小，枝条纤细，叶片稍小，树姿开张优美，萌芽力极强，花序坐果率90%。果实圆形或长圆形，平均单果重50g，大小整齐，底色淡黄，全面着色，色泽浓红，艳丽，果面光洁、光滑。果肉脆而多汁，可溶性固形物含量13.5%，硬度7.8kg/cm^2，酸甜可口。在北京地区，果实于10月上旬成熟，果实着色期40d，适于观赏栽培。

(3) 冬红果　由郑州果树研究所从美国引入，后引入到徐州作为盆栽。植株矮小，枝条灰褐色，叶片椭圆形至长椭圆形，绿色，边缘有圆钝的锯齿。花浅粉红色。果实椭圆球形，单果重15~20g，9月下旬成熟，鲜红色，果柄长，果皮光滑，艳丽美观。挂果期长，至第2年2~3月不脱落，观赏性佳。果实呈簇状，每序有果5~10个，晶莹剔透，色彩艳丽，全株果实累累，便于以果造型，树形丰富，是制作盆景的极佳材料。

(4) 千穗果　山东省沂州木瓜研究所选出的山定子变种。叶椭圆形，先端渐尖。花茎2.8～3.5cm，3～7朵花集于短枝顶端，乳白色，清香浓郁。果实球形，果顶渐凸，9月全红，10月果实成熟。每花序结果3～5个，集生于短枝顶端，环抱主干及分枝，形状独特。

(5) 富士系列　富士苹果是日本农林水产省果树试验场盛岗分场于1939年开始试种，以国光为母本，元帅为父本进行杂交，经20多年选育出的苹果优良品种。1962年正式命名，是世界上最著名的晚熟苹果品种。我国1966年引进富士苹果，至20世纪80年代进行系统观察和研究。如今，富士系列已发展成为我国苹果的主栽品种。富士系苹果果大，单果重200～250g，果形近圆形，果面光滑有光泽，底色黄绿，阳面有红霞和条纹。果点较多，黄白色，较小。果肉乳黄色，脆而多汁，酸甜可口，有香气，可溶性固形物含量14.0%～15.5%，品质上等。

(6) 新红星　原产美国，为红星的芽变品种。该品种树势较强，树体直立，枝粗壮不开张，易形成短果枝，树冠紧凑，结果早。果实圆锥形，果顶有五棱突起，单果重150～200g，果面浓红，色泽艳丽，外观美，香甜可口，可溶性固形物含量11%左右。新红星是短枝型品种，果实的五棱特别漂亮，适合做盆栽用来观赏。

(7) 津轻及其芽变品种　原产日本，为金冠的自然杂交种，1979年引入我国。幼树生长势强，树姿直立，正常结果后生长势中庸，树姿开张。果实圆形至长圆形，果个大，平均单果重约180g，底色黄绿，阳面有红霞和红条纹，果面充分着色时可达全红，色相有片红和条红两种类型。津轻果皮薄，果点不明显，果肉松脆汁多，风味酸甜，稍有香气，可溶性固形物含量14%左右，品质上等。

(8) 嘎拉　原产新西兰，幼树生长势稍旺，成枝力较强。果实短圆锥形，大小整齐，平均单果重180g。果面金黄色，阳面有浅红晕，具红色断续宽条纹。果皮薄，有光泽，洁净美观。果肉浅黄色，肉质细脆多汁，有香气，酸甜适口，品质上乘。

（9）乔纳金　美国品种，亲本为金冠和红玉，1979 年引入我国。乔纳金为三倍体品种，树势强，萌芽率较高，成枝力强，枝梢较软且较长。果实圆锥形，单果重 220 ~ 250g，果底色绿黄，阳面部分有鲜红霞和不明显的断续条纹；果面光滑，蜡质多，果点小且少，果皮薄；果肉乳黄色，肉质松脆，中粗，汁多，风味酸甜，略有香气，可溶性固形物含量 14% 左右，品质上等。

（10）红将军　是我国专家最先从日本引进的早熟红富士的浓红型芽变品种。果实近圆形，果形端正，果个整齐，一般单果在 300g 左右。成熟后底色淡黄，果面片状鲜红色。果点小，果粉较多。果肉黄白色，质地比一般富士略松，甜脆爽口，香气浓郁，皮薄多汁，可溶性固形物含量 15.0% ~ 16.2%，是中晚熟苹果品种的佼佼者。

（11）斗南　日本品种，1995 年引入我国。该品种树势强，树姿开张，萌芽力和成枝力均强，成花容易，连续结果能力强。果实圆锥形，果大，平均单果重 360g。果实底色黄，全面鲜红色，果点大，果面洁净。果肉乳黄色，肉质细而脆，味甜，有较浓的香味，品质极佳。

（12）寒富　由沈阳农业大学园艺系用东光 × 富士选育而成。该品种树冠紧凑，枝条节间短，短枝性状明显，再生能力强，以短果枝结果为主，早果性强。果实短圆锥形，平均单果重 230g。果形端正，全面着鲜艳红色，较美观。果肉淡黄，肉质酥脆，汁多味浓，有香气，可溶性固形物含量 15% 左右，品质极上。

（13）华红　由中国农业科学院果树研究所 1976 年用金冠为母本、穗为父本杂交选育的中晚熟大果新品种。该品种的幼树长势强健，成形快，结果早，采前无落果。华红果实长圆，高桩，平均单果重 245g。果面光洁，蜡质多，果粉少，果点小，成熟果实着色全红。果肉细嫩，酸甜适宜，风味浓郁，有香味，可溶性固形物含量 15.0% ~ 16.5%，品质上等。

（14）珊夏　是日本农林水产省果树试验场盛冈支场用嘎拉 ×

茜培育而成。该品种树势中等，较开张，枝条直立细软，叶片浅绿，易成花，结果早。果实圆锥形，中等大小，单果重150～180g。果面光滑，底色黄绿，色泽为鲜红晕色，果点稀而少，果梗长。果肉淡黄色，肉质脆细，酸甜适宜，汁多有香味，可溶性固形物含量13.9%，品质上等。

2. 栽培管理技术

（1）苗木培育 采集生长充实、节间相对较短、芽体饱满的1年生枝或当年发育枝为接穗，粗度要求应和砧木的粗度相匹配。春季嫁接用的接穗可于落叶后至萌芽前2～3周采集，夏秋季嫁接用的接穗（当年生枝）应随接随采。

春季、夏季、秋季砧穗形成层活动期均可进行嫁接。在本地，春季嫁接的时间一般在3月下旬至4月上旬芽子萌动之前，夏季嫁接一般在6月下旬至7月初，秋季嫁接一般在8月下旬至9月上旬。2年出圃的苹果矮化砧苗常于春季或秋季嫁接1次，2年出圃的乔化砧苗木常于秋季或春季嫁接。嫁接方法采用带木质嵌芽接。嫁接高度统一为实生砧不超过5cm，矮化砧15～20cm，矮化中间砧25～28cm。

（2）上盆倒盆 选择植株健壮、芽眼饱满、无病虫危害的砧木，于3月底4月上旬将植株用石硫合剂浸根消毒，并剪去坏死根。先把少量营养土装入盆底，放入苗木，将根系摆布均匀，培土踏实，及时浇水，即可成活。

盆栽矮化苹果由于盆里的土壤和营养有限，栽培一年后，盆里土壤的营养基本上已被用完，为了第2年更好地生长，在每年冬季休眠期（春季发芽前）进行换盆，把原来的土换上新配置的营养土。倒盆换土时，先用竹片沿盆内壁转一圈，再将盆倒置，用手托住苹果植株和土团，在重力作用下，使之倾出。然后用刀削去土团外围3～4cm厚的旧土和根系，再放入装有栽培土的盆中，四周填入新的栽培土压实，并浇足水。

按以上方法盆栽矮化苹果一般2～3年即可结果，4～5年生的苹果，每株结果可达15～25个。

(3) 整形修剪

① 整形修剪：采用自由纺锤形，特点是有明显主干，在主干上直接着生结果枝组，无明显层次，易成形，易于立体结果。1~2年生主要通过短截、刻芽、拉枝、环割、摘心等修剪方法或采用高效抽枝宝等措施，扩大树冠，增加枝量，促进花芽形成。3~4年生主要通过疏除、摘心、扭梢、拉枝等方法对过密枝、直立枝、竞争枝进行改造，培养成结果枝组，大幅度增加总枝量，特别是短枝量。4~5年生主要通过疏除、短截、回缩等方法调整生长和结果关系，使树体通风透光，更新衰老枝组，保持树势，并注意疏花、疏果。

② 艺术造型：盆栽矮化果树的修剪可根据个人的爱好进行，修剪时注意树枝开张角度，尽量做成盆景树型，使之通风透光，有利于花芽形成，多结果。为使苹果矮化，要从1年生苗进行高度控制，采用盘绕式拉枝方式，抑制生长，促使发枝。也可对1年生苗木所需高度进行摘心，促壮主干，再发新枝。对新发枝拉枝培养树型，对竞争枝在枝条长至4~6片叶时进行扭梢，可有效控制树体高度，防止徒长，促成花芽；对生长旺的徒长枝和竞争枝要结合拉枝进行扭梢、摘心，培养大量结果枝，并促使其形成花芽，达到早结果、多结果的目的。当盆栽矮化苹果进入结果期时，树型已基本确立。要根据品种合理选留枝条，使整个树冠空间占满，得到合理利用为宜，有空间的长枝可留下并培养成新骨架，中、短枝培养为结果枝组，使树冠保持稳定，做到长短相间，叶果比例适宜。

(4) 肥水管理　盆栽矮化苹果的萌芽期（3~4月）、花期（5~6月）、果实膨大期（7~11月）要及时补充水分，但5月为促进花芽分化，要适当控水，7~8月雨季要少浇水。

萌芽前后施0.2%~0.3%的尿素1~2次，从4月底开始，每15~25d追施肥料1次，追施200~300倍液的N、P、K复合肥。果实膨大期进行叶面喷肥，可喷施0.2%~0.3%尿素或其他叶面追肥。秋季果实接近成熟，追肥可施勤一些，一般15~20d追施1次。

到晚秋冬初，新梢生长停止，果实成熟，根据植株生长情况适当追肥。盆栽苹果能否成功的关键之一是促花，应给予足够的重视。

（5）花果管理

① 人工授粉：为保证盆栽矮化苹果坐果率，在苹果开花前2～3d，从物候期相近的果园采取花粉，在盆栽苹果盛花初期花朵开花的当天上午进行人工授粉。

② 花期喷硼：在开花期用0.2%的硼砂喷洒，提高坐果率。

③ 套袋：为提高果实品质，防止病虫危害果实，授粉结果后进行果实套袋。

④ 着色与贴字：盆栽矮化苹果管理方便。在果实生长后期转动盆子方向，使果实全面着色。在成熟前20～30d摘除果袋，在果实向阳面贴上“福”、“寿”、“喜”、“禄”、“发”、“吉祥”等字样或花纹图案，当果实着色成熟后揭去贴纸，苹果果实上就会显露出字样和各种美丽的花纹，使盆栽苹果更加美观。

（6）病虫害防治

① 虫害防治：秋季叶螨等害虫陆续下树越冬，可用干草做成草把、草绳绑在枝干上，冬季或春季把草把解下烧毁，可消灭潜藏在树干裂缝处越冬的大多数害虫。

叶螨防治：5月中旬用20%四螨嗪（螨孔净）悬浮剂2000倍液或5%压索朗乳油1500倍液于树上喷雾可防治叶螨。

金纹细蛾防治：5月上旬至6月上旬是金纹细蛾第1代成虫发生盛期，卵盛期在6月中旬，应抓住成虫盛发期进行防治，可选药剂30%蛾螨灵2000倍液或30%辛脲乳油2000～2500倍液喷雾。

蚜虫防治：防治蚜虫可选用10%吡虫啉4000倍液或50%抗蚜威1000～1500倍液、40%蚜灭多1000～1500倍液喷雾。

桃小食心虫防治：6月上中旬，每667m^2用50%辛硫磷乳油0.5kg对水100kg喷洒树盘，同时用30%桃小灵乳油或20%甲氰菊酯乳油1500～2000倍液对植株喷雾防治桃小食心虫。

结合冬剪，剪除树上的病枝、虫枝。山楂叶螨、梨小食心虫、卷叶蛾等害虫大多在粗皮、翘皮、裂缝处越冬，人工剥树皮可消灭90%以上越冬害虫。树干涂白，第1次在落叶后封冻前，第2次在早春。

② 病害防治：11月后树叶逐渐脱落，大多数果树处于休眠期，而果树上各种病菌也基本上停止蔓延，各种虫害逐渐停止活动，此时搞好病虫害防治，对于减轻翌年果树病虫害的危害作用很大。具体措施包括：清除残枝落叶，剪除病虫枝，清除树下杂草、枯枝落叶，集中烧毁；刮树皮和涂白，落叶后很多病虫害的幼虫、成虫、病菌大都在树干的粗皮和裂缝中越冬，刮掉粗皮、翘皮、病皮可收到很好的防治效果，然后在刮过的树干上涂抹石硫合剂或涂白，但是刮皮要得当，大树刮皮露白、小树露青为宜。

③ 药剂防治：3~4月是腐烂病、轮纹病的发病高峰，是防治关键时期。防治苹果白粉病，发芽前喷施45%晶体石硫合剂30~50倍液，可兼防苹果霉心病；也可于发芽前可选用40%福星5000~6000倍液、15%粉锈宁1200倍液喷施树冠。对炭疽病等可在收获前1个月喷施1次3%克菌素500倍液，或1%中生菌素300倍液，或70%甲醛托布津800倍液。

（7）越冬管理

在冬季不易发生冻害的情况下，一般不宜在室内越冬，让其在室外自然越冬休眠。为防止发生冻害，可在土壤封冻前浇1次透水，然后用草袋将整个容器包裹防寒，也可挖沟埋藏。

（二）梨

梨为世界五大水果之一，也是我国传统的优势果树，栽培历史悠久，品种繁多，适应性强。梨果实肉脆多汁，酸甜可口，风味芳香优美。富含糖、蛋白质及多种维生素，对人体健康有重要作用。梨的大多数品种均可用于盆栽，选择时一般用成枝力强、节间短、成花结果早、坐果率高、抗病能力强、适应盆栽环境的品种；同时为了增加情趣，一株梨树上可以嫁接不同品种，结出形状、大小、色泽不同的果实，以利于观赏（见图5-2）。

图 5－2　盆栽梨树

1．主要品种

（1）矮香梨　中国农业科学院果树研究所育成的矮化开张型新品种，为车头梨的自然实生种。树冠圆头形，树姿开张，枝干光滑呈灰褐色。叶片较小，狭椭圆形，叶色浓绿有光泽，叶缘细锯齿。花中等大小，白色。果实小，平均单果重约 80g，果实近圆形，果皮黄绿色，阳面有暗红晕。果面光滑，有光泽，果点小而多。果肉白色，肉质细脆，汁多，味酸甜可口，具有诱人的清香味，品质极佳。

（2）红茄梨　美国品种，为茄梨芽变，树势生长中庸，以短果枝结果为主。果实细葫芦形，平均单果重 131g，果皮外观漂亮，全面紫红色。果面平滑且具蜡质光泽，果点小而不明显。果肉乳白色，质细而稍韧，经 1 周后变软，汁多溶于口，味酸甜具微香，可溶性固形物含量 11% ~13%，品质特佳。

（3）红安久　美国华盛顿州发现的安久梨的浓红型芽变新品种。树冠近纺锤形，树姿直立，萌芽力和成枝力较高，以短果枝群结果为主，连续结果能力强。叶片红色，光滑平展，先端渐尖，基部楔形，叶缘锯齿浅钝，花粉红色。果实葫芦形，平均单果重 230g。果皮全面紫红，果面光滑有蜡质光泽，果点较多，外观漂亮。果肉质地细，石细胞多，易溶于口，汁液多，酸甜适度，香气浓，可溶性固形物含量 14% 左右，品质上等。

（4）兴矮2号　是盆栽矮型品种，锦香梨自然实生后代。成龄树高80～100cm，枝干棕色，节间短，叶片中等大小，狭椭圆形，浓绿。果实在9月陆续成熟，果实圆形，中等大小，平均单果重204g。果底色绿黄，阳面有红色晕。果肉松脆，汁多味甜。盆栽2年即可挂果，每株可结20多个。该品种叶红果红，鲜艳美观。

（5）兴矮3号　锦香梨自然实生后代，树形紧凑矮壮，树势开张，树干绿褐色，分枝多。一年生枝黄褐色，节间短粗，皮孔小且密。叶片成椭圆形，浓绿有光泽，叶尖突尖，叶缘细锯齿，叶柄短，绿中微红。果实小，平均单果重73g。果实圆形，底色黄绿，阳面有淡红晕。果肉黄白，质地中粗，汁液较多，味甜，可溶性固形物含量13.0%～15.5%，品质中上。盆栽后结果早，个别植株当年即可挂果，很适合盆栽。

（6）兴矮4号　该品种树体紧凑，树姿半开张。树干绿褐色，一年生枝黄绿色，节间短粗。叶片翠绿色，椭圆形，有光泽，叶基圆形，叶尖突尖，叶柄长且粗。果实小，平均单果重67.64g，椭圆形，果面黄绿色，较平滑，果点小且多。果肉黄白色，肉质细软可口，汁多味甜，可溶性固形物含量11.25%，品质上等。盆栽4年生树高约1.21m，定植后第3年能挂果，树冠圆头，自然美观，适宜庭院绿化。

（7）黄金梨　黄金梨是从韩国引进的品种，亲本为新高×二十世纪。该品种生长势强，树冠成形快，树体小而紧凑，极易形成中短果枝。叶片大而厚，绿色，卵圆形或长圆形。果实圆形，果形端正，果个整齐，平均单果重350g左右。果皮黄绿色，具半透明感，果面光滑有光泽。果肉肉质细脆，甜而清爽，汁多，可溶性固形物含量14%～15%，品质佳。

（8）香红蜜　由中国农业科学院果树研究所在1986年以矮香为母本、以贺新村为父本杂交育成的梨树半矮化新品系。该品种生长势中等，萌芽率高，成枝力强，结果早。在辽宁兴城，果实8月中下旬成熟，发育天数100d。果实圆形，平均单果重175g。果实底色黄绿，阳面紫红色。果肉乳白，肉质细腻，后熟果肉变软，汁液多有芳香味，风味酸甜可口，可溶性固形物含量15.7%，品质上等。

（9）早金香　由中国农业科学院果树研究所选育的早熟抗黑星病梨新品种。该品种树冠圆锥形，树姿开张，萌芽率高，成枝力强。叶片绿色有光泽，长卵圆形，采前无落果。果实葫芦形，平均单果重247g，果皮黄绿色，果面光滑有光泽，果点小而多。果肉乳白色，肉质细软，石细胞少，汁多味甜，可溶性固形物含量为13.5%，适合露地和设施栽培。

（10）金花4号　1976年由四川省农学院与金川县协作金花梨芽变种选出单系，经中国农业科学院果树研究所鉴定选育而获得。该品种树冠圆头形，树姿幼树直立，结果后开张。叶片大而厚，绿色，卵圆形。花蕾淡粉红色，花冠白色，花瓣圆形，重叠，花药紫红色。果实椭圆形或长卵圆形，平均单果重378.5g，果皮绿黄色，储存后转为黄色。果肉白色，质较细，松脆，汁多，味甜，可溶性固形物含量13%，品质上乘。果实10月中旬采收。

（11）红巴梨　美国品种，是巴梨的红色芽变，山东省果树研究所1987年4月自澳大利亚引入。该品种适应性强，树势强旺，萌芽力、成枝力均强，幼树树姿直立，结果后开张，以中短果枝结果为主，成花结果早。幼叶红色，成熟后转绿，卵圆形，叶姿平展，叶缘钝锯齿，花白色，花药红色。果实粗颈葫芦形，果个大，平均单果重208g。果皮自幼果期即为褐红色，成熟时果面大部着褐红色。果点小而密，果肉白色，石细胞少，柔软多汁，风味甜，香味浓郁，可溶性固形物含量12.5%，品质上等。果实9月上中旬采收。

2. 栽培管理技术

（1）苗木培育　梨树的繁殖可选择秋子梨、山梨、杜梨、豆梨等作砧木，以果形美观、品质优良的品种作接穗，用芽接或枝接方法进行嫁接。砧木既可人工繁殖，也可利用果园淘汰的老梨树或到山野采挖植株矮小、形态奇异、分枝较多、古朴苍劲的山梨等品种的老桩，经“养坯”复壮后，使其长出新的枝条，再进行嫁接。

树桩一般在秋季落叶后或春季发芽前挖掘移栽，先栽种在地下或较大的瓦盆内。栽前先对植株进行整形，剪去过长的主根，多保留侧根和须根，多余的枝条也剪除。栽后浇透水，放在避风向阳处养护，以保证成活。

（2）上盆倒盆

① 上盆：一般以早春未萌芽时为好。苗木可用成苗，也可用半成苗，或直接栽植砧木。将苗木的根系剪出新茬，根系舒展开，再填满盆土。填土时不断轻提枝条，使根系伸展自然。盆土不宜装得太满，以便于浇水。盆栽果树是否能够长好，其根系营养面积很重要，而且由于盆栽果树根系受到限制，为了保证营养的供应，对盆土的要求很高。

② 倒盆：一般盆栽间隔 2～3 年换盆 1 次。宜在梨树休眠期进行。

（3）整形修剪

① 自然圆头形：矮壮型梨树的各个品种，本身自然就是圆头形，不用强硬整形。由于分枝较多，应注意适当疏枝，加强通风透光，主干上部培养 5～7 个骨干枝，其上培养枝组有结果母枝，形成自然圆头形。对当年栽植的幼树，由于骨干枝发育强壮，在肥水充足的条件下留 20cm 左右摘心，促发 2 次枝。骨干枝修剪时，选择饱满芽处短截，注意芽的方向，以保持同层骨干枝平衡。结果母枝过长时，剪去前端数个芽部位，短的结果母枝可不短截。瘦弱的发育枝或结果枝，短截到基部 3 个芽上，促其长出较好的结果母枝。

② 弯曲圆头形：对于枝条生长较长、树形本身不呈圆头形的品种，如矮香梨等，可用人工拉枝的方法，使其成主干弯曲圆头形。一年生苗定植后，在芽子萌发时将苗拉成弓形。次年春，再将剪口下分枝拉成弓形，使主干呈 S 形。

③ 披散形：垂枝鸭梨的枝条自然下垂生长。为了使其树形美观，可先定植山梨或杜梨等砧木，从 1.0～1.5m 处剪掉，高接下垂枝鸭梨，接穗留 5 个芽，或在砧木分枝上进行高接，即可长成自

然的披散形。如果利用矮香梨（矮化开张型新品种）进行盆栽，将定植的树从1.0～1.5m处剪截，然后将长出的分枝向下拉成弓形，最后也就成了披散形。

④ 凤尾形：该树形适于阳台盆栽梨树采用。定植鸭梨半成苗，长出的枝条自然向一面下垂生长。冬季将其短截后，再继续向一面生长，树形即可成凤尾状。

⑤ 丁字形：第1年只留0.6m左右的主干，主干顶端留2条主枝，分别向两侧伸长，并把主枝上的结果母枝剪短。梨树挂果后，非常美观。

（4）肥水管理　由于梨树的叶片对水分供应比较敏感，若供水不足，叶片往往萎蔫，时间稍长就会干枯脱落。特别是花期以及果实速长期，如果没有充分的水分供应，将直接影响坐果率以及果实的生长。因此，栽培中要注意浇水，避免土壤过于干旱。夏季高温干燥时，还可酌情向叶面喷水。在6月中下旬的花芽分化期，可进行短期的干旱处理，以抑制新梢生长，增加短枝比例，促进花芽分化。方法是：萎蔫—浇水—萎蔫—浇水，如此处理20d左右即可。6月上中旬还可环割或刻伤树干或主枝，以提高中、短果枝比例。秋季要适当控制浇水，冬季应经常检查盆土墒情，及时补充水分，避免干冻。

梨树施肥要根据梨树的营养特点和需肥规律，按照品种、树龄、生长结果情况、土壤肥力和土壤类型，因地制宜，合理施肥。

① 梨树的施肥规律：在幼树期，梨树以营养生长为主。施肥上，应在施用有机肥料的基础上，适当地追施氮、磷肥。进入盛果期后，应在施用有机肥料的基础上，合理追施氮、磷肥和微肥。第3时期即梨树的衰老期，此期施肥的主要目的是更新复壮、延长结果寿命，肥料应以氮肥为主，适当搭配磷肥。

② 施肥的时期和方法：梨树施肥应以基肥为主、追肥为辅，以有机肥料为主、化肥为辅，根据梨树的需肥时期、根系分布合理施入。

基肥：基肥以有机肥料为主，其不但含有丰富的氮、磷、钾，而且还含有梨树生长所需的大量的微量元素，同时还有改良土壤的作用。

基肥以秋施为好。在每年果实采收后，9～10 月施入，此时气温尚高，肥料施入后，有利于肥料的分解和根系的伤口愈合和再生，为来年春季根系生长、花芽分化、开花坐果打下良好的基础。

追肥：追肥作为基肥的补充，在梨树生长最需要的时期施入。追肥一般以速效化肥为主。可以在花前追肥，还可以在果实膨大和花芽分化期追肥。

叶面追肥：叶面追肥也称根外追肥。就是把肥料配成水溶液喷于叶面，通过叶片和幼嫩部分的渗透作用和气孔进入体内，是一种经济、简便、速效的施肥方法。可以单独喷洒，也可以和农药混合喷洒。一般喷洒后 15～24min 即被叶片吸收。

（5）花果管理　梨的自花结实率较低，必须注意人工辅助授粉。人工授粉的方法是在附近梨园采集其他品种的花蕾，将花药采下置于小纸盒内，在室温下自然干燥，花开裂后，将干燥的花粉放入小瓶内，用 10cm 长的粗铁丝，先端套上一段自行车上的气芯，沾花粉授于刚刚开放的花朵的柱头上，以每天上午 9:00～10:00 授粉最好。6 月自然落果时，应依据造型进行定果。一般每序留一个单果，在果较小或全株果量不足时可留双果。应尽量疏去中、长枝上的果，保留短枝上的果，使全树挂果圆满紧凑，疏密有致。

（6）病虫害防治

① 病害防治

a. 梨黑星病：梨黑星病又称疮痂病，是梨树的主要病害。该病主要为害梨树的幼嫩组织（幼叶、幼果、嫩梢等），病部产生黑色霉状物，叶子受害，病斑多发生在叶背面，叶片褪绿，叶脉和叶柄上为长条形和椭圆形，病斑上很快出现黑霉层，叶片变黄、变红，易早落叶。

发生规律：梨黑星病是由真菌引起的病害，病菌以分生孢子、菌丝体在芽鳞、病叶、病果及病枝条上越冬。

防治措施：喷施 1∶1∶200 或 1∶0.5∶200 波尔多液（硫酸

铜: 生石灰: 水), 或 50% 多菌灵 500 ~ 800 倍液、50% 甲基托布津 500 ~ 800 倍液、退菌特 600 ~ 800 倍液防治。

b. 梨锈病: 别名赤星病, 主要危害叶片和新梢, 严重时也能危害幼果。叶片受害时, 在叶正面产生有光泽的橙黄色的病斑, 病斑边缘淡黄色, 中部橙黄色, 表面密生橙黄色小粒点, 天气潮湿时, 其上溢出淡黄色黏液即性孢子。黏液干燥后, 小粒点变为黑色, 病斑变厚, 叶正面稍凹陷, 叶背面稍隆起, 此后从叶背病斑处长出淡黄色毛状物, 这是本病的主要特征。新梢和幼果染病也同样产生毛状物, 病斑以后凹陷, 幼果脱落。新梢上的病斑处易发生龟裂, 并易折断。

防治措施: 清除病叶。在花芽鳞片散开时和花后各喷 1 次 1000 倍液粉锈灵, 严重时 2 周后再喷 1 次 0.3 ~ 0.5°Bé 石硫合剂。

梨黑斑病: 主要危害果实、叶片及新梢。幼嫩叶片最早发病, 开始出现小黑斑, 近圆形或不整形, 后逐渐扩大, 潮湿时出现黑色霉层, 即为病菌的分生孢子梗及分生孢子。叶片上病斑多时合并为不规则的大斑, 引起早期落叶。幼果受害, 在果面上产生漆黑色圆形病斑, 病斑逐渐扩大凹陷并长出黑霉。以后病斑处龟裂, 裂缝可深达果心, 有时裂口纵横交错, 并在裂缝内产生黑霉, 病果易脱落。新梢受害, 病斑早期黑色、椭圆形或梭形, 以后病斑干枯凹陷, 淡褐色, 龟裂翘起。

防治措施: 落花前后喷施 2 ~ 3 次波尔多液。危害高峰期 5 ~ 7 月加喷 2 ~ 3 次杀菌剂。注意田园清洁, 加强管理, 增强树势。

② 病害防治

梨大食心虫: 俗称吊死鬼, 简称梨大, 是梨树最主要的害虫。主要以幼虫越冬。幼虫从花芽基部蛀入, 直达花轴髓部, 虫孔外有由丝缀连的细小虫粪, 被害芽干瘪。越冬后的幼虫转芽危害, 芽基留有蛀孔, 鳞片被虫丝缀连不易脱落。花序分离期危害花序, 被害严重时, 整个花序全部凋萎。幼果被害时, 虫果干缩变黑, 果柄被虫丝牢固地缠于果台上, 悬挂在枝上经久不落, 故称为 “吊死鬼”。

防治措施：结合冬季修剪，剪去虫芽。开花后检查受害花簇（受害花簇鳞片不脱落），并及时摘除。5 月下旬以前（成虫羽化前）摘除、拾净虫果。越冬幼虫转果期喷 5000 ~ 7000 倍液 10% 高效灭百可乳油、800 倍液 40% 胺硫磷或新型植物素。

梨茎蜂：俗名折梢虫、截芽虫。4 月下旬成虫羽化，以成虫产卵和幼虫蛀食危害枝梢，发生严重时，满园断梢累累，严重影响枝条生长和树冠扩大。成虫产卵在嫩梢中，用锯状产卵器锯伤上部嫩梢及梢上叶柄，受害梢及叶片随即萎蔫下垂，并在数日内干枯脱落。幼虫孵化后向枝条下部蛀食，被蛀食部分变黑干枯，当幼虫食到 2 年生枝时，则原来被害的小枝全部干枯。

防治措施：结合清园，将老翘树皮刮下烧毁，消灭越冬若虫。春季，越冬若虫开始活动但尚未散到枝梢以前和夏季群栖时，喷 10% 高效灭百可 5000 倍液或 10% 灭扫利 3000 倍液或新型植物素。

梨木虱：又名梨虱子，成虫、若虫多集中于新梢、叶柄危害，夏秋多在叶背取食。若虫在叶片上分泌大量黏液，将相邻 2 张叶片黏合在一起，若虫隐藏在中间危害，可诱发煤烟病等。当有若虫大量发生时，若虫大部分钻到蚜虫危害的卷叶内危害，危害严重时，全叶变成褐色，引起早期落叶。

防治措施：冬季刮粗皮，扫落叶，消灭越冬虫源。3 月中旬越冬成虫出蛰盛期喷药，可选用 1. 8% 爱福丁乳油 2000 ~ 3000 倍液、5% 阿维虫清 5000 倍液等。第 1 代若虫发生期（约谢花 3/4 时）、第 2 代卵孵化盛期（5 月中旬前后），可选用的药剂有 10% 吡虫啉可湿性粉剂 3000 倍液、1. 8% 阿维菌素乳油（虫螨）3000 倍液等。

梨二叉蚜：又称梨蚜、卷叶蚜。成虫常群集在芽、叶、嫩梢和茎上吸食汁液，以枝梢顶端的嫩叶受害最重。受害叶片伸展不平，由两侧向正面纵卷成筒状，早期脱落。

防治措施：在梨二叉蚜发生数量不大的情况下，摘除被害卷叶，集中消灭蚜虫。梨花芽膨大露绿至开裂前是防治梨二叉蚜的关键时期，可喷洒 10% 吡虫啉可湿性粉剂 5000 倍液、25% 敌杀死 2500 倍液、20% 杀灭菊酯 2500 倍液。保护和引放天敌，如瓢虫、草蛉、食蚜蝇等。

(7) 越冬管理　盆栽梨树越冬时应放在温、湿度较稳定的地方，如走廊或无取暖条件的空屋中。若放在阳台上，要做好防寒工作，可用旧棉套、湿麻袋裹上，外用塑料膜包扎起来。有小庭院时，也可连盆埋入地中，覆土25~30cm厚。有条件的最好放在地窖中。

(三) 桃

桃原产于我国，已有3000多年的栽培历史，是我国最古老、栽培最普遍的果树之一。桃树种类繁多，花色皎洁，花姿美观，果实色泽艳丽，外形美观，肉质细腻，营养丰富。桃树休眠期较短，如能提早移入室内保温栽培，可实现冬季观花赏叶，春、夏、秋季赏果尝果，再辅以特异的造型，观赏性极强，是盆栽观赏的首选树种（见图5-3）。盆栽桃树管理简单，易于掌握，便于推广，品种应选择树体紧凑、树姿开张、花量大、花色美、果大色艳、自花结实率高的品种及专用观花品种。

图5-3　盆栽桃树

1. 主要品种

(1) 早香玉　树势强壮，树姿半开张。果面黄白色，阳面有鲜红色条纹及点状晕，茸毛多。果肉白色，近皮部红色，肉质细密，柔软多汁，味甜香浓，品质上等，黏核。贵州省6月中旬成熟。

（2）中华寿桃　是目前国内发现的一个十分罕见的珍稀优质晚熟品种。该品种树势健壮，树姿直立，叶片肥大，叶色深绿。果实采收期在10月中下旬，果个大，着色好，果形美观。一般单果重350～450g，果实粉红色或浓红色，果肉脆嫩，含糖量高，口感佳。可溶性固形物含量在18%～22%，具有很高的商品价值。自花授粉能力强，栽后次年即可结果。

（3）早魁蜜　1985年江苏省农科院园艺所用晚蟠桃×扬州124蟠桃杂交选育而成。果实6月底成熟，平均单果重130g，最大果重180g，果实扁平，色彩美丽，果肉白色，风味甜浓，可溶性固形物含量15%，自花结实。

（4）黑桃　我国近年发现的最具开发价值的特种桃品种。该品种树型矮小分枝多，成枝力、萌芽力强，结果早，以中短枝结果为主。3月开花，花期长，花色有较高的观赏价值。果型较大，平均单果重230g，果个大小均匀，果实和果肉均乌黑发紫，肉细硬溶质，果味独特，品质极佳。

（5）撒花红蟠桃　原产上海漕河泾及长桥一带。树势中等偏强，树姿开张，复花芽居多，以短果枝结果为主，花为蔷薇型。果实扁平形，两半部不对称，果顶凹入，腹部钝尖凸出。平均单果重120g，果皮色泽乳黄，顶部着红晕，密布深红色斑点，皮厚韧性强。果肉乳白，近核处微红，肉质柔软，汁多味香甜，可溶性固形物含量11.9%。该品种为中熟品种，可作为花色品种适量栽培。

（6）白芒蟠桃　主产于江浙一带，适应性强。树势强，树姿开张，萌芽力和成枝力均强。果实扁平形，果顶凹，缝合线较深。平均单果重159g，最大果重182g。果皮底色黄绿，阳面鲜红，茸毛少，果肉黄白，近核处带红色，肉质软，果汁多，风味甜，可溶性固形物含量11.4%，品质上等。

（7）沙红桃　从日本桃品种仓方早生种中选育的优良品种，全红大果形早熟性品种，抗病性强。沙红桃果实圆形，较大，平均单果重250g，成熟果实果面90%以上呈玫瑰红色，冠内荫蔽部位的果实着色良好。果皮厚，果肉硬脆，肉质细纤维少，黏核，可溶性固形物含量13.4%。果实于7月上旬成熟，采收期可持续20多天，适于观赏种植。

（8）菊花桃　观赏桃树品种，原产中国北部及中部地区。该品种树形紧凑，树姿开张，小枝红褐色或褐绿色，叶片椭圆状披针形，无毛。花单生，形如小菊花，粉红色，含苞欲放时，似羞涩的少女般婀娜多姿，盛开时更显妩媚妖娆，花丝细长鲜艳，花药金黄色，点缀在花心之中，绚丽多彩，争芳斗艳。花期长达20多天，花谢后可坐果，果实红色，味甜，口感好。菊花桃极易成花，当年栽植，次年开花结果，适合露地和盆栽栽培，是理想的花果共赏品种。

（9）红叶桃　是观赏桃品种中的优异品种资源。该系列品种的花、叶、果都能观赏。4月初始花，花瓣5片，花期10～15d，自花授粉能力强。花和叶同时生长，红叶一直保持到5月下旬，随气温上升，紫红色叶片慢慢转绿，但生长出来的新稍仍为紫红色，这种下部绿色、上部紫红色的风景能保持到9月中旬。花后结出紫红色果实，然后随着气温的升高，果实慢慢变为青色，到9月上旬果实开始着色，可看到紫红色的鲜桃挂满枝头，绿叶红果，观赏性极佳。

（10）垂枝桃　是桃花中枝姿最具韵味的一个类型，在我国南北许多大城市均有栽培。为落叶小乔木，枝下垂，幼时浅绿色或带紫褐色，具并生复芽。叶阔披针形或椭圆状披针形。花粉红或白色，垂枝桃喜光、耐寒、耐旱，但不耐积水；宜每年修剪促生新梢，才会次年开花。其树冠犹如伞盖，花开时节，宛如花帘一泻而下，谓为壮观。无论是盆栽、群栽或孤植于庭院，都有很好的观赏价值。

（11）早露蟠桃　见本书第三章第三节相关内容。

2. 栽培管理技术

（1）苗木培育

①砧木培育：盆栽桃树要求树体紧凑矮小，其中利用矮化砧

木是行之有效的途径。适宜的矮化砧木主要有毛樱桃和郁李等。毛樱桃和郁李是广泛分布于东北和华北等地区的野生资源，其共同特点是作桃树砧木具有显著的矮化性和很强的适应性、抗逆性（抗寒、抗旱、耐瘠薄），并能使桃树提早结果，提早成熟，增进果实品质。毛樱桃与桃树嫁接的亲和力强，一年四季嫁接成活率都很高；而郁李嫁接桃树成活率较低。矮化砧木可采用实生繁殖，通过大田播种育苗，然后移栽到盆内。也可刨取生长在山坡地堰上的野生毛樱桃和郁李，并注意利用树桩奇异的多年生植株，将刨回的砧木稍加整形修剪，直接栽入盆内，成活后嫁接。

② 嫁接技术：嫁接方法可采用枝接和芽接。如果为了培养特异树形，芽接时可采用“倒芽接”，即芽眼尖朝下，嫁接成活后长出来的枝条自然形成拐状。同时，“倒芽接”还具有缓和树势、缩小树体的作用。据试验，桃树倒芽接和正芽接的成活率无明显差异。另外，还可将花色不同、果实色泽和形状各异的品种嫁接在同一砧木上，使其开出不同颜色的花，结出不同色泽和形状的果，提高盆栽桃树观赏价值。

（2）上盆倒盆　定植时间为秋季落叶后或春季萌芽前。将配置好的盆土装至盆的一半左右，中间高，四周低。对苗木根系进行适当修剪后，将苗木放入盆中央，并使根系舒展，根茎距盆口34cm，再加入盆土，边加边摇动盆，使根系与土壤密接，盆土稍高于根茎，最后灌透水。如果灌水后土壤下沉，露出根茎，应加土盖住根茎。

为使盆栽桃树在盆内发育良好、延长寿命和连年开花结果，根系修剪与倒盆换土技术很重要。根系修剪每隔2年进行1次，修根应在秋季落叶时进行。修根方法是把桃树由盆内带土叩出，在根团外围用小挠子将根系和土扒开，随后用剪刀将盘绕的根剪断，而后带土重新栽入盆中，并用新配制的盆土将土台四周的空隙填好，轻轻压实。

（3）整形修剪　盆栽环境对根系生长起控制作用，反过来影响地上部生长，因此需要通过整形修剪，调整地上部与根系之间，以及开花结果与枝叶生长之间的相对平衡；同时通过整形修剪，增加中短分枝，使树冠矮化；并且要整出各种姿态树形，如三主枝开心形、双主枝鹿角形、曲线式树形等，以增加观赏价值。现以三主枝开心形为例说明其整形修剪方法。

① 整形：当接芽至 40cm 时，剪去 10cm 的嫩梢促生分枝。当分枝长达 20cm 左右时，选留 3 个方向合适、错落着生、长势相近的枝条做主枝，使三主枝沿 60°角向外延伸，其余枝条摘心，做辅养枝。当 3 个主枝长到 30 ~ 40cm 时，剪去 10cm 嫩梢，促生二次分枝。8 月底摘除所有新梢幼嫩部分，以抑制生长，促进组织充实和花芽饱满。

桃树通过以上整形，当年可形成各种类型果枝。结果枝剪留标准一般以花芽节数为准。几种果枝的修剪方法：长果枝，长 30cm 以上，多复芽，一般剪留 5 ~ 7 节；中果枝，长 15 ~ 30cm，单芽、复芽混生，一般剪留 3 ~ 4 节；短果枝，长 3 ~ 5cm，多是单花芽，顶端和少数腋芽是叶芽，中间有叶芽的可在叶芽上部剪截；花束状果枝，枝条很短，只有顶芽是叶芽，叶腋单花芽密集，修剪时只疏不截。

② 修剪：在剪留结果枝的同时，注意对预备枝的修剪，以保持结果和生长的相对平衡，延长结果寿命。一般情况下结果枝与预备枝的比例为 2∶1，树势弱者为 1∶1。预备枝的修剪是在各个结果枝之间，选择长果枝或粗壮的中果枝做预备枝，进行重短截，剪口下选留 1 ~ 2 个饱满的叶芽，使其抽生健壮的果枝，实行轮替结果。

③ 控制生长：盆栽桃要注意控制生长。生长季节，在生长优势的地方，如背上和各枝头上长出的新梢，容易旺长，要加以控制。控制时期在 6 月中旬，留 10 ~ 15cm 短截，促生副梢，使其转变为结果枝。其他外围斜生枝，凡长达 40cm 左右的新梢，都摘去 10cm 的嫩梢，使其发生副梢；不足 30cm 长的不摘心。7 月中下旬，第 1 次摘心后萌发的副梢，达 25cm 左右时可行轻摘心；转变为结果枝的及其他停止生长的新梢不摘心；8 月下旬至 9 月上旬，凡未停长副梢的嫩尖全部摘心。

(4) 肥水管理　由于盆土有限，容易造成水分不足，应视情况及时浇水。在生育期间，盆土持水量要求经常保持在75%左右。浇水时间要在早、晚进行。浇水次数可根据气候、生长条件灵活掌握。春季叶片少，蒸发量小，一次性浇足水可保持23d。夏季生长旺盛，叶片多，气温高，蒸发量大，可每天浇1次。秋季阳光减弱，气温逐渐降低，蒸发量减少，隔1d浇1次。冬季休眠期，酌情浇水，以保持盆土湿润为原则。任何时期浇水都要浇透，以盆底排水孔有少量水渗出为佳，切忌上湿下干的“上吊水”。雨季大雨后要抓紧倾倒盆内积水。浇水或雨后要注意松土，以防土壤板结。

盆栽桃树由于容器小，并长期生长在固定容器中，土壤养分易缺少，因此需要通过施肥来补充。基肥在配盆土时已施入，追肥应在生长期进行。1年之中，整个生长季节都应掌握勤施、淡施肥料的原则。第1年定植后，为了促进营养生长，加速成形，达到早期结果目的，前期以氮肥为主，后期以磷、钾肥为主。自接芽萌发新梢开始生长后，每隔7d追施尿素1次，6月中旬改施磷酸二铵，8月初改施氮、磷、钾复合肥。盆桃结果后每年在解除休眠后至萌芽期，每隔15~20d追施尿素1次，以加深花芽分化；开花前至坐果后改为7d施1次，以促进开花，提高坐果率。坐果后至采收前追施发酵油饼、棉子饼，每盆50g，以加速果实膨大，增进品质。采收后追施2次尿素，以恢复树势。以后主要追施氮、磷、钾复合肥，促进花芽形成，充实枝条。生长季节，如发生黄叶病，可结合追肥每盆施硫酸亚铁13g，每间隔10~15d施1次，连施3次，效果显著。施肥方法，采用环状穴施，即每盆挖穴5~6个。追肥后要注意结合浇水。除盆土施肥外，还可进行叶面喷肥。每隔10~20d喷1次，前期喷0.3%尿素，后期喷0.3%磷酸二氢钾，至10月下旬结束。喷药宜在傍晚进行。花期喷布0.2%~0.3%的硼砂溶液，可提高坐果率，减少畸形果。

(5) 花果管理　为利于观赏，盆栽桃树可不进行疏花。但盆栽桃树经常出现生理落果现象，主要由授粉及营养不良造成。减少落花落果的措施是：人工授粉，每年花期采集混合花粉，人工用毛笔点授2~3遍，确保坐果率。在花期喷0.3%~0.5%硼砂，提高花芽萌发力。生理落果前，及时疏除果。疏果对象主要是小果、过密果，尽量疏内留外，便于观赏。一般以每隔10cm左右留1个果为宜。也可以叶定果，按30~50片叶留1个果配置。果实套袋，6月落果后，先喷药，再套袋，成熟前20d摘袋，可以有效防止病虫危害。

(6) 病虫害防治　主要害虫有蚜虫、叶螨和潜叶蛾等，病害主要为细菌性穿孔病。桃芽萌动期喷1次99%敌死虫200~300倍液或20%吡虫啉5000倍液防治蚜虫，兼防叶螨。谢花后喷1次锌灰液（硫酸锌、石灰、水比例为1∶4∶120）或72%农用链霉素3000倍液防治细菌性穿孔病。4~5月喷1~2次25%灭幼脲3号2000倍液或1.8%阿维菌素5000倍液，防治潜叶蛾，阿维菌素还可兼治叶螨。以后根据病虫害发生情况及时喷药防治。

(7) 越冬管理　在倒盆换土后，搬到楼道、菜窖、地下室或不生火、无暖气的房间内，均可安全越冬。若在阳台上过冬，应将盆集中在一起，充分浇水后用稻草、锯末等覆盖，表面再压盖1~2层塑料薄膜。越冬期间要经常检查盆土湿度，发现缺水要及时补充。

(四) 葡萄

葡萄是世界上最古老的植物之一，也是进入结果期最早的树种之一，一般第2年就可开花结果。它的适应性很强，我国从南到北、从东到西，只要选择适当的品种，均可种植。葡萄是藤本植物，枝蔓柔韧，不但易于盆栽，而且可根据人们的意愿和爱好，借助于支架，人为塑造出各种不同的树型，构成多种艺术景观（见图5-4）。盆栽葡萄应选择叶形美观、枝蔓粗壮、节间较短、果形整齐、色泽鲜艳、果穗紧凑、结实率高、抗病虫害、生长势中庸易管理的品种。同时，尽量将早、中、晚品种熟期排开，从而能供人们长时间品尝和观赏。

1. 主要品种

(1) 藤稔　欧美杂交种，四倍体，以日本的“井川682”与国产的“先锋”杂交育成。果穗圆锥形，平均穗重400～500g，果粒特大，一般为18～20g，最大35g左右，状如乒乓球，俗称乒乓葡萄。果皮紫黑色，皮薄肉厚，不易脱粒，味甜，品质中上，中熟品种。该品种易栽培，管理简单，适于盆栽和露地种植。

图5－4　盆栽葡萄

（2）玫瑰香　欧亚品种，原产英国，在我国分布很广，为中晚熟的优良鲜食品种。果穗中偏大，圆锥形，平均穗重700g。果粒整齐，中等个，平均粒重5g左右，果粒黑紫色，味道甜，有扑鼻的玫瑰香味，品质极上。该品种观赏、食用俱佳，对管理技术要求较严格，需精细管理。

（3）红鸡心　别名紫牛奶，原产于我国，是我国的古老品种之一。果穗中等大小，穗重350～450g，圆锥形，紧密。果粒中等，平均粒重5～7g。果皮红紫色，较厚，果肉脆，多汁、清香，可溶性固形物含量17%左右。外形美观，品质中等。

（4）紫珍香　辽宁省农业科学院园艺所杂交育成，欧美杂种，四倍体。幼叶紫红色，密生白色茸毛。果穗圆锥形，平均穗重500g，松紧适度。果粒长圆形，平均粒重10g，果皮紫黑色，果粉多，果皮中厚，果肉软，多汁，味甜酸，有玫瑰香味，可溶性固形物含量14%，品质上等。适宜露地及保护地栽培。

（5）伊豆锦　欧美杂交种，原产日本，是用先锋与康能玫瑰杂交育成的四倍体品种，1984年引入我国。新梢绿色，带有黄白色茸毛，幼叶边缘粉红色，上下均有稀疏的茸毛，成叶较大，浓绿，叶缘波状。果穗大，圆锥形，平均穗重650g。果粒着生中度紧密，平均单粒重17g，短椭圆形。果皮紫黑色，果肉质地硬脆，含糖量17.5%，有草莓香味，品质中上等。

（6）红瑞宝　欧美杂交种，原产日本，以金玫瑰四倍体×黑潮杂交选育而成。嫩梢底色黄绿，具紫红附加色，叶片中等大，圆形，叶面色深、光滑，两性花。果穗大，圆锥形，平均穗重520g。果粒倒卵圆形，着生中等紧密，平均粒重11.3g，紫红色，果皮厚，肉质中等，汁多，味甜，有玫瑰香味，可溶性固形物含量18%～19%，品质优良。

（7）美人指　欧亚种，原产日本，亲本为龙尼坤×巴拉底2号。嫩梢略带红色，叶片大小中等，叶面平整。果穗中大，无副穗，平均穗重600g。果粒长圆柱形，平均粒重10g，着色时头部先红，像女人染红指甲的纤纤玉指，艳丽多彩，因而称其为美人指。完全成熟时呈紫红色，外观娇艳诱人，肉质硬而脆，味甜爽口，品质极佳。

（8）京早晶　为早熟无核葡萄品种，欧亚种，1960年由中国科学院北京植物园以葡萄皇后和无核白杂交选育而成。嫩梢绿色，幼叶黄绿色，成龄叶片较大，心脏形，叶片表面光滑有光泽，秋叶黄色，两性花。果穗长圆锥形，中等紧密，果粒中等大，鲜红色，非常美观。果肉脆硬、透明，冰糖风味，甘甜爽口，属高档葡萄品种。

（9）美国黑提　原产美国，果穗长圆锥形，穗型大，一般穗重500～700g。果粒大，平均粒重10～12g，最大15g。果实易着色，成熟一致，成熟后色泽漆黑发亮，美观诱人。果粉厚，果肉硬脆，能用刀削成薄片，味甘甜爽口，含糖量18%以上，品质极佳。果粒着生极牢固，耐拉力强，不裂果，不脱粒，观赏性佳。

（10）红宝石无核　原产美国加州。果穗长圆锥形，平均穗重600g。果粒短椭圆形，大小均匀，无核，平均单粒重4～5g。果面亮红色，果肉浅黄色，半透明，果肉较硬，果皮厚度中等，不易与果皮分离。具玫瑰香味，含糖量19%，低酸，品质极佳。抗病性及适应性均较强，北京地区9月中旬成熟。

（11）巨峰　见本书第三章第二节相关内容。

（12）京亚　见本书第三章第二节相关内容。

2. 栽培管理技术

（1）苗木培育　嫁接苗是由接穗与砧木两部分组成的，它兼有发挥二者特点的作用。接穗采自性状稳定的优质丰产植株，因而能保持母本的优良性状；利用砧木的抗逆性，可增强品种抗寒、抗病虫的能力。

常采用劈接和舌接两种方法。劈接法在室外进行，舌接法在室内进行。用作接穗和砧木的枝条应生长充实，成熟良好。接穗剪留1个芽，芽上端留1.5cm，下端4～6cm。砧木长约20cm。舌接法的接穗和砧木粗度应相同，劈接法的砧木可等于或粗于接穗。

舌接法先将接穗和砧木接口处削成斜面，斜面长为枝粗的1.5～2.0倍；再在砧木斜面上靠近尖端1/3处和接穗斜面上靠近尖端2/3处，各自垂直向下切一刀，深约1～2cm，将两舌尖插合在一起。此法结合紧密，多不用捆扎。

劈接法先将接穗下端削成尖楔形，两边斜面长度相等，长约2cm，砧木上端中央纵切一刀。然后将接穗插入砧木裂缝中，并对准形成层。劈接方法简便，但不如舌接牢固，需用塑料薄膜带、麻皮等绑扎。

为了提高穗砧枝条接口愈合率，可在电热温床或火炕上加温处理。在电热温床或火炕上铺厚2～3cm的沙或锯末，将嫁接好的插条成捆地直立排列在上面，中间再填充沙或锯末后喷水。经15d左右，结合处已愈合，下部大多形成愈合组织或发根，此时即可定植。栽植时，接口与地面平，以免接穗生根。由于愈合组织与砧木上的细根极易风干，栽植前嫁接好的插条应放于水桶中或用湿布包扎。栽植后保持土壤湿润，其他同一般扦插苗管理。冬季在室内用舌接法或劈接法嫁接好的带根砧木苗，宜用湿沙层积于室温条件下，也可先定植砧木苗，然后在苗圃用劈接法嫁接。葡萄也可以采用扦插苗。

（2）上盆倒盆　用碎瓦片将盆底的排水孔垫好，然后放入半盆营养土，把苗放好，摆开根系，将盆土填到离盆沿 5～10cm 处，浇定根水。要时常保持土壤湿润，并且经常松土，保持土壤疏松。

盆栽葡萄植株日益长大，根系也逐渐布满盆内，随之，延伸根沿盆壁转圈生长，形成密密一层根圈。长久下去，盆土养分贫乏，根系老化，势必影响葡萄的生长与发育，必须及时换盆。盆栽葡萄换盆时期，一般在浆果采收以后或第 2 年早春萌芽以前进行。

（3）整形修剪　盆栽葡萄主要是为了观赏，整形很重要。盆栽葡萄萌发后，随着不同的架式选留 1～2 个健壮新梢培养成主蔓，至 90～100cm 高度时，留约 80cm 摘心，主蔓上的副梢留 4～5 叶摘心，下部副梢留 1～2 叶摘心，促使主蔓增粗生长和冬芽分化，为下年结果打下基础。也可根据个人的喜好扎成不同的形状。主要是架式整形，一般的造形有“圆球形”、“圆盘形”、或“丛生矮化形”。

① 主干整形修剪法：一年生幼苗先要培养出 1 条主蔓，当新梢长出 50cm、有 5～6 叶时要摘掉顶芽，代替顶芽生长（摘掉顶芽后是原来的侧芽代替顶芽生长），其余下部叶腋所有副梢均留 2～3 叶摘心。全年修剪 2～3 次，如此就能培育出 1 株主蔓和侧枝匀称的盆栽葡萄。2 年生枝条上着生的结果枝，秋季要将所有侧生枝剪留 5～6 个节以留待第 2 年在此节上着生结果枝。第 2 年新枝上再选留 3～4 个结果枝，使之结果，每个果枝上留 1～2 个果穗。到秋季修剪时，每个结果枝再截留 3～4 个节作为第 3 年的结果母枝。第 3 年选留 10 个左右的结果母枝，每个结果枝留 1 个果穗。秋季每个结果枝都要短截，只留 1～2 个芽越冬。

② 螺旋状修剪法：在新蔓长到 1m 时摘掉顶芽，副梢留 2～3 叶摘心；最顶端副梢向上延伸，长 6～7 叶时要摘心；控制加长生长，每隔 30～40cm 留一副梢，长到 2～3 叶时摘心。结果枝的选留同主干修剪选留法一样。

③ 丛状修剪法：栽植当年留 4 ~ 5 个主蔓，每个主蔓隔 30 ~ 40cm 留 1 个副梢，长到 5 ~ 6 叶时摘心。每个主蔓长到近 1m 时摘心，并根据花盆的大小控制副梢上次副梢的数量。结果枝的选留同以上 2 种修剪方法选留一样。

(4) 肥水管理　葡萄叶片较大，蒸腾量大，盆栽葡萄比田间栽培失水更快。因此，浇水要及时，根据葡萄的需水规律，浇水做到：生长期多浇，而开花结果时少浇，以防落花落果，做到适时适量。春季萌芽期气温低，枝叶少，可 3 ~ 5d 浇 1 次透水。随着萌芽展叶耗水量逐渐增多，浇水次数亦相应增多，2 ~ 3d 浇 1 次透水或 1 次/d。盛夏高温季节，枝叶繁茂，温度高，日照强，蒸腾量大，必要时可 1d 浇 1 次透水。原则上要浇透，不能只浇湿表面，气温高和大风时要多浇，气温低和阴天时少浇水或不浇水，保持盆土湿润即可。秋季为促进果实及枝蔓成熟，应减少浇水次数。休眠期每 1 ~ 2 个月浇水 1 次即可，盆内浇水要 1 次浇透。夏季除保持叶面湿度外，还要经常向叶面喷水淋洗，净化叶片，使果实洁净晶莹，提高观赏价值。

盆栽葡萄与施肥关系密切，将常用的肥料如花生饼、菜籽饼、豆饼等放进容器里充分发酵后，再加水 10 ~ 15 倍作液态肥施用。原则上做到稀肥勤施，尚未结果的小苗一般从苗高 20cm 开始，每 5 ~ 7d 施 1 次，一直施到 9 月底。每次施肥后都要浇水，否则会造成“烧根”。

(5) 花果管理

① 整修果穗和疏粒：这是提高盆栽葡萄质量和观赏价值的有效措施。盆栽葡萄所留果穗的多少，要根据容器大小、管理技术和不同的品种确定。在一般情况下，藤稔、巨峰系列的大粒葡萄品种，每个结果枝以保留 1 个果穗为宜，多余的花序应及早疏去；莎巴珍珠等小粒品种，每个健壮结果枝，可留 2 个果穗，长势中庸的结果枝只留 1 个果穗，弱枝不留。千万不要贪多，留果多了，效果不一定好。

在正常情况下，1 个大粒品种的葡萄花序，一般都有 300 ~ 500

朵小花，有的还多于500朵。但一般情况下，输入花序中的养分是有限的，花序中的各个小分支对这有限的养分又互相争夺，因而造成养分分散。那些得不到足够营养的花朵，便会很快脱落，这样形成的果穗，既不整齐，也不美观。如果在开花以前，有选择地人工疏去50% ~60%的花朵，使有限的营养集中供应剩下的部分花朵，便可正常开花坐果，果穗也整齐美观，增强了观赏效果。

整修果穗的时间，可从开花前1周开始，至开花时为止。在这段时间内，先将花序上的副穗剪去，再把主穗上的较大分枝疏去1~2个，然后，再剪去主穗穗尖的1/4~1/5，最后再对保留的花序进行整修。对过长的小花序分支，于整个果穗有不利影响时，再适当疏去一小部分。1个果穗只留15~16个小分支，使其呈圆锥形。

在整修果穗的基础上，再适当疏除部分果粒。每个果穗保持一定粒数，使分布均匀，大小一致，整齐美观。疏粒多在果粒开始膨大时进行。一般是先将发育不良的小粒疏除，保留大小一致的果粒，再将过于密集的及畸形粒疏除。大粒品种如巨蜂，每个果穗一般只保留35~40粒即可，最多不超过50粒；藤捻葡萄，一般每个果穗只保留25~30个果粒。

选留果粒时，果穗上部的2~3个小分支，每支可留4粒果，以下的2~3个小分支，每支可留3粒果，再以下的6~7个小分支，每支只留2粒果，其余的下部小分支，每支只保留1粒果。这样的果穗，较为整齐，美观。

② 除卷须：在自然条件下，葡萄的卷须可攀缘树木或其他物体向上伸长，争取更多的光照而得以生存。而在盆栽条件下，人为地进行支撑和引缚，卷须就成了多余，消耗营养和水分，缠绕果穗和新梢，不利于生长发育。因此，盆栽葡萄的卷须，应结合新梢摘心、枝蔓引缚等项作业，及时将其摘除。

(6) 病虫害防治

① 病害：葡萄的主要病害是霜霉病，发病后叶背面出现灰白色霉层，一般是在低温、多湿环境中发生，此时要摘除病叶，定期

喷施杀菌药剂，如退菌持、百菌清等农药。

② 虫害：葡萄的虫害主要有红蜘蛛和介壳虫，危害葡萄枝叶，发生后要剪除病叶，定期喷施触杀蚧螨、蚧螨灵等药剂。

(7) 越冬管理　葡萄越冬适合的低温在 0 ~ 5℃，以 0℃为好。因此，冬季应将盆栽葡萄放在温湿度较稳定的地方。如果放在阳台上，要做好防寒措施，可用旧棉套裹上，外用塑料薄膜包起来。有小庭院的，可将葡萄连盆埋入地中，上面覆土 25 ~ 30cm，常检查盆土湿度情况，不足时要及时补水。

(五) 枣

枣是我国的特产果树，结果早，寿命长，容易连年结果，是良好的蜜源植物和绿化树种。枣树叶形小，果实大，花量大且有芳香味，花期长，具有较高的观赏价值。枣果的营养价值很高，富含维生素，深受人们的喜爱。枣品种资源非常丰富，其中部分品种极具观赏性。观赏枣有观果型、观枝观叶型和观果观枝观叶型。在观赏枣盆景中可以看到美丽的枝干，似游龙戏凤；可以看到美丽的造型，似盘龙抱柱，又似大鹏展翅；也可以看到美丽的果形，茶壶状、辣椒状、珍珠状，多种多样，姿态万千，极其美观（见图 5 - 5）。

图 5 - 5　盆栽枣树

1. 主要品种

(1) 茶壶枣　茶壶枣树势中等或较强，树体中大，树姿开张，发枝力中等。枣头紫褐色，针刺不发达，枣股小。叶片大，深绿色。花较大，花量多，昼开型。果实形状奇特、艳丽美观，有极高的观赏价值。大小很不整齐，一般果重 4.5 ~ 8.1g，最大 10.2g。果实中上部常长出 1 ~ 2 对短柱状肉质突出物，高出果面 5 ~ 7mm，厚 4 ~ 7mm，似壶嘴、壶把。茶壶枣果面光滑皮薄、颜色紫红鲜艳。果肉绿白色，质地粗松略软，汁液中多，味甜略酸，含糖量较低，鲜食品质中等，主要用作观赏栽培。

（2）葫芦枣　也称猴头枣、磨盘枣，由长红枣变异而来。树体较大，树冠成自然圆头型，发枝力中等，嫁接后1~2年开始见果。果实为长倒卵形，单果重10~15g，从果顶部与胴部连接处开始向下收缩变成乳头状，极似倒挂的葫芦，因此得名。果面光滑，果皮褐红色，鲜食品质一般，北京地区果实于9月中旬成熟，可以用作观赏栽培。

（3）辣椒枣　是1983年山东省果树研究所在山东夏津选出的优良株系。树体中大，树姿半开张，树冠圆头形。果实中大，平均单果重11.2~12.0g，果皮薄，紫红色，果肉酥脆，汁液较多，酸甜可口。因其果形似辣椒，故得名。辣椒枣坐果时间不一致，所以其成熟期也不一致，颜色由青变红，青红互映，分外漂亮，再加上其花期较长，长时间散发着诱人的芳香，是极具观赏、食用价值的盆栽品种。

（4）龙须枣　又名龙枣、曲枝枣、蟠龙枣。树势较弱，树体小或较小，枝条密，树冠自然圆头形，树姿开张。发育枝条红褐色，有光泽，阳面被有灰白色浮皮。枝形弯曲不定，或蜿蜒曲折前伸，或盘曲成圈生长，犹如群龙飞舞，古雅活泼。二次枝发育较差，枝形弯曲蜿蜒，但不盘结成圈。果实小，扁柱形，平均单果重3.1g，最大果重5g，大小较整齐。果面不平，果皮厚，红褐色，果尖平圆，顶洼浅小。果肉绿白色，质地较粗硬，汁液少，甜味淡，鲜食品质差。其枝形奇特，有很高的观赏价值，可以用来庭院栽培或制作盆景。

（5）柿顶枣　别名柿蒂枣、柿萼枣、柿花枣等，分布于陕西大荔。树势中等，树体中大，树冠自然半圆形，树姿开张。主干灰褐色，皮裂中深，不易剥落。叶片中大或较小，长卵形，浅绿色，先端渐尖，叶基圆形，叶缘锯齿细而较密。果实中等大，平均单果重12g，大小不整齐。果实圆柱形，果肩圆或尖圆，萼片宿存，随果实发育而逐渐肉质化，呈五角形盖住梗洼和果肩，形如柿萼，因此得名。果皮厚，深红色，果面光滑，果点小而圆，分布稀，不明显。果肉较脆，味甜汁少，品质中等。该品种有较高的观赏价值，可用来盆栽种植。

(6) 胎里红　别名老来变，原产河南镇平的官寺、八里庙一带。树势较强，树体中大，树姿开张，树冠自然圆头形。主干红褐色，发育枝紫红色，新萌发的枝、叶均为紫色。果实中大，柱形或长圆形，大小不均匀。果皮较薄，落花后为紫色，以后逐步减退，至成熟前变为粉红色，极为美观，成熟时变为红色。果面平滑，富光泽，果肉绿白色，质脆，汁多，香甜，无酸味。该品种树姿优美，颇具观赏价值。

(7) 三变红　别名三变色、三变丑，原产河南水城。树体较大，树姿开张，树冠圆头形或圆锥形。枣头紫褐色，托叶刺不发达，叶片中大，卵状披针形，绿色。花较小，花量多，昼开型。果实长椭圆或长圆形，平均果重18.5g，大小均匀。果皮较薄，落花后幼果期紫色，随果实生长，色泽逐步减退，至白熟期呈紫条纹绿白色，成熟期变为深红色，极为美观。该品种的枝叶花果色泽多变，观赏价值高，可作为观赏品种用来盆栽。

(8) 金梅冬枣　是从沾化冬枣中选育出的优良品种。果实近圆形，成熟时由金黄色逐渐变为金红色，形状似李梅，在10月中旬成熟，果实生育期125d，故称金梅冬枣。平均单果重28g。果皮色泽艳丽，皮薄肉厚，细脆多汁，甜似冰糖，味如蜂蜜，香气浓郁。抗逆性强，为晚熟枣品种中最受消费者欢迎和果树爱好者钟爱的品种。

(9) 梨枣　又名大铃枣、脆枣等，原产山西运城龙居乡东辛庄一带，全国各地均有栽培。该品种系嫁接繁殖，结果早，树冠小，树势中庸，发枝力强。果实多数似梨形，大果为椭圆形或卵圆形，平均单果重28.5g，最大单果重55g。果皮较薄，褐红色，肉质松脆，汁多味甜，品质上等。梨枣树体矮化，适宜密植栽培和盆栽种植。

(10) 盆枣2号　是江苏泗洪县五里江农场华夏星火果树良种场鲜食大枣育种中心1999年选育成功的优良大枣品种，适宜盆景栽培，集观赏与鲜食为一体。在花盆的栽植小环境中，当年即坐果达35个左右，第2年每株结果达108个，平均株产鲜枣达2.2kg

左右。果实长柱形，平均单果重20g左右，果核细长，果皮浓红色，不裂果。果肉细脆，食之无渣，汁液丰富，风味浓甜，微酸，可溶性固形物含量达38%，品质极佳，经常食用还能提高消化功能。果实成熟期在9月中下旬。

2. 栽培管理技术

（1）苗木培育

① 分株（根蘖）育苗：在休眠期利用枣树根旁萌蘖，取高1m以内者分栽。

② 嫁接育苗：砧木可选用经挑选的生长健壮的根蘖苗，也可用野生酸枣及其实生苗。接穗选用适合于盆栽的优良品种，选用粗度在1cm左右的1年生枣头一次枝。嫁接分芽接与枝接，芽接时间以开花期为好，以带木质芽接和方块芽接最常用。华北地区春季枝接的时期在萌芽前的4月中下旬为好，可采用劈接、切接、腹接、皮下接、搭接等。

（2）上盆倒盆

① 上盆

上盆时期：枣树多为春栽，以春季萌芽前栽植成活率高，华北地区在4月中下旬为宜。如冬季有较好的越冬条件，也可在秋季落叶后上盆。这样春季萌芽较早，可缩短缓苗期，促进前期的生长发育。

盆栽容器：初上盆时为了便于养护，一般选用适合树体大小的素烧盆（瓦盆）使其快成型，易结果。待成型后，为增加其观赏性，可更换至釉盆、紫砂盆、瓷盆或木盆（桶）中。

盆土配制：枣树盆栽对盆土要求不甚严格，但由于其是在有限的土壤中生长发育，所以要求盆土疏松肥沃、透性好、保水保肥能力强。可用园土4份、腐殖土2份、厩肥2份、沙土2份，按体积比例充分混合后作盆土。

上盆方法：检查盆底水孔是否通畅，用碎盆片凸面向上盖到孔上。然后铺约2cm厚的炉渣，再放入少量培养土。栽前对苗木进行修剪，剪平伤口，剪除伤根，多留须根；栽时使根部舒展并与土壤密接，对较大或主根较粗的根系，可用竹签或木棒将根部四周的土轻轻插实，并用手轻拍盆腰，以避免根际存有较大的空隙。栽植深度以枣苗原土痕（根茎）处相平为宜，若为嫁接苗，接口要露出土面，盆土装八成满，留 20% 左右的水口以利浇灌。上盆后及时浇透水，然后放于背风向阳处，保持盆土湿润。

② 倒盆：盆栽枣树在盆中生长 2 ~ 3 年后要换大一些的盆。在休眠期将枣树从盆中拔出，去除根垫和少量根系，再带土装入盆中，加足营养土。不换盆的盆栽枣树，种植 2 年左右也应换 1 次营养土，以利于枣树生长。将枣树拔出后去除根垫与少量根系，加入营养土，再将原枣树带土放入盆中，加足营养土后浇足水。

（3）整形修剪

① 整形

小型盆景式：购苗后，将主干留 10cm 短截，如嫁接点高，留 5cm 也可以。在截口附近会生出若干不定芽，选留 1 ~ 3 个壮芽，其余抹掉。待其长成 20 ~ 30cm 的枝条半木质化时，打去顶尖，用铅丝从下到上成 45°缠紧。而后根据自己的意愿造型，使之发生的二次横向枝枝节多，枝条粗壮。第 2 年开花结果后，再配上优质盆形和错落的山石，一盆小型盆景就完成了。若是自播苗木，也很简单。播时就播在盆中的一侧，第 1 年放量生长，一般能长到 40 ~ 50cm 高，直径 5 ~ 6mm。第 2 年春天树液流动、芽眼刚萌动时，也用铅丝缠绕，整形发放同上即可。

根蔸式：购买时，挑选大型苗木中有根蔸或根部膨大变形的。上盆时全部埋在土中，堆成一个小山包，越高越好。利用枣树发根蘖苗的特性，对其根上直接长出的枝条选留 2 ~ 3 个壮苗，随着枝条的生长，边整形边用喷壶冲洗枝条根部，使新根向下生长，慢慢露出根蔸全部。如能做成小型盆景，效果更佳。

普通式：就是泛泛所指的斜干式、露根式等，一般主干为 5 ~ 10cm，留 2 ~ 4 个枝条，按大型成树式样，微缩成小型整体。

② 修剪：枣树为喜光树种，修剪反映迟钝，应保持树冠的通风透光才能使其生长结果良好。可选用主干弯曲形、三主枝自然

形、游龙形等。修剪采用冬剪与夏剪相结合。冬剪主要是培育树形，对需要延长的骨干枝枣头短截后，将剪口下的第1个二次枝剪除，以促使主芽萌发，形成新的延长枝。同时对树体上的并生枝、交叉枝、重叠枝、病虫枝等进行疏除。对于结果的枝条，一般缩剪到二年生部位，剪口下的二次枝剪除。夏剪主要是抹芽疏枝和摘心，以控制徒长枝，要经常注意抹除多余的枣头。盆栽枣树成形快，一般当年就可完成整形修剪任务。因此，对萌发出的新枣头，除更新外，其他均从基部抹除，以节省营养消耗，保持树冠内的通风透光，集中营养促进二次枝、枣吊及花、果的发育。

(4) 肥水管理　盆栽枣树一般从6月开始开花，此时植株对湿度要求较高，晴天每天都要浇水，保持盆土潮湿。春秋季节的晴好天气每隔1~2d浇1次水，冬季盆土干旱时要浇防冻水。

盆栽枣树主要施饼肥类和有机肥液，每隔7~10d施1次。枣树枝叶生长期、花芽发育期和幼果生长期均是营养需求的主要时期，此时可以施2次有机肥液，然后施1次0.3%的尿素液来补充树体对矿质营养的需求。秋天果实期应增加磷肥的施用，施0.2%磷酸二氢钾液2次。

(5) 花果管理

① 保花保果：花期环剥可提高坐果率。当枣树开花量达到30%~40%时，在主干基部进行环剥，一般剥口宽0.2cm。枣树喜光，盆栽枣树要置于通风透光条件良好的地方，以利坐果。花期喷10~15mg/kg赤霉素加0.3%尿素液可提高坐果率。枣果膨大期喷2次0.3%磷酸二氢钾液，能提高坐果率。当非骨干枝枣头出现3个左右枣拐时，对枣头进行摘心。

② 疏果：盆栽枣树果实过多或坐果稀密不匀时，要进行疏果，疏掉过密部位中质量差、较小的果实。后期花长成的果实不易成熟，如前期花发育的果实较多，后期果对前期果生长有影响时，要疏去后期果。

(6) 病虫害防治

① 枣疯病：该病是一种毁灭性病害，感病枝条纤细，呈鸟巢

状密生，叶片变小呈簇状，花退化。此病可通过嫁接病株、根蘖分株等带病。因此，发现病株应及时刨除，防止蔓延。

② 枣锈病：此病是由高温高湿引起，一般发生于 7～8 月。该病主要表现在叶子和果实上，感病初期出现无规律的淡绿色斑点，进而呈黑褐色，并向上凸起，最后病斑褐色，叶子脱落，造成落果。主要防治方法：a. 冬季注意清除落叶并集中烧毁，减少病源；b. 在易发期，适当疏枝保证树冠内通风透光；c. 在 7 月中旬及 8 月上旬各喷 1 次 1∶2∶200 波尔多倍液或绿得保 500～800 倍液。

③ 枣尺蠖：该虫在所有枣区都有发生，以幼虫危害嫩芽、叶、花，并能吐丝缀缠阻碍芽叶伸展。严重时可将全树叶片吃光，造成严重减产，甚至绝收。其防治方法是：冬季适当刮去老树皮并刷石硫合剂或植物素药液，以杀死越冬蛹；早春成虫羽化前在树干上离盆土 10～20cm 处涂 25cm 宽的长效机油毒剂以毒杀上树的雌虫和幼虫；发现幼虫后可喷布 800 倍 50% 巴丹水溶液，每 7～10d 喷 1 次。共喷 2～3 次。

（7）越冬管理　将盆栽枣树放入室内或棚内可以安全越冬，冬季不太冷的地区也可露地越冬。将盆和枝干覆盖一些草，寒流来临前检查盆土是否干燥，如盆土干燥要浇 1 次透水，以利盆栽枣树安全越冬。

（六）杏

杏树原产于我国，是我国主要的栽培果树树种之一。杏的分布很广，集中栽培区为东北南部、华北、西北及黄河流域地区。杏的果实含有丰富的营养物质，还有一定的药用价值，深受人们喜爱。盆栽杏树体矮化，移动方便，利于集中休眠、分散管理，且杏果色彩艳丽，果形美观，气味芬芳，营养丰富，深得消费者的喜爱，有很大的发展空间（见图 5－6）。

图 5－6　盆栽杏树

1. 主要品种

(1) 红丰杏　山东农业大学园艺系选育出的新品种，树冠开张，萌芽率高，早果，一般成熟期在5月中旬。果实近圆形，果个大，平均单果重68.8g，最大果重90g，肉质细嫩，纤维少，汁液中多，浓香纯甜，品质特上。果面光洁，果实底色橙黄色，2/3果面为鲜红色，为国内外最艳丽漂亮的品种之一。该品种种植容易，适应性强，抗旱抗寒性强，一般土壤均可种植，露地、盆栽、棚栽均可。

(2) 新世纪杏　幼树树势强健，自然开张，新叶、新梢浅红褐色，多年生枝灰褐色，叶色深绿，叶面平滑。果实近圆形，个大，平均单果重52~73g，离核，色泽鲜艳，外观着粉红色，底色橙黄，阳面有红晕。果肉橙黄色，溶质，肉质细腻，汁液丰富，酸甜适中，芳香味浓，品质极佳。

(3) 红光杏　从日本引进，果实于7月上旬完全成熟。果圆形至扁圆形，果个大，最大果重达180g。果面光滑明净，果皮黄色，70%果面着深玫瑰红色，较美观。果肉金黄色，完全成熟时半硬半溶质，汁液多，纤维少，味甜，有芳香，品质佳。该品种抗晚霜，抗干旱，自花授粉，丰产稳产。

(4) 兰州大接杏　主产于甘肃临夏和兰州一带。树势强健，树冠成半自然圆形。新梢粗壮，呈紫红色。果实极大，圆形至卵圆形，平均单果重85g，最大果重200g以上。果皮黄色，阳面稍有紫红色。果肉橙红色，肉质柔软，味甜多汁，有芳香，品质优良。离核，甜仁。在兰州地区，3月下旬至4月上旬萌芽，4月上中旬盛花，6月下旬果实成熟。本品种为兰州著名的地方品种。

(5) 串枝红　是经自然杂交产生的优良品种。主分布在河北省巨鹿县，属于鲜食和加工俱佳的品种。串枝红杏口感属酸甜型，营养丰富，果实个大，平均单果重52.5g，果肉细密、汁多、味美，酸甜适口。果肉离核，金黄色，可加工成各种食品。

(6) 水晶杏　水晶杏的品种很多，北京郊区种植杏树的历史悠久，培育出了不少优良品种，水晶杏是海淀区的特产。果实圆形，黄白色，外观宛如水晶，故名水晶杏。该品种色泽鲜艳，晶莹剔透，味道甜美，单果重可达80g，是杏类中的珍品。

（7）早香白　又名真香白、遵化香白杏，早熟优质高产杏树新品种。果扁圆形，平均单果重60g，果皮浅黄白色，阳面有红晕。果肉黄白色，汁多，香浓，可溶性固形物含量10%～13%。仁甜、离核、种仁饱满，果实6月下旬成熟，自花结实率低。

（8）金皇后杏　陕西关中地区的杏李杂交种。抗性强，丰产稳产，果大，质优，耐储运。果实近圆形，缝合线浅，果顶平，平均单果重81g，金黄色有红晕，果肉橙黄色，肉质细而致密，不溶质，采后57d开始变软，汁多。7月上旬成熟。

（9）骆驼黄杏　见本书第三章第五节相关内容。

（10）（金）太阳杏　见本书第三章第五节相关内容。

（11）凯特杏　见本书第三章第五节相关内容。

2. 栽培管理技术

（1）苗木培育　杏的砧木一般用普通杏的晚熟小果类型，种核小，种仁饱满，发芽率高，与优良品种亲和力强，树势旺，树体高大，适应性强，抗旱，抗寒。杏果充分成熟后取核，用种子与沙1∶5层积沙藏100～110d，温度0～5℃。沙的湿度以手握成团，一触即散为宜。在土壤解冻后，抢早播种，行距30cm，株距15cm，条点播，覆土厚3～5cm，土温5℃即可发根，加强水肥管理，当年即可芽接。芽接以8月中下旬为宜，用丁字形剥皮芽接，以避免流胶。杏木质坚硬，枝接愈合较难，故嫁接时间较梅稍迟，在3月上旬至4月上中旬，北方宜迟。接穗宜早剪，选冷凉处埋于沙中，使砧木先于接穗，发芽成活率高。

（2）上盆倒盆　选根系发达、生长健壮的苗木，在杏树萌芽前进行定植。首先在选好的口径20～25cm花盆底部渗水孔上放几块碎瓦片，盆底放2cm厚的粗沙，再加入部分营养土。营养土要求用1/2厩肥土（腐熟的牛粪或马粪）+1/2园土，加入少量沙子。营养土要求用12厩肥土（腐熟的牛粪或马粪）加1/2园土，加入少量沙子。每立方米营养土再加入25%氮磷钾复合肥

1kg 拌匀。栽植深度以刚盖过苗木原土面为宜，嫁接口要露出土面。营养土装至盆内八成为止，留出 20% 左右的沿口，以利浇灌。上盆后浇 1 次透水，如盆土有大的塌陷，应及时填入新的营养土并浇水沉实。

盆栽杏树 2 ~ 3 年就应倒盆一次，在休眠期将杏树从盆中拔出后去除根垫，并将根部周围及底部土去除 1/4 ~ 1/3，同时对地上部适度修剪，按上盆法重新栽植。如果生长季需倒盆，应注意伤根数不可过多，并给予适度遮荫和喷水保叶。

（3）整形修剪　盆栽杏树干性强。整形时多采用主干形，定干高度 20 ~ 30cm，主干着生 5 ~ 6 个主枝，主枝上着生枝组。幼树冬季修剪的原则是：由只截不疏、不缩或少疏少缩，逐渐转向以缩为主，疏、截、放相结合。对于枝梢延伸过长的过高枝条，回缩到充实的花芽、角度较大的短枝处，以达到控冠的目的；疏除直立、花芽量少的强旺枝和重叠枝、交叉枝。对于树龄较大或结果量过多，树势较弱且出现内膛光秃的，应重短截树冠中下部的较弱枝，以促分枝；甩放长势中庸、花芽充实的中短枝、花束状果枝，以利结果。

夏季修剪除摘心外，在萌芽前后，用拉枝的办法加大枝条角度，提高萌芽率，增加短枝量，促进成花。

（4）肥水管理　杏开花早、果实生育期短，施肥应以基肥为主，一般在秋后 9 ~ 10 月尽早施入。追肥主要在花期到采果这段时期，每隔 7 ~ 10d 施 1 次。施肥主要施饼肥沤制的有机肥液，肥液要求用 10kg 干肥经浸泡发酵后加水稀释到 200kg，施用效果最好。施肥原则：薄肥勤施，防止肥害。花期还可追施 1 ~ 2 次 0.1% 尿素，果膨大期可追施 1 ~ 2 次 0.1% 磷酸二氢钾，促进果实发育。

杏较耐旱，但在生长期还要适当浇水。盆栽杏树花期对湿度要求较高，晴天每天都要浇透水，保持盆土湿润。早春和秋季据盆土状况，2 ~ 3d 浇 1 次水。冬季应控制浇水，可视越冬环境，10 ~ 15d 检查 1 次，防止盆土过干。

（5）花果管理　杏开花早，北方地区易遭受霜冻，影响盆杏的坐果率。陆地挖沟越冬防寒的盆杏，在萌芽前盆土浇水并盆面覆草。视当地天气情况，晚霜发生之际，盆栽园堆草熏烟，家庭盆栽则挪入室内防冻。杏树能自花结实，但为提高坐果率，可用毛笔辅助授粉，并在花期喷硼或尿素提高坐果率。若坐果过密，还要在花后20d左右疏果。

5月底至6月初，杏果采收以后，距落叶休眠还有4个多月的生长期，这段时间科学管理，可以减少病虫害发生，促进树体合理生长和花芽进一步分化，提高花芽的数量和质量，为来年的丰产打下基础。采果后应及时加大施肥量，浇水可每天早晚各1次，弥补树体营养的损耗，促其迅速复壮。

（6）病虫害防治　盆栽杏树的病虫害主要有杏疔病、褐腐病、黄刺娥、梨小食心虫、穿孔病、天牛、蚜虫、杏仁蜂等。

① 杏疔病：发病后叶片簇生，增厚变黄、革质、畸形。质脆易碎，最后成黑色干枯。早春病害发生期前喷施5°Bé石硫合剂，发现病叶及时摘除。

② 褐腐病：发病初期，果面出现褐色圆形斑点，稍凹陷。病斑迅速扩展，变软腐烂。后期病斑表面产生黄褐色绒状颗粒，呈轮纹状。在杏树落花前、落花后各喷1次70%甲基托布津可湿性粉剂1000倍液。配合夏剪及时剪除病果病枝，集中焚烧。

③ 黄刺娥：以幼虫危害为主。防治的关键时期是幼虫发生时期，可选用下列药剂喷施：新型植物素、25%灭幼脲3号胶悬剂1000倍液、2.5%高效氯氟氰菊酯乳油2000倍液等。

④ 穿孔病：与桃树相似。有细菌性、霉斑、褐斑穿孔。除彻底剪除病叶、病枝、病果外，发芽前喷4～5°Bé石硫合剂。谢花后新梢生长期喷77%可杀得101可湿性粉剂800倍液或用农用链霉素。

⑤ 杏仁蜂：危害杏的果实。除冬翻土地外，在5月成虫期施用辛硫磷，也可喷施32%敌宝1000～2000倍液。

（7）越冬管理　盆栽杏树在冬季可放入冷室内安全过冬。冬天不太冷的地区也可露地过冬，在盆上覆盖一些草。在寒流来临之前检查盆土是否干燥，如盆土干燥要浇一次透水，让盆栽杏树安全过冬。

（七）樱桃

中国作为果树栽培的樱桃有中国樱桃、甜樱桃、酸樱桃和毛樱桃。中国樱桃原产长江中下游，已有3000年历史。樱桃成熟期早，有早春第一果的美誉，号称“百果第一枝”。樱桃果实色泽鲜艳，营养丰富，特别是花粉有特殊营养价值。每100g干花粉中含胡萝卜素75.2mg，维生素E 3.7mg，以及15种矿物质元素。樱桃树姿秀丽，花朵娇美，果实红似红玛瑙，黄如凝脂，璀璨晶莹，玲珑诱人，是有名的观花观果树种（见图5-7）。

图5-7　盆栽樱桃

1. 主要品种

（1）佳红　1974年大连市农业科学研究所以滨库与香蕉为亲本杂交育成，果实个大，平均单果重9.67g，最大果重11.7g。果形宽心脏形，整齐，果顶圆平。果皮浅黄，向阳面呈鲜红色泽和较明晰斑点，外观美丽，有光泽。果肉浅黄色，质较脆，肥厚多汁，风味酸甜适口，品质极佳。佳红萌芽力强，坐果率高，对栽培条件要求略高。幼树期间生长直立，盛果期后树冠逐渐开张。适宜授粉树为红灯、巨红。

（2）普鲁克斯　从美国引种，属早熟品种，果实大，扁圆形，平均单果重9.4g，最大果重13.0g；果皮厚，完全成熟时果面暗红色，偶尔有条纹和斑点；果柄短粗，果肉紫红色，肉质脆硬，汁液丰富，味甜。耐储运，丰产。适应性强，在我国樱桃主产区均可种植。

（3）先锋　加拿大品种。属中熟品种，果实大型，平均单果重 8.5g，最大果重 10.5g；果形肾脏形；果皮紫红色，光泽艳丽；果肉玫瑰红色，肉质脆硬，肥厚，汁多。烟台 6 月上、中旬成熟。耐储运，抗寒，丰产。花粉量大，是良好的授粉品种。如遇干旱，易落果。

（4）萨米豆　系加拿大品种，在山东烟台、辽宁大连、陕西西安、河南郑州等地多有栽培。属中熟品种，果实长心脏形，果顶尖，缝合线明显，果实一侧较平；果个大，均匀，果色紫红色，果皮光滑，鲜亮，平均单果重 10.0g 左右；果肉红白，质地硬脆，汁多，风味浓郁，甜酸适口，抗裂果，耐储运。北京地区成熟期一般为 5 月下旬，丰产。

（5）巨红　大连市农业科学研究所选育而成，属中晚熟品种，果实大而整齐，平均单果重 10.3g 左右，最大可达到 18.0g，外观较鲜艳、有光泽。果肉浅黄白色，较脆，多汁，风味酸甜，较为适口。在河北地区，5 月中下旬成熟，耐储运，较丰产。在我国樱桃主产区均可栽培。

（6）雷尼尔　美国引入，果实宽心脏形，果皮底色浅黄，阳面鲜红霞，单果重 89g，果肉黄白色，肉质脆，甜酸可口，可溶性固形物含量较高（18.4%），6 月底成熟，耐储运，适于盆栽。

（7）那翁　又名黄樱桃、黄洋樱桃，为欧洲原产的一个古老、中熟的优良品种。树势强健，树冠大，枝条生长较直立，结果后长势中庸，树冠半开张。萌芽率高，成枝力中等，枝条节间短，花束状结果枝多，可连续结果 20 年左右。叶形大，椭圆形至卵圆形，叶面较粗糙。每个花芽开花 15 朵，平均 2.8 朵，花梗长短不一。果实较大，平均重 6.5g 左右，大者 8.0g 以上；正心脏形或长心形，整齐；果顶尖圆或近圆，缝合线不明显；果梗长，不易与果实分离；果肉浅米黄色，致密多汁，肉质脆，酸甜可口，品质上等；

含可溶性固形物 13% ~16%，可食部分占 91.6%；果核中大、离核。成熟期 6 月上中旬，耐储运。适应性强，在山丘地、砾质壤土和沙壤土栽培，生长结果良好。

(8) 佐藤锦 原产日本，是一个中熟的优良品种。树势强健，树姿直立。果实中大，平均单果重 6.0 ~7.0g，短心脏形；果面黄底，上有鲜红色的红晕，光泽美丽；果肉白色，核小肉厚，可溶性固形物含量 18%，甜酸适度，品质超过一般鲜食品种。果实耐储运，成熟期在 6 月上旬，较那翁品种早 5d。适应性强，在山丘地砾质壤土和沙壤土栽培，生长结果良好。

(9) 莫莉 又名意大利早红。在郑州地区 5 月 10 日前后成熟。果实肾形，平均单果重 67g，可溶性固形物含量 12.5%。果皮浓红色，完熟时为紫红色，有光泽。果肉红色，肉较硬，肥厚多汁，风味酸甜。抗旱、抗寒性强。

(10) 红灯 见本书第三章第四节相关内容。

(11) 早大果 见本书第三章第四节相关内容。

(12) 美早 见本书第三章第四节相关内容。

(13) 拉宾斯 见本书第三章第四节相关内容。

2. 栽培管理技术

(1) 苗木培育 樱桃的砧木有大青叶樱桃、莱阳矮樱桃及国外引进的矮化砧木。在寒地，用毛樱桃作基砧，中国樱桃作中间砧，既解决耐寒性，又使亲和力提高。

樱桃用实生繁殖，因果实生长期短，种胚发育不充实，稍干即失去萌芽力。用种子繁殖时，要选晚熟的品种，种子要充分成熟，采种后立即将种子浸入水中清洗，并立即进行层积沙藏。至翌年 4 月中旬，当种子胚根露白时取出播种，未发芽的种子继续层积，待露白时再播种。采用实生繁殖结果晚，品质差，不适合盆栽，可做砧木。应用多的还是嫁接苗，现在用的比较多的是堆土压枝法，即在冬春将选好的母枝基部堆高 30 ~50cm 的土堆，促进老干基部萌蘖生根，隔年将生根植株与母体分离。

扦插选健壮无病的母株，从树冠外围取 1 ~3 年生枝条，剪成长 15～20cm 的枝段，于春分后按株行距 15～18cm 插于沙壤土的沟内，插前用 100g/L 生根粉浸 4～6h，插后及时浇水保湿。但有些品种，插条不易生根，成活率低。芽接则选在 6 月下旬至 7 月上旬，时间 15～20d，一般用丁字形或板状芽接，9 月中下旬用板状芽接，这时气温为 21℃。枝接在春分前后半个月。

（2）上盆倒盆　容器应与苗木的大小相匹配，1～2 年生的苗木应选择口沿直径 25～30cm 的容器。容器的透气性要好，对根系无毒害作用。经实践证明，素烧盆和木桶效果最好；紫砂盆、塑料盆次之；含釉质的最差，樱桃上盆后不易成活。樱桃根系呼吸作用旺盛、耗氧量大，土壤要求通透性高。营养土按草皮土、圈肥、沙子以 5∶3∶2 的比例配置。

上盆时间多选择在早春。上盆前，先将损伤的根系、枝条进行修剪，露出新茬；将有病虫害的部分剪除。其次，检查容器的排水孔，保持容器排水畅通。上盆做法：将一片瓦倒扣在排水孔上，然后铺一层 20cm 左右的炉灰渣，装上营养土，最后放树苗，经过 2～3 次提苗、压土，最终土面与容器口沿相距 5cm 左右为止。

（3）整形修剪　樱桃顶芽和花簇状结果枝组的中心芽为叶芽。花芽是纯花芽，以腋芽和花簇状为主。腋芽一般着生在 1 年生枝条的基部。修剪时注意花芽的位置。修剪以夏剪为主，冬剪为辅。

① 冬季修剪：冬剪以调整树型、平衡树势为主，主要疏除生长竞争枝、背上枝、强旺枝、纤细枝。延长枝进行短截，结果枝回缩。

② 夏季修剪：夏剪以保持树型、促花保果为目的。剪掉竞争枝、背上枝，在枝条长到 15～20cm 时摘心。一般在 7 月以前完成，1 年不超过 2 次。在 9 月左右，枝条刚见封顶时，把枝条拉平。樱桃生长旺盛，在整形修剪中要采取控制树冠的方法。

（4）肥水管理　肥水管理是盆栽中最难掌握的技术。樱桃生长、开花、结果等主要生理活动都取决于日常肥水管理。给樱桃上肥上水的原则是少施勤施、见干见湿、浇透浇漏。

尚未结果的樱桃树，在春季，在容器中应施入少量的聚对苯撑苯并二恶唑（PBO）。在7月以前勤施肥，促进树体生长。常用的肥料有饼肥、牲畜蹄角、麻酱渣、酸牛奶、淘米水、碎骨屑等，最好经浸泡至发酵，以肥液施入。每10~15d施1次有机肥液。8月以后，在有机肥水中加入磷酸二氢钾；进入结果期的樱桃树，在花前、花后各增施1次尿素，在肥水中加入磷钾肥。在9月还要一次性施入硫酸钾50g。在夏季，灌水每日1次，并经常往叶面喷一些水，起到给树体降温和清洁作用。春、秋两季灌水次数要少，冬季基本不浇水。灌水量以容器底稍稍滴水为宜。

有机肥水制作办法：豆粕按1:5的比例用清水浸泡，然后发酵5~10d，再加10倍水稀释即可。

（5）花果管理　甜樱桃自花结实力低，必须异花授粉，应进行人工辅助授粉。授粉时选好授粉品种，在盛花初开始，用授粉器分2~3次进行人工授粉。在花期喷0.2%尿素或40mg/L的赤霉素，可提高坐果率。

樱桃要进行疏花和疏果。疏花在4月进行，每个花束状短果枝留2~3个花，将内膛细弱枝上的花及多年生花束状果枝上的弱质花、畸形花疏去。5月中旬生理落果结束后，樱桃每一花束状短果枝留3~4个果，疏去小果、畸形果、下垂果及光线照不到的内膛果。为了促进着色，可以摘除直接遮住果实上阳光的叶片。为了防止裂果，除选用抗裂果的品种外，雨季来临前应将盆树移到避雨处，在硬核期到果实成熟期（5月初至6月上旬），要适量浇水，维持适宜、稳定的土壤水分。还要防止鸟害，可在盆上架网保护。

（6）病虫害防治　樱桃的病虫害主要有褐斑病、流胶病、根茎腐烂病、细菌性穿孔病、梨小食心虫、金龟子、透翅蛾等。

① 褐斑病：初现针头状紫色小斑点，扩大成圆形褐斑，上生黑色小点，最后脱落。5~6月开始发病，7~8月最重。从谢花后至采果前喷1~2次70%代森锰锌600倍液，或75%百菌清500~800倍液，采果后喷2~3次波尔多200倍液。

② 流胶病：现在认为是生理病害，冻害、冰雹、病虫危害、机械损伤、水分不足、施肥不当均可引起。患病后树体从春季开

始，在枝干伤口处以及枝杈夹皮死组织处有树胶，严重时可致树体死亡。应以防为主，防止旱涝灾害。修剪时要减少大伤口，避免机械损伤。对已出现的病害，枝干要及时彻底刮治，并用生石灰 10 份、石硫合剂 1 份、食盐 2 份、植物油 0.3 份加水调制成保护剂，涂抹伤口。

③ 梨小食心虫：以幼虫为害嫩梢。危害时多从新梢顶端叶柄基部蛀入髓部，由上向下取食。在被害新梢顶端叶片萎蔫时，及时摘除有虫新梢，带出园外深埋。用糖醋液诱杀成虫，在各代成虫发生期，取红糖 1 份、糖醋 2 份、水 10～15 份，混合均匀后，盛入直径为 10～15cm 的大碗内，或用 1L 饮料桶（去掉顶部），用绳或细铁丝将碗悬挂在树上或支架上，诱使成虫投入碗中淹死。每天及时捡出死亡成虫，每 667m^2 地挂碗 5～10 个。目前用太阳能智能杀虫灯，加糖醋液渗杀、药剂防治，配合人工摘除有虫枝梢可使效果加倍。

④ 透翅蛾：一年一代，以幼虫在皮层下作薄茧越冬，5 月中下旬作茧化蛹，6～7 月羽化，成虫在枝干伤疤和粗皮裂缝间产卵，7 月孵化，幼虫钻入皮层为害，10 月后越冬。可人工挖除，成虫羽化时喷久效磷加速灭杀酊 2000 倍液，消灭成虫和初孵化幼虫。

（7）越冬管理　樱桃在越冬过程中，最容易出现的问题是抽条。主要原因是冬季根系供水不足，因此防治的最有效措施是越冬前灌透水和盆膜覆盖以减少水分蒸发。果树枝条早修剪、喷洒防蒸腾的油乳剂、枝条缠包薄膜等措施，也是行之有效的。可以将盆栽樱桃移入棚内或室内，但要注意保证樱桃的需冷量。

图 5－8　盆栽石榴

（八）石榴

石榴（见图 5－8）原产伊朗、阿富汗，中亚西亚一带。据考证，石榴从中亚一带传至新疆。石榴主要分布在亚热带及温带地区，我国南北各地均有生长，有名的有陕西临潼、山东枣庄、安徽怀远、四川会理、云南巧家、新疆叶城六大产区。

1. 主要品种

（1）红花黑果石榴　是安徽省望江县磨盘洲新产品推广部近年培育的观赏与鲜食为一体的盆栽石榴珍品。株高50~70cm，株型清秀，枝繁叶茂；茎紫，叶绿色；花火红色，花朵如钟，花瓣半重，花期从春到初冬；单果重50~100g，大的可达200g，果实表皮紫黑色，光洁亮丽、美观，成熟自动裂开后露出鲜红色籽粒；籽味酸甜，汁多爽口，回味绵长（见图5-8）。该品种既耐热又耐寒，适应性广，抗逆性强。

（2）临潼天红蛋石榴　又名大红甜、大红袍。其树势强健，树冠半圆形，耐寒，抗旱，抗病。枝条粗壮，抽枝力强，枝条灰褐色，茎刺少，较硬。叶小，长椭圆形或阔卵形，浓绿色。花浓红色。果实大，近圆球形，平均单果重300g，最大果重715g。果实美观，成熟时有纵棱，果枝较厚，果皮底色黄白，果面彩色浓红，光洁鲜艳，深熟时果面易老化。萼片多抱合。籽粒大，色浓红，汁液多，风味浓甜而香。近核处的射状针芒极多，含可溶性固形物15%~17%，品质佳。陕西临潼3月下旬萌芽，5月中旬开花，果实9月上中旬成熟。该品种果大、色艳、质优、稳产。

（3）净皮甜　又名粉红石榴、大叶石榴、红皮甜、粉皮甜等，产于陕西临潼，是当地主栽品种之一。该品种树势强健，耐瘠薄、抗寒、耐旱，树冠较大，枝条粗壮，灰褐色，茎刺少，叶大，长披针或长卵圆形，初萌新叶绿褐色，后渐转为浓绿色。萼筒、花瓣红色。果实大、圆球形，平均单果重240g，最大果重690g。果实鲜艳美观，果皮薄，果面光洁，底色黄白，果面具粉红或红色彩霞，萼片4~8裂，多为7裂，直立，开张或抱合，少数反卷。籽粒为多角形。种子小，有软籽和硬籽两个品系。籽粒粉红色，浆汁多，风味甜香，近核处有放射状针芒，含可溶性固形物14%~16%，品质上等。该品种在临潼产地3月下旬萌芽，5月中旬开花，9月上中旬果实成熟。

（4）三白甜　又名白净皮、白石榴，产于临潼。树势健旺，树冠较大，半圆形，抗旱，耐寒，适应性强。树条粗壮，灰白色，茎刺稀少。叶大，绿色，幼叶、幼茎、叶柄均黄绿色。因其花萼、花瓣、果皮、籽粒均为黄白至乳白色，故名其“三白”。果实大，圆球形，平均单果重300g左右，最大果重约505g。果皮较薄，果面光洁，充分成熟时黄白色。萼片67裂，多数直立抱合。籽粒大，百粒平均重约22.6g。汁液多，近核处针芒较多，味浓甜且有香味，可溶性固形物15%～16%，品质优。4月初萌芽，5月中下旬开花，9月中下旬果实成熟。

（5）御石榴　主要分布于陕西乾县、礼泉一带。树势强健，枝梢直立，发枝力强，树冠呈半圆形。主干、主枝上多有瘤状突起物。多年生枝灰褐色，1年生枝浅褐色。叶片长椭圆形，较小，浓绿。果极大，圆球形，平均单果重750g，最大果重1500g。萼筒高且粗大，萼片58裂，直立抱合。果面光洁，底色黄白，阳面浓红色。果皮厚，籽粒大，红色，汁液多，味酸甜，品质中上。产地4月中旬萌芽，5月中旬开花，10月上旬果实成熟，果皮易裂，耐储藏。

（6）一串铃　该品种树势较弱，树冠较矮，树姿开张，枝粗壮，浅灰褐色，茎刺稀少。叶片大，长椭圆形，绿色。嫩梢、新叶为浅红色，萼、花为朱红色。筒状花，数量大，易坐果，成串珠状。果实圆球形，平均单果重不足200g，故称“一串铃”。果皮底色黄白，阳面浅红至鲜红色。籽粒大，鲜红色，百粒重40g左右，味甜美，可溶性固形物含量15%～16%。核软渣少，故当地又称其为软籽石榴。因其枝干虬曲易造型，且花多易结果，很适于作为家庭盆栽。该品种5～6月开花，9月上旬果实成熟。

（7）泰山大红石榴　果近圆形或扁圆形，单果重400～500g，最大果重750g。果皮鲜红色，果面光洁有光，外形美观，皮薄。籽粒鲜红色，粒大肉厚，平均百粒重54g。可溶性固形物含量

17% ~19%，味甜微酸，核小半软，口感好，风味极佳，品质上。9月下旬成熟，结果早，雌花占70% ~80%，极丰产、稳产。对光线要求很高，光线差不易坐果。

（8）会理红石榴　树冠不整齐，圆头形，半开张，叶较大，花朱红色。果实球形，单果重350g，最大果重610g，果底绿黄色，彩霞浓红，果肩有锈斑，萼片7~9枚，多闭合。籽粒大，马牙状，鲜红色，透明，有密集的放射性宝石花纹，种核小而稍软。果汁极多，风味浓甜而具香气，可溶性固形物含量15%，品质优良。8月上中旬果实成熟。

（9）软籽石榴　山东枣庄产，籽粒大，核软，是石榴中的稀品。相传元世祖平定天下后，途经枣庄的郭村，摘石榴解渴，食之味甜，适口爽心，回到大都后，命地方官为之进贡。果圆球形，单果重150~250g，底色黄绿，有水红条纹，萼筒基部细长，萼片6裂，开张反卷，果基平，果肩齐而圆滑。单果有籽粒268粒，百粒重48g，粒大青白色，放射线明显，含糖量15%，风味佳，品质上。9月上旬成熟。

（10）月季石榴　原产中亚的伊朗、阿富汗。又名墨石榴，树形矮小，枝细密而软，顶端多呈针刺状，叶狭小，线状披针形，花红色、粉红、黄白及白色，花单瓣或重瓣，果小，不可食用。果熟后呈红色、粉红、紫黑色，花期5~7月，赏果期6~12月，多用于小景布置或盆栽造型。

（11）牡丹石榴　产自山东蒙阴县。花如牡丹，花茎8.3cm，最大15.5cm，重瓣，大红，花期5~10月。果近圆形，黄中透红，籽粒红色，9月下旬成熟，汁多，味甜微酸。

2. 栽培管理技术

（1）苗木培育　石榴苗木繁殖可用扦插、压条等方法。扦插苗要求从母树上剪取生长健壮的1年生枝；枝条充实健壮，芽眼饱满，直径0.5cm，剪成长约20cm，扦插于沙土或其他疏松的基质中，并保持其湿润，在20~25℃条件下，20d左右即可生根发芽。

（2）上盆倒盆　花盆选瓦盆、木桶、木箱，盆口直径30～40cm，深30～35cm。营养土配制：腐叶土或腐殖土7份，草皮土2份，沙土1份。将各种土壤打碎过筛，混合均匀，堆起，上面铺树枝或其他易燃物，点燃，既增加植物灰分，对土壤也起到高温处理作用。

3月中下旬移苗。栽前盆底排水孔用瓦片垫好，盆底填入部分营养土，将苗木放入盆中，覆土培实，用手将苗木向上略提几下，浇透水，水渗后再覆土。盆内填土应低于盆沿5cm。然后把盆放置向阳地方，提高湿度，促根系生长。

盆栽石榴在盆中生长1～3年后，由于盆土有限，根系生长迅速，根系沿盆边生长形成根球，原有的盆土已不能适应石榴新根生长。此时要换大盆，如不换盆也要修根。换盆时间在休眠期。将石榴从盆中带土取出，剪去部分老根，注意剪口要平，长出根团的根系要剪短。将配好的营养土与石榴装入原盆或新的大盆中，上好盆后浇一次透水，一段时间内保持盆土的湿度与温度，促进根系恢复。

（3）整形修剪　盆栽石榴有枝紧叶密的特点，休眠期可进行一次疏枝修剪，并注意把握市场需要，可整理成单干圆头型，也可整理成多干丛状或平顶型。

幼树修剪，以单干或多干式为主。小型石榴干高为10～20cm，保留3～5个主枝，其上分布适量结果母枝，使树形呈自然形。修剪以缓势为主，剪除根蘖苗，拉枝开角，以利开花坐果。

结果树修剪，根据树形疏去过密枝、干枯枝、病虫枝。由于石榴的混合芽生在健壮的短枝顶部或近顶部，要保留这些枝，不进行短截。对较长的枝条可采用保留基部2～3个芽进行重截，以控制树形，促生结果母枝。

石榴树喜光照，庭院石榴整形既要考虑其生长结果特性，又要有一定的观赏性。下面介绍几种常见造型。

① V字形：自地面或主干上选留两个主枝对称伸向两边，主枝与地面夹角为45°～55°。每个主枝上分别配置2～3个侧枝，第

1 侧枝距主枝基部 60～70cm，第 2 侧枝在第一侧枝的对面，第 3 侧枝与第 1 侧枝同侧，侧枝间距为 50～60cm。在主、侧枝上合理配置结果枝组。

② 自然开心形：有主干树形，干高 60～100cm。主干上选留 3～4 个方位合理的分枝做主枝，主枝水平投影夹角为 90°～120°，主枝与主干夹角为 45°～60°。在主枝上距主干 50～60cm 处选留第一侧枝，在距第 1 侧枝 40～50cm 处的对侧选留第 2 侧枝，全树以选留 6～8 个侧枝为宜，在主、侧枝上配备结果枝组。

③ 曲干形：主干呈“S”形弯曲，或多次折枝，以枝代干，呈“之”字形折叠上伸，并注意选留侧枝培养成结果母枝。苗木栽植后，把主干向一侧拉弯成水平状，作为第 1 水平枝，并在弯曲处选壮芽进行芽前刻伤。春季萌发后，选一强壮直立梢作第 2 水平枝，其他枝梢进行扭梢、摘心或疏除。如此经过 2～3 年拉枝，整个树形呈“之”字形，分枝层次分明。

（4）肥水管理　石榴喜肥，栽植时应多施底肥，秋冬落叶后再施些有机肥，发叶、花前和落花后再追一次速效性肥料。盆栽石榴，因盆土有限，每次施肥量不能太多，应“少吃多餐”。常用的肥料以饼肥等有机肥为主，经发酵，以液肥施入。5～8 月，每周施 1 次稀薄液肥，但开花期应减少施肥量与施肥次数，并注意施磷肥，以利开花。花期叶面喷 0.5% 尿素、1% 过磷酸钙浸出液、0.3% 硼酸、0.3% 磷酸二氢钾，有显著的促花增果效果。

苗木上盆后，水分管理是比较重要的。要保证充足的水分供应，才能使苗木成活并健壮生长。上盆后，浇 1 次透水，可使盆土下沉并使根系与土壤密接。以后，每天下午浇 1 次水，如果天气湿润，可隔天浇水。花期和果期尤其不能缺水，此期内应适当增加灌水量，除每天下午浇 1 次水外，还可于上午对个别干盆补水 1 次。花期浇水，不要浇到花瓣上，以免其腐烂。

（5）花果管理　盆栽石榴开花多。从 4 月下旬至 6 月中旬要多次逐枝用手掐掉子房瘦小、状似喇叭的退化蕾与花。疏果一般疏掉病虫果、畸形果。石榴花期长，人工授粉在5月下旬进行。选择晴朗天气，以上午8~11时授粉最好，利用刚开放的钟状花进行授粉。在初花期至盛花期喷施0.1%~0.2%硼砂、0.5%尿素或稀土微肥混合液，可明显提高坐果率。

（6）病虫害防治

① 蚜虫：防治的最好时机是在发芽至开花时，可施苦参碱800~1000倍液喷洒于叶面。

② 桃蛀螟：防治方法为果实套袋。在套袋前可喷施杀螟松1000~1500倍液杀灭桃蛀螟卵，用牛皮纸或报纸套袋，袋口扎紧。一般在落花落果后进行，也可用棉花蘸药剂塞入石榴果实的弯筒内进行防治。

③ 石榴茎窗蛾：是为害枝干的害虫。其防治方法为检查枝条上有无粪孔，从最后一个排粪孔的下端将枝条剪去。也可用敌敌畏500倍液从虫道注入，然后用胶封口。

④ 石榴干腐病：表现为枝条出现突起黑点病斑，周围裂皮，枝条枯死，果实萼筒周围出现褐色病斑。后渐变大为深褐色凹陷裂口，果随后霉烂。此病防治可于冬季喷施3~5°Bé石硫合剂。夏季5~8月喷3~5次1:1:200波尔多倍液或40%多菌灵胶悬剂600~800倍液。

⑤ 石榴褐斑病：主要是叶片出现黄褐色圆形病斑，造成叶片黄化而脱落。其防治方法为：于7~8月生长季喷50%多菌灵可湿性粉剂1000倍液，或1:1:200倍波尔多液，效果较好。

（7）越冬管理　冬季将盆栽石榴放置向阳的棚室内，室温不得超过5℃，以保持正常休眠。

（九）草莓

草莓是当今世界十大水果之一，在果品生产中占有重要地位。草莓果实成熟早，是露地栽培最早成熟的水果之一。草莓果实色艳形美，外观诱人；汁多味甜，风味可口，是人们普遍喜爱的果中珍品（见图5-9）。果实中含有丰富的维生素、氨基酸、糖类及多种矿物质等。草莓果实可食部分占鲜果的97%以上，超出一般果品。

目前，草莓的总产量在浆果中仅次于葡萄，已逐渐成为世界性的大众鲜食果实。

图5-9 盆栽草莓

1. 主要品种

（1）天香 北京市农林科学院林业果树研究所选育。果实圆锥形，畸形果极少，橙红色，外观评价上等，有光泽；风味酸甜适中，香味较浓；平均果重29.8g，最大果重58g；可溶性固形物含量为8.9%，维生素C含量为65.97mg/100g。适合北京地区日光温室栽培。

（2）燕香 北京市农林科学院林业果树研究所选育，果实圆锥或长圆锥形，橙红色，有光泽；风味酸甜适中，有香味，平均单果重33.3g，最大果重49g；可溶性固形物含量为8.7%，维生素C含量为72.76mg/100g。适合北京地区日光温室栽培。

（3）书香 北京市农林科学院林业果树研究所选育。早熟，深红色，有光泽，外观评价上等；风味酸甜适中，具有浓郁的茉莉香味；抗病性强，平均果重24.7g，最大果重76g。丰产性强，每667m^2产2133kg，是具有较高商品价值和市场前景的早熟鲜食草莓品种。适合北京地区日光温室栽培。

（4）章姬 日本品种。植株长势强，株型开张，繁殖中等，丰产性好。果实长圆锥形。可溶性固形物含量9%～14%，味浓甜、芳香，果色艳丽美观，柔软多汁。一级序果平均单果重40g，最大重130g，每667m^2产2000kg以上。休眠期浅，适宜礼品草莓和温室栽培。

（5）甜查理 美国品种。果实形状规整，圆锥形或楔形。果面鲜红色，有光泽，果肉橙色，可溶性固形物含量7.0%，维生素C含量52.6mg/100g。香味浓，味甜，品质优。果实硬度中等，较耐储运。一级序果平均单果重41.0g，最大达105.0g。丰产性强，每 667m^2 产量可达 3000kg 以上。抗病性强。休眠期短，早熟品种，适合北方日光温室栽培。

（6）卡姆罗莎　美国品种。果实长圆锥形或楔形，果形整齐，果面平整光滑，有明显的蜡质光泽，外观艳丽。一级序果平均单果重 35.0～45.0g，最大 100.0g。果肉红色，细密坚实，硬度大，耐储运，酸甜适宜，香味浓，果实维生素 C 含量为 62.9mg/100g。丰产性强，保护地条件下，连续结果可达 6 个月以上，每 667m^2 产量可达 3500～4000kg。适应性强，抗灰霉病和白粉病。休眠期短，开花早，适合我国南北方多种栽培形式栽培。

（7）丰香　日本品种。植株开张健壮，叶片肥大，椭圆形，浓绿色，叶柄上有钟形耳叶，不抗白粉病。果实圆锥形，果面有楞沟，鲜红艳丽，口味香甜，味浓，肉质细软致密，可溶性固形物为 9%～11%。一级序果平均单果重 32g，最大 65g，丰产性好。

（8）安娜　西班牙四季型品种，1999 年引入我国。植株生长势中等，株形紧凑，繁殖力中等；果实长圆锥形或宽楔形，颜色亮红，味甜酸，可溶性固形物为 7%～9%，硬度好，可周年结果。一级序果平均单果重 25g，最大重 50g。是一年栽植两茬草莓或室内盆栽的理想品种。

（9）图得拉　西班牙 Planasa 种苗公司育成的中早熟品种。植株长势旺健，抗逆性较好，繁苗能力强，耐高温，能多次抽生花序；果实长圆锥形，深红亮泽，味酸甜，硬度中等。果实大而均匀，一级序果单果重 40g，最大重 98g，鲜食、加工兼可。

（10）艾尔桑塔　荷兰中熟品种。植株生长势旺健，繁殖力较强；叶片肥厚浓绿，近圆形，叶缘翻卷向上，呈匙状；果实短圆锥形，个大且色艳，有细腻髓肉，可溶性固形物为 8% 左右。味香甜，硬度中等，一级序果平均单果重 38g 左右，最大重 80g。适宜大棚种植。

（11）哈尼　美国早熟品种。1982 年由沈阳农业大学洪建源教授引入我国。植株半开张，株高中等、紧凑；叶色浓绿，叶面平展光滑，匍匐茎发生早，繁殖力强，适应性强，抗病能力好；一级序果成熟期集中，果个大小均匀，果实圆锥形，果色紫红，肉质鲜红，味酸甜适中，可溶性固形物为8%～10%，硬度较好，耐储运。

(12) 红颜　见本书第三章第一节相关内容。

2. 栽培管理技术

(1) 苗木培育　首先必须培养经过花芽分化的壮苗。冀中南地区，草莓花芽分化的时间是9月中旬至10月下旬，培育花芽分化的壮苗，可以在初夏草莓收获后，加强除草和肥水管理，也可在秋初采集匍匐茎进行育苗。

盆栽宜选用发育旺盛、花芽饱满、具有3～4个花芽的苗子。可在当年秋天培育。7～8月是草莓匍匐茎大量发生时期，每个匍匐茎上能产生4～5个营养苗，要选用叶片多、根系发达、花芽饱满的营养苗作为栽培苗。

(2) 上盆倒盆　草莓适宜栽植在保水保肥能力强、通透性良好、质地疏松的沙壤土中，切忌用板结的黏土。为便于运输和适宜观赏，盆栽要求营养土不仅要疏松、透气，且质量轻，易于搬动。营养土可用泥炭4份、园土1份来配制，在配好的营养土中每立方米加入氮磷钾（15∶15∶15）复合肥5kg。如果没有泥炭，也可用生产食用菌的废料代替，效果也很好，而且成本低。配制时不要选用栽过草莓的土，防止重茬病害的发生。容器宜选用透气性强、排水良好的土陶盆，根据植株大小选择不同的尺寸。

草莓苗上盆时间没有严格限制，只要生长条件适合，随时都可上盆。在室外土地未封冻前，从苗圃地内起出苗后上盆。草莓苗上盆时，最好将苗子根系置于温水中浸12h，使根系充分吸水并去掉变色、干枯的老叶，然后定植于指定的花盆中。栽植时要使其根系均匀分布，茎秆直立，填土时要做到上不埋心下不露根。栽好后为便于浇水，盆土要比盆沿低1cm。将盆先放置于室内温暖向阳处，待室外气候条件合适后再转移到室外。上盆后2～3d内避免阳光暴晒，待其缓苗后再置于所要观赏处。

随着草莓老叶的脱落，新茎不断上移，而下部老茎有生新根，根系部位逐渐上移，所以要进行根部培土。盆栽草莓结果2年后，应于结果后换盆或换盆土。换盆时，先将植株从盆中取出，剪除衰老根、死根和下部衰老根茎，再栽入新的盆土中。

（3）肥水管理　草莓对肥水的要求较高，特别是四季草莓，一年中不断形成花芽，开花结果，需要多次增施肥水才能满足需要。盆栽草莓补肥可以采用复合颗粒肥料或长效花肥，也可以把饼肥、鱼杂、兽蹄和家禽内脏等加水充分发酵腐熟后结合浇水施肥，间隔10d左右施1次，要少施、勤施。如施用化肥，可进行叶面喷肥，如喷浓度为0.3%的磷酸二氢钾溶液，在早晨或傍晚施用。在室外盆栽，叶片易缺水萎蔫，需早晚各浇1次小水，经常保持土壤湿润。夏季天热，花盆不要直接放在阳光下暴晒，宜放置在通风干燥处，也可以遮盖遮阴网降低温度，午间还应增浇1次水，但不要用水温低的井水或自来水浇灌。

（4）植株管理

① 去除匍匐茎：匍匐茎对养分消耗很大。新抽生的幼嫩匍匐茎，必须及时摘除，以减少养分消耗，提高果实质量。如果不让草莓结果，则可把匍匐茎留下，让其长出叶丛自然下垂，培成形似吊兰的草莓盆景。

② 摘除老叶和病虫叶：草莓的叶片不断更新，老叶的存在不利于植株生长发育，并易发生病虫害。发现植株下部叶片成水平着生，开始变黄，叶柄基部也开始变色时，应及时摘除。

③ 疏花疏果：草莓进入花果期，应注意疏去瘦弱果、畸形果，每株保留2~3花序，每一花序保留4~5个果。坐果后在果实下铺垫清洁干草，以增加果实着色度，避免烂果，提高果实品质。

（5）病虫害防治

① 灰霉病：生长过茂、阴雨天气、湿度过高时会发生此病。病菌最初从将开放的花或较衰弱的部位侵染，使花呈褐色坏死腐烂，叶多从基部老黄叶边缘侵入，形成近圆形坏死斑，其上有不甚明显的轮纹。果实染病多从接触地面的部位开始，初呈水渍状灰褐色坏死，随后颜色加深，果实腐烂。在发病季节，用一熏灵或百速

烟剂每 15 ~20d 喷 1 次，初发病时刻 50% 速克灵 2000 倍液或 70% 甲基托布津 800 倍液喷施。

② 白粉病：草莓的主要病害。发病初期在叶面长出薄薄的白色菌丝层，随病情加重，叶缘逐渐向上卷起呈汤匙状，叶片上发生大小不等的暗色污斑和白色粉状物，后期呈红褐色病斑，叶缘萎缩焦枯。花器官染病初期花瓣呈紫红色，幼果受侵染呈紫红色斑点，严重时整个果面涂一层白色。发病前用百菌清 800 倍液、硫悬浮剂 600 倍液喷洒防治；发病时用世高 1500 倍液、3% 多氧清 600 倍液、特富灵 2500 倍液喷施防治。

③ 黄萎病：草莓主要病害之一。初侵染外围叶片、叶柄产生黑褐色长条形病斑，叶片失去光泽，从叶缘和叶脉间变成黄褐色萎蔫，干燥时枯死。新嫩叶片感病表现无生气，变褐色下垂。病株死亡后地上部分变黑褐色腐败。病株基本不结果或果实不膨大。应及时防治虫害，减少植株伤口。移植前用 70% 甲基托布津可湿性粉剂 500 倍液浸苗，移植后用 50% 多菌灵可湿性粉剂 600 ~700 倍液，或 70% 代森锰锌 500 倍液浇灌茎部，1 次/15d，防治 3 次。

④ 根腐病：有急性和慢性。急性型叶尖突然萎蔫，不久呈青枯状，引起全株迅速枯死。慢性下部老叶叶缘变紫红色或紫褐色，逐渐向上扩展，全株萎蔫或枯死。严重时，病根木质部及髓部坏死褐变，整条根干枯，地上部叶片变黄或萎蔫，最后全株枯死。应降低盆内湿度，及时防治虫害，土壤用 92% 恶霉灵 3000 倍液、菌线威 4000 倍液或 40% 灭病威 3000 倍液等处理。

⑤ 蚜虫：初夏、秋凉发生多。用 0. 5% 苦内酯 600 倍液、百特灵 200 倍液、吡虫啉 2000 倍液、1% 阿维虫清 2000 倍液等高效低毒农药防治。

⑥ 金龟子幼虫：7 ~8 月幼虫食根危害。用辛硫磷 1000 倍液、乐斯本 500 倍液浇施防治。

（6）越冬管理　放置在室外的草莓，冬季可移入室内或放在向阳的封闭式阳台上。严寒的冬季，还可覆盖塑料薄膜保温。也可在地面开沟，连盆排放其中，盆周围用土埋严，上面稍加覆盖即可。

（十）无花果

无花果属桑科无花果属，又名天仙果、明目果。为多年生落叶小乔木，其果实营养丰富，含有大量维生素 A、维生素 C 及多种有机酸、微量元素、酶类和人体必需的多种氨基酸。现又有研究证明，无花果中含有多种抗癌物质，是无公害绿色食品。无花果树姿优雅，粗犷苍劲，在千花百果中以特有风貌独树一帜（见图 5－10）。

图 5－10　盆栽无花果

1．主要品种

（1）紫陶芬　属圣比罗系，原产法国，我国已引种。树势强，枝梢粗壮，易下垂，稍开张，发枝数比较少。叶形稍大，5 裂片的多，顶芽呈绿色。果实大，平均重 100～150g，大的可达 250g。果实短卵圆形，顶部稍平坦，果梗短，果脉明显而少，果目大而开张，周围有鳞片环立掩护。果皮暗紫赤色，果肉带黄色，肉质致密柔软，甘味多，有香气，品质极优良。成熟期在 6 月下旬至 7 月上旬，丰产。

（2）布兰瑞克　原产法国，树势中等，细枝发生多，随树龄的增进，生长易趋于衰退矮化。叶中至小形，多为 5 裂片，裂片窄条形。该品种夏果少，以秋果为主，夏果呈长倒圆锥形，成熟时绿黄色，单果重大者可达100～140g。秋果倒圆锥形或倒卵形，一般单果重40～60g。成熟时果皮绿黄色，果顶不开裂。果实中空，果肉淡粉红色，含可溶性固形物16%以上，风味香甜，品质上等。

（3）蓬莱柿　原产日本，我果已引入。树势极强，树形大，直立性。耐寒性强，分布广。枝梢长大，但发枝数稍少。叶大，浅3裂。果实短卵圆形，平均重60～70g，果顶稍扁圆，果目小，周围具红色鳞片，果脉稍明显。果皮厚，带赤紫色，果肉鲜红色，成熟后为黏质，甘味多，肉质粗，无香气，品质中等。随成熟度的进展，果顶部易裂开变色。

（4）新疆早黄　系新疆南部特有品种。该品种分为夏熟和秋熟两种。秋果扁圆形，单果重50～70g。新疆早黄无花果的果实成熟时黄色，果顶不开裂。果肉草莓红色，含可溶性固形物15%～17%，风味浓甜，品质上等。树势较旺，树姿开张。萌芽率高，枝条粗壮，尤以夏梢更甚。在新疆夏果7月上旬始熟；秋果6月上中旬出现，8月中下旬成熟。

（5）波姬红　从美国德克萨斯州引入。树势中庸、健壮，树姿开张。分枝力强，新梢年生长量达2.5m。叶片较大，耐寒、耐盐碱性较强。系夏秋果品种，以秋果为主。果实长卵圆形或长圆锥形，皮色鲜艳，为条状褐红或紫红色。秋果平均单果重60～90g，最大可达110g。果肉微中空，呈浅红或红色，味甜，汁多，可溶性固形物含量为16%～20%，品质极佳。

（6）黑大果　原产西班牙。树势不强，枝梢疏生而粗壮。果实卵圆形，中大，平均重50～55g。果皮紫黑色，果点明显，果肉黏质，甘味强，品质极优良，但收量不多。西班牙秋果自8月上旬至9月中旬采收。最适于家庭栽培。

（7）斑纹无花果　原产法国，以果实有斑纹而为珍奇品。树势中等，树冠直立性。枝及果实有绿色和黄白色的条斑交互纵列，颇美丽。叶中大，大多数为5裂片。果短椭圆形，重约40g，甘味多，品质稍差。法国秋果9月成熟，收量不多，不生产夏果。

(8) 金敖芬　从美国加利福尼亚州引入。树势旺，枝条粗壮，分枝少。树皮灰褐色，光滑。叶片较大。该品种是夏秋果品种，以秋果为主。果实个大，卵圆形，果颈明显。果皮金黄色，有光泽，似涂蜡质。果肉淡黄色，致密，单果重 70 ~ 110g，最大可达 160g。含可溶性固形物 18% ~20%，鲜食品味极佳。

(9) 白马赛　法国东南部广为栽培。树生长肥大缓慢，枝密生，叶中大，3 裂或 5 裂。夏果善于着生，中大，重 70 ~ 80g，味淡，但品质良好。秋果也丰产，果实呈稍带绿的黄色，平均重约 30g，为短卵圆形，甘味多，品质优良。

(10) 日本紫果　从日本引入我国。树势健旺，分枝力强，叶片大而厚。系夏秋果实兼用、以秋果为主的品种。果实扁圆卵形。成熟果深紫红色，果皮薄，易产生糖液外溢现象。果颈不明显，果梗短。果肉鲜红色，致密，汁多，甜酸适宜。果、叶富含微量元素，果实可溶性固形物含量为 18% ~23%，较耐储运，品质极佳，为目前国内外最受欢迎的鲜食、加工优良品种。成熟期为 8 月下旬至 10 月下旬。

(11) 新疆晚熟无花果　果形为圆锥形，果梗较长，果实中大，果皮黄白色，上有白色果点，果肉淡黄色，味甜，品质上等。夏果在 7 月下旬成熟，可延至 9 月下旬。本品种观果期长，果实品质好，是良好的盆栽材料。

(12) A42　1998 年引自美国加利福尼亚州，一年生。枝金黄色，少有绿色纵条纹，分枝力强，节间短，外形美。果实卵圆形，果颈短，果顶平坦，果目绿色，径 2. 8cm × 3. 6cm。果皮自现果至成熟，呈黄绿两色条状相间，外形非常美观，果肉鲜红色。适应性强，较耐寒，易繁殖，系园林绿化、盆景制作的优良观赏型品种。

2. 栽培管理技术

(1) 苗木培育　常用扦插繁殖，于早春 2 ~ 3 月萌发前，选取 2 年生健壮充实枝条，剪去枝梢幼嫩部分，长 20 ~ 25cm，扦入沙床，插后浇水，保持土壤湿润。据测定，在广州地区 30d 即生根。

生根后防止土壤板结，当长到 2 ~ 3 片叶时，追施苗肥 1 ~ 2 次，用人粪尿（稀释 10 倍），或用 0.3% 尿素根外追肥。

（2）上盆倒盆　容器的选择根据栽培者的爱好、摆放位置及树冠大小进行选择。摆放在客厅，选用釉盆或陶盆，盆要美观，规格适当大些。在屋顶或阳台，可选用价格低廉、牢固耐用的瓦盆、塑料盆或木盆。总之透气性好的盆、箱、桶均可用来栽培无花果，但大小要适宜，直径以 40 ~ 50cm 为好，不能小于 30cm。

营养土采用充分熟腐土杂粪 3 份、菜园土 3 份、腐熟猪粪 3 份和鸡粪 1 份混合而成。配好后，用 40% 多菌灵和 50% 甲胺磷乳油 1% 混合溶液喷洒，边喷边翻，喷完后堆成堆，用塑料布盖严。35d 后揭去塑料布，把营养土散开，让药液挥发。

选好盆后，用含氯石灰（漂白粉）水浸泡 10min，取出用清水冲洗、浸泡，使之充分吸足水分，晾干后使用。选根系发达、枝干粗壮、芽眼饱满、无病虫害的 1 年生壮苗。上盆前要进行适当修剪，栽植后在超过盆土 10cm 处短截定干，侧根过长时留 15cm 左右短截。用碎瓦片将盆底的排水孔垫好，在盆底放入少量煤渣，再放几块马蹄片或碎骨块作长效基肥，上面覆土 23cm。然后装入小半盆培养土，做成馒头状，把无花果苗的根部放在上面，摆开根系，用左手提苗，右手用小铲继续将培养土加入盆中。填好土后，振动花盆，并将苗往上轻轻一提，使其根系舒展，再用手把盆土压实，浇透水，待水渗下后，再盖一层培养土，土要低于盆沿，便于以后浇水。栽好后，将盆置于有阳光的地方，注意浇水保持土壤湿润，以利于新芽萌发。

盆栽无花果 2 年左右需换盆 1 次，换盆时将部分老根和沿盆壁卷曲过长的须根剪除或剪短。

（3）整形修剪

① 目伤刻芽：由于无花果的顶芽肥大，萌动早，发枝力和顶端优势强。其下腋芽细小瘦弱，萌动晚，萌发力和成枝力弱，故易形成下部光秃无枝。因此，在幼树期培养主枝、侧枝和以后培养枝组时，短截后都要注意对下部芽进行“上目伤”，刺激发芽抽枝，

用以迅速配齐侧枝和丰满的结果枝组。

② 回缩更新：枝条角度过大，或结果过多衰弱过快，或枝条下垂，应及时回缩到健壮枝或饱满芽眼处，用以抬高枝头角度和利用顶端优势，来复壮更新；或刺激下部的隐芽萌发壮枝甚至徒长枝，用以改造成侧枝或枝组，代替衰弱枝，使树体始终保持生长健壮、丰产优质、生长结果协调的状态。

③ 疏除枝条：对枯死枝、病虫枝、下垂枝、细弱枝、纤细枝和重叠枝等，予以疏除；对密集枝，予以间疏；对交叉枝，予以疏除或回缩。

（4）造型方式

① 开心形：主干高 40 ~ 50cm，主枝 3 ~ 4 个，分别向四方延伸。枝间夹角，三主枝的为 120°，四主枝的为 90°。主枝与中心线的垂直夹角，基角为 55° ~ 65°，腰角为 65° ~ 75°，梢角为 50° ~ 60°。主枝上再配置侧枝和结果枝组。

②“一”字形：主干高 40 ~ 50cm，主枝 2 个，分别向两边行间呈 180°平角的“一”字伸展。适于密植、庭院和行道两边栽培。

③ 扇形：主干高 4050cm，树高 22.2m，厚 1.2 ~1.6m，主枝 5 ~6 个，分别向外边斜生。主枝上再配侧枝，使枝条分布均匀，呈蒲扇面形，适用于密植、庭院和行道树栽培。

（5）肥水管理　施肥主要抓住 3 个关键环节：萌芽前应追施一次速效氮磷肥，每株根施尿素和磷酸二铵各 0.025 ~ 0.050kg；在 5 ~6 月为促进果实膨大，每株根施磷酸二铵和硫酸钾各0.025 ~ 0.050kg；9 月为促进秋果成熟和树体养分积累，每株根施KH_2PO_4 0.025 ~0.050kg。由于盆栽果树根系生长空间小，养分供应较差，为了保证盆栽无花果正常生长和发育，根据植株生长情况，从萌芽展叶后，每 15 ~ 20d 用腐熟稀薄饼肥水 + 0.3% ~ 0.5% 尿素 + 0.5% ~1.0% 磷酸二氢钾水溶液浸盆 1 次，每 5 ~7d 喷施 1 次叶面肥。在 5 月前以高氮低磷、钾为主。

5 月坐果后以高磷、钾，低氮为主。在施肥过程中忌浓肥、生肥和围根茎肥。无花果生长结果过程中需水量大，但又怕涝，平时只要盆土缺水都应及时浇水，浇即浇透，忌浇半截水。浇后及时松土，增加土壤透气性，防止板结。7 月后，由于天气炎热，树体蒸发量大。除保证盆土不缺水以外，最好是每天 10 时前叶面喷水 1 次。在雨季要防止花盆积水，同时注意炎热夏季忌用冷水直接浇灌。应避开在烈日下浇水，最好是上午 10 时前和傍晚落日后浇水。

(6) 花果管理 从 6 月果实成熟起，结合采果，将基部 1 ~ 2 片叶摘去，以后每采一果便将邻叶去掉。这样既可使摘叶以上部位果实增大，又可提高果实的含糖量。

(7) 病虫害防治

① 白腐病：在果实上为害。初发病现水渍状小斑点，扩大后表面发生白色霉层，果实变淡褐色软腐，或成僵果。叶片上出现不规则圆形的病斑，扩大变褐色，叶片脱落。从 6 月开始到秋季均可发病，在发病初期可用 100 ~ 200 波尔多倍液喷雾，10 ~ 15d 1 次，连喷 2 ~ 3 次。

② 炭疽病：被害果初现褐色水渍斑，扩大成圆形凹陷，褐色，多数为同心轮纹状，上生黑色小粒点，果实软腐或成僵果。果实成熟前，特别是 8 ~ 10 月发病重，在发病初期可喷 70% 代森锰锌 800 倍液，或 75% 百菌清 600 倍液，或 65% 福美砷可湿粉剂 600 倍液防治。

③ 锈病：在叶背出现红褐色多角形斑点。可用 25% 粉锈宁 1000 倍液或 20% 萎锈灵乳油 400 倍液或 0.3 ~ 0.5°Bé 石硫合剂防治。

(8) 越冬管理 严冬时，盆栽无花果极易受冻，特别是我国北部地区更应注意越冬保护。落叶后，经冬季修剪，浇足水后放室内、地窖内防冻，或在排水良好的空地上挖沟埋藏，埋土深距地面 30 ~ 50cm。这种方法操作简便，冬季不用浇水，不需检查。如气候过于寒冷，可在地面上加盖薄膜或堆草等，便可安全越冬。如庭院小，无地方挖沟，可将盆栽花果集中到避风的墙边，用湿润的河沙或落叶、麦草包盖严密后，再盖上薄膜或草帘子，也可安全越冬；但要经常检查，发现盆土干燥时，要及时浇水。在我国中部和南部地区，只需将花盆埋入地下，让无花果枝梢露出地表，用麦秸或稻草围一圈扎紧即可越冬。

第二节　容器控根育苗技术

一、容器控根育苗技术的发展

控根快速育苗技术的关键是控根育苗容器，由澳大利亚专家在20世纪90年代初研究开发，1995年开始生产，1996年开始在新西兰、欧洲、中国等国家和地区应用（见图5－11）。控根育苗容器，主要有控根苗盘和控根育苗容器2种产品，前者主要用于培育幼苗，关键技术是育苗容器的形状和内壁的设计，针对不同品种确定适宜的深度、直径和侧壁的形状；后者主要用于培育大苗，由底盘、侧壁和插杆等3个部件组成（见图5－12）。底盘为筛状构造，其独特的设计形式对防止根腐病和主根的盘绕有独到的功能；侧壁为凸凹相间形状，外侧顶端有小孔，内壁涂有一层特殊薄膜，此结构既可扩大侧壁表面积，又为侧根“气剪”（空气修剪）提供了条件。当苗木根系向外和向下生长，接触到空气（小孔）或特殊薄膜时，根尖就停止生长，即为“空气修剪”，继而在根尖后部萌发奇

图5－11　控根育苗

数倍以上新根继续向外向下生长，以此类推，根的数量呈指数递增，极大地增加了短而粗的侧根数量，因此根的总量较常规的大田育苗提高若干倍。控根技术可以使侧根形状短而粗，不会形成缠绕的盘根，克服了常规容器育苗带来的根缠绕的缺陷。

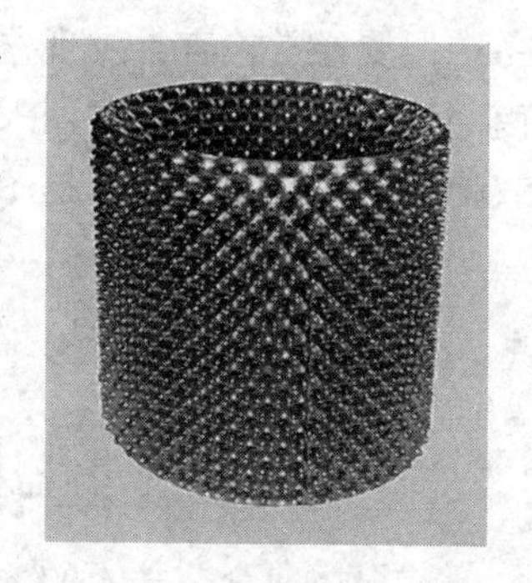

图 5-12　控根育苗容器

2000 年技术发明人正式向 80 多个国家申请了技术专利权，也在中国申请了专利权。中澳专家对该项技术的应用进行了多年的合作研究与开发，并先后在南澳洲和黄土高原对中国多种乔木和灌木进行了试验。试验结果表明，与常规育苗技术相比，控根育苗技术培育的苗木成活率、生长速度、保存率均有大幅度提高。控根育苗容器在杨凌农业高新技术展览会上展出后，引起了国内广泛的重视。

二、控根育苗技术的结构

控根快速育苗技术包括育苗容器的设计与制造、专用基质的配制与生产、控根苗木培育与管理三部分。

（一）控根快速育苗容器

该容器是由聚乙烯材料制成的，产品由底盘、围边和插杆 3 个部件组成。底盘具有防止根腐病和控制主根盘绕的功能；围边是凸凹相间，凸起外侧顶端有小孔，具有“气剪”（空气修剪）控根、促使苗木快速生长的功能，插杆拆卸方便，而且对固定、拉紧有奇效。

（二）控根快速育苗专用基质

该基质以有机废弃物，如作物秸秆、玉米芯、生活垃圾、动物粪便等为原料，经特殊的微生物发酵工艺制造，具有通透性好、保肥、保水、无毒、抗病、促进根系发育的特点。

（三）控根栽培与管理技术

包括容器与苗木规格配套、设施运行、配套的病虫害防治、灌溉施肥、技术规程及其他技术参数管理技术。

三、控根育苗技术的特点

（一）增根作用

控根育苗容器内壁有一层特殊薄膜，且容器侧壁凸凹相间，外部突出的顶端开有气孔，当种苗根系向外向下生长接触到空气（侧壁上的小孔）或内壁的任何部位时，根尖即停止生长，接着在根尖后部萌发出 3 个新根继续向外向下生长，当接触到空气（侧壁上的小孔）或内壁的任何部位时，又停止生长并又在根尖后部长出 3 个新根。这样，根的数量以 3 的级数递增，极大地增加了短而粗的侧根数量，根的总量较常规的大田育苗提高 20～30 倍。

（二）控根作用

一般育苗技术，主根过长，侧根发育较弱。采用常规容器育苗方法，种苗根的缠绕现象非常普遍。控根技术可以使侧根形状短而粗，发育数量大，同时限制了主根的生长，不会形成缠绕的根。

（三）促长过程

由于控根容器与所用基质的双重作用，苗木根系发育健壮，可以储存大量的养分，满足苗木定植初期的生长需求，为苗木的成活和迅速生长创造了良好的条件。移栽时不伤根，不用砍头，不受季节限制，管理程序简便，成活率高，生长速度快。

控根容器具备其他容器的所有功能，同时又具有其独特的功能特点。

四、控根育苗技术的原理

实践证明，苗木侧根越少，移植成活率越低，反之则越高。容器育苗控根技术的核心是在根系顶端去除生长点，实现根系的修剪，促发侧根的生长。按照控根原理，为了起到修根和防止根系盘绕生长的目的，容器育苗根控技术主要有空气控根、物理控根、化学控根3种类型。在实际应用中常常将不同控根技术混合起来使用，如果育苗时间较短，可以直接置立在地面上；如果育苗时间较长，可以半埋或全埋于土中。

（一）空气控根

空气控根是让容器四周与空气接触，这时根尖暴露在空气中，不供给水分，从而达到抑制根系生长的目的。该技术夏天需大量浇水，冬天需防寒。陕西杨陵中科环境工程有限公司使用聚乙烯材料制成的容器培育苗木，可达到明显的增根、控根和促长作用，使育出的苗木侧根形状短而粗，数量多。

（二）物理控根

物理控根是利用聚丙烯或其他化学织物材料做成容器，材料上开一定大小的孔径，较细的根系顶端能穿过，但不能增粗。糖类（碳水化合物）不能运输至容器外，由此实现根的顶端修剪，从而在容器内促发侧根。

（三）化学控根

一般的化学控根是根据某些重金属离子具有阻碍根尖生长的性质，对于硬质容器可将铜离子制剂（硫酸铜、碳酸铜）或氟乐农等涂于育苗容器的内壁上，杀死或抑制根的顶端分生组织，实现根的顶端修剪，促发更多的侧根。对于软质容器，可以在育苗床面上铺1层含有硫酸铜的牛皮纸，也可以断主根，促进侧根生长。目前，此技术在国际上应用较广泛，且工艺简单，价格相对低廉；缺点是易造成环境污染，破坏土壤微生物。另外一种化学控根是使用NAA和ABT等生根粉促进侧根生成，在不同时期浇施NAA溶液，可以明显促进各树种侧根的生长。但是不同的植物对不同的药剂和不同浓度的反应不一样，同一种药剂对一种植物起促进作用，对另一种可能起抑制作用，而且环境条件的影响也很大，如温度、光照、湿度、土壤营养状况以及有无病虫害等都会影响药剂的正常效应。

五、控根育苗技术的应用

控根育苗技术主要应用于高档珍贵绿化树种及经济林树种的培育和移植，目前在果树上逐渐得到推广应用。

（一）缩短生产周期，提高出圃率

设计独特的控根容器不但透气性能好，而且具有防止根腐病和主根缠绕的独特功效，加上控根专用基质双重作用，人为创造苗木生长的最优环境，苗木生长旺盛、迅速，大大缩短了生产周期，出圃率高，苗木质量得到保证。试验结果表明，应用该技术栽培苗木，生长率比普通苗圃的苗木高30% ~40% 。

（二）移栽不受季节限制

全年均可移栽园林绿化的发展趋势是要达到植树不分季节，实现苗木常年供应。该项技术是一种工厂化生产形式，苗木根系限制于容器中，无论运输距离远近，何时移植，均不会对苗木根系造成危害，产品供应时间不受限制。该技术可保证市场需求，打破了植树季节的限制问题。

（三）大树不必砍头截枝，实现全冠移栽

常规绿化大苗移栽，都必须截枝去冠，否则很难成活。控根快速育苗技术能控制住根系生长，促使毛细根快速生长，形成粗而短的发达须根系；且数量大，根系营养充足，树木生长旺盛，移栽时不起苗，不包根，不需要砍头、截枝、摘叶，完全可以全冠移栽大苗，被誉为可移动的森林。

（四）容器培育果树

当年移栽当年结果（果园更新换代至少需要5年），采用控根育苗技术可在空地上育苗，2 ~3 年苗木地径可达4cm左右，冠径可达1m以上，已能开花，少量开始结果，移栽时不伤根、不缓苗，次年即可大量结果。这样既能保证在果园更新期间果农收入不减，又能确保苗木品种纯正。

第六章　无公害、绿色、有机果品栽培技术

一、无公害、绿色、有机果品生产的重要意义

随着人们生活水平的不断提高，对无公害、绿色、有机果品的需求量日益上升。大力发展无公害、绿色、有机果品生产，不但可有效保护环境，提高全民族环保意识，而且是果品消费安全的有效保障，是增强果业综合竞争力的迫切需要，也是增加农民收入的重要举措，是推进果业增长方式转变的战略选择。

（一）我国果品产量占世界果品总产量的比重不断加大，这就要求我们必须走无公害、绿色、有机果品之路

从20世纪90年代开始，我国的果树栽培面积和果品产量超过美国、印度和巴西，占世界第一位。主要树种的栽培面积和产量见表6－1。

表6－1　　我国几种主要果树的栽培面积与产量

	苹果	梨	葡萄	桃	杏	李	柑橘	香蕉
面积/万公顷	225.4	95.4	24.3	90.8	1.4	100.5	161.7	20.9
产量/万t	2043.1	816.5	283	357.7	6.9	343.7	1178.2	521.6

产量和面积的绝对优势，使我国的果品生产在世界上占有举足轻重的地位，应该具有很大的市场潜力和能力。但是我国果品的消费市场大量是在国内，在国际市场上占有的份额很少，出口率仅占1%～2%，而且价格很低。就大宗果品如苹果，我国的出口量仅占世界出口量的2%左右，是荷兰的1/4，法国的1/7；价格是日本的1/5，美国的2/5。这样巨大的差距，除了外观、品质、包装、储运和销售等方面的原因，主要还是果品中有害物质和农药残留物

的超标。这就是说，国际市场要求我们的果品必须走无公害之路，否则是没有出路的。

同时在我国，随着人们生活水平的提高，广大消费者对高档果品的需求量日益增加，而我国的高档果品数量严重不足，这样就为外国的高档果品进入我国市场提供了有利的条件。1998 年，我国进口的水果量超过了出口量。近年来进口水果已占水果流通量的 10%，而且价格高出国内的几倍甚至几十倍，具有很强的市场竞争力，对我国的果业发展形成了严重的威胁，迫使我们不得不进行无公害水果的生产。

（二）无公害、绿色、有机果品是农业的发展方向

农业的发展经历了原始农业、传统农业和现代农业三个发展阶段，为了使农业可持续发展，1972 年，联合国在《人类与环境》大会上首次提出“生态农业”概念。近年来，一些发达国家如美国、瑞典、丹麦、荷兰、挪威、加拿大等国都总结出了农药盛行时期的一些弊端，改变了植保工作中单纯依靠化学农药的方针。我国对环境污染和无公害食品的生产也极为重视。1979 年，党的十一届四中全会通过的《中共中央关于加强农业发展若干问题的决定》指出：农业部门必须加强对农业环境的保护和管理，控制农药、化肥和农膜对环境的污染，推广病虫害的综合防治措施。1993 年，在《国务院关于发展高产、优质、高效农业的决定》中特别指出要加强“绿色食品”的生产。我国已成为果树栽培大国，从 1993 年开始，我国果树栽培面积和果品总产量稳居世界第一位，并逐年增长。2001 年，全国果园面积达到 920 万 hm^2，水果总产量达到 6658 万 t；2002 年，全国果品总产量又上升到 6809 万 t，约占 2002 年世界果品总产量 47100 万 t 的 14.5%。果品的产值仅次于粮食、蔬菜，成为我国农村经济发展的支柱产业，“绿色果品”生产势在必行。

（三）无公害、绿色、有机果品有广阔的市场前景

在全球可持续发展的战略指导下，我国农业生产必须走可持续发展的道路。可持续农业包括低能源的消耗（包括农药、化肥等）保护环境和农产品的可持续增长等内容，其产品要求无污染。据有关资料介绍，目前，世界上已有包括我国在内的80多个国家和地区研究和生产有机食品的农场2万个左右，仅华盛顿就有300多个有机食品农场。全世界的有机食品年销售额超过100亿美元，约占世界食品销售额的1%。专家预测，有机食品今后的年增长率有望达到20%~50%，而在食品中占有极大份额的果品将更加受到国际贸易的青睐。

尽管我国无公害、绿色、有机果品研究和生产的历史较短，农业部组织实施绿色、无公害食品工程至今，仅有10多年的时间，但发展速度还是很快的。1996年全国水果品类中，有104个产品获得绿色食品证书，产量达49.6万t，种植面积达4.92万hm^2。到2003年年底，海南建成无公害瓜果菜生产基地91个，面积10.67万hm^2，单在琼海、儋州、三亚、文昌4个无公害农产品生产基地中就有无公害水果基地面积2.8万hm^2。而目前，仅湖南一省通过认证的无公害农产品就达870个之多。

目前，人们对食品质量和安全越来越重视，无公害、绿色、有机果品需求量逐年增加，不少国家对无公害、绿色、有机果品的需求超过本国的生产量，必须依靠进口来解决。英国、德国的进口分别达到80%和98%，美国的大多数绿色食品销往日本和欧洲。总之，随着人们经济收入的不断提高，生活水平已由温饱型向质量型转化，安全、优质、营养丰富的无公害、绿色、有机食品将会倍受消费者的青睐，市场前景广阔。

（四）保护和改善生态环境需要发展无公害、绿色、有机果品

现代社会的快速发展，“工业三废”、“城市生活垃圾”的大量产生以及农用化学合成物的大量使用，不断地困扰着农业生产，与人类的健康发展相矛盾。鉴于此，目前环境问题成为我国乃至世界的热点，发展无公害、绿色、有机果品是国际社会的要求；国际社会和联合国有关机构已经制定了范围很广的国际环境公约和法律规定。控制污染、保护环境已成为国际合作的主要行为准则。通过发展无公害、绿色、有机农业生产，可以有效地保护和改善生态环境，促进对国际函件公约、协定的贯彻和落实，是对人类环境问题的高度负责。发展无公害、绿色、有机农业生产，消费安全、优质、营养、绿色、有机、无公害食品，是人类发展的变革。提倡促进无公害、绿色、有机食品的发展，也就是提出一种新文化、新观念和一种新的生活方式，一种与环境和谐共生的天然关系，也是人类进步、健康发展的必然要求。

无公害、绿色、有机农业的发展，要求产地环境必须符合"无公害、绿色、有机"质量标准要求，如果产地环境受到污染，就失去了生产无公害、绿色、有机产品的基础。因此要创建和保护无公害、绿色、有机农产品基地，就必须保护和改善农业环境，推广无公害、绿色、有机生产技术，合理科学使用化学合成物，包括农药、化肥和激素等，树立环保观念，形成无公害、绿色、有机农业生产体系。

有机食品是迄今为止生产条件最严格、质量要求最高的食品，因为其安全性受到广大消费者的关注。随着国外有机食品标准的出台，无污染、安全、高品质的有机食品成为21世纪人类食品的发展方向，国际市场对有机食品的认定，要求我们只有努力加快有机食品生产步伐，才能抢先一步占据国际食品市场，否则就要被市场潮流冲淡。对此，我国也兴起了有机食品生产热潮，它不仅要求我们按照有机食品生产体系严格要求安全生产，也把食品安全提到了新的国际高度。

（五）发展无公害、绿色、有机果品可以提高经济效益，促进农业的可持续发展

随着人们生活水平的提高，对健康的日益关注，无公害、绿色、有机果品的市场需求逐渐旺盛，有了逐步扩大的市场，就具备了大力发展的潜力。国内外市场都表明，无公害、绿色、有机果品的价格比常规果品高出30%～70%，甚至几倍的价格，而且需求旺盛，具有强大的市场前景，能够增加农业的经济效益。我国地域广阔，可以充分发挥各自的自然资源优势和生态环境优势，以无公害、绿色、有机果业为基础，开发具有地方特色的果品，形成规模、区位和产业化优势，做大做强，造福于社会，增加果业收入，改善生态环境，促进农业的可持续发展。

二、无公害、绿色、有机果品的概念

（一）无公害果品的概念

无公害果品是指生态环境质量符合规定标准的产地，生产过程中允许限量使用限定化学合成物质，按特定的生产操作规程生产，经检测符合国家颁布的卫生标准、经认证合格获得认证证书并允许使用无公害果品标志的，未经加工或者初加工的果品。

无公害果品的具体指标，国家质量监督检验检疫总局颁布的《农产品安全质量无公害水果安全要求》（GB18406.2—2001）做了如下描述："水果中有毒有害物质含量控制在标准规定范围内的商品水果"。根据该标准的规定，无公害水果安全卫生指标包括重金属及其他有害物质的最高限量（包括砷、汞、铅及硝酸盐等7个项目的最高限量标准）和农药残留最大限量（包括有机磷、菊酯类农药共22个项目的最高限量标准）。无公害果品标准除了包括上述卫生指标外，还有感官要求：果实无腐烂，无外物污染、无病虫害等。

无公害果品是国家质检总局发布的强制性标准及农业部发布的行业标准。产品标准、环境标准和生产资料使用准则为强制性国家或行业标准，生产操作规程为推荐性行业标准。目前，国家质检总局和国家标准委已发布了4类农产品的8个强制性国家标准，农业部发布了200余项行业标准。无公害果品执行全国统一的标志。

目前，国家正在大力推行包括果品在内的无公害农产品生产技术。2003年以来，农业部陆续组织制定和颁布了《无公害食品苹果》（NY5011—2011）、《无公害食品梨》（NY5100—2002）、《无公害食品鲜食葡萄》（NY5086—2002）、《无公害食品桃》（NY5112—2002）、《无公害食品猕猴桃》（NY5106—2002）等强制性标准，加上配套制定的作为推荐执行的无公害果品操作技术规程和产地环境条件标准，涉及果品无公害生产的标准在20个以上，后又不断加以修订、调整、合并。在产地环境符合相关标准的条件下，严格执行这些标准和规程，理应生产出市场准入的无公害果品。但是，按照消费者的通常理解，无公害果品也应包含优质果品的内质和外观概念，而优质果品通常也应是无公害果品。

无公害果品是产地环境、生产过程和产品质量均符合国家有关标准和规范的要求，经认证合格获得认证证书并允许使用无公害农产品标志的果品。

无公害果品的生产有严格的标准和程序，主要包括环境质量标准、生产技术标准和产地质量检验标准，经考察、测试和评定，符合标准的方可称为无公害果品。其质量标准为：

(1) 安全　不含对人体有毒、有害物质，或者将有害物质控制在安全标准以下，对人体不产生任何危害。

(2) 卫生　农药残留、硝酸盐含量、三废（废水、废气、废渣）等有害物质不超标；生产中禁用高毒农药，限制使用中等毒性农药，允许使用低毒农药，合理施用化肥。

(3) 优质　色艳、味美、个大、果型端正等内在品质好。

(4) 营养成分高　无公害果品是对果品的基本要求，严格地说，一般果品都应达到无公害果品标准的要求。

(二) 绿色果品的概念

绿色果品是指生态环境质量符合规定标准，遵循可持续发展原则，按照绿色生产方式生产，经专门机构认定和许可，使用绿色食品标志的无污染的安全、优质、营养类果品。可持续发展原则的要求是：生产的投入量和产出量保持平衡，既要满足当代人的需要，又要满足后代人同等发展的需要。绿色果品在生产方式上对农业以外的能源采取适当的限制，以更多地发挥生态功能的作用。我国的绿色食品分为A级和AA级两类。

绿色果品执行的是农业部的推荐性行业标准。绿色果品标准包括环境质量、生产技术、产品质量和包装储运等全程质量控制标准。目前，农业部发布了52项绿色农产品行业标准，其中包括7项通用性标准、45项产品质量标准。绿色食品有统一的绿色食品名称及商标标志，在中国内地、中国香港和日本注册使用。

（三）有机果品的概念

有机农业（Organic Agriculture）是指在生产中完全或基本不用人工合成的肥料、农药、生长调节剂和畜禽饲料添加剂，而采用有机肥满足作物营养需求的种植业，或采用有机饲料满足畜禽营养需求的养殖业。有机农业是灵活性和严格性管理相结合的一种生产体系，它从良好的营养循环、生产力和耕作等土壤管理开始，包括综合、预防的害虫管理方法，保护果园的健康和生产力。

1. 有机食品（Organic Food）

也叫生态或生物食品等。有机食品是目前国标上对无污染天然食品比较统一的提法。有机食品通常来自于有机农业生产体系，根据国际有机农业生产要求和相应的标准生产加工的，通过独立的有机食品认证机构认证的一切农副产品，包括粮食、蔬菜、水果、奶制品、畜禽产品、蜂蜜、水产品等。

2. 有机果品

根据有机农业原则和有机果品生产方式及标准生产、加工出来的，并通过有机食品认证机构认证的果品。

有机农业的原则：农业能量的封闭循环状态下生产，全部过程都利用农业资源，而不是利用农业以外的能源（化肥、农药、生产调节剂和添加剂等）影响和改变农业的能量循环。有机农业生产方式是利用动物、植物、微生物和土壤4种生产因素的有效循环，不打破生物循环链的生产方式。有机果品是纯天然、无污染、安全营养的食品，也可称为“生态食品”。比如，野生果树未经任何人工干扰的果品，就是无需认证典型的天然“有机果品”。

3. 有机果品的标准

有机果品执行的是国际有机农业运动联盟（IFOAM）的有机农业和产品加工基本标准（食品法典1999/2001、欧盟标准Eu2092/91）。由于有机果品在我国尚未形成消费群体，产品主要用于出口。虽然我国也发布了一些有机果品的行业标准，国家环境保护总局有机食品发展中心（OFDC）负责有机产品的认证工作，但我国的有机果品执行的标准主要是出口国要求的标准。目前，欧盟、美国、日本、澳大利亚、加拿大、墨西哥、阿根廷、韩国等都已制定了有机农业及产品生产、加工准则性的标准。有机果品的标准集中在生产加工和储运技术条件方面，无环境和产品质量标准。有机果品在全球范围内无统一标志，各国的有机果品标志呈现多样化。有机食品需要符合以下标准：

（1）原料来自于有机农业生产体系或野生天然产品；

（2）产品在整个生产加工过程中必须严格遵守有机食品的加工、包装、储藏、运输要求；

（3）生产者在有机食品的生产、流通过程中有完善的追踪体系和完整的生产、销售的档案；

（4）必须通过独立的有机食品认证机构的认证。

（四）无公害果品、绿色果品、有机果品的标准与区别

从三者的概念可以看出，这三类果品像一个金字塔，塔基是无公害果品，中间是绿色果品，塔尖是有机果品，越往上标准要求越高，果品的档次也越高，以满足日益增长的消费需求。从表 6－2 可以明确地看到三者的差别。

表 6－2　无公害果品、绿色果品、有机果品的标准与区别

无公害果品	绿色果品	有机果品
① 可以使用必要的化学农药防治病虫害 ② 可以使用化肥增加树体营养，增加产量 ③ 果品中可以允许含有使用的化学物残留	① 严禁使用绿色果品禁用的高毒、高残留农药 ② 不能超量使用限制性农药 ③ 控制减少激素的用量 ④ 控制和禁止化学合成肥料的使用（AA 级绿色果品禁止使用化学合成肥料，A 级绿色果品禁止使用硝态氮肥等）	生产或加工过程，不使用任何化学农药、化肥、化学防腐剂等合成物质

目前，我国有关部门推行的标志食品有无公害食品和绿色食品。无公害食品是按照无公害食品生产和技术标准和要求生产的、符合通用卫生标准并经有关部门认定的安全食品。严格来讲，无公

害食品应当是普通食品都应当达到的一种基本要求。

绿色食品是在无污染的生态环境中种植及全过程标准化生产或加工的农产品，严格控制其有毒有害物质含量，使之符合国家健康安全食品标准，并经专门机构认定，许可使用绿色食品标志的食品。分为A级绿色食品和AA级绿色食品。其中，A级绿色食品生产中允许限量使用化学合成生产资料，AA级绿色食品则较为严格地要求在生产过程中不使用化学合成的肥料、农药、饲料添加剂、食品添加剂和其他有害于环境和健康的物质。从本质上来讲，绿色食品是从普通食品向有机食品发展的一种过渡产品。

有机食品与其他食品的区别体现在如下几方面：

（1）有机食品在其生产加工过程中绝对禁止使用农药、化肥、激素等人工合成物质，并且不允许使用基因工程技术；而其他食品则允许有限使用这些技术。

（2）生产转型方面，从生产其他食品到有机食品需要2~3年的转换期，而生产其他食品（包括绿色食品和无公害食品）没有转换期的要求。

（3）数量控制方面，有机食品的认证要求定地块、定产量，而其他食品没有如此严格的要求。

因此，生产有机食品要比生产其他食品难得多，需要建立全新的生产体系和监控体系，采用相应的病虫害防治、地力保护、种子培育、产品加工和储藏等替代技术。

三、无公害、绿色、有机果品生产技术

（一）无公害果品生产技术

无公害果品是指果树的生长环境、生产过程以及包装、储存、运输中未被有害物质污染，或虽有污染，但符合国家标准的果品。无公害果品生产是有其严格标准和程序的。

1. 生产基地选择

远离城市和交通要道，周围无工业或矿山的直接污染源（三废的排放）和间接污染源（指上风口和上游水域的污染），基地距

公路50～100m以外。该地域的大气、土壤、灌溉水经检测符合国家标准。果园栽培管理要有较好的基础，土质适合果树生长，有灌溉条件，有机肥料来源充足，品质优良。树势健壮，栽培管理比较先进。

2. 土肥水管理

（1）加强土壤改良　深翻改土，活土层要求达到80cm左右，通气情况良好，土壤孔隙度的含氧量在5%以上，根系主要分布层的土壤有机质的含量达1%左右；有条件的果园进行覆草和生草栽培。

（2）合理施用肥料　有机肥主要用厩肥（鸡粪、猪粪等）、堆肥、沤肥和人粪尿等，肥量按每生产1000kg果品施4000～5000kg有机肥，加磷酸二铵40kg、草木灰200kg，高产、稳产果园施有机肥的用量可增加到7500kg以上，肥源缺乏的果园亦应达到斤果斤肥的标准。追肥应以速效肥为主，要根据树势强弱，产量高低以及是否缺少微量元素等，确定施肥种类、数量和次数。

（3）灌水与排涝　一般情况下应在发芽前后至新梢生长期、幼果膨大期和果实采收后至土壤封冻前3个时期分别灌水1次。灌水量要以浸透根系分布层（40～60cm）为准，达到田间最大持水量的60%～70%。灌水方法除引渠灌溉外，尽量采用滴灌、穴灌和地下管道等节水灌溉措施。旱地果园可采用穴贮肥水法。地势低洼或地下水位较高的果园或园片，夏季下大雨时要及时排水防涝。

3. 肥料使用标准

（1）允许使用的肥料种类　①有机肥料：如厩肥、堆肥、沤肥、沼气肥、饼肥、绿肥、作物秸秆等有机肥；②腐植酸类肥料：如泥炭、褐煤、风化煤等；③微生物肥料：如根瘤菌、固氮菌、磷细菌、硅酸盐细菌、复合菌等；④有机复合肥；⑤无机矿质肥料：如矿物钾肥、硫酸钾、矿物磷肥（磷矿粉）、钙镁磷肥（碱性土壤使用）；⑥叶面肥料：如微量元素肥料，植物生长辅助肥料；⑦其他有机肥料。凡是堆肥，需经50℃以上高温发酵5～7天，以杀灭病菌、虫卵和杂草种子，去除有害气体并充分腐熟。

（2）限制使用化学肥料　氮肥施用过多会使果实中的亚硝酸盐积累并转化为强致癌物质亚硝酸铵，同时还会使果肉松散，易患苦痘病、水心病；果实中含氮量过多还会促进果实腐烂。原则上化学肥料要与有机肥料、微生物肥料配合施用，可作基肥或追肥，有机氮和无机氮之比以1:1为宜（大约掌握厩肥1000kg加尿素20kg的比例），用化肥追肥应在采果前30d停用。另外要慎用城市垃圾肥料，商品肥料和新型肥料必须经国家有关部门批准登记生产才能使用。

4．整形修剪

最终结果要求达到以下指标：覆盖率（树冠投影面积与植株占地面积之比）75%左右；枝量（每667m^2果园1年生短、中、长枝和营养枝的总量）：适宜枝量为10万~12万条，冬剪后为7万~9万条；枝型比例：中短枝占90%左右，一类短枝占短枝数量的40%以上，优质花枝率占25%~30%；花芽留量：要求花芽分化率占总芽量的30%左右，冬剪后花芽、叶芽比以1:3~4为宜，每667m^2花芽留量1.2万~1.5万个，数量过多时可通过花前复剪和疏果来调整；树冠体积：一般稀植大冠果园每667m^2树冠体积控制在1200~1500m^3，密植园以1000m^3为宜；新梢生长量（树冠外围的年生长量）：成龄树要求达到35cm左右，幼龄树以50cm为宜。

5．科学使用化学农药

（1）禁止使用的农药

有机砷类杀菌剂：福美砷（高残留）；有机氯类杀虫剂：六六六、滴滴涕（高残留）、三氯杀螨醇（含滴滴涕）；有机磷类杀虫剂：3911（甲拌磷）、乙拌磷、久效磷、1605、甲基1605、甲胺磷、甲基异硫磷、氧化乐果（高毒）；氨基甲酸酯类杀虫剂：克百威、涕灭威、灭多威（高毒）；二甲基甲脒类杀虫杀螨剂：杀虫脒（慢性中毒、致癌）等。

（2）提倡使用的农药

① 微生物源杀虫、杀菌剂：67、白僵菌、阿维菌素、中生菌素、多氧霉素、农抗120等。

② 植物源杀虫剂：烟碱、苦参素、印楝素、除虫菊、鱼藤、茄蒿素、松脂合剂等。

③ 昆虫生长调节剂类杀虫剂：灭幼脲、除虫脲、卡死克、扑虱灵等。

④ 矿物源杀虫杀菌剂：机油乳剂、柴油乳剂、腐必清以及由硫酸铜和硫黄分别配制的多种药剂等。

⑤ 低毒、低残留化学农药：吡虫啉、马拉硫磷、辛硫磷、新型植物素、双甲脒、尼索朗、克螨特、螨死净、菌毒清、代森锰锌类（喷克、大生M－45）、新星、甲基托布津、多菌灵、扑海因、粉锈宁、甲霜灵、百菌清等。

⑥ 有限使用中毒性农药：主要品种有乐斯本、抗蚜威、敌敌畏、杀螟硫磷、灭扫利、功夫、歼灭、杀灭菊酯、氰戊菊酯、高效氯氢菊酯。

（二）绿色果品生产技术

所谓“绿色果品”指符合绿色食品标准的果品，即专指无污染、优质、安全、营养为基础的现代农产品。据中国绿色食品发展中心要求，“绿色食品”应具备下列条件：

（1）产地有良好的生态环境，并且必须经农业部农垦环境检测中心审定。

（2）原料作物的生产过程及生产操作过程必须符合无公害标准，并接受监督。

（3）产品的生产、加工及包装储运都需符合卫生标准，最终产品需经国家检测。达到以上标准的产品，在其外包装上允许标贴特定的“绿色食品”标志。

鉴于当今世界环境污染日趋严重，市场迫切需要绿色果品。食品卫生标准中对果品中有害物质的安全指标作了一些规定。如要求锌≤5mg/kg，铜≤4mg/kg，钯≤1mg/kg，砷、氟≤0.5mg/kg，“六六六”≤0.2mg/kg，滴滴涕≤0.1mg/kg，镉≤0.03mg/kg，汞≤

0.01ng/kg等。另外，还规定了有机磷、亚硝酸等物质的最低含量标准。

果品中的有毒有害物质主要来源于环境污染、生产污染和储销污染，因此，生产绿色果品应遵循下列原则：

（1）选择良好的生态环境建园，防止大气、水、土壤受废气、废水、废渣及一些天然有害物质污染，最好能远离城区、工业区及交通要道。

（2）强调重施有机肥和有益复合菌肥（如EM及CM等），提倡种草、覆草、埋草，减少化肥尤其是氮素化肥的用量和比例。采用无污染水源灌溉，应用滴、喷、管、沟灌等方式合理清洁供水。

（3）大果类树种推广套袋栽培，最好全果全树皆套。为降低成本，可将双层袋、单层袋甚至合格塑膜袋结合应用，解袋后忌喷毒性和污染性农药。

（4）防治病虫以农业措施、人工防治、利用天敌和增加树体抗性为主，尽量使用无毒害的植物源、矿物源及生物农药和农药增效剂。严禁使用剧毒、高残留农药，减少喷药次数，做到不用含重金属的农药（如福美砷等）、剧毒农药（如1605等）、高残留农药（如杀虫脒等）和全杀性农药（如灭扫利等）。

（5）在包装、储存保鲜过程中严防果品污染，对取得绿色证书的果品进行商标注册，挂牌销售，保护生产者和消费者的利益。

总之，提高果品质量是一个系统工程，要从各部门、各要素、各环节入手，合作协调、环环相扣、紧密配合。要强化市场意识、竞争意识、商品意识、效益意识、尤其是质量意识和名牌意识。以质量求生存，求发展，求效益，以稳定的优质和名牌果品开拓大市场、占领大市场，使我国这一果品生产大国真正成为果品生产强国。

（三）有机果品生产技术

1. 基本要求

有机果品生产必须满足以下条件：① 苗木为非转基因植物。② 从种植其他作物转为有机果树需要2年以上的转换期（新开垦荒地例外）。③ 土壤在最近 3 年内未使用过农药、化肥等，无水土流失及其他环境问题。④ 需要制定长期的土壤管理、植物保护计划。⑤ 苗木管理过程中禁止使用人工合成的化肥、杀虫剂和除草剂等现代农业投入品。⑥ 果品在收获、清洗、储存和运输过程中未受化学物质的污染。

2. 土壤和品种选择

（1）土壤　选择适宜果树生长的地点是果树有机生产成功与否的重要基础，在种植之前必须明确该地是否满足有机生产的环境要求，是否适宜果树生长。具体要求：在不破坏土壤结构的前提下，改良土壤，增加土壤有机质含量，改善土壤的物理性状，有利于果树旺盛生长，减少病虫害侵入，保证果树健康生长发育的生态环境，以提高产量与品质。

（2）品种选择　选择抗性品种是增强逆境胁迫、减少病害虫为害的重要措施之一。目前还没有发现对直接以果实为食的节肢动物害虫的遗传抗性资源，但是对间接危害果实害虫的抗性资源有很多，如抗蚜虫的树莓、抗葡萄根瘤病的砧木、抗螨虫的草莓品种、抗线虫的桃砧木等。

3. 果园管理

果园地表或行间管理用清耕、种植覆盖作物或覆盖有机废料等方法，可以增加生物的多样性、减少水分蒸发、培肥土壤、防治病虫草害等。

在果树有机栽培中，控制杂草是田间管理的重要工作之一。主要措施有：① 耕作：主要用来控制行间杂草，同时也将覆盖作物翻耕到土壤中；耕作深度不宜过深，否则易损伤根系并且还会将土壤深层的杂草种子带到地表使之易萌发。② 种植绿肥：在建园前可有效地抑制杂草，也可以提供土壤肥力和腐殖质。具体做法：犁翻现有的植株，深翻降低土壤致密程度；种植绿肥镇压杂草的发展，刈割和耕作绿肥作物后再栽植果树。③ 养禽除草：食草鸡、鹅已用于一些果树的杂草控制。④ 应用有机除草剂：有机生产允许使用一些市场上出现的除草剂，但使用地点有限制。

4. 肥料使用

为提高有机栽培的果树产量与品质，需要增施有机肥，尤其是发酵肥料和腐熟的农家肥。常用的有机肥料如堆肥、厩肥等含有大量的不溶成分，肥效迟。为确保其足量降解，使果树适时获得营养，一般应在早春提前施用。当果树营养不足时，使用可溶性的有机肥料如鱼乳状液、可溶性的鱼粉或水溶性的血粉等进行叶面喷施。

5. 病虫害防控

按照有机栽培标准允许少量使用微毒或低残留高效农药或纯粹不使用化学农药，是生产有机果品的关键。有机果品的栽培是通过利用有机、生物、物理手段来控制病虫害的发生与蔓延。

（1）生长季节使用 EM 波卡西系列喷洒树冠。

（2）利用性引诱剂扰乱昆虫的交配信息，减少繁衍。

（3）利用天敌可有效抑制害虫的发生。

（4）使用防虫网阻止外来害虫进入，将含有黏着剂、农药的黄板悬挂在温室或果园内抑制蚜虫。

可使用的杀虫剂有：苏云杆菌、植物源杀虫剂、特殊配制的含有高脂肪酸的皂液、休眠油、昆虫信息素、高岭土。

四、无公害、绿色、有机果品的市场营销

随着社会经济的不断发展，人民生活水平逐渐提高，其生活方式和膳食结构也随之发生变化。从水果市场看，目前消费安全、优质的绿色无公害果品已成为新时期消费的潮流和趋势市场对优质高档果品需求日益增加。国内外市场表明，优质的无公害果品由于其安全性高，价格与常规果品相比一般高出 20% ~30%，有的高达 50% 以上。但价格的高低取决于市场供应的情况，受市场的引导。目前无公害果品生产种植的规模不断扩大，产量也逐年增加，因此从经济利益上讲，流通和经营的问题将越来越突出。从产品营销的角度来看，无公害果品走向市场销售的过程中，应有充分的营销基础。

无公害果品的不断增加，流通和经营的问题越来越明显，只有搞好流通和经营的关系，才能使无公害果品生产健康发展。同时也要考虑到市场和生产的风险，从当今的价格和往年平均价格的基础上，预计将来的市场和价格变化，为中长期的生产和规模化生产作出思路，以便更好地适应市场。

（一）无公害果品的特点与营销

目前我国的无公害果品生产销售是前途广阔的朝阳产业，同时也是一个面临诸多营销问题考验的行业。因此，作为果农和果品经营者或相关决策者，要充分了解果品和营销的基本知识、技巧，才能把工作做得更好。无公害果品具有以下特点。

1. 附加值高

无公害果品生产的劳动密集型和集约性，决定了其高附加值，有一亩园十亩田之说。商品的价值是其生产过程中投入人力和物力的组合。价值决定价格，无公害果品当属于高附加值的产品。

2. 市场需求量大

随着社会的发展和进步，人们消费水果的数量和方式更加多样化（水果食品、果汁等），水果应用的领域更加广泛（化妆品、医药保健品等），水果产品的市场潜力会更加巨大。表 6－3 是我国与世界果品人均年消费量。

表 6－3　我国及世界果品人均消费量

中国					世界人均	发达国家	
年份	1978	2003	2005	2008	2010		
人均/kg	5.46	58.5	59.64	72.71	82.20	70～80	100

另外果汁的消费水平，2004 年我国人均占有果汁仅为 0.1L，发展中国家人均消费 10L 左右，而发达国家则在 40L 以上。2008 年我国的果汁人均消费不到 1L，相当于世界平均水平的 1/10。纵向比进步很快，但横向比差距很大，说明我国果品供应有足够的市场潜力。

3. 地域和季节性

由于受生态环境和地理条件影响，果品都有其较为适宜的生产地区，如黄土高原和渤海湾的苹果、燕山板栗、吐鲁番的葡萄、哈密甜瓜等。果品生产的这一特点，决定了每一种果品的生产量都不会是无限扩大的，这对保持生产总量的相对稳定和果品花色的多样化意义重大。同时地域性生产导致的果品生产和消费空间的隔离，增加了流通费用。这是果品销售的特点之一。

季节性是果品生产的另一特点。所有的果品成熟都有季节性，这就产生了果品销售的旺季和淡季，销量及价格变化幅度很大。果品的季节性供应与人们对果品消费周年化的矛盾，决定了储藏、加工等各种延长销售技术在果品营销中占据越来越重要的地位。也导致了设施果树反季节栽培的大量发展（包括日光温室和塑料大棚），当地果实的提前或延后栽培，南方果品在北方的生产和销售。果品生产的季节性特点，更有助于北方果品供应期的延长和南方果品在北方的大力发展，丰富了果品的供应时间和种类。

4. 集约化程度高

集约化生产的特点是高投入高产出，单位面积投入的人力物力相对较多。生产无公害果品的投入是一般农作物的 2 倍以上，产出高 2 ~5 倍。

5. 生产周期长

这也同普通果品一样，多年生，产出周期长，一般定植 3 ~4 年开始结果，5 ~7 年达到收支平衡。在市场经济下，一个时期的价格上涨就说明以后几年的价格必然下降。行情看好的情况下大家都会参与种植，那么以后的产量就会增加；同时市场需求旺盛，果品质量在一定程度上就会下降。产量的增加和质量的下降必然会导致价格的不断下滑，这样就会使投入降低，进而引起产量和品质的下降。

6. 价格的变化与品种关系大

决定价格的关键还是品种问题，好的品种具备优良的品质，会有较高的价格。许多进口的果品，由于品种、品质好，整齐度高，市场上的价格是国内同类产品的2～3倍。就是国内市场上，不同品种的果品价格差异也是较大的，这种差异愈是发达的地区愈明显。因此选对品种，严把质量关，是无公害果品生产的重点之一。

7. 鲜活易腐

果品是有生命的活体，采收后到销售期间不断地进行代谢活动，而且离体的果实水肥损失严重。尤其是草莓和树莓的货架期仅几天时间，必须做到快装快运，尽快销售，而且要保证从采收到销售期间的温度控制。

8. 副食品性

果品对于人类的生存和生活，属于副食，能够改善、提高生活水平和质量，是高档消费品，但不是维持生命的必需品。世界各地的人均消费差异极大，我国的消费水平有很大的上升空间，这极有利于果品的大力发展，果品的营销将有较长的路要走。

（二）创建品牌，树立品牌观念和意识，建立营销信息网

在竞争激烈的市场经济中，作为一个经营者要有一定的品牌意识，要对其产品进行商标注册，改变过去沉默的销售方式，要积极参加各种农产品的博览会、评优会等，通过这些渠道来扩大自己产品的影响，提高产品的知名度，让消费者对产品有一定的认知和认可，最终打造一个名牌产品，提高市场占有率。

做好一种高档果品的销售，必须要有不同于一般水果的明显标识。一是从外包装物上应标明品种、等级、产地、数量；二是在内包装物上要有标识果品的生产者、采收日期、储藏方法等。现在一些有识者给果品采用通用的条码标识，通过条码可以查阅果品的生产者及相关的生产档案，让消费者感到放心、安全。

协调产销关系，建立营销信息网。通过产销关系和销售反馈的各种信息，然后通过对各种信息的综合分析研究，有针对性地确定自己的销售策略，从而协调好市场的供求关系，促进自己产品的销售。另外要加强和外界的信息交流，及时参加各种产品展示博览会，通过交流分析把自己的产品准确、及时、高效地推向市场，进入流通渠道。

（三）礼品销售上做文章

因为显著的营养性、食用的大众性和较好的时尚性，果品已经成为目前城市居民最普遍化的礼品之一，而且作为一种流行趋势，礼品性果品的消费比例会不断上升。因此所有的果品生产者和经营者都要重视对这方面市场的研究和开拓。要提高自己所经营的果品在礼品性果品市场上的竞争力，果品经营者可以加强以下方面的工作：

（1）积极对人们礼品果品的消费特点和趋势进行研究。一般情况下，北方人喜欢以南方果品作为礼品，而南方人喜欢以北方果品作为礼品，因此北方果品经营者就要重点对南方人的礼品消费习惯进行研究，如南方人讲迷信喜拜财神，红色果品有“红红火火”的暗意，因此在礼品性果品的开发上就要优先选择红色果品。

（2）可以进一步对礼品性果品市场进行细分，有针对性地对某一两种市场进行重点开发。如庆寿果品、病人康复果品、幼儿娱乐果品等，每一个方面都有文章可作。

（3）在果品包装的设计上，尽量迎合人们礼品性消费的偏好，如外形鲜艳、喜庆。在包装材质的选择上要体现出高雅、时尚，这样就能很好地对送礼者的身价给予映衬。礼品盒无公害果品的价格很高，而且消费的人也不少。比如北京市林果所的礼品盒草莓，2.5kg 装的卖到 1000 元，效益非常好。

（四）果农专业合作组织的营销

果农专业合作组织是目前发展较快的农民专业合作组织之一。作为农户联合和为农户服务的组织，这些果农专业合作组织的成立和运转，在提高果品生产者的市场地位、改善果品质量、提高果业生产效率方面发挥着越来越明显的作用。

1. 规范果农生产

保障果品质量同粮食类作物不同，作为园艺类的果品，其产品质量深受果园管理者个体行为的影响，即使同一个品种，也有可能出现花色、形状、口感的千差万别。所以，面对大市场基本一致的质量要求，以农户为生产单位的果业经营者常常显得弱势，这也是困扰我国园艺产业优势发挥的一个主要障碍。因此，从提高果业竞争力的角度看，需要有形的外部力量对果农自主生产行为有所引导并适度限制，而果农专业合作组织就是可以在此方面发挥积极作用的组织之一。规范果农生产是保障果品质量的前提，在这方面果农专业合作组织可以在果园管理的一些主要环节上提出要求或制定一些标准，如苹果套袋规范、苹果用药规范、苹果树修剪规范等。

2．降低生产成本

提高销售效益除了保障果品质量外，帮助会员降低生产成本也应是合作组织的重要目标之一，尤其是在生产资料成本节约上，果农专业合作组织可以发挥积极的作用。第一，通过科学生产节约成本。如通过对会员果园的土壤检测，帮助制订配方施肥方案，降低肥料施用成本；通过规范果树修剪、统一病虫害预防等措施节约农药等。第二，通过团体采购降低农资费用支出。果农专业合作组织可以发挥人多力量大的优势，吸收更多会员加入团体采购，在降低农资购买价格的同时，还可争取农资厂商更多的售后技术服务。第三，通过协作生产降低生产成本。如在一些果园耕作机械、灌溉设施的购买和使用上，合作组织可以发挥协调功能，通过股份制的形式，共同投资，共同使用，减少会员在这方面的资金投入，节约成本。

3．创立品牌

拓展果品市场品牌营销是商品营销的高级形式，其优势在于品牌所有者可以借助品牌的力量拓展更大的市场和获取更好的收益。所谓果品品牌，就是同市面上一般果品相区别的个性化标记，其中最突出的应是独特的地域优势和品质特色。由于规模化生产、系统化营销是品牌创立的基础，所以单个果农在品牌创立上常常无能为力。由于果农专业合作组织具有品牌创立和品牌营销的规模和“法人”条件，所以可以积极开展相应的工作。

4．搞好公共关系，营造良好环境

所谓公共关系，就是能够对果农生产和果品营销有所影响的各种社会关系，具体到果农合作组织，主要有与果品收购商的关系、与农资供应商的关系、与新闻媒体的关系、与当地政府的关系等。处理好这些关系，可以为合作组织的发展和当地果品的营销营造一个良好的环境。例如建立广泛的果品收购商网络，积极与新闻媒体建立良好的关系。处理好与当地政府的关系，争取相应的支持。

（五）果品营销新模式的探索

公司与农户的不同合作形式，会产生不同的机制和效果，如果应用好了，公司农户双赢，市场供应良好，一举多得。公司以其较大的资金和管理优势，以合理的价格和合作模式从果农那里买来果品，建造冷库储存，在市场需求的时候再批发销售，可以取得良好的经济效益。陕西省“中兴果品公司”的公司农户“2 +1 模式”，即企业把鲜果经营三个流程，也就是生产、加工保鲜贮藏、市场销售有机地联系起来，科学地将参与优质果品生产基地建设和加工保鲜贮藏这两项安排在陕西苹果的主产县，将产品销售安排在经济发达、苹果消费量大的深圳市，自主实施一级市场批发，创造出的企业快速发展的营销新模式。“中兴 2 +1 模式”好就好在随时掌握产区和销区两头的信息，企业的市场经销风险得到可控，把陕西产区和深圳销区紧密地连起来了，建立起了陕西苹果输出的直销通道。

（六）发展外向型果品

1. 我国果品国际地位分析

1999 年，世界上水果总产量居前十位的国家是：中国（占 14.0%）、印度（占 8.7%）、巴西（占 8.4%）、美国（占 6.4%）、意大利（占 4.3%）、西班牙（占 3.2%）、法国（占 2.7%）、墨西哥（占 2.6%）、伊朗（占 2.5%）、土耳其（占 2.3%）。据国家统计局资料，欧洲果品进口额占世界进口总额的 59.4%，出口额占世界出口总额的 47%，其中德国、英国、法国、荷兰、意大利既是果品主要进口国，也是果品主要出口国；北美洲美国果品进口额和出口额分别占世界总额的 12.4% 和 11.0%，加拿大果品的进口额和出口额分别占世界总额的 4.0% 和 2.08%；亚洲果品进口额和出口额分别占世界总额的 17.6% 和 17.0%，其中日本、中国香港地区、印度和新加坡进口需求大，中国大陆、土耳其、泰国、印度和菲律宾等国家果品出口能力较强；南美洲果品主要出口国是巴西和阿根廷，果品出口额均在世界出口总额的2.4%以下；非洲和大洋洲对世界果品进、出口贸易影响较小。

我国水果的出口国家主要是日本、马来西亚、俄罗斯、菲律宾、越南、泰国、印度尼西亚等国家，而在欧洲、非洲等潜力巨大的果品消费市场销售很少。

国内外市场上果品消费向多元化趋势发展，总的特点是多需求、多层次、多样性。一是品种和口味向求新、求异、求名转变；二是对果品质量要求进一步提高，对绿色无公害要求日趋严格；三是对果汁、果脯、果酱、果罐头等果品加工品的消费需求呈增加趋势。具体而言，不同国家对果品的消费需求不同。在国际市场上，水果和一个国家的饮食习惯有关，不同的国家和民族对各类的水果消费差别很大。东南亚比较喜欢吃富士苹果，为了打进这个市场，美国、法国、智利、新西兰等过去很少产富士苹果的国家也开始生产富士苹果，其目的只有一个，就是出口。中国香港地区和新加坡人口密度大，旅游者所占比例大，对果品的消费需求较广，总体上市场甜橙需求所占比例较高，梨、苹果、核果和浆果需求所占比例较小；水果消费水平较高的欧洲市场，以仁果、柑橘和香蕉消费为主，苹果消费以金苹果、青苹果居多，其中法国和意大利对果酒的消费需求较高；日本人多喜欢甜度较大的果品，对果品及其加工品消费高且稳定，对本国没有或出产很少的果品均靠进口满足；俄罗斯在对水果的消费中苹果占较大比例，为50%；柑橘占30%，杂果占20%；澳大利亚的果品消费中苹果居首位，占30%，甜橙占20%，香蕉占16%，梨、核果类和葡萄等各占消费总量的2%～6%。

2. 我国果品外向型发展面临的问题与障碍

果品树种、品种结构不合理，品质亟待提高。目前我国果品树种、品种结构不合理，主要表现在果品开拓国际市场的竞争力弱，树种、品种结构不能满足市场需求，水果面积偏大，优种干果种植面积偏小，苹果、梨、桃等主要树种的早、中、晚熟品种比例与市场的需求不相适应，适合市场需求和地方特色的更新换代品种，特别是加工品种不足。果品生产存在品种退化、良种缺乏良法、盲目追求高产早采等诸多问题，果品的外观质量和内在品质都不高，优质果率仅占水果总产量的30%左右，其中高档果率不足5%。从深层原因看，是果品生产经营管理者的素质低所致，突出表现在技术上的高产指标和经济的高效指标尚没有统一起来，重果品产量轻果品质量，没能认识到当前国内外市场特别是国外市场尤其重视果品质量；重视地上管理轻视地下管理，认识不到地下管理是提高果品质量的前提和基础；重产前环节，轻产后环节，没有充分认识到产后环节能提高果品外观品质和档次；果树管理部门和果农的无公害意识生产与新产品开发观念淡薄等。

"绿色壁垒"制约。在当前国际贸易中，绿色壁垒已成为最重要的壁垒之一。这方面的限制性措施涉及面较广，各国的具体做法有所区别，包括的内容也多，而且经常变化。发达国家的技术比较先进，环保意识也比较强，环保标准也更为严格，而发展中国家由于受诸多方面的限制，其环保水平和标准在近期内不可能与发达国家同日而语。我国是一个发展中国家，环保水平还比较低，果品的生产和加工的过程与方法、包装储运等诸多方面存在不利于环保的因素，这些方面造成其他国家对我国农产品的禁止进口。农药残留是长期以来困扰我国苹果和梨出口的主要因素，因农药残留和生物激素含量达不到无公害"绿色"标准而限制着我国果品的批量出口。

3. 产后环节滞后

（1）果品产后商品化处理落后　果品采摘后的商品化处理是提高果品上市质量、增强市场竞争力的重要环节。目前，发达国家水果采摘后要实行预冷、储藏、洗果、涂蜡、分级和冷链运输等内容的规范配套的操作流程，产后商品化处理量几乎达到100%。我国水果产后经过包括简单手工分级在内的商品化处理的尚不到总产量的1%。并且在果品产后环节的研究开发问题上出现一家一户的果农无力搞、科研单位搞得少、政府部门搞不好的“扯皮”现象。与国外一些农业、食品院校和科研单位等积极参与果品包装、保鲜、储运技术的研究开发的景况相距甚远。

(2) 果品储藏、加工能力弱　世界农业发达国家水果的储藏量约占水果总产量的45%～70%，我国水果的储藏量尚不足水果总产量的20%，果品的储藏量小、储藏保鲜程度差是果品生产长期存在的问题。以苹果为例，有80%以上是用土窑洞储藏，气调和机械冷库之和不到总储量的10%，与发达国家60%～80%的果实以气调形式储藏有巨大差距。英国要求到岸后富士苹果果肉硬度不小于6.5kg/cm^2，用土窑洞储藏1.5个月、冷库储藏3个月硬度即降至此标准，而用气调储藏6～7个月仍可保持7kg/cm^{2}的硬度。1999年世界苹果加工率为20.9%，美国、俄罗斯、阿根廷等国家的加工率高达40%以上，而我国仅为8.4%。我国第二大水果柑橘的加工量只占柑橘总产量的5%左右，加工产品中80%是罐头，果汁所占比重很少，这与巴西、美国80%柑橘用于加工制汁相比，差距很大。我国果品储藏、加工能力弱导致果品的极度浪费。

(3) 果品产业化程度低　我国果园生产方式比较落后，技术含量和经济效益不高。我国果树平均单产6.2t/hm^2，不足世界平均水平的一半。果品产业化程度较低，龙头企业和组织较少，产业链的连接十分脆弱。国外发达国家的果品产业化程度高，如日本批发市场与农协、农户结成紧密的一体化联合体，形成以批发为龙头、以农协为纽带、联结众多农户的一条龙体系，各部门之间是分工明确、相互协调、相互制约的规范化经济联合体关系。深加工系列产品及与市场竞争的龙头企业少，制约着我国果品的市场竞争力。

4. 市场机制制约

(1) 经营管理体制　我们的农业生产管理权在农业行政主管部门，而农业生产资料供应和农产品流通权在商业行政主管部门，农产品国际贸易的管理权又在外贸行政主管部门，政府行为在农业生产中起主导作用的现象并未得到彻底改变，真正意义上的市场导向机制尚未有效建立起来，市场发育还很不成熟，一家一户的小生产与大市场之间的矛盾突出，地方政府的职能转变不到位，仍然以计划经济的思维方式和工作方法来指导生产。

（2）果品市场营销网络不健全　发达国家早已形成了各种形式的中介组织，在农产品贸易方面主要负责研究和预测市场，建立销售网络，直接面向农民提供服务，为农产品销售开辟了顺畅渠道。如日本农协的多功能经营，满足了农产品销售、生产资料购买、信贷及推广等多种需求，为农民提供了有效的服务。我国目前农民的组织化程度还很低，各地的合作组织虽有一定发育，但在开拓市场、减少交易费用、降低风险、维护农民利益等方面的作用也还很弱，特别在出口创汇方面，销售网络还很不健全，果品通往国际市场的渠道不畅，对国际市场果品需求的研究开发不足，还停留在果熟才找出路的无序竞争阶段，这是造成“内销不旺、外销不畅”的根本原因。

5. 宣传力度不够，国外消费者对我国的果品缺乏了解

我国果品在日本销路好，一个重要因素是我国与日本贸易往来密切，我国的一些名优稀特果品能得到日本广大消费者的认可。果品消费潜力巨大的欧美市场，地理上与我国距离较远，我国的大宗水果因受“绿色壁垒”等因素所限，难以扩大市场份额，而对我国有优势的区域特色果品因缺乏了解而需求乏力。

6. 政策支持力度不够

果品生产周期长，果园前期投入大，风险高。在我国目前尚缺乏具体的扶持果品业发展的优惠政策，财政对加强果园基础建设、发展果品加工业、改进果品储藏条件支持力度不够，在金融机构没有果品专项贷款指标，以及在果品结构调整过程中减免农业特产税和农业特产税部分返还没有得到落实等。

（七）我国果品外向发展步骤、发展战略及思路对策

1. 发展步骤

我国果品虽具较强的价格优势，但在出口创汇方面还停留在初级阶段，故在空间上不可能具有跳跃式的发展，应一步一步地来。

对于开拓欧洲市场、美洲市场、中东市场，因距离远、要求高、对手强等原因，需要有耐心和时间。应优先发展对果品质量要求不太严格的国家，如俄罗斯、蒙古、越南和非洲一些果品生产状况差的国家，这些国家和地区的果品生产量较小，市场潜力大；稳步发展当前在我国果品出口中占有较大比重的东南亚市场，如日本、马来西亚、新加坡、菲律宾等国家和中国香港、台湾地区，靠我们的价格优势和地缘优势来扩大东南亚市场份额；重点开拓对果品需求较大的欧洲、美洲和中东市场，要从果树管理、果实生产、采摘加工、产后包装、储藏运输各环节严格按照国际绿色标准操作，为果品的大量出口提供技术保障。

2. 发展战略

（1）品牌战略　国内外实践证明，优质农产品的品牌经营较一般无品牌销售具有更高的售价和更大的销量。对一些地方名优特产果品赵州雪梨、京东板栗、深州蜜桃、沧州金丝小枣等，可试行品牌标准制度，通过严格的质量限制建立起地方特产水果的市场信誉，并实行品牌经营战略。一是严格的质量管理，从产品的筛选直至海关出口为止，都要用仪器以及人工进行质量检查，保证出口果品的质量；二是了解国际市场不同消费者对果品加工、包装、品质的要求，在果品产前、产中和产后开发上下工夫，满足消费者的多方位需要；三是扩大品牌的影响，在果品销售的国家和地区，通过召开订货会、招商会、产品展销会，以及广告等形式，突出品牌的宣传。

（2）“科技兴果”战略　“科教兴国”是我国的战略方针，也是果品生产兴旺发达的保证。果品生产面临着调整结构、改良品质、提高储藏和加工能力、改善包装储运条件等问题与挑战，即与国际市场接轨，其中每个环节无不包含着科技水平的提高。要加快用先进的技术改良传统果品，进一步加大对果品科技开发和科技投入的力度，提高果品的市场竞争力。要完善农业科技推广、服务体系，建立农业科技信息网络系统和农民科技教育、培训系统。

（3）区域特色果品优先发展战略。任何一个国家的果品都不可能覆盖整个国际市场，每一个果树品种都有一个最佳种植区，我们要尽快找到找准自己的“土特产”果品，这将是加入 WTO 后我国果品抢占果品国际市场的主力军。对这些有出口优势的果品，要明确出口导向战略，按照国际市场需求组织生产，加大发展力度，并发展产后储藏和加工，提高出口附加值。特别是对于地方特有的果品，应积极扩大规模，尽快形成商品量，从而扩大在国际市场上的份额，提高果品的整体效益。

（4）可持续发展战略　打破农产品贸易绿色壁垒最终的解决方法在于实施可持续发展战略。为此，应从以下几个方面着手：一是强化对农民和农村基层工作者的宣传教育，提高环保意识。二是制定和完善农村和农业环境管理技术标准和监测信息系统，重点建立果树生态经济标准。生态无害化生产模式与技术评价标准、果品生态监测指标及方法等。三是严格实施国家有关法律、法规、条例等，成立和加强环保机构，建立和完善有利于环保的经济机制。四是积极加强国际合作，借鉴国外尤其是发达国家有效的农业环保管理制度，引进国外先进的环保技术，以期尽快取得果品通往国际市场的通行证。

3. 发展思路及对策

（1）加速果品结构调整　面对加入 WTO 世界经济一体化的新形势，我国果品结构调整应遵循的原则是“适地适栽”，使果品生产向最适区集中，在最适区建立果品出口创汇基地，扩大有优势果品的生产规模。在果品出口创汇基地，要推行生草制和覆盖制，重视病虫害综合防治技术，合理选择农药，加强生物防治，尽量减少化学农药和生长调节剂的使用，生产出无公害“绿色果品”。在果品生产管理上，加强果树优良品种的选育、引进等工作，健全良种繁育体系，特别是苹果、梨、柑橘、板栗、枣等在国际市场具有发展潜力的树种。要加大选种力度，尽快选育出适合区域栽培且深受市场欢迎的优新品种，并在生产上推广应用。

（2）加大投资力度，支持果品业的发展　一是加大基础设施建设投资力度。高度重视果园基础设施建设特别是水利建设，改善生产条件，增强果品抵御各种自然灾害特别是旱灾的能力，以间接减少果品的生产成本。二是大力扶持储藏、果品加工业的发展。首先，政府应培育和扶持一批果品销售、加工的龙头组织，促使其上规模、上水平，增强带动能力；其次，从资金投入上扶持发展果品加工企业，鼓励外资和民营资本从事水果加工业；再次，以恒温和气调为主改善果品储运条件，建立区域性的大型现代化的水果储存库，保障鲜果市场果源供应的均匀性和新鲜度；最后，鼓励果农组建产销联合体，为果品产前产后提供规模化的服务，改进初级农产品及其加工品的收购、销售、包装、储藏、运输条件，以满足远距离跨国销售的需求。三是加强果品的信息网络建设投资。针对水果保鲜难、流通费用高，应加大果品信息网络建设的投资，实现国际、国内网络联通，及时准确地向生产和经营者提供有关信息，有条件的地区可开发水果的电子商务交易。据美国资料，工业品使用电子交易后，交易成本大约降低40%。从目前我国的实际运作来看，制约电子商务发展的主要障碍在支付、配送等环节。在我国条件好的地区，可率先发展水果电子商务；水果的电子商务交易关键是政府应该做好相关的服务工作并提供有关的制度保障。四是加大果品的宣传投资。在目前一家一户为主体的果品粗放生产情况下，果品宣传投入主要靠政府，对我国梨、板栗、核桃等具有出口优势的果品，要通过多种渠道进行宣传，宣传的重点优先放在我国香港地区、国外新加坡等人口密度大和有广大旅游者的特色市场中，用较少投资，获得较好的效果。

（3）加快体制改革和市场建设，拓宽果品销售渠道　一是转变政府职能，形成统一有序的果品要素市场。政府管理部门职能要尽快向宏观管理、信息服务转变，加快外贸体制改革步伐，打破行业部门界限，促使生产和贸易有机结合，实现农产品生产和贸易的一体化管理。建立果品生产、贸易、服务一体化的直接面向国际市场并具有出口经营权的组织体系，实现农产品出口的市场多元化。要鼓励各类行业协会、合作社等中介组织的建立与发展，规范市场行为，使之成为沟通生产者、消费者和政府的桥梁。二是加大果品的国际营销力度，建立多种营销模式。面对市场的激烈竞争，应加大果品的国际营销力度，拓宽销售渠道。在国际营销网络建设上，应在目前依赖出口营销的基础上，逐渐增加国外营销、多国营销和多区域营销模式，通过以上模式的综合运用，建立全球营销网络。全球营销网络要精心策划，合理布局，保证全球营销活动的顺利开展。

（4）建立健全果品安全生产体系　一是建立健全果品生产保险制度。在国外，美国、日本、加拿大等国均有较为完善的农业保险体系。以美国为例，政府为所有参加保险的农作物提供30%的保险费补贴，投保农民的作物减产35%以上，可以取得联邦保险公司很高的赔偿金额。这种通过农作物保险保证生产者收入的稳定，取代灾害救济和价格补贴的做法，既不违背WTO规则，又能起到保护农业的作用，是值得借鉴的。二是建立健全与绿色食品相配套的监督机构与机制。“绿色壁垒”当前在很大程度上制约着我国果品的出口，迫切需要按照国际绿色标准加以修订，并认真贯彻实施。建立与国际市场接轨的果品质量监测、检验标准体系，并严格执行标准化生产，既有利于实现农产品的优质优价，也有利于提高出口果品的信誉度，是增加出口的必要条件。三是发展订单农业。我国果品目前先生产、后找销路所具有的盲目性，会加剧农产品市场的波动，不利于市场体系的发育。解决这个问题的根本出路，在于发展订单农业。订单农业要走法制化轨道，通过立法加以保护，这既是保护果农积极性的有效手段，也可以避免一些人的短期行为。

（5）加强技术资金的引进与推广应用，提质增效　我国在水果商品化处理上很欠缺，在很大程度上制约着果品的出口。面对入世带来的机遇，我们可以引进国外的技术、利用外资，吸收借鉴国外先进的管理经验和营销理念，进一步提高我国水果的科技含量，以尽量减小与国外产品的差距，提高传统出口产品的竞争力。通过自主开发与引进技术相结合，积极推动科工贸结合，充分利用加工贸易，促进高技术产品的开发和出口。此外，应加大科技培训和推广力度，通过培训，深刻认识市场形势，提高技术素质，有针对性地生产适销对路的商品。

（6）制定并落实支持果品业发展的优惠政策　在遵照中央要求保证果树承包期延长30年不变的基础上，各地应制定出适合国情和符合WTO规则的优惠政策来支持果品业的发展。财政应进一步加大对改善果园基本条件和发展果品加工业的支持力度，建立果品发展基金；在有关金融机构增设果业专项贷款指标，对有优势的名优稀特果品发展从资金上予以优先支持；在果品结构调整期间应适当减免农业特产税，落实从农业特产税果树部分提取30%～50%甚至更大比例返还到果树的政策，以用于技术推广、品种引进、龙头企业和相关的实体建设；对到一线承包或领办果园的科技人员，应从职称晋升、工资福利待遇方面予以适当照顾。此外，应通过“促强扶优”和政策倾斜等一系列政府行为，积极促成“跨行业专业组织”出现，把分散的个体果农（果园或储库等）组成农工贸一体的联合组织，来解决目前不断加剧的大市场与小生产的矛盾，保证果品产业健康顺利的发展。

第七章　中国果树产业技术创新与发展

果树的高效栽培是依靠科技进步而形成的高新技术产业，是果树由传统栽培向现代化栽培发展的重要转折，是实现果树高产、优质、高效的有效措施。20 世纪 80 年代以来，随着果树新品种不断出现、果树矮密栽培技术的发展、设施园艺资材的改进和果品的反季供应等，果树高效栽培技术得到迅猛发展，并且产生了巨大的社会效益和经济效益。

当前，世界果树发展的新趋势是：采用常规手段和先进的生物技术手段培育新品种（类型），高产和优质配套、抗病虫、抗逆境、耐储藏和具有特殊性状是果树育种的目标。品种更新速度加快，周期缩短，优新品种能较快地应用于生产，转化为生产力。矮化密植集约化栽培已成为果树发展的总趋势，主要途径是应用矮化砧木，采用短枝型、紧凑型品种，使用矮化植株的技术。无病毒化栽培，以充分发挥树体的生产潜力。良种栽培区域化、基地化，形成大量优质的拳头产品，打开国际市场。广泛使用化学调控技术，加强采后研究，采用气调等先进的储藏技术，与包装、运输等组配成完善的果品流通链，实现优质鲜果周年供应。

根据党的十七届三中全会提出的“积极发展现代农业、大力推进农业结构战略性调整，实施蔬菜、水果等园艺产品集约化、设施化生产”要求，中国果树产业发展的总体对策是：依靠果树管理技术创新和新技术推广，实行规模化生产，大力提升中国果树的市场竞争力，促进农民增收，农业增效，实现中国由果树生产大国向产业强国的转变。

一、实施区域化发展战略，建设集中产业带，发挥地方优势

实现均衡发展，重点建设集中产区。在集中产区实施标准化生产，进行先进技术组装集成与示范，强化产品质量全程监控，健全市场信息服务体系，扶持壮大市场经营主体，加速形成具有较强市场竞争优势的设施果树产业带（区）。区域化栽培的基础是在最适宜的环境条件下，可以用最低的成本生产出好的产品。如我国目前已建立的苹果优势产区、柑橘优势产区等。

二、加强设施果树新品种选育、引进及种苗标准化生产体系建设

我国要保持果树产业的国际竞争优势，在品种选育上必须坚持“自育为主、引种为辅”的指导思想，充分利用中国丰富的果树资源，选育适于中国果树生产的优良品种和专用砧木，加大国外果树优良品种及适宜砧木的引进与筛选，为中国果树产业发展提供优良品种资源支持。

苗木标准化是制定统一的苗木标准并贯彻执行，以获得最佳效果的活动，实现苗木标准化的先决条件是制定苗木标准，包括产量标准、质量等级标准、育苗技术规程或细则等。苗木标准化在果园建设中起着重要的作用，它是组织现代化苗木生产的必要条件，是组织苗圃专业化生产的前提，是科学管理苗圃的重要组成部分，是提高产量、质量的技术保证，是推广育苗新技术的桥梁，是果业规范化、规模化发展的基础和前提，必须给予足够的重视。加强应用开发研究，加大引进与开发有特色的品种的力度，对特色果品如荔枝、龙眼等加强研究。育种可用杂交、诱变等手段实现，目前以杂交为主。生物技术将成为重要的育种手段，美国采用基因工程育种，使苹果、桃等育种周期大大缩短；我国在杂交育种方面已取得不少成就，苹果、桃和葡萄经杂交育种进行品种改良，新品种的适应性、产量、抗病能力提高，但与国外相比，尚有差距。近年来，我国的

生物技术育种也取得了一些成果，如用基因工程培育柑橘品种取得了很大的进展。中国地域辽阔，果品种类丰富，要大力开发特色果品。

中国的经济发展速度令世人瞩目，肉、蛋产量已经相当丰富，在粮、肉、蛋基本满足需要以后，奶制品以及果品将成为两个大的需求项目。中国有13亿人口，如果要达到世界平均果品消费水平，每年尚有2400万吨的果品缺口，这是一个不小的数字，果品业已成为一个新的投资热点。果品深加工产品的消费阶层已经出现，正在成长。果品储运和深加工机械的需求潜力很大，果品产业有许多技术问题需要解决，这为中国的果品科研界提供了广阔的科研舞台。中国的果品业将为社会提供大量的就业机会。随着科技、教育、经济水平的迅速提高，中国的果品产业必将有一个大的发展。

三、开发绿色有机栽培技术体系，提高中国果品优质、高效、安全产业化水平

提高产品质量，调节产期，实现连年丰产，加强果树低成本的理论与技术、提高果实品质技术的研究与推广，实现果树的优质、高效和安全生产。

随着公众环保意识的增强，果品的“绿色”水平将是制约果品市场竞争力的重要因素。要提高果品的“绿色”水平，必须从源头入手，在果品生长期间严格控制化学高残留农药的用量，发展低残留或无残留的生物药，规范完善“绿色”产品的认证程序，定期进行产品质量抽查，在果品集中交易地建立果品残留农药检测机构，定期发布果品的农药残留检测报告，对农药残留值超标的果品不允许其上市交易，对已认证为“绿色”果品但农药残留超标的果品应取消“绿色”标志。

四、促进设施栽培技术的推广与创新，向精准农业的方向迈进

进入21世纪以来，北方地区的节能型日光温室、南方地区的遮阳网栽培迅速发展，使得果品生产已由传统的春提前、秋延迟为

主迅速向冬季生产和夏季生产延伸。设施栽培的材料及结构设施将日趋现代化、高科技化，设施栽培的环境控制将得到进一步改善。同时，先进、成熟的科学技术将不断得到推广应用，如节水灌溉技术等，果业的发展正向精准农业的方向迈进。

五、加强果树数字化、生产信息化技术的研究与应用

开展农村果树信息服务网络技术体系与产品开发应用研究，为果树生产的科学管理提供信息化技术。随着计算机技术是广泛应用，农业生产逐步进入数字化和信息化时代，而且越来越受到广泛的关注。数字农业（digital agriculture）是指用数字化技术，按人类需要的目标，对农业所涉及的对象和全过程进行数字化和可视化的表达、设计、控制和管理的农业。数字农业建立在信息技术、生物工程技术、自动监控、农艺和农机技术等一系列高新技术之上，力求最大限度的节约资源、重视环境保护和生态均衡，追求以最少的资源消耗获得最大的优质产品，促进农业的可持续性发展。数字农业是几千年农业生产发展带来的质的飞跃，必将对人类的农业生产带来深远的影响。

六、重视果树生产科技与推广体系建设，保证中国果树产业化可持续发展

重点开展果树种质资源的收集、保存、创新利用研究，进行果树现代高效生态生产技术体系的研究、集成与应用，开展果品物流与保鲜、加工重大关键技术研究与开发，掌握果树现代生产技术，为果树产业的可持续发展提供科技支撑。

七、完善和实施相应的行业标准

果业标准应包括：种子质量标准、果品质量标准、果品保鲜剂标准、果品冷藏标准、果汁（及其他深加工产品）标准、果品残留农药标准。总之，要建立从种植到深加工产品的一系列标准，有了这些标准，才可以规范整个果品产业，加快产业升级。

我国果品标准化工作起步较晚，从20世纪80年代才开始制定有关果品的基本标准、技术标准和质量标准。虽然我国果品标准化工作取得了一定成绩，但是与我国果品产销形势发展还很不适应，同时由于全球经济一体化进程不断加强，我国将不可避免地面临国际果品产销市场的激烈竞争。因此，我国的果品标准化工作面临许多问题需要改进和完善。

由于果品种植分散，果品品种繁多，果品质量受气候、地域和管理水平等诸多因素影响，果品生产目前主要建立在家庭联产承包的小农经济基础上，果农素质较低，对标准十分生疏。计划经济时期果品流通主渠道的果品公司大多搞起以租赁经营果品批发市场为主的业务，因此目前的果品流通基本上处于自由贩卖、看货论价的无序状态。在果品因量大质次而滞销的情况下，除少量优质果品出口外，70%以上的大宗果品没有利用标准来提高质量，而是采取了简化包装、降低成本等做法，甚至出现“网袋果”等经营退化现象。

随着果品市场的激烈竞争和“洋水果”的不断冲击，近年来我国果品生产开始向依靠科技发展名特优稀品种转化。传统储藏技术在实践中不断得到提高完善，许多果品储运、加工、质检等高新技术在果品流通领域也不断得到应用。随着果品市场（尤其是国际市场）的不断扩展，买卖双方也在寻求技术和相关标准的解释和支持。但是我国目前由于果品标准水平在许多方面落后于科技与市场发展，甚至有的新品种、新技术已经面市几年，在标准中仍然得不到反应和体现，造成了标准化工作与市场的脱节和混乱。

果品从栽培到市场，是一个从产品到商品的连续转化过程。它包括采前优良品种选育、果园管理（包括病虫害防治、疏菜疏果、套袋增色、分期无伤采收等）、采后预冷和储藏、上市前的商品化处理（包括洗果、涂蜡、分级、贴标、包装等）以及运输和上市销售，有些品种还需做催熟处理，所有的环节构成了一个完整的“产业链条”。因此，对应于果品产销链的每一个环节都应有相应的标准，标准间彼此衔接呼应形成从采前到市场的完整标准体系。

但从目前已制定的果品标准看，一是标准总量不够，甚至有的无标可依；二是标准制定散乱，形不成体系；三是标准制修订周期过长，有的标准内容过时。一个既与国际标准接轨，又适应果品产业发展的果品标准体系尚未充分建立。

目前标准制修订工作存在两个突出问题，一个是承担部门分散、政出多门。《标准化法》虽然明确规定，制定标准应当做到有关标准的协调配套。但是由于计划经济时期的划块管理，使原本作为一种商品的果品被分割到农业、供销、轻工部门，技术监督部门也参与制定果品标准，往往使果品标准的制修订工作面不通气，难以衔接。二是缺乏对承担制标人员的资格水平要求。据了解，有的标准被当作普通课题处理，承担人并不具备所承担标准的专业基础和文字水平，直接影响果品标准的质量。

由于目前执行的标准项目经费仍然是计划经济时的老标准。过去搞标准项目经费不足时单位可给予补助。但现在实行项目核算，再加之物价上涨，活动费用大大增加，每项标准的经费低。在这种情况下，制修订标准往往被简化成“查资料—拟初稿—函审—送批”的单纯文字工作。其结果必然造成闭门造车，脱离实际，这种标准当然也就不会被果品产销市场所接受和应用。

在计划经济时期，制修订一项果品标准被看作是一项代政府行使权力的严肃政治任务，因此承担单位从人员水平到标准质量都相当重视，从立项到实施要组织有关部委、主产区及相关单位专家召开多次座谈会、初审会以及产销区调查，有的在正式批准之后还要选择主产区开展实施情况调查。如20世纪80年代，供销总社承担《鲜苹果》标准的制定时，就先后邀请农业、外贸、商检等部局一起座谈、审定、正式批准，后又组织山东、辽宁等苹果主产区试行、总结。由于深入产销实际，多部门协作审定，从而有效地保证了该项标准的科学性、先进性和实用性。随着市场经济的发展，标准的制修订、发布更应扩大信息宣传渠道，真正使标准成为引导产销各方规范产品、实现优质优价的法律依据。

果品标准的执行中“有标不依，执标不严”。没有明确的监管部门，再加之果品批发交易市场处于自由买卖状态之下，就使得果品标准的执行变得十分随意。国外发达国家对果品质量则管理非常严格。首先制定明确细致、与果品产销有密切利益相关性的标准体系，因此，果农从维护切身利益出发，树立起很强的标准质量意识。对标准执行情况的检查，政府有明确的部门分工。如美国的环境保护局负责确定和检查可使用农用化学品的种类和残留，食品和药物管理局负责对运销前和上市前果品的抽检。在华盛顿州，果品气调库和操作人员必须培训获得州农业部颁发的执照方可经营。果品在出库包装时，州政府还要派检验员检查包装线上的果品，符合标准要求的才准许张贴相应的标记，不合格的则将标记取走。由于果农自觉执行标准，检查部门严格检查标准执行情况，从而使美国苹果能以稳定的质量赢得信誉，畅销世界。

参 考 文 献

1. 中国果品生产概况. 阿里巴巴资讯. http://info. china. alibaba. com/news/detail/v0 - d5744800. html 2006 - 8 - 11

2. 鲍国琴，冯乃华. 无花果栽培技术 [J]. 现代农业科技，2009 (9): 77 ~ 78

3. 程爱畯. 山东济宁地区蓝莓露地栽培技术 [J]. 中国果菜，2010 (1): 12 ~ 13

4. 邓隆. 无公害桑葚栽培技术 [J]. 新农村，2003 (10): 10

5. 丁向阳. 北方石榴品种及优质栽培技术 [J]. 经济林研究，2003，21 (4): 79 ~ 81

6. 丁肖. 优质石榴苗木扦插繁育技术 [J]. 现代农业科技，2005 (7): 1

7. 董畅. 树莓的栽培架式 [J]. 农村实用科技信息，2006 (8): 14

8. 董丽华，张春雨，李亚东等. 遮荫对半高丛越橘光合特性的影响 [J]. 东北农业大学学报，2009，40 (3): 27 ~ 30

9. 杜纪格，宋建华. 草莓设施栽培果期管理技术研究 [J]. 农业科技通讯，2009 (6): 190 ~ 191

10. 杜文义，红血桃. 红叶桃栽培技术要点 [J]. 北京农业，2002 (6): 36 ~ 37

11. 兑宝峰. 观赏桃花的繁殖与栽培技术 [J]. 中国花卉报，2007 (2): 1 ~ 3

12. 高翔. 20 种经济林果实用新技术 [M]. 北京: 中国农业出版社，2002. 34 ~ 52

13. 过国南，阎振立，张恒涛等. 我国早、中熟苹果品种的生产现状、选育进展及发展展望 [J]. 果树学报，2009，26 (6): 871 ~ 877

14. 韩凤珠，范安良，金德健. 甜樱桃温室栽培强制休眠技术研究 [J]. 中国果树，2002 (6): 16 ~ 19

15 郝香. 紫叶李栽培技术 [J]. 中国国菜，2008 (3): 13 ~ 14

16. 赫建超. 果桑优良品种及高产栽培技术 [J]. 中国种业，2003 (12): 61 ~ 62

17. 胡今寿，余永泉. 果桑优质高产栽培技术［J］. 蚕桑通报，2009，40（3）：62～63

18. 蒋锦标，吴国兴. 果树反季节栽培技术指南［M］. 北京：中国农业出版社，2000. 9

19. 蒋锦标，吴国兴. 名优果树反季节栽培［M］. 北京：金盾出版社，2010. 3

20. 金强，丁宏伟，尹杰卉. 板栗栽培技术［J］. 吉林农业，2008，226（12）：28～29

21. 李宝安，李树蜂. 设施栽培甜樱桃的技术［J］. 落叶果树，2004（6）：21～22

22. 李莉. 无公害果品生产技术手册［M］. 中国农业出版社，2003

23. 李鸣. 栽培芭蕾舞美效益可观［J］. 农村新科技，2008（13）：63～64

24. 李新岗，黄建，宋世德等. 影响陕北红枣产量和品质的因子分析［J］. 西北林学院学报，2004，19（4）：38

25. 李业民. 南果北移—菲选 1 号菠萝的温室栽培［J］. 北方果树，2001（1）：37

26. 刘春冬，郭萍萍. “胭脂红”番石榴栽培技术［J］. 福建农业，2005（9）：23

27. 刘大平，郎芳. 树莓栽培技术［J］. 北方园艺，2008（7）：150～151

28. 刘慧纯，蒋锦标，邢军. 台湾青枣在北方日光温室的试栽表现［J］. 辽宁农业职业技术学院学报，2003（1）：15～16

29. 刘建，周长吉. 日光温室结构优化的研究进展与发展方向［J］. 内蒙古农业大学，2007（3）：264～268

30. 刘素娟. 碧桃栽培管理技术［J］. 河北农业科技，2008（12）：44

31. 刘廷送，李桂芬. 葡萄设施栽培生理基础研究进展［J］. 园艺学报，2002（29）：624～628

32. 刘永霞，刘永新. 番木瓜北方温室栽培技术［J］. 果树大观，2009（11）：26

33. 刘志波. 板栗栽培技术要点［J］. 硅谷，2009（3）：4

34. 刘珠琴，黄宗兴，陈婷婷等. 海棠的观赏价值及栽培技术［J］. 现

代农业科技，2009（20）：132～133

35. 吕春茂，范海延，姜河等. 火龙果日光温室引种观察及栽培技术［J］. 北方园艺，2003（1）：19～20

36. 马洪英，王莅，郭锐等. 北方日光温室火龙果引种与栽培［J］. 中国果菜，2008（6）：18～19

37. 马斯提江，布早拉木，刘爱华等. 黑加仑的栽培技术［J］. 农村科技，2005（9）：44

38. 马永柱. 莲雾的设施栽培技术［J］. 山西果树，2009（1）：28～29

39. 米热古丽，亚森，哈尔肯，玛斯提江等. 无花果高产栽培技术要点［J］. 新疆农业科技，2006（3）：19

40. 那颖，郭修武，蒋锦标. 北方日光温室内枇杷果实生长发育规律初报［J］. 北方园艺，2007（3）：93～94

41. 彭中亮，李红伟，李振卿等. 无花果高效栽培技术总结［J］. 落叶果树，2009，41（6）：45～47

42. 蒲曙光. 葡萄设施栽培技术的研究现状及发展趋势. 安徽农学通报，2008，14（9）：154～155

43. 乔勇进，张浩华. 中华寿桃丰产栽培技术要点［J］. 农村实用科技信息，2002（7）：15

44. 苏章城，陈淑，陈坚等. 黑珍珠莲雾栽培技术［J］. 中国南方果树，2006，35（3）：37～38

45. 孙俊杰，韩璐. 优质无公害石榴栽培技术［J］. 现代农业科技，2009（7）：29

46. 汪孝喜，许雪莲. 板栗栽培管理技术［J］. 现代农业科技，2010（19）：130

47. 王传伟. 观赏海棠新品种及栽培技术［J］. 中国果菜，2006（4）：47

48. 王海波，王孝娣，王宝亮等. 中国果树设施栽培的现状、问题及发展对策. 农业工程技术（温室园艺），2009（22）：39～42

49. 王曼，史素霞，刘建亭. 无花果的扦插育苗技术［J］. 南方农业，2008，2（1）：56～57

50. 王奇科. 果树盆栽品种——芭蕾苹果［J］. 河南农业，2003（11）：10

51. 王太华. 甜樱桃温室栽培适宜品种介绍［J］. 河北果树，2010（2）：45～46

52. 王燕军. 中华寿桃无公害生产技术［J］. 中国果树，2007（4）：65

53. 王友国. 紫叶李栽培管理技术［J］. 河北农业科技，2008（10）：40

54. 王玉侠. 葡萄设施栽培技术［J］. 安徽林业科技，2006（1~2）：42~44

55. 王治家，万本安，李彭. 栽培中华寿桃应注意的几个问题［J］. 落叶果树，2005，37（5）：53~54

56. 吴杨，贾斌英. 文冠果的繁育技术［J］. 辽宁林业科技，2007，（6）：55~56

57. 武之新，武婷. 冬枣优质丰产栽培技术［M］. 北京：金盾出版社，2007

58. 赵志励. 果树栽培新模式［J］. 陕西科技报，2005（4）：15

59. 郗荣庭. 果树栽培学总论［M］. 北京：中国农业出版社，2008

60. 肖更生，徐玉娟，刘学铭等. 桑葚的营养、保健功能及其加工作用［J］. 中药材，2001，24（1）：70~71

61. 邢英丽，姜永峰，唐世勇等. 北方城市观赏海棠品种及在园林绿化中的应用［J］. 林木花卉，2010（2）：161~163

62. 熊梅林，林淑珠，刘洁英等. 无花果及其产业化问题［J］. 食品研究与开发，2001，22（1）：5~7

63. 徐锦涛. 枇杷防冻丰产栽培技术试验［J］. 浙江柑橘，2002，19（2）：35~36

64. 许永新，刘永霞，任华中等. 南果北种关键技术百问百答［M］. 中国农业出版社，2010

65. 杨鹤，薛玉平，黄海静等. 无花果优质丰产集约化栽培技术［J］，北方园艺，2010（1）：102~103

66. 杨恒，魏安智. 日光温室栽培对杏花及果实生长发育的影响［J］. 西北植物学报，2003，23（1）：1932~1936

67. 杨忠生，赵丽岩，汤建杰. 黑加仑栽培技术［J］. 中国农技推广，2005（6）：30~31

68. 于立杰，梁春莉. 树莓生物学特性及丰产栽培技术［J］. 北方园艺，2009（1）：159~160

69. 张加稳，厉妍妍，陶丽英. 凯特杏大棚高产优质栽培技术［J］. 山西果树，2003（5）：25~26

70. 张君英，王锋. 浅谈芭蕾苹果的栽培技术及应用前景 [J]. 农技服务，2007，24 (6)：44

71. 张民，迟秀丽. 中华寿桃栽培管理应注意的几个问题 [J]. 烟台果树，2002，79 (3)：22~23

72. 张强. 黑加仑丰产栽培技术 [J]. 农村科技，2009 (11)：33~34

73. 张清华，郝树池，唐亚军等. 北方温室香蕉栽培技术 [J]. 北方果树，2009 (1)：29~30

74. 张瑞明. 如何进行山区果树高效栽培 [J]. 新课程改革与实践，2010 (2)：11

75. 张素丽，许永新，刘永霞. 莲雾北方温室作品技术 [J]. 北京农业，2010 (9)：21

76. 张天柱，吴卫华，徐泳. 温室工程规划、设计与建设 [M]. 北京：中国轻工业出版社，2010.1

77. 张伟宋，秀英，曲云燕等. 观赏海棠栽培技术 [J]. 中国花卉，2009 (12)：33~35

78. 张文，朱元娣，王涛等. 芭蕾苹果新品种金蕾1号和金蕾2号的选育 [J]. 中国果树，2007 (1)：1~3

79. 张雄. 文冠果栽培管理技术 [J]. 河北林业科技，2008 (3)：61

80. 张义勇，刘海顺. 台湾青枣北方日光温室栽培存在的问题及解决对策 [J]. 承德职业学院学报，2007 (2)：149~151

81. 张玉星，马锋旺，郭修武. 果树栽培学各论 [M]. 北京：中国农业出版社，2003.8

82. 张运涛，王桂霞，董静. 无公害草莓生产手册 [M]. 中国农业出版社，2008

83. 张志东，李亚东，吴林等. 黑加仑的营养价值 [J]. 中国食物与营养，2003 (13)：26~28

84. 赵玉龙，张科伟，马万里. 杏树设施栽培技术 [J]. 山西果树，2006 (5)：16~18

85. 闫立江，荆亚玲. 我国果品生产的现状、发展优势及对策 [J]. 台州农业，2004 (5)：28~30

86. 闫涛. 黑加仑的栽培与管理 [J]. 农村科技，2007 (11)：44~45

87. 朱峰. 中华寿桃丰产栽培技术 [J]. 现代农业科技，2009 (17)：98

88. 朱鸿杰，胡勇，陈辉等. 沿江丘陵蓝莓有机栽培技术研究与示范[J]. 安徽农业科学，2008，36（16）：6735～6736

89. 黄军保，李晓梅，杨明霞. 我国果树产业结构调整中的误区与调整策略[J]. 河北果树，2002（6）：16～17